内燃机电站与移动电站

标准汇编

中国标准出版社　编

中国标准出版社
北京

图书在版编目(CIP)数据

内燃机电站与移动电站标准汇编/中国标准出版社编.—北京:中国标准出版社,2014.9
ISBN 978-7-5066-7585-7

Ⅰ.①内… Ⅱ.①中… Ⅲ.①内燃机-电站-标准-汇编-中国②移动式-电站-标准-汇编-中国 Ⅳ.①TM62-65

中国版本图书馆 CIP 数据核字(2014)第 150073 号

中国标准出版社出版发行
北京市朝阳区和平里西街甲 2 号(100029)
北京市西城区三里河北街 16 号(100045)

网址 www.spc.net.cn
总编室:(010)64275323 发行中心:(010)51780235
读者服务部:(010)68523946

中国标准出版社秦皇岛印刷厂印刷
各地新华书店经销

*

开本 880×1230 1/16 印张 33 字数 1022 千字
2014 年 9 月第一版 2014 年 9 月第一次印刷

*

定价 180.00 元

出 版 说 明

内燃机电站和移动电站作为一种重要的动力源，广泛应用于国民经济各个领域及军事装备中。内燃机电站和移动电站的可靠性和安全性直接影响着用电设备性能的发挥。

为了推广和贯彻内燃机电站和移动电站标准，我们选编出版了此汇编，共收入内燃机电站和移动电站方面的国家标准25项、行业标准2项。本汇编的出版可为电站技术人员及管理人员提供相关标准资料，能方便广大读者查阅和参考。

本汇编所收均为现行有效标准，其中有的标准发布年代较早，所以使用本汇编时请读者注意：本汇编中与现行国家标准《量和单位》不一致之处及各标准在编排格式上的不统一之处未做改动。

编 者

2014年7月

目　　录

UDC 621.311.28
K 52

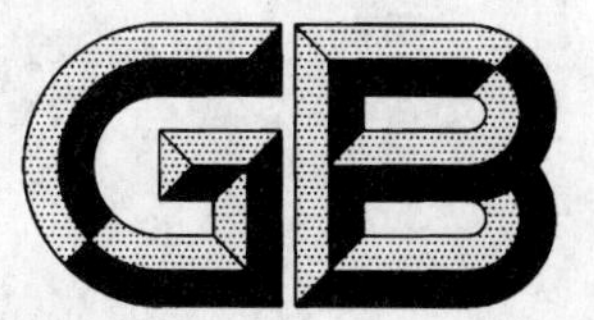

中华人民共和国国家标准

GB/T 2819—1995

移动电站通用技术条件

Mobile electric power plant, general specification for

1995-07-06发布　　1996-08-01实施

国家技术监督局　发布

中华人民共和国国家标准

GB/T 2819—1995

代替 GB 2819—81

移动电站通用技术条件

Mobile electric power plant, general specification for

1 主题内容与适用范围

1.1 主题内容

本标准规定了用内燃机为原动机的下列类型的一般用途的移动电站(含汽车电站、挂车电站、移动式发电机组,以下简称电站)的技术要求、试验方法、检验规则、标志、包装及贮运要求等:

a) 工频(50 Hz)电站(60 Hz 电站可参考使用);

b) 中频(400 Hz)电站;

c) 双频(50 Hz、400 Hz)电站;

d) 直流电站(含内燃机组经整流装置供电的型式)。

1.2 适用范围

本标准适用于 0.3～1 250 kW 的电站。

2 引用标准

GB 146.1 标准轨距 铁路机车车辆限界

GB 146.2 标准轨距 铁路建筑限界

GB 755 旋转电机 基本技术要求

GB 1105 内燃机台架性能试验方法

GB 1589 汽车外廓尺寸限界

GB 1859 内燃机噪声测定方法

GB 2423.16 电工电子产品基本环境试验规程 试验 J:长霉试验方法

GB 5320 内燃机电站名词术语

GB/T 13306 标牌

GJB 79 厢式车通用规范

GJB 1488 军用内燃机电站通用试验方法

ZB J91 005 内燃机发电机组轴系扭转振动的限值及测量方法

JB/T 7605 移动电站额定功率、电压及转速

3 术语

按 GB 5320。

4 技术要求

4.1 总则

4.1.1 电站应符合本标准的规定;电站的各配套件,本标准未规定者,应符合各自的技术条件的规定。

4.1.2 对电站有特殊要求时,应在产品技术条件中补充规定。

国家技术监督局1995-07-06批准　　1996-08-01实施

4.2 参数要求

4.2.1 电站应按 JB/T 7605 的规定制造。

4.2.2 电站的外形尺寸应符合 GB 146.1、GB 146.2 和 GB 1589 的规定。

4.2.3 电站的质量(kg 或 t)应符合产品技术条件的规定。

4.3 指示装置

原动机所带监测仪表应符合相应产品技术条件的规定。

控制屏各监测仪表(原动机仪表除外)的准确度等级:频率表应不低于 5.0 级;其他应不低于 2.5 级。

其他指示装置应能正常工作。

4.4 环境条件

4.4.1 输出额定功率的条件

电站输出额定功率的环境条件应为下述规定中的一种,并应在产品技术条件中明确。

4.4.1.1 海拔高度 0 m,环境温度 20℃,相对湿度 60%;

4.4.1.2 海拔高度 1 000 m,环境温度 40℃,相对湿度 60%。

4.4.2 输出规定功率(允许修正功率)的条件

电站在下列条件下应能输出规定功率并可靠地工作,其条件应在产品技术条件中明确。

4.4.2.1 海拔高度

不超过 4 000 m。

4.4.2.2 环境温度

下限值分别为－40,－25,－10(对汽油电站),5℃;

上限值分别为 40,45,50℃。

4.4.2.3 相对湿度、凝露和霉菌

a) 综合因素:按表 1 的规定。

表 1

环境温度上限值,℃		40	40	45	50
相对湿度 %	最湿月平均最高相对湿度	90 (25℃时)[1]	95 (25℃时)[1]		
	最干月平均最低相对湿度			10(40℃时)[2]	
凝露			有		
霉菌			有		

注:1) 指该月的月平均最低温度为 25 ℃,月平均最低温度是指该月每天最低温度的月平均值。

2) 指该月的月平均最高温度为 40℃,月平均最高温度是指该月每天最高温度的月平均值。

b) 长霉:电站的电气零部件经长霉试验后,表面长霉等级应不超过 GB 2423.16 规定的 2 级。

4.4.2.4 倾斜度

纵向:(电站纵向前、后)水平倾斜度:对柴油电站为不大于 10°或 15°,对汽油电站为不大于 5°或 10°。

4.4.3 功率修正

电站的试验条件比 4.4.1 规定恶劣时,其输出的规定功率应不低于如下修正后之值。

4.4.3.1 对原动机为非增压和机械增压柴油机的电站,其功率为按 GB 1105 规定换算出试验条件下的柴油机功率后再折算成的电功率,但此电功率最大不得超过发电机的额定功率。

4.4.3.2 对采用其它原动机的电站,其功率的换算方法按产品技术条件的规定。

4.4.4 环境温度的修正

当试验海拔高度超过 1 000 m(但不超过 4 000 m)时，环境温度的上限值按海拔高度每增加 100 m 降低 0.5℃修正。

4.5 工作方式

4.5.1 按额定工况的连续运行

在 4.4.1 规定条件下，电站应能按额定工况正常地连续运行下列时间：

交流电站：12 h(其中包括过载 10%运行 1 h)。

直流电站：4h。

4.5.2 修正功率后的连续运行

4.5.2.1 运行时间

按产品技术条件(或合同)的规定。

4.5.2.2 输出功率

电站超出 4.5.1 规定的时间连续运行时，(在按使用说明书规定进行保养的条件下)其输出的功率应为：

交流电站：按原动机规定功率的 90%修正后折算的电功率，但此电功率最大不得超过发电机的额定功率。

直流电站：按使用说明书的规定。

4.6 启动要求

4.6.1 常温启动

电站在常温(柴油电站不低于 5℃，增压柴油电站不低于 10℃，汽油电站不低于－10℃)下经 3 次启动应能成功。

4.6.2 低温启动和带载

在低温下使用的电站应有低温启动措施；在环境温度－40℃(或－25℃)时，对功率不大于 250 kW 的柴油电站应能在 30 min 内顺利启动，汽油电站应能在 20 min 内顺利启动，均应有在启动成功后 3 min内带规定负载工作的能力；对功率大于 250 kW 的电站，在低温下的启动时间及带载工作时间按产品技术条件的规定。

4.7 电气性能

4.7.1 电压整定范围

电站的空载电压整定范围应不小于 95%～105%额定电压。

单相不可控励磁方式的电站，空载电压整定范围按产品技术条件的规定。

4.7.2 调整率、稳定时间和波动率

4.7.2.1 交流电站

电站在 95%～100%额定电压时的电压和频率的调整率、稳定时间及波动率应不超过表 2 的规定，对采用不可控相复励励磁装置的电站，其稳态电压调整率和电压波动率仅指在额定电压下的考核值。

表 2

<table>
<tr><th>电站额定功率，kW</th><th>指标类别</th><th>原动机</th><th>稳态电压调整率，%</th><th>瞬态电压调整率，%</th><th>电压稳定时间，s</th><th>电压波动率，%</th><th>稳态频率调整率，%</th><th>瞬态频率调整率，%</th><th>频率稳定时间，s</th><th>频率波动率，%</th></tr>
<tr><td rowspan="8">≤250</td><td rowspan="2">Ⅰ</td><td>柴油机</td><td rowspan="2">±1.0</td><td rowspan="2">±15</td><td rowspan="2">0.5</td><td rowspan="4">0.5</td><td>±1</td><td>±5</td><td rowspan="2">3</td><td>0.5</td></tr>
<tr><td>汽油机</td><td>±2</td><td rowspan="2">±7</td><td>0.7</td></tr>
<tr><td rowspan="2">Ⅱ</td><td>柴油机</td><td rowspan="2">±3.0</td><td rowspan="2">±20</td><td rowspan="2">1.0</td><td>±3</td><td rowspan="2">5</td><td>0.5</td></tr>
<tr><td>汽油机</td><td>±4</td><td rowspan="2">±10</td><td rowspan="2">1.0</td></tr>
<tr><td rowspan="2">Ⅲ</td><td>柴油机</td><td rowspan="2">±5.0</td><td rowspan="2">±25</td><td rowspan="2">3.0</td><td rowspan="2">1.0</td><td>±5</td><td rowspan="4">7</td></tr>
<tr><td>汽油机</td><td rowspan="3">±6</td><td>±15</td><td rowspan="3">1.5</td></tr>
<tr><td rowspan="2">Ⅳ</td><td>柴油机</td><td rowspan="2">±7.0</td><td rowspan="2">—</td><td rowspan="2">5.0</td><td rowspan="2">1.5</td><td rowspan="2">—</td></tr>
<tr><td>汽油机</td></tr>
<tr><td rowspan="2">>250</td><td>Ⅰ</td><td rowspan="2">柴油机</td><td>±2.5</td><td>+20
−15</td><td>1.5</td><td rowspan="2">1.0</td><td rowspan="2">±5(0～5可调)</td><td rowspan="2">±10</td><td></td><td>0.5</td></tr>
<tr><td>Ⅱ</td><td>±5.0</td><td>±25</td><td>3.0</td><td>—</td><td>1.0</td></tr>
</table>

注：① 电站在0～25%额定负载下，其电压和频率的波动率允许比表列数值大0.5。

② 计算稳态电压调整率时，不包括冷态到热态的电压变化。

③ 高压(6 300 V)电站和单项电站不考核瞬态电压调整率及电压稳定时间。

④ 第Ⅳ类指标仅适用于额定功率不大于12 kW的电站。

⑤ 增压柴油电站的瞬态频率调整率及频率稳定时间按产品技术条件的规定。

4.7.2.2 直流电站

a) 整流供电的电站

交流部分应符合4.7.2.1的规定。

b) 配直流发电机的电站

电压和转速的调整率、稳定时间和波动率应不超过表3的规定。

表 3

<table>
<tr><th>原动机</th><th>稳态电压调整率
%</th><th>电压稳定时间
s</th><th>电压波动率
%</th><th>稳态转速调整率
%</th><th>转速稳定时间
s</th><th>转速波动率
%</th></tr>
<tr><td>柴油机</td><td rowspan="2">±5</td><td rowspan="2">5</td><td rowspan="2">3</td><td rowspan="2">±5</td><td>5</td><td>0.5</td></tr>
<tr><td>汽油机</td><td>7</td><td>1.0</td></tr>
</table>

4.7.3 稳流精度和稳压精度

有要求时，整流供电的直流电站的稳流精度不超过±5%，稳压精度不超过±3%。

4.7.4 冷热态电压变化

交流电站在额定工况下从冷态到热态的电压变化：对采用可控励磁装置发电机的电站应不超过

±2%额定电压；对采用不可控励磁装置发电机的电站应不超过±5%额定电压。

4.7.5 畸变率

交流电站在空载额定电压时的线电压波形正弦性畸变率应不大于下列规定值：

单相电站和额定功率小于 3 kW 的电站为15%；

额定功率为 3～250 kW 的三相电站为10%；

额定功率大于 250 kW 的电站为5%。

4.7.6 不对称负载要求

额定功率不大于 250 kW 的三相电站在一定的三相对称负载下，在其中任一相(对可控硅励磁者指接可控硅的一相)上再加 25%额定相功率的电阻性负载，当该相的总负载电流不超过额定值时应能正常工作；线电压的最大(或最小)值与三线电压平均值之差应不超过三线电压平均值的±5%。

4.7.7 并联

4.7.7.1 工频柴油电站

有要求时，两台型号规格相同的电站在 20%～100%总额定功率范围内应能稳定地并联运行，且可平稳转移负载的有功功率和无功功率，其有功功率和无功功率的分配差度应不大于 10%；不同容量的电站并联，电站最大功率与最小功率之比不大于 3∶1，且具有相似调速特性的条件下，电站在负载总功率为并联运行电站总额定功率的 20%～100%范围内应能稳定地并联运行，各电站实际承担的有功功率和无功功率与按额定有功功率和无功功率的比例分配之差应不大于各台电站中最大功率电站额定有功功率和无功功率的 10%及最小功率电站额定有功功率和无功功率的 25%。

4.7.7.2 中频柴油电站

有要求时，两台型号规格相同的三相电站应能并联以达平稳转移负载的目的。

4.7.7.3 双频柴油电站

有要求时，电站的并联运行性能应符合产品技术条件的规定。

4.7.8 启动电动机

工频三相电站(含双频电站的三相工频机)空载时应能直接启动成功表 4 规定的空载四极鼠笼型三相异步电动机。

表 4　　kW

序号	电站额定功率 P	电动机额定功率
1	$P \leqslant 40$	$0.7P$
2	$40 < P \leqslant 75$	30
3	$75 < P \leqslant 120$	55
4	$120 < P \leqslant 250$	75
5	$250 < P \leqslant 1\ 250$	按产品技术条件的规定

4.7.9 温升

电站各部件温度(或温升)应符合各自产品技术条件的规定。允许汽车电站和挂车电站的发电机各绕组的稳定工作温度(或温升)超过本身技术条件规定值 5℃。

4.7.10 变频发电

除另有说明外，双频电站应能用市电(电压范围 360～400 V、频率范围 49.5～50.5 Hz)为原动力输出双频电能。

4.7.11 增载要求

双频电站在总输出功率不超过额定功率的条件下，应允许减少中频机负载而增加工频机负载，增加负载后的工频机的输出功率应不超过工频机作电动机运行时的额定输入功率。

4.7.12 火花等级

直流电站在空载至额定负载的整个过程中，其直流发电机的火花等级应不超过 $1\frac{1}{2}$级。

4.8 结构

4.8.1 电站的电气安装应符合电路图。

4.8.2 当原动机与发电机采用非法兰止口联结时，原动机与发电机的同轴度应符合产品技术条件的规定。

4.8.3 有要求时，应对额定功率大于 100 kW 的电站进行扭转振动的计算和测量。

4.9 污染环境的限值

4.9.1 振动

电站应根据需要设置减振装置；电站运行时振动的单振幅值应不大于 0.3 mm 或 0.5 mm；使用增压柴油机、单缸和两缸柴油机、单缸汽油机的电站，其振幅值应符合产品技术条件的规定。

4.9.2 噪声

电站的噪声允许值应符合表 5 的规定，增压柴油电站和低噪声电站的噪声允许值按产品技术条件的规定。

表 5

<table>
<tr><th colspan="2" rowspan="2">电站型式</th><th rowspan="2">噪声声压级平均值
dB(A)
（不大于）</th><th colspan="2">测点</th></tr>
<tr><th>距离
m</th><th>高度
m</th></tr>
<tr><td rowspan="2">汽车电站和厢式挂车电站</td><td>隔室操作</td><td>90;93;96</td><td>距控制屏正面中心 0.50</td><td rowspan="2">距地板 1.00</td></tr>
<tr><td>非隔室操作</td><td>93;99;105</td><td>对控制屏在机组上者，距控制屏正面中心可能的最远距离；
对控制屏为落地式者，距发电机端可能的最远距离</td></tr>
<tr><td colspan="2">罩式挂车电站</td><td rowspan="2">90;96;102</td><td>距电站两侧和发电机后端
1.00</td><td>距地面
1.65</td></tr>
<tr><td rowspan="4">发电机组</td><td>≤250 kW</td><td rowspan="4">距机组两侧和发电机后端
1.00</td><td rowspan="4">距地面
1.00</td></tr>
<tr><td>>250 kW</td><td rowspan="3">按产品技术条件的规定</td></tr>
<tr><td>额定转速
3 000 r/min</td></tr>
<tr><td>增压</td></tr>
</table>

4.9.3 无线电干扰

对有抑制无线电干扰要求的电站，应有抑制无线电干扰的措施，其干扰值应不大于表 6 和表 7 的规定值。

表 6

频率 MHz	端子干扰电压	
	μV	dB
0.15	3 000	69.5
0.25	1 800	65.1
0.35	1 400	62.9
0.60	920	59.0
0.80	830	58.0
1.00	770	58.0
1.50	680	56.7
2.50	550	54.8
3.50	420	54.0
5.00	400	52.0
10.00	400	52.0
30.00	400	52.0

表 7

频段 f_d MHz		$0.15 \leqslant f_d \leqslant 0.50$	$0.50 < f_d \leqslant 2.50$	$2.50 < f_d \leqslant 20.00$	$20.00 < f_d \leqslant 300.00$
干扰场强	μV/m	100	50	20	50
	dB	40	34	26	34

4.9.4 有害物质浓度

有要求时，电站排出的有害物质允许浓度按产品技术条件的规定。

4.9.5 烟度

有要求时，电站的排气烟度按产品技术条件的规定。

4.10 行驶、运输和制动

4.10.1 里程、路面和速度

电站各部结构应能承受按下列要求行驶或运输的振动和冲击：

a）里程：汽车电站和挂车电站鉴定试验和型式试验行驶 1 500 km，出厂试验行驶 50 km；发电机组鉴定试验和型式试验运输 1 000 km。

b）路面：不平整的土路及坎坷不平的碎石路面为试验里程的 60%；柏油（或水泥）路面为试验里程的 40%。

c）速度：在不平整的土路及坎坷不平的碎石路面上为 20～30 km/h；在柏油（或水泥）路面上为 30～40 km/h。

4.10.2 通过性

汽车电站的通过性应不低于原车的性能指标(离去角按 GJB 79 的规定);挂车电站的通过性应不低于所指定牵引车的性能指标。

4.10.3 牵引环

单轴挂车电站的质心应在车轴的稍前方,牵引环负重为 60～120 kg。

4.10.4 制动

汽车电站和挂车电站应有可靠的制动装置,使其制动性能分别符合原车和指定牵引车的有关规定,挂车电站的手制动装置一般应保证在 26%(15°)斜坡的上下方向能可靠制动。

4.11 耗油要求

4.11.1 汽车电站和挂车电站的燃油箱容油量应符合表 8 的规定。

表 8

电站 原动机	电站额定功率 kW	燃油箱容油量保证电站连续运行的时间 h (不短于)
柴油机	＞75	4
	≤75	6
汽油机	＞2	4
	≤2	2

4.11.2 电站的燃油消耗率和机油消耗率(g/kW·h)应分别不高于表 9、表 10 的规定。

表 9

电站额定功率 P kW	柴油电站										汽油电站
	$P\leqslant 3$	$3<P\leqslant 5$	$5<P\leqslant 12$	$12<P\leqslant 24$	$24<P\leqslant 40$	$40<P\leqslant 75$	$75<P\leqslant 120$	$120<P\leqslant 250$	$250<P\leqslant 600$	$600<P\leqslant 1\,250$	0.3～15
燃油消耗率 g/(kW·h)	按产品技术条件的规定	360	340	320	300	290	280	270	260	250	按产品技术条件的规定

注:燃油消耗率的允差值最大不超过标定值的+5%,重油的基准低热值为 42 000 kJ/kg,轻油的基准低热值为 42 700kJ/kg。

表 10

电站额定功率 P kW	柴油电站			汽油电站
	$P\leqslant 12$	$12<P\leqslant 40$	$40<P\leqslant 1\,250$	$0.3\leqslant P\leqslant 15$
机油消耗率 g/(kW·h)	5.0	4.5	4.0	按产品技术条件的规定

4.12 密封性

4.12.1 电站应无漏油、漏水、漏气现象。

4.12.2 电站厢体(外罩)密封应能防雨、防尘。

4.13 安全性

4.13.1 绝缘系统

三相电站采用中性点绝缘系统；应有绝缘监视装置；应有良好的接地装置，其接地电阻应不大于 50 Ω。

4.13.2 绝缘电阻

电站各独立电气回路对地及回路间的绝缘电阻应不低于表 11 的规定，冷态绝缘电阻只供参考，不作考核。

表 11

条件		回路额定电压，V			
		交流电站			直流电站
		≤230	400	6 300	≤100
冷态	环境温度为 15～35℃，空气相对湿度为 45%～75%	2	2	按产品技术条件的规定	1
	环境温度为 25℃，空气相对湿度为 95%	0.3	0.4	6.3	0.3
热态		0.3	0.4	6.3	0.3

4.13.3 耐电压

电站各独立电气回路对地及回路间应能承受试验电压数值为表 12 规定、频率为 50 Hz、波形尽可能为实际正弦波、历时 1 min 的绝缘介电强度试验而无击穿或闪络现象。

表 12

部位	电站类别	回路额定电压	试验电压
一次回路对地，一次回路对二次回路	交流电站	>100	(1 000+2 倍额定电压)×80% 电低 1 200
	直流电站	>36	1 125
		≤36	500
二次回路对地	交流电站	<100	750
	直流电站	>36	750
		≤36	500

注：原动机的电气部分、半导体器件及电容器等不作此项试验。

4.13.4 相序

三相电站的相序：对采用输出插头插座者，应按顺时针分向排列(面向插座)；对采用设在控制屏上的接线端子者，从屏正面看应自左到右或自上到下排列。

4.13.5 照度

有要求时，电站应设置可移动的灯，汽车电站和挂车电站控制屏上各监测仪表表面的照度应不低于 20 lx。

4.13.6 消防

电站消声器的结构应避免聚火的可能性;汽车电站和挂车电站应设置必要的消防工具,并应在产品技术条件中明确。

4.14 保护措施

4.14.1 过载保护

电站应有过载保护措施。

4.14.2 短路保护

额定功率不大于 250 kW 的电站应有短路保护措施,当电站输出电缆末端发生短路时,保护措施应能迅速可靠动作,电站无损。

额定功率大于 250 kW 的电站,其短路保护要求按产品技术条件的规定。

三相电站的短路包括单相、两相和三相短路;输出电缆的规格按产品技术条件的规定。

4.14.3 逆功率保护

要求并联运行的三相电站,应有逆功率保护措施。

4.15 可靠性和维修性

电站的平均故障间隔时间和平均修复时间应符合表 13 的规定。

表 13 h

原动机类型	平均故障间隔时间 (不短于)	平均修复时间 (不长于)
汽油机	250	2
柴油机	500	3

4.16 外观质量

4.16.1 电站的焊接应牢固,焊缝应均匀,无裂纹、药皮、溅渣、焊穿、咬边、漏焊及气孔等缺陷。

4.16.2 电站的车体表面应平整。

4.16.3 电站的涂漆部分的漆膜应均匀,无明显裂纹和脱落。

4.16.4 电站电镀件的镀层光滑,无漏镀斑点、锈蚀等现象。

4.16.5 电站厢体(外罩)外表面颜色应符合产品技术条件的规定。

4.16.6 电站的紧固件应不松动,工具及备附件应牢固。

4.17 成套性

4.17.1 电站的成套性按供需双方的协议。

4.17.2 每台电站应随附下列文件:

a) 合格证。

b) 使用说明书,至少包括:

技术数据;

结构和用途说明;

安装、保养和维修规程;

电路图和电气接线图。

c) 备品清单:

备件和附件清单;

专用工具和通用工具清单。

d) 产品履历书。

4.17.3 电站应按备品清单配齐维修用的工具及备附件,在保用期内能用所配工具及备附件进行已损零部件的修理和更换。

5 试验仪器仪表、试验项目和试验方法

5.1 试验仪器仪表

鉴定试验和型式试验应采用不低于0.5级准确度的电气测量仪器仪表(兆欧表除外,允许采用1.0级准确度的功率因数表)进行测量;出厂试验允许采用1.0级准确度的电气测量仪器仪表进行测量。

5.2 试验项目

按表14的规定。

表14

序号	试验项目名称	出厂试验	型式试验	鉴定试验	技术要求章条号	试验方法章条号	
						GJB 1488	本标准
1	检查外观	△	△	△	4.16	201	—
2	检查成套性	△	△	△	4.17	202	—
3	检查标志和包装	△	△	△	7	203	—
4	测量质量	—	—	△	4.2.3	204	—
5	测量外形尺寸	—	—	△	4.2.2	205	—
6	检查同轴度	△	△	△	4.8.2	—	5.3.2
7	测量绝缘电阻	△	△	△	4.13.2	101	—
8	耐电压试验	△	△	△	4.13.3	102	—
9	检查常温启动性能	△	△	△	4.6.1	206	—
10	检查低温启动措施	△	△	△	4.6.2	207	—
11	检查相序	△	△	△	4.13.4	208	—
12	检查照度	—	—	△	4.13.5	209	—
13	检查控制屏各指示装置	△	△	△	4.3	210	—
14	检查行车制动性能	△	△	△	4.10.4	218	—
15	检查牵引环	—	—	△	4.10.3	—	5.3.3
16	检查驻车制动性能	△	△	△	4.10.4	219	—
17	检查绝缘监视装置	—	△	△	4.13.1	301	—
18	测量接地电阻	—	—	△	4.13.1	302	—
19	检查过载保护功能	—	—	△	4.14.1	305	—
20	检查短路保护功能	—	—	△	4.14.2	303	—
21	检查逆功率保护功能	—	—	△	4.14.3	306	—

续表 14

序号	试验项目名称	出厂试验	型式试验	鉴定试验	技术要求章条号	试验方法章条号	
						GJB 1488	本标准
22	测量电压整定范围	△	△	△	4.7.1	401	—
23	测量电压和频率的稳态调整率	△	△	△	4.7.2	402	—
24	测量电压和转速的稳态调整率	△	△	△	4.7.2	—	5.3.4
25	测量双频发电时的稳态频率调整率	△	△	△	4.7.2	403	—
26	测量双频发电时工频机的稳态电压调整率	△	△	△	4.7.2	404	—
27	测量双频发电时中频机的稳态电压调整率	△	△	△	4.7.2	405	—
28	测量变频发电时中频机的稳态电压调整率	△	△	△	4.7.2	406	—
29	测量电压和频率的波动率	△	△	△	4.7.2	407	—
30	测量电压和转速的波动率	△	△	△	4.7.2	—	5.3.5
31	测量电压和频率的瞬态调整率及其稳定时间	△	△	△	4.7.2	408	—
32	测量电压和转速的稳定时间	—	△	△	4.7.2	—	5.3.6
33	测量双频发电时电压和频率的瞬态调整率及其稳定时间	—	△	△	4.7.2	409	—
34	检查直接启动电动机的能力	—	—	△	4.7.8	412	—
35	检查冷热态电压变化	—	—	△	4.7.4	413	—
36	测量在不对称负载下的线电压偏差	—	—	△	4.7.6	414	—
37	测量线电压波形正弦性畸变率	—	—	△	4.7.5	418	—
38	连续运行试验	—	△	△	4.5	425	—
39	测量温升[1)]	—	—	△	4.7.9	426	—
40	并联运行试验	—	—	△	4.7.7	427	—
41	测量稳流精度	△	△	△	4.7.3	429	—
42	测量稳压精度	△	△	△	4.7.3	430	—
43	检查火花等级	△	△	△	4.7.12	—	5.3.7
44	测量燃油消耗率	—	—	△	4.11.2	501	—
45	测量机油消耗率	—	—	△	4.11.2	502	—
46	测量扭转振动	—	—	△	4.8.3	—	5.3.8
47	测量振动值	—	—	△	4.9.1	601	—
48	测量噪声级[2)]	—	—	△	4.9.2	602	—

续表 14

序号	试验项目名称	出厂试验	型式试验	鉴定试验	技术要求章条号	试验方法章条号	
						GJB 1488	本标准
49	测量传导干扰	—	—	△	4.9.3	603	—
50	测量辐射干扰	—	—	△	4.9.3	604	—
51	测量有害物质的浓度	—	—	△	4.9.4	605	—
52	测量烟度	—	—	△	4.9.5	606	—
53	高温试验	—	—	△	4.4	607	—
54	低温试验	—	—	△	4.4	608	—
55	湿热试验	—	—	△	4.4	610	—
56	长霉试验	—	—	△	4.4	612	—
57	雨淋试验	—	—	△	4.12.2	613	—
58	倾斜运行试验	—	—	△	4.4	614	—
59	运输试验	—	—	△	4.10.1	615	—
60	行驶试验	△	△	△	4.10	616	—
61	可靠性和维修性试验	—	—	△	4.15	701 703	—

注：①“△”表示包括该项目。

1）在配套发电机每年均进行温升试验并有试验报告的条件下，对额定功率大于 250 kW 的电站可免试。

2）对低噪声电站，出厂试验和型式试验时均应进行。

5.3 试验方法

5.3.1 按 GJB 1488 的规定。

5.3.2 检查同轴度

按产品技术条件的规定在装配中进行。

5.3.3 检查牵引环

按产品技术条件的规定进行。

5.3.4 测量电压和转速的稳态调整率(直流电站)。

5.3.4.1 要求

出厂试验时可仅在冷态下进行。

5.3.4.2 程序

a）电站处于冷态，启动并调整电站在额定工况下。

b）记录有关稳定读数。

c）减负载至空载，从空载逐级加载至额定负载的 25%、50%、75%、100%，再将负载按此等级由 100%逐级减至空载，记录各负载下的有关稳定读数。

d）调整电站在额定工况下。

e）减负载至空载，从空载突加额定负载，再突减该负载至空载，记录突加、突减负载后的有关稳定读数。

注：对增压型电站，其突加的负载量按产品技术条件的规定。

f）电站处于热态、额定工况下，重复 c）～e）。

5.3.4.3 结果

a）稳态电压调整率 δU_z（%）按下式计算：

$$\delta U_z = \frac{U_1 - U}{U} \times 100\%$$

式中：U——额定电压，V；

U_1——负载渐变和突变后的稳定电压，取各读数中（相对于 U 差值大）的最大值和最小值，V。

b）稳态转速调整率 δn（%）按下式计算：

$$\delta n = \frac{n_1 - n}{n} \times 100\%$$

式中：n——额定转速，r/min；

n_1——负载渐变和突变后的稳定转速，取各读数中（相对于 n 差值大）的最大值和最小值，r/min。

c）将结果同 4.7.2.2 的有关规定作比较。

5.3.5 测量电压和转速的波动率（直流电站）

5.3.5.1 要求

出厂试验时可仅在冷态下进行。

5.3.5.2 程序

按 5.3.4.1 规定，在冷态、热态下的负载渐变和突变后，观察在各负载下电压和转速波动后的最大值和最小值（观察 1 次 1 min）并作记录。

5.3.5.3 结果

a）电压波动率 δU_{Bz}（%）按下式计算：

$$\delta U_{Bz} = \frac{U_{Bz,max} - U_{Bz,min}}{U_{Bz,max} + U_{Bz,min}} \times 100\%$$

式中：$U_{Bz,max}$——负载不变时的最高电压，V；

$U_{Bz,min}$——负载不变时的最低电压，V。

$U_{Bz,max}$和 $U_{Bz,min}$取同一负载下同一次测量的最大值和最小值。

b）转速波动率 δn_B（%）按下式计算：

$$\delta n_B = \frac{n_{B,max} - n_{B,min}}{n_{B,max} + n_{B,min}} \times 100\%$$

式中：$n_{B,max}$——负载不变时的最高转速，r/min；

$n_{B,min}$——负载不变时的最低转速，r/min。

$n_{B,max}$和 $n_{B,min}$取同一负载下同一次测量的最大值和最小值。

c）将结果同 4.7.2.2 的有关规定作比较。

5.3.6 测量电压和转速的稳定时间（直流电站）

5.3.6.1 要求

转速稳定时间指转速离开规定范围限值时起至转速恢复到规定范围内而不再超出的时刻止的时间。

该测量可在 5.3.4 中插入进行。

5.3.6.2 程序

按 5.3.4.2 规定的突变负载，用动态测试仪或其它等效的仪器记录电站在冷、热态下负载突变过程中的转速稳定时间。

5.3.6.3 结果

将结果同 4.7.2.2 的有关规定作比较。

5.3.7 检查火花等级(直流电站)

5.3.7.1 程序

a) 电站处于冷态,启动并使电站在空载、额定电压、额定转速下。

b) 电站空载运行稳定后,观察电刷下的火花程度和换向器及电刷状态,并作记录。

c) 使电站在额定工况下。

d) 电站运行稳定后,观察电刷下的火花程度和换向器及电刷状态,并作记录。

5.3.7.2 结果

将结果同 4.7.12 的规定作比较。

5.3.7.3 附注

火花等级的判定(见表 15)。

表 15

火花等级	电刷下的火花程度	换向器及电刷的状态
1	无火花	换向器上无黑痕,电刷上无灼痕
$1\frac{1}{4}$	电刷边缘仅小部分(约 1/5～1/4 刷边长)有断续的几点点状火花	
$1\frac{1}{2}$	电刷边缘大部分(大于 1/2 刷边长)有连续的较稀的颗粒状火花	换向器上有黑痕但不发展,用汽油擦其表面即能除去,同时电刷上有轻微灼痕
2	电刷边缘大部分或全部有连续的较密的颗粒状火花,开始有断续的舌状火花	换向器上有黑痕,用汽油不能擦除,同时电刷上有灼痕。若在这一火花等级下短时运行,则换向器上出现灼痕。电刷不被烧焦或损坏
3	电刷整个边缘有强烈的舌状火花,伴有爆裂声音	换向器上有较严重黑痕,用汽油不能擦除,同时电刷有灼痕。若在这一火花等级下短时运行,则换向器上出现灼痕,电刷将被烧焦或损坏

5.3.8 测量扭转振动

按 ZB J91 005 的规定进行。

6 检验规则

6.1 试验分类

本标准规定的试验分为:

a) 出厂试验;

b) 型式试验;

c) 鉴定试验。

6.2 电站均应进行出厂试验;新产品试制完成及老产品转厂生产时应进行鉴定试验;不经常生产的产品再次生产、正常生产的产品自上次试验算起经 3a、国家质量监督机构要求时应进行型式试验。

6.3 鉴定试验的产品为 2 台,型式试验的产品为 1 台。

6.4 凡属下列情况,应进行有关项目的试验:

a）产品的设计或工艺上的变更足以影响产品性能时；

b）出厂试验结果同以前的型式试验结果相比出现不允许的偏差时。

6.5 出厂试验中，只要有一项试验结果不符合本标准规定，应找出原因并排除故障后复试，若经第3次复试后仍不合格，则判为不合格品。

6.6 型式试验中，只要有一项试验结果不符合本标准规定，应在同一批产品中另抽加倍数量的产品，对该项目进行复试，若仍不合格，产品生产暂停，对该批产品的该项目逐台检验，直到找出原因并排除故障确认其合格后方能恢复生产。

6.7 检验条件

6.7.1 除另有规定外，各项试验均在生产厂试验站当时所具有的条件（环境温度、相对湿度、大气压力）下进行。

6.7.2 试验时使用的测量仪器仪表应有定期检查的合格证。

6.7.3 除另有规定外，各电气指标均在电站控制屏输出端考核。

7 标志、包装及贮运

7.1 电站的标牌应固定在明显位置，其尺寸和要求按 GB/T 13306 的规定。

7.2 电站的铭牌应包括下列内容：

a）电站名称；

b）电站型号；

c）相数（对交流）；

d）额定转速，r/min；

e）额定频率（对交流），Hz；

f）额定功率，kW；

g）额定电压，V；

h）额定电流，A；

i）额定功率因数（对交流）；

j）噪声级（对低噪声电站），dB(A)；

k）质量，kg 或 t；

l）外形尺寸，$l \times b \times h$，mm；

m）生产厂名；

n）电站编号；

o）制造日期；

p）标准代号及编号。

7.3 电站及其备附件在包装前，凡未经涂漆或电镀保护的裸露金属，应采取临时性防锈保护措施。

7.4 发电机组的包装应能防雨，牢固可靠，有明显、正确、不易脱落的识别标志。

7.5 汽车电站和挂车电站不包装应能运输；带底盘而在有盖车厢内的无包装发电机组应能运输。

7.6 电站的包装应根据需要能水路运输、空中运输、铁路运输和汽车运输。

7.7 电站按产品技术条件规定的贮存期和方法贮存应无损。

8 生产厂的保证

在用户遵守生产厂的使用说明书规定的情况下，生产厂应保证电站发货日期起不超过12个月，且使用期不超过原动机主管部门规定的保用期内能良好地运行。如在规定时间内因制造质量不良而导致电站损坏或不能正常工作，并有技术记录可查时，生产厂应免费予以修理或更换零部件。

附　录　A
出厂试验时的特定要求
（补充件）

A1　出厂试验时可仅在冷态下进行的项目

A1.1　测量绝缘电阻。

A1.2　耐电压试验。

A1.3　测量电压整定范围。

A1.4　测量稳流精度。

A1.5　测量稳压精度。

A2　出厂试验时可仅在冷态、额定电压下进行的项目

A2.1　测量电压和频率的稳态调整率。

A2.2　测量双频发电时工频机的稳态电压调整率。

A2.3　测量双频发电时中频机的稳态电压调整率。

A3　出厂试验时可仅在冷态、额定电压、额定功率因数下进行的项目

A3.1　测量双频发电时的稳态频率调整率。

A3.2　测量电压和频率的波动率。

A4　其他（出厂试验时）

A4.1　检查控制屏各指示装置的工作情况可不进行仪表准确度的检查。

A4.2　检查挂车电站手制动的可靠性可在平地用拖印方法进行。

附加说明：

本标准由中华人民共和国机械工业部提出。

本标准由兰州电源车辆研究所归口。

本标准由兰州电源车辆研究所负责起草，郑州电气装备总厂、陕西省发电设备厂、苏北电机厂参加起草。

本标准主要起草人陈应芳、张继姜。

ICS 29.160.40
K 52

中华人民共和国国家标准

GB/T 2820.1—2009/ISO 8528-1:2005
代替 GB/T 2820.1—1997

往复式内燃机驱动的交流发电机组 第1部分:用途、定额和性能

Reciprocating internal combustion engine driven alternating current generating sets—Part 1:Application, ratings and performance

(ISO 8528-1:2005,IDT)

2009-05-06 发布　　2009-11-01 实施

中华人民共和国国家质量监督检验检疫总局
中国国家标准化管理委员会　发布

前　言

GB/T 2820在《往复式内燃机驱动的交流发电机组》总标题下由下列各部分组成：

——第1部分：用途、定额和性能

——第2部分：发动机

——第3部分：发电机组用交流发电机

——第4部分：控制装置和开关装置

——第5部分：发电机组

——第6部分：试验方法

——第7部分：用于技术条件和设计的技术说明

——第8部分：对小功率发电机组的要求和试验

——第9部分：机械振动的测量和评价

——第10部分：噪声的测量(包面法)

——第11部分：旋转不间断电源　性能要求和试验方法

——第12部分：对安全装置的应急供电

本部分为GB/T 2820的第1部分。本部分等同采用ISO 8528-1:2005《往复式内燃机驱动的交流发电机组　第1部分：用途、定额和性能》。

本部分代替GB/T 2820.1—1997《往复式内燃机驱动的交流发电机组　第1部分：用途、定额和性能》。

本部分与GB/T 2820.1—1997相比，在运行方式及功率定额种类方面的规定有较大差异。

本部分由中国电器工业协会提出。

本部分由全国移动电站标准化技术委员会(SAC/TC 329)归口。

本部分主要起草单位：兰州电源车辆研究所、郑州佛光发电设备有限公司、泰州锋陵特种电站有限公司、无锡开普动力有限公司、威尔信(汕头保税区)动力设备有限公司、江西清华泰豪三波电机有限公司。

本部分主要起草人：杨俊智、张洪战、王忠华、孙亚平、郑清禄、许乃强、黄天诚、王丰玉。

本部分所代替标准的历次版本发布情况：

——GB/T 2820.1—1997。

往复式内燃机驱动的交流发电机组
第1部分:用途、定额和性能

1 范围

GB/T 2820的本部分规定了由往复式内燃(RIC)机、交流(a.c.)发电机、控制装置和开关装置、辅助设备组成的发电机组的用途、定额和性能。

本部分适用于由往复式内燃(RIC)机驱动的陆用和船用交流(a.c.)发电机组,不适用于航空或驱动陆上车辆和机车的发电机组。

对于某些特殊用途(例如医院、高层建筑必不可少的供电),附加要求可能是必需的。本部分的规定可作为确定任何附加要求的基础。

对于由其他型式的往复式原动机(例如蒸汽发动机)驱动的交流(a.c.)发电机组,本部分的规定可作为基础。

满足本部分要求的发电机组将用于连续供电、调峰供电和备用电源等应用场合。本部分的分类规定有助于制造商和用户之间的相互理解。

2 规范性引用文件

下列文件中的条款通过GB/T 2820的本部分的引用而成为本部分的条款。凡是注日期的引用文件,其随后所有的修改单(不包括勘误的内容)或修订版均不适用于本部分,然而,鼓励根据本部分达成协议的各方研究是否可使用这些文件的最新版本。凡是不注日期的引用文件,其最新版本适用于本部分。

GB/T 2820.2—2009 往复式内燃机驱动的交流发电机组 第2部分:发动机(ISO 8528-2:2005,IDT)

GB/T 2820.3—2009 往复式内燃机驱动的交流发电机组 第3部分:发电机组用交流发电机(ISO 8528-3:2005,IDT)

GB/T 2820.4—2009 往复式内燃机驱动的交流发电机组 第4部分:控制装置和开关装置(ISO 8528-4:2005,IDT)

GB/T 2820.5—2009 往复式内燃机驱动的交流发电机组 第5部分:发电机组(ISO 8528-5:2005,IDT)

GB/T 6072.1—2008 往复式内燃机 性能 第1部分:功率、燃料消耗和机油消耗的标定及试验方法 通用发动机的附加要求(ISO 3046-1:2002,IDT)

3 符号和缩写

本标准所使用的符号和缩写的解释见表1。

表1 符号和缩写

符号或缩写	术语	单位	符号或缩写	术语	单位
P	功率	kW	ϕ	功率因数	
P_{pp}	允许平均功率	kW	ϕ_r	相对湿度	%
P_{pa}	实际平均功率	kW	a.c.	交流	

表 1(续)

符号或缩写	术 语	单 位	符号或缩写	术 语	单 位
P_r	总大气压力	kPa	COP	持续功率	kW
T_{or}	增压中冷介质温度	K	PRP	基本功率	kW
T_r	大气温度	K	LTP	限时运行功率	kW
t	时间	s	ESP	应急备用功率	kW

4 其他规定和附加要求

对必须遵守船级社规范、用于船舶甲板上和近海安装的交流(a. c.)发电机组,应满足该船级社的附加要求。该船级社名称应由用户在发出定单前说明。

对在无级别设备条件下运行的交流(a. c.)发电机组,任何附加要求须经制造商和用户商定。

若要满足任何其他管理机构(例如检查和/或立法机构)条例规定的专用要求,该管理机构名称应由用户在发出定单前声明。

任何其他的附加要求应由制造商和用户商定。

5 一般说明

5.1 发电机组

5.1.1 总则

一台发电机组由一台或多台用以产生机械能的往复式内燃(RIC)机、一台或多台将机械能转换为电能的发电机组成,发电机组还包括用于连接原动机与发电机的部件(例如联轴器、齿轮箱)和适用的承载与安装部件。

5.1.2 原动机

在本标准中,原动机可有以下两种型式:

a) 压缩点燃式发动机;

b) 火花点燃式发动机。

根据发电机组的用途,下列要求对选用原动机可能是重要的:

a) 燃油品质和燃油消耗;

b) 排气和噪声辐射;

c) 转速范围;

d) 质量和外形尺寸;

e) 突然加载和频率特性;

f) 发电机的短路特性;

g) 冷却系统;

h) 启动系统;

i) 维修要求;

j) 余热利用。

5.1.3 发电机

在本标准中,发电机可有以下两种型式:

a) 同步发电机;

b) 异步发电机。

根据发电机组的用途,下列要求对选用发电机可能是重要的:

a) 考虑到功率因数后，在启动、正常运行及负载变化后的电压特性；

b) 短路特性(电气的、机械的)；

c) 效率；

d) 发电机设计和外壳防护型式；

e) 并联运行特性；

f) 维修要求。

5.1.4 控制装置和开关装置

发电机组的控制、开关、运行和监测设备应是控制装置和开关装置系统的相关部件。

5.1.5 辅助设备

辅助设备是对配备/安装在发电机组上的有关设备的补充，但对发电机组良好安全运行是必要的，例如：

a) 启动系统；

b) 进、排气系统；

c) 冷却系统；

d) 润滑油系统；

e) 燃油系统(必要时包括燃油处理)；

f) 辅助电源。

5.2 电站

一座电站由一台或多台发电机组及其辅助设备、有关的控制装置和开关装置、适用的安装场所(例如防止天气影响的建筑物、罩壳或专用设备)组成。

6 应用准则

6.1 运行模式

6.1.1 总则

发电机组的运行模式可能影响某些重要性能(例如运行的经济性和可靠性、维修间隔时间)，用户与制造商在商定有关要求时应予以考虑(见第 11 章)。

6.1.2 恒定负荷持续运行

恒定负荷持续运行定义为：施加的电气负载是恒定的，在考虑了维修周期后，发电机组的运行时间没有限制。

例：为热电联供电站基本负载供电。

6.1.3 变负荷持续运行

变负荷持续运行定义为：施加的电气负载是可变的，在考虑了维修周期后，发电机组的运行时间没有限制。

例：为无市电或市电不可靠的地区供电。

6.1.4 恒定负荷限时运行

恒定负荷限时运行定义为：施加的电气负载是恒定的，发电机组的运行时间有限制。

例：在用电高峰期间发电机组与市电并网运行，向某一恒定负载供电，即负荷调峰管理。

6.1.5 变负荷限时运行

变负荷限时运行定义为：施加的电气负载是可变的，发电机组的运行时间有限制。

例：一旦常用的市电出现故障，对建筑物提供基本供电保障。

6.2 场所准则

6.2.1 陆用

陆用是指用于陆地上的固定式、可运输式或移动式发电机组。

6.2.2 船用

船用是指用于船舶甲板上和近海安装的发电机组。

6.3 单机运行和并联运行

6.3.1 总则

发电机组可有以下两种运行方式:

a) 单机运行

单机运行是指不考虑其启动和控制设备的配置或模式,或无其他电源同时供电,发电机组作为唯一的电源运行。

b) 并联运行

并联运行是指一台发电机组与具有相同电压、频率和相位的其他电源的电气连接,共同分担连接网络的供电需求。包括电压范围及其变化、频率、网路阻抗在内的常用市电特性应由用户说明。

6.3.2 发电机组并联运行

在这种运行方式下:两台或多台发电机组在牵入同步后进行电气连接(而非机械连接)。可使用具有不同输出和转速的发电机组。

6.3.3 与电网并联运行

在这种运行方式下:一台或多台并联运行的发电机组(如6.3.1所述)与市电进行电气连接。

在由市电供电的情况下,与电网的并联运行需得到供电局的允许。应按照现行的公共管理条例提供保护设备。.

注:这也适用于为了定期检查启动功能,并需按制造商规定的时间周期向电网供电的发电机组。

6.4 启动和控制模式

6.4.1 总则

包括在发电机组运行中的启动和控制模式通常有:

a) 启动;

b) 监测;

c) 适用时,电压和频率的调整与同步;

d) 切换;

e) 停机。

这些可全部或部分地手动,或自动(见GB/T 2820.4—2009)。

6.4.2 手动操作

手动操作是指手动启动和控制发电机组。

6.4.3 半自动操作

半自动操作是指发电机组的某些功能是手动启动与控制的,其余为自动的。

6.4.4 自动操作

自动操作是指发电机组完全是自动启动和控制的。

6.5 启动时间

6.5.1 总则

启动时间是指从开始要求供电瞬间起,至获得供电瞬间止的时间。启动时间通常规定在几秒内。启动时间应满足发电机组的具体用途。

6.5.2 不规定启动时间的发电机组

这是指启动时间对其运行并不重要的发电机组。该类发电机组通常是手动启动的。

6.5.3 规定启动时间的发电机组

这是指规定了启动时间的发电机组,通常是自动启动的。该类发电机组可进一步分类。

6.5.3.1 **长时间断电机组**

这是指规定了启动时间的发电机组,从供电电源出现故障至发电机组供电之间的时间是相当长的。在这种情况下,在有供电需求时,整套机组是从静止状态启动的。

6.5.3.2 **短时间断电机组**

这是指带旋转电机的发电机组,在供电中断规定时间(通常为几毫秒)内,需要进行供电转换。储存的机械能在短时间内向旋转电机提供能量,必要时启动并加速往复式内燃(RIC)机。

6.5.3.3 **不断电机组**

这是指带持续运行电机的发电机组,保证万一电网发生故障时供电不会中断。储存的机械能在短时间内向连接的设备供电,必要时启动并加速往复式内燃(RIC)机。当驱动从一种能源转换为另一种时,可能出现暂时的频率偏差。

注:在转换过程中,允许的频率偏差大小需由用户和制造商协商。

7 性能等级

为了覆盖各供电系统的不同要求,定义了如下4种性能等级:

a) G1级

这一级适用的发电机组用途是:只需规定其基本的电压和频率参数的连接负载。

实例:一般用途(照明和其他简单的电气负载)。

b) G2级

这一级适用的发电机组用途是:其电压特性与公用电力系统的非常类似。当负载发生变化时,可有暂时的然而是允许的电压和频率的偏差。

实例:照明系统;泵、风机和卷扬机。

c) G3级

这一级适用的发电机组用途是:连接的设备对发电机组的频率、电压和波形特性有严格的要求。

实例:电信负载和晶闸管控制的负载。应认识到,整流器和晶闸管控制的负载对发电机电压波形的影响需要特殊考虑。

d) G4级

这一级适用的发电机组用途是:对发电机组的频率、电压和波形特性有特别严格要求的负载。

实例:数据处理设备或计算机系统。

8 安装特点

8.1 总则

除8.2~8.6的要求外,为满足当地法规的要求也可能影响发电机组的设计,用户和制造商应一并考虑。

8.2 安装构型

8.2.1 **总则**

8.2.2~8.2.4中的安装构型,需要或可能不需要将发电机组所有必要的辅助设备进行整体安装。

8.2.2 **固定式**

这种构型适用于永久性安装的发电机组。

8.2.3 **可运输式**

这种构型适用于非永久性安装或移动式发电机组。

8.2.4 **移动式**

这种构型适用于装有整体底架带轮子的可移动式发电机组。

8.3 发电机组构型

为了简化规定往复式内燃(RIC)机驱动的发电机组用途的合同内容,下面给出常用的某些机组构型:

——A:无底架;

——B:有底架;

——C:有底架,控制装置、开关装置和辅助设备整体安装;

——D:按在C中给出的构型,有罩壳(见第9章);

——E:按在C中给出的构型,装有一组轮子或安装在挂车上(见8.2.4)。

8.4 安装型式

发电机组的安装型式应由用户和发电机组制造商商定。典型的安装形式如下:

a) 刚性安装

在这种安装型式中:发电机组安装在刚性底架上。若安装发电机组的底架固定在无弹性层嵌入的低弹性衬底(如软木垫块)上,则认为这种安装方法是刚性的。

b) 弹性安装

在这种安装型式中:机组安装在弹性底座上,根据其特性可以部分隔离振动。对于特殊用途(例如船用或移动式),可能要求限制弹性安装。

1) 全弹性安装

在这种安装型式中:根据用户和制造商商定,发电机组安装在带有底架的基础或基座上,可隔离较强的振动。

2) 半弹性安装

在这种安装型式中:往复式内燃(RIC)机弹性而发电机刚性安装在基座或基础上。

3) 安装在弹性基础

在这种安装型式中:发电机组安装在弹性基础(减振块)上,机组与承载基础隔离(如用抗振架)。

8.5 往复式内燃(RIC)机和发电机的连接

8.5.1 总则

往复式内燃(RIC)机与发电机之间的机械连接,是由传递功率的大小及安装构型决定的。它受下列因素影响:发动机和发电机的设计、安装型式、传输的功率、转速、不平衡要求及是否使用齿轮箱。

8.5.2 联轴器结构

典型的联轴器结构有:刚性、扭转刚性、挠性、扭转挠性或离合器。

8.5.3 装配结构

往复式内燃(RIC)机和发电机之间的装配可用或不用法兰。

8.6 其他安装特点——天气影响

8.6.1 室内安装

在这种安装型式中发电机组安装在不受天气直接影响的封闭环境中。应特别考虑运行环境预期的最高和最低温度。

8.6.2 防止气候影响的室外安装

在这种安装型式中发电机组安装在部分受到天气影响的环境中。发电机组可安装在封闭的、但并非永久性的防护罩内或防护棚下。

8.6.3 露天安装

在这种安装型式中发电机组完全是露天安装。

9 辐射(排放)

当发电机组运行时,会产生包括噪声、振动、热辐射、废气和电磁干扰等辐射(排放)物。

与保护环境、发电机组操作和维修人员健康及安全有关的适用法规,应由制造商和用户在商定产品性能规范时考虑。

10 标准基准条件

为了确定发电机组的额定功率,应采用下列标准基准条件:

——总大气压力,$P_r=100$ kPa;

——环境空气温度,$T_r=298$ K($t_r=25$ ℃);

——相对湿度,$\phi_r=30\%$。

11 现场条件

11.1 总则

要求发电机组在现场条件下运行,机组的某些性能可能受影响,用户和制造商签订合同应予以考虑。

常见的现场条件应由用户明确规定,并应对任何特殊的危险条件(如爆炸大气环境和易燃气体)加以描述。这些特性可包括但不限于11.2~11.10所示的内容。

11.2 环境温度

用户应告知制造商发电机组安装及运行地点的环境温度上、下限值。

11.3 海拔

用户应告知制造商发电机组安装及运行地点的海拔高度。最好能提供现场典型大气压力上、下限的经验数据。

11.4 湿度

用户应告知制造商现场与温度和压力(见11.2和11.3)相关的湿度上、下限经验数据。

11.5 空气质量

用户应告知制造商,是否要求发电机组在有污染的环境(如沙、尘)中运行。为得到满意的性能和运行,可能需要采取特殊措施。应针对用户提出这些要求增加必要的维护要求,保证机组无故障运行。

11.6 海运环境

当要求发电机组在海运环境中运行时必须特殊考虑。这也适用于陆用发电机组在沿海地区的安装和运行。机组安装地区的环境状况应由用户清楚地说明。

11.7 冲击和强迫振动

若要求发电机组在外界可能发生冲击和/或振动(例如,可能发生地震的地区或来自邻近震源的强迫振动)的条件下运行,则应由用户清楚地说明。

11.8 化学污染

若要求发电机组在存在化学污染的环境条件下运行,则该污染的性质和程度应由用户清楚地说明。

11.9 放射

种类繁多的放射可能影响发电机组的部件。因此,为了确保机组无故障运行,某些部件可能需要特殊的防护和/或实施特殊的维修计划。该放射的性质和程度应由用户清楚地说明。

11.10 冷却水/液

若发电机组有水/液冷却散热器,则用户应说明辅助(外部)的传热液的最低和最高温度(以及必要时的化学成分与数量)。

12 运行条件下的功率修正

为了确定合适的发电机组功率定额,用户应按下列要求规定常见的现场运行环境条件:

a) 大气压力(最高和最低值,若无压力数据,可用海拔高度)。

b) 年最热月和最冷月的最高和最低气温的月平均值。

c) 发动机周围的最高和最低环境空气温度。

d) 在最高温度条件时的相对湿度(或者是水蒸气压力,湿、干球温度)。

e) 可用冷却水的最高和最低温度。

为了确定发电机组的现场额定功率,当现场的运行条件不同于第10章中给出的标准基准条件时,应对发电机组的功率进行必要的调整。

对于安装在船舶甲板上、按国际船级社联合会(IACS)规定作无限制使用的发电机机组,其额定功率应以GB/T 6072.1—2008中的标准环境条件为基础。

13 功率定额定义

13.1 总则

发电机组的功率是发电机组端子处为用户负载输出的功率,不包括基本独立辅助设备所吸收的电功率(见GB/T 2820.2—2009中5.1和GB/T 2820.3—2009第5章)。

13.2 功率定额

除非另有规定,发电机组的功率定额是指在额定频率、功率因数 $\cos\phi$ 为0.8下用千瓦(kW)表示的功率。

由制造商标定、在商定的安装和运行条件下发电机组将输出的功率中,有必要包括发电机组的功率定额种类。

应使用由发电机组制造商标定的功率定额种类。除非经用户和制造商同意,不应使用其他功率定额种类。

13.3 功率定额种类

在考虑了往复式内燃(RIC)机、交流(a.c.)发电机、控制装置和开关装置制造商规定的维修计划及维护方法后,发电机组制造商应按13.3.1～13.3.3(见图1～图4)确定机组的输出功率。

注:用户应意识到,如果与输出功率有关的条件不能满足,发电机组的寿命将缩短。

13.3.1 持续功率(COP)

持续功率定义为:在商定的运行条件下并按制造商规定的维修间隔和方法实施维护保养,发电机组每年运行时间不受限制地为恒定负载持续供电的最大功率(见图1)。

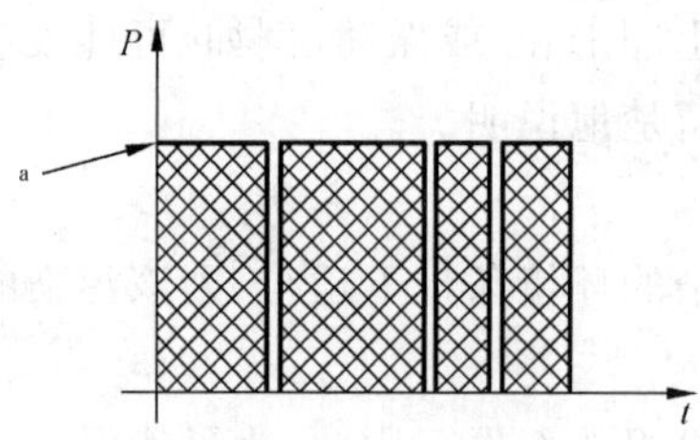

t——时间;

P——功率;

[a] 持续功率(100%)。

图1 持续功率(COP)图解

13.3.2 基本功率(PRP)

基本功率定义为:在商定的运行条件下并按制造商规定的维修间隔和方法实施维护保养,发电机组能每年运行时间不受限制地为可变负载持续供电的最大功率(见图2)。

在24 h周期内的允许平均输出功率(P_{pp})应不大于PRP的70%,除非往复式内燃(RIC)机制造商另有规定。

注:当要求允许的P_{pp}大于规定值时,可使用持续功率(COP)。

当确定某一变化的功率序列的实际平均输出功率P_{pa}(见图2)时,小于30%PRP的功率应视为30%,且停机时间应不计。

实际平均功率(P_{pa})按下式计算:

$$P_{pa}=\frac{P_1t_1+P_2t_2+P_3t_3+\cdots+P_nt_n}{t_1+t_2+t_3+\cdots+t_n}=\frac{\sum_{i=1}^{n}P_it_i}{\sum_{i=1}^{n}t_i}$$

式中:

$P_1,P_2,\cdots,P_i$——时间$t_1,t_2,\cdots,t_i$时的功率。

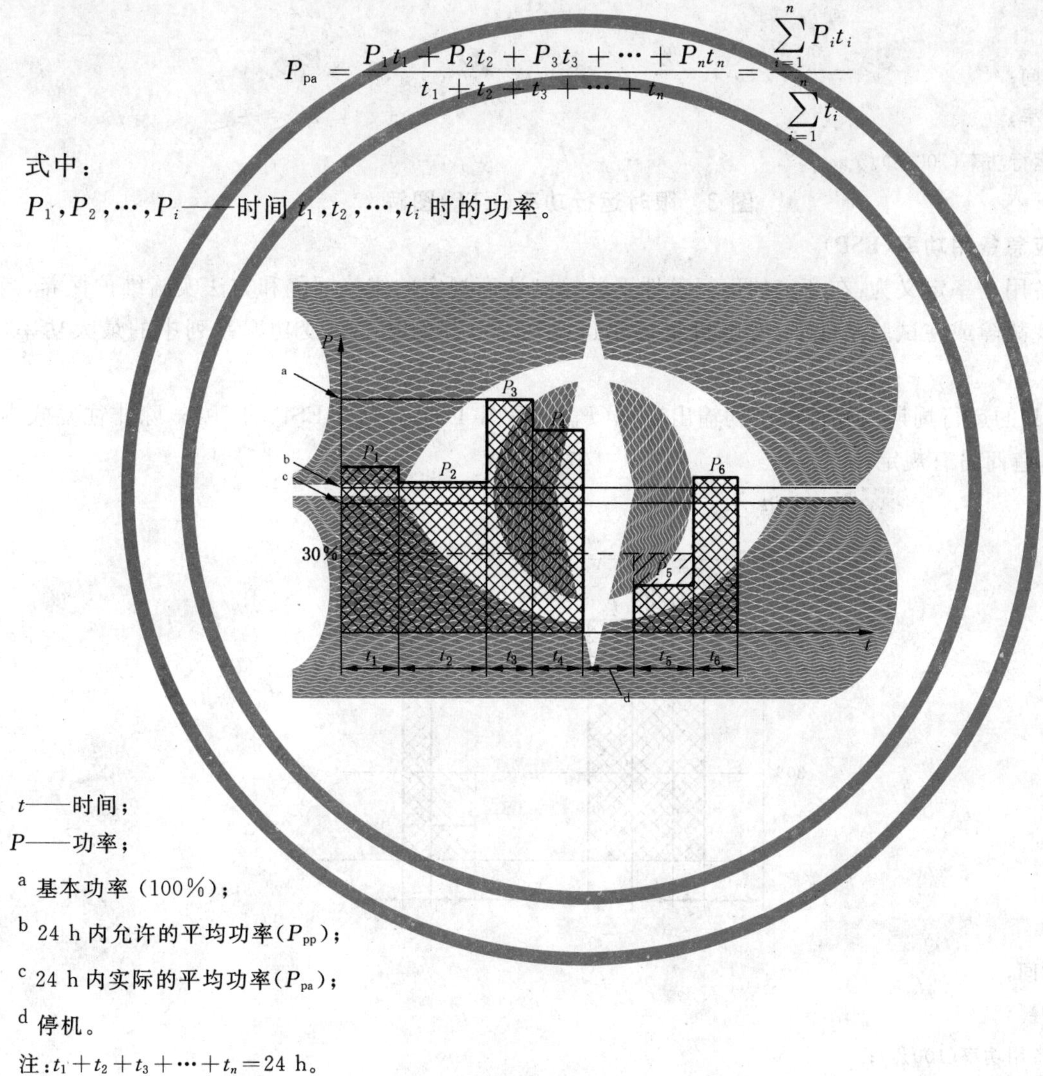

t——时间;

P——功率;

[a] 基本功率(100%);

[b] 24 h内允许的平均功率(P_{pp});

[c] 24 h内实际的平均功率(P_{pa});

[d] 停机。

注:$t_1+t_2+t_3+\cdots+t_n=24$ h。

图2 基本功率(PRP)图解

13.3.3 限时运行功率(LTP)

限时运行功率定义为:在商定的运行条件下并按制造商规定的维修间隔和方法实施维护保养,发电机组每年供电达500 h的最大功率(见图3)。

注:按100%限时运行功率(LTP)每年运行时间最多不超过500 h。

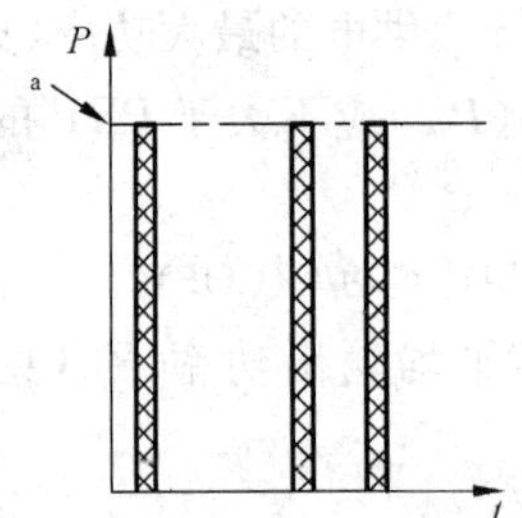

t——时间；

P——功率；

[a] 限时运行功率(100%)。

图 3 限时运行功率(LTP)图解

13.3.4 应急备用功率(ESP)

应急备用功率定义为：在商定的运行条件下并按制造商规定的维修间隔和方法实施维护保养，当公共电网出现故障或在试验条件下，发电机组每年运行达 200 h 的某一可变功率系列中的最大功率(见图 4)。

在 24 h 的运行周期内允许的平均输出功率(P_{pp})(见图 4)应不大于于 ESP 的 70%，除非往复式内燃(RIC)机制造商另有规定。

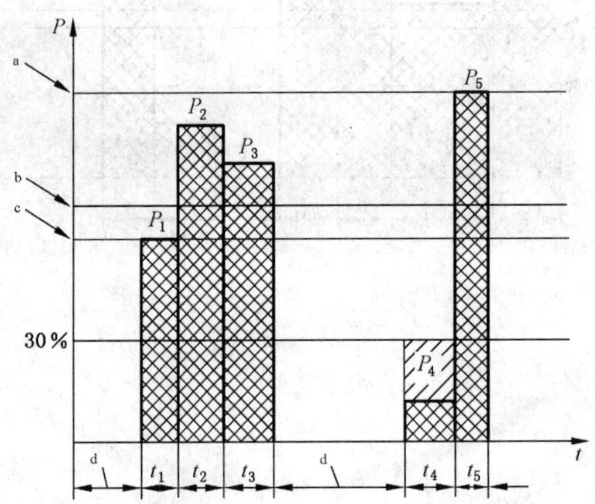

t——时间；

P——功率；

[a] 应急备用功率(100%)；

[b] 24 h 内允许的平均功率(P_{pp})；

[c] 24 h 内实际的平均功率(P_{pa})；

[d] 停机。

注：$t_1+t_2+t_3+\cdots+t_n=24$ h。

图 4 应急备用功率(ESP)图解

实际的平均输出功率(P_{pa})应低于或等于定义 ESP 的平均允许输出功率(P_{pp})。

当确定某一可变功率序列的实际平均输出功率(P_{pa})时，小于 30%ESP 的功率应视为 30%，且停机时间应不计。

实际的平均功率(P_{pa})按下式计算:

$$P_{pa}=\frac{P_1t_1+P_2t_2+P_3t_3+\cdots+P_nt_n}{t_1+t_2+t_3+\cdots+t_n}=\frac{\sum_{i=1}^{n}P_it_i}{\sum_{i=1}^{n}t_i}$$

式中:

$P_1,P_2,\cdots,P_i$——时间 $t_1,t_2,\cdots,t_i$ 时的功率。

14 运行性能

14.1 启动温度

往复式内燃(RIC)机制造商应规定用发动机自带的启动装置启动发电机组时的最低温度。

14.2 负载接受

当负载突加于发电机组时,输出电压和频率将会出现瞬时的偏差。偏差的大小与相对于发电机组电容量和动态特性(见 GB/T 2820.2—2009 和 GB/T 2820.5—2009)的有功功率大小(用 kW 表示)和无功功率变化(用 kvar 表示)有关。

若负载接受能力是一项重要要求,该要求应由用户清楚地说明。

14.3 循环不均匀度

由往复式内燃(RIC)机燃烧过程作用于发电机的旋转不均匀性,可能导致输出电压的调制(见 GB/T 2820.5—2009 第 3 章和第 10 章)。

14.4 发电机温升

发电机绕组的温升可能是限制发电机组长期可靠运行的一个重要因素。

若发电机组以限时运行为基础,则允许的温升可以提高(见 GB/T 2820.3—2009 中 6.2)。

14.5 燃油和润滑油特性及消耗率

制造商应规定发电机组所用的燃油和润滑油的特性及消耗率。若需验证燃油消耗率,测量方法应按 GB/T 6072.1—2008 所述,并由用户和制造商商定。

应依据发电机输出端子的电功率,同时考虑驱动基本独立辅助设备(见 GB/T 6072.1—2008)所需的电功率、交流(a.c.)发电机在给定功率和功率因数下的功率损失后,确定发电机组的燃油消耗率。应说明燃油的低热值。

14.6 最短运行时间

燃油和润滑油箱的容量可能使发电机组运行时间受到限制。若制造商提供了该油箱,应规定在不补给的条件下发电机组的最短运行时间。

14.7 调整

14.7.1 频率调整

当规定发电机组的性能时,稳态和瞬态频率调整要求可能是需要考虑的重要因素。若是如此,则该要求应由用户清楚地说明。

14.7.2 电压调整

当规定发电机组的性能时,考虑其稳态和瞬态电压调整是必要的。还必须注意到,施加于发电机组的负载电流波形特性可能影响电压波形和稳态电压精度。若电压调整是一项重要的要求,则该要求应由用户清楚地说明。

参 考 文 献

[1] GB/T 21404—2008 内燃机 发动机功率的确定和测量方法 一般要求

ICS 29.160.40
K 52

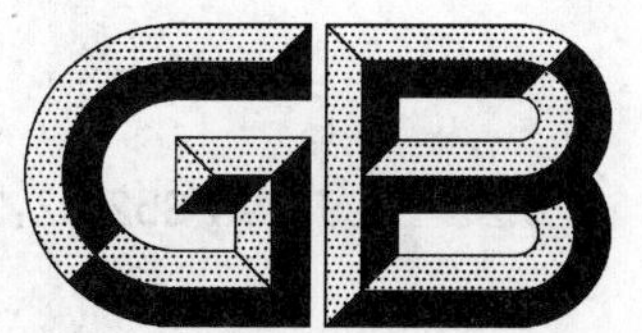

中华人民共和国国家标准

GB/T 2820.2—2009/ISO 8528-2:2005
代替 GB/T 2820.2—1997

往复式内燃机驱动的交流发电机组
第2部分:发动机

Reciprocating internal combustion engine driven alternating current generating sets—Part 2:Engines

(ISO 8528-2:2005,IDT)

2009-05-06 发布 2009-11-01 实施

中华人民共和国国家质量监督检验检疫总局
中国国家标准化管理委员会 发布

前　言

GB/T 2820 在《往复式内燃机驱动的交流发电机组》总标题下由下列各部分组成：

——第 1 部分：用途、定额和性能

——第 2 部分：发动机

——第 3 部分：发电机组用交流发电机

——第 4 部分：控制装置和开关装置

——第 5 部分：发电机组

——第 6 部分：试验方法

——第 7 部分：用于技术条件和设计的技术说明

——第 8 部分：对小功率发电机组的要求和试验

——第 9 部分：机械振动的测量和评价

——第 10 部分：噪声的测量(包面法)

——第 11 部分：旋转不间断电源　性能要求和试验方法

——第 12 部分：对安全装置的应急供电

本部分为 GB/T 2820 的第 2 部分。本部分等同采用 ISO 8528-2:2005《往复式内燃机驱动的交流发电机组　第 2 部分：发动机》。

本部分代替 GB/T 2820.2—1997《往复式内燃机驱动的交流发电机组　第 2 部分：发动机》。

本部分与 GB/T 2820.2—1997 相比，在引用标准、条文编排、部分术语等方面有较大调整和修改。

本部分由中国电器工业协会提出。

本部分由全国移动电站标准化技术委员会(SAC/TC 329)归口。

本部分主要起草单位：兰州电源车辆研究所、军械工程学院、空军雷达学院、重庆通信学院、广州三业科技有限公司、上海孚创动力电器有限公司、无锡开普动力有限公司。

本部分主要起草人：张洪战、杨俊智、赵锦成、张友荣、沈卫东、郑浩、施远强、郑清禄、王丰玉。

本部分所代替标准的历次版本发布情况为：

——GB/T 2820.2—1997。

往复式内燃机驱动的交流发电机组 第2部分:发动机

1 范围

GB/T 2820的本部分规定了用于交流(a.c.)发电机组的往复式内燃(RIC)机的基本特性。

本部分适用于陆用和船用交流(a.c.)发电机组用,但不适用于航空或驱动陆上车辆和机车的发电机组用往复式内燃(RIC)机。

对于某些特殊用途(例如医院、高层建筑必不可少的供电),附加要求可能是必需的。本部分的规定可作为确定任何附加要求的基础。

对驱动交流(a.c.)发电机的往复式内燃(RIC)机的调速和速度特性的术语予以列表说明。

对于其他型式的往复式原动机(例如蒸汽发动机),本部分的规定可作为基础。

2 规范性引用文件

下列文件中的条款通过GB/T 2820的本部分的引用而成为本部分的条款。凡是注日期的引用文件,其随后所有的修改单(不包括勘误的内容)或修订版均不适用于本部分,然而,鼓励根据本部分达成协议的各方研究是否可使用这些文件的最新版本。凡是不注日期的引用文件,其最新版本适用于本部分。

GB/T 2820.1—2009　往复式内燃机驱动的交流发电机组　第1部分:用途、定额和性能(ISO 8528-1:2005,IDT)

GB/T 2820.5—2009　往复式内燃机驱动的交流发电机组　第5部分:发电机组(ISO 8528-5:2005,IDT)

GB/T 6072.1—2008　往复式内燃机　性能　第1部分:功率、燃料消耗和机油消耗的标定及试验方法　通用发动机的附加要求(ISO 3046-1:2002,IDT)

GB/T 6072.4—2000　往复式内燃机　性能　第4部分:调速(idt ISO 3046-4:1997)

GB/T 6072.5—2003　往复式内燃机　性能　第5部分:扭转振动(ISO 3046-5:2001,IDT)

3 符号、术语和定义

本部分所使用的符号和缩写的解释见表1。

表1　符号、术语和定义

符号	术语	单位	定义
n	发动机转速	r/min	—
n_r	标定转速	r/min	标定功率时对应发电机组额定频率的发动机转速
n_{sf}	着火转速	r/min	使用与发动机燃油供给系统脱离的外部能源将发动机从静止加速至自行运转之前的发动机转速
n_{max}	最高允许转速	r/min	由往复式内燃(RIC)机制造厂规定、低于极限转速一定安全量的发动机转速 (见注1和图3)

表 1（续）

符号	术语	单位	定义
n_a	部分负荷转速	r/min	发动机以其标定功率的 a%运行的稳态发动机转速： $a=100\times\frac{P_a}{P_r}$ 例如，在 45%额定功率时， $a=45$（见图 2） 对于 $a=45$ $n_a=n_{i,r}-\frac{P_a}{P_r}(n_{i,r}-n_r)$ $=n_{i,r}-0.45(n_{i,r}-n_r)$ 标定转速和部分负荷转速的相应值均以转速整定不变为基础
$n_{i,r}$	标定空载转速	r/min	按与标定转速 n_r 相同的转速整定时发动机空载时的稳态转速
$n_{i,min}$	最低可调空载转速	r/min	在空载时用调速器转速整定装置可得到的发动机最低稳态转速
$n_{i,max}$	最高可调空载转速	r/min	在空载时用调速器转速整定装置可得到的发动机最高稳态转速
$n_{d,s}$	过速度限制装置整定转速	r/min	超过该转速时将触发过速度限制装置的发动机转速（见图 3）
$n_{d,o}$	过速度限制装置工作转速	r/min	对给定的整定转速，过速度限制装置开始工作时的发动机转速（见注 2 和图 3）
δn_s	相对的转速整定范围	%	用标定转速的百分数表示的转速整定范围： $\delta n_s=\frac{n_{i,max}-n_{i,min}}{n_r}\times 100$
Δn_s	转速整定范围	r/min	最高和最低可调空载转速之间的范围： $\Delta n_s=n_{i,max}-n_{i,min}$
$\Delta n_{s,do}$	转速整定下降范围	r/min	标定空载转速和最低可调空载转速之间的范围： $\Delta n_{s,do}=n_{i,r}-n_{i,min}$
$\delta n_{s,do}$	相对的转速整定下降范围	%	用标定转速的百分数表示的转速整定下降范围： $\delta n_{s,do}=\frac{n_{i,r}-n_{i,min}}{n_r}\times 100$
$\Delta n_{s,up}$	转速整定上升范围	r/min	最高可调空载转速和标定空载转速之间的范围： $\Delta n_{s,up}=n_{i,max}-n_{i,r}$
$\delta n_{s,up}$	相对的转速整定上升范围	%	用标定转速的百分数表示的转速整定上升范围： $\delta n_{s,up}=\frac{n_{i,max}-n_{i,r}}{n_r}\times 100$
v_n	转速整定变化速率	%/s	在远距离控制下，以百分数表示的每秒相对的转速整定范围： $v_n=\frac{(n_{i,max}-n_{i,min})/n_r}{t}\times 100$
	调节范围	r/min	过速调节装置可调的速度范围

表 1（续）

符号	术语	单位	定义
$\delta n_{s,t}$	转速降	%	转速整定值不变时，标定空载转速和标定功率时的标定转速之间的差值（见图 1），用标定转速的百分数表示：$\delta n_{s,t}=\frac{n_{i,r}-n_r}{n_r}\times 100$
$\Delta\delta n_{s,t}$	转速/功率特性偏差	%	在空载和标定功率之间的功率范围内，将偏离线性转速/功率特性曲线的最大转速偏差用标定转速的某一百分数表示的相对偏差（见图 2）
	转速/功率特性曲线		在空载和标定功率之间的功率范围内，绘制的复式内燃(RIC)机功率对稳态转速的曲线（见图 1 和图 2）
P	发动机功率	kW	—
P_a	发动机实际功率	kW	—
P_r	发动机标定功率	kW	—
t_r	响应时间	s	从过速限制装置触发至其开始运行之间的时间
p_{me}	平均有效压力	kPa	—
V_{st}	发动机工作容积	l	—
注 1：极限转速是指发动机能承受的无损坏风险的最高计算转速。 注 2：对于指定的发动机，工作转速取决于发电机组的总惯量和过速度保护系统的设计。 注 3：100 kPa=1 bar。			

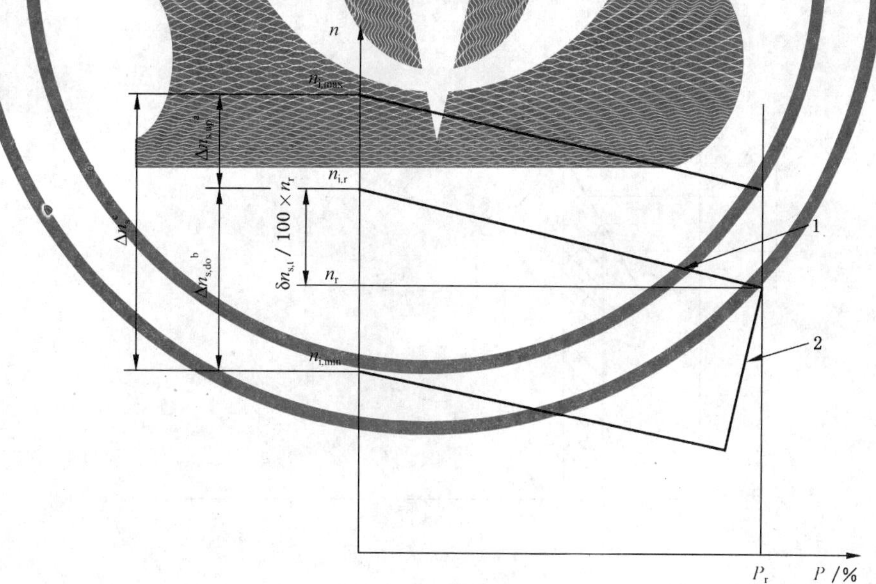

P——发动机功率；

n——发动机转速；

1——转度/功率特性曲线；

2——功率限值。

a 转速整定上升范围；

b 转速整定下降范围；

c 转速整定范围。

图 1 转速/功率特性，转速整定范围

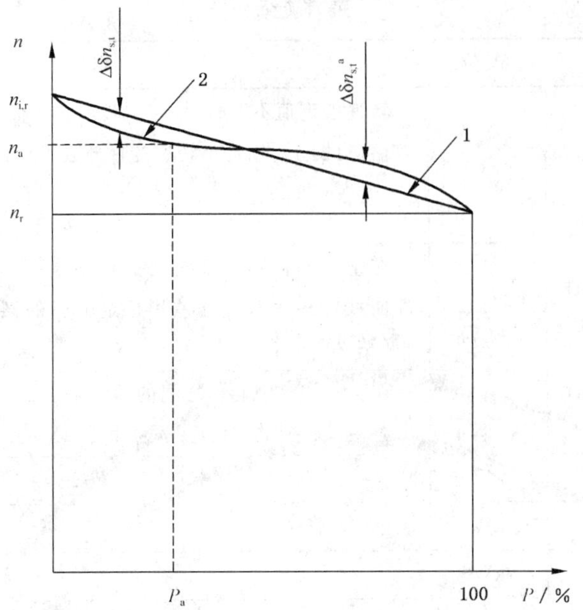

P——发动机功率；

n——发动机转速；

1——线性转速/功率特性线性曲线；

2——转速/功率特性曲线。

a 转速/功率特性偏差。

图 2 与线性曲线的转速/功率特性偏差

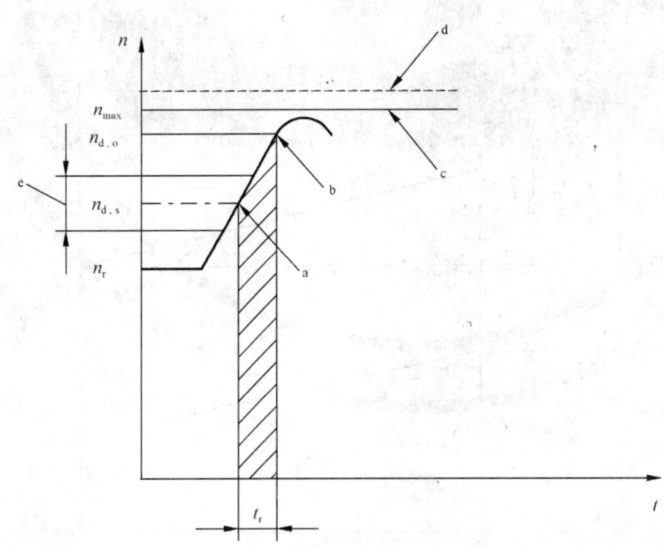

t——时间；

n——发动机转速。

a 过速限值装置整定转速；

b 过速限值装置工作转速；

c 最大允许转速；

d 极限转速；

e 调整范围。

图 3 发动机过速典型速度曲线

4 其他规定和附加要求

对必须遵守船级社规范、用于船舶甲板上和近海安装的往复式内燃(RIC)机驱动的交流(a.c.)发电机组,应满足该船级社的附加要求。该船级社名称应由用户在发出定单前说明。

对在无级别设备条件下运行的交流(a.c.)发电机组,任何附加要求须经制造商和用户商定。

若要满足其他管理机构(例如检查和/或立法机构)条例规定的专用要求,该管理机构名称应由用户在发出定单前声明。

任何其他的附加要求应由制造商和用户商定。

5 一般特性

5.1 功率特性

5.1.1 总则

确定往复式内燃(RIC)机联轴器上的输出功率(按 GB/T 6072.1—2008 中规定的净有效功率)时应计及:

a) 用户设备需要的电功率;

b) 基本独立辅助设备需要的电功率(见 GB/T 6072.1—2008);

c) 交流(a.c.)发电机的功率损耗。

除要求的稳态功率外,还应考虑由附加负载(例如电动机启动)引起功率的突然变化,因为它们影响往复式内燃(RIC)机的功率输出特性和交流(a.c.)发电机的电压特性。

发电机组制造商应考虑连接电气负载的性能和用户所期望的任何负荷接受状态。

5.1.2 ISO 标准功率

往复式内燃(RIC)机的功率应由发动机制造商按 GB/T 6072.1—2008 的规定标定。

5.1.3 使用功率

在现场条件下驱动交流(a.c.)发电机和(连接/安装的)基本独立辅助设备(见 GB/T 6072.1—2008)、发电机组输出额定电功率的具体场合,所要求往复式内燃(RIC)机的输出功率(见 GB/T 2820.1—2009)应根据 GB/T 6072.1—2008 的要求确定。

为确保给连接负载的连续供电,要求从驱动交流(a.c.)发电机的往复式内燃(RIC)机输出的实际功率应不大于其使用功率。

5.2 往复式内燃(RIC)机的主要特性

发电机组用往复式内燃(RIC)机的主要特性应由发动机制造商提供,至少包括以下内容:

a) 在 ISO 标准条件和使用条件下的功率;

b) 标定转速;

c) ISO 标准条件下的燃油和润滑油消耗率。

这些信息有助于发电机组制造商和用户确认其得到的往复式内燃(RIC)机的主要特性能够满足预定用途。

为了在使用条件下对发电机组进行评估(尤其是突变负载的接受性),需确定发电机组以额定功率和额定频率运行时与发动机功率相对应的发动机平均有效压力 p_{me},并按下式定义:

$$p_{me} = \frac{KP}{V_{st} \times n_r}$$

式中:

K——对 4 冲程发动机为 1.2×10^5,对 2 冲程发动机为 0.6×10^5。

5.3 低负荷运行

用户应意识到,在低负荷下长期运行可能影响往复式内燃(RIC)机的可靠性和寿命。往复式内燃

(RIC)机制造商应向发电机组制造商提供往复式内燃(RIC)机能长期承受而不至损坏的最低负荷值。若发电机组要在低于该最低负荷值下运行，往复式内燃(RIC)机制造商应规定需采取的措施和/或减轻问题的修正方法。

6 速度特性

6.1 总则

应依据用户要求的稳态和瞬态转速性能选择往复式内燃(RIC)机的调速系统。发电机组制造商应选用合适的、经往复式内燃(RIC)机制造商许可的调速系统，以满足使用要求。

GB/T 6072.4—2000 规定了调速系统的通用要求和参数及过速保护装置的通用要求。

速度特性的术语、符号和定义见第 3 章。

6.2 发电机组用调速器类型

6.2.1 比例(P)调速器

对与负荷相关的转速变化按比例校正控制信号的调速器。电气负载的变化仍会引起往复式内燃(RIC)机稳态转速的变化。

6.2.2 比例积分(PI)调速器

交流(a.c.)发电机电气负载的变化引起往复式内燃(RIC)机与负荷有关的转速变化，比例(P)调速器按比例对往复式内燃(RIC)机施加校正控制信号。并且加入积分调节环节校正转速变化。若使用这种类型的调速器，负荷的变化通常不会引起转速变化(进一步改善发动机的稳态特性)。为使发电机组有可能并联运行，若未提供另外的分配负荷调节装置，PI 调速器也能像 P 调速器一样实现并联。

6.2.3 比例积分微分调速器(PID)

这是增加了作为转速变化率函数的校正控制信号(微分功能)的 PI 调速器。若使用这种类型的调速器，负荷的变化通常不会引起转速变化(改善发动机的瞬态特性)。为使发电机组能并联运行，若未提供另外的负荷分配调节装置，PID 调速器也能像 P 调速器一样实现并联。

6.3 调速器的应用

6.3.1 总则

见 GB/T 2820.1—2009 中 6.3。

6.3.2 单机运行

根据所需的调速性能，可选用 P、PI 和 PID 调速器。

6.3.3 并联运行

6.3.3.1 比例(P)调速器

比例(P)调速器用于 G1 和 G2 级性能(见 GB/T 2820.1—2009 第 7 章)。

6.3.3.2 比例积分(PI)调速器

比例积分(PI)调速器用于 G1～G4 级性能。若用于同步模式，则需要诸如负荷分配装置的辅助装置。

6.3.3.3 比例积分微分调速器(PID)

与比例积分(PI)调速器一样，比例积分微分调速器(PID)用于 G1～G4 级性能，但具有更好的瞬态性能。若用于同步模式，则需要诸如负荷分配装置的辅助装置。

7 往复式内燃(RIC)机负荷接受

7.1 总则

往复式内燃(RIC)机的负荷接受特性主要取决于进气系统的型式(GB/T 2820.1—2009 中 14.2)。

发电机组制造商应考虑所用的往复式内燃(RIC)机和发电机的实际负荷接受特性(见 GB/T 2820.5—2009 中图 6 和图 7)。

7.2 非涡轮增压往复式内燃(RIC)机

往复式内燃(RIC)机为自然吸气式或机械增压式。此类发动机的最大允许加载等级等于使用功率。

7.3 涡轮增压往复式内燃(RIC)机

往复式内燃(RIC)机为废气涡轮增压式。此类发动机的加载等级随对应于使用功率的平均有效压力(p_{me})而变化。

8 振动和噪声

8.1 扭转振动

往复式内燃(RIC)机会在发电机组的轴系中产生扭转振动。往复式内燃(RIC)机扭转振动的相关要求见GB/T 6072.5—2003。

当计算扭转振动时,应将发电机组视作一个整体考虑(见GB/T 2820.5—2009)。

发动机制造商应向发电机组制造商提供必要的技术资料,以确保发电机组良好地运行。

8.2 线性振动

往复式内燃(RIC)机产生的线性振动将导致装有往复式内燃(RIC)机和交流(a.c.)发电机的基础和底架的结构性振动。若有要求,发动机制造商应向发电机组制造商提供有关线性振动的数据。

当计算线性振动时,应将发电机组视作一个整体考虑(见GB/T 2820.5—2009)。

8.3 噪声

若有要求,往复式内燃(RIC)机制造商应向发电机组制造商提供相关噪声数据(见GB/T 2820.5—2009)。

9 热平衡

往复式内燃(RIC)机制造商向发电机组制造商提供现场条件下的热平衡数据,应包括但不限于:

a) 往复式内燃(RIC)机冷却热量、流量和温度(冷却液、油、空气);

b) 排气热量、流量和温度;

c) 辐射热耗散量。

10 进、排气系统

往复式内燃(RIC)机制造商应向发电机组制造商提供有关进气和排气的必要数据。

发电机组制造商应考虑往复式内燃(RIC)机制造商规定的各种压力损失限度:

a) 往复式内燃(RIC)机进气系统的管道、孔口和滤清装置;

b) 往复式内燃(RIC)机排气系统管道、消声器等。

11 启动能力

若要求往复式内燃(RIC)机在发电机组用户或制造商规定的特殊环境条件(例如低温)下启动,往复式内燃(RIC)机制造商应向发电机组制造商提供往复式内燃(RIC)机在这些条件下的启动能力数据和所需的专门启动辅助设备详情。

12 燃油、润滑油和冷却液

必要时,发电机组制造商应向往复式内燃(RIC)机制造商提出运行所用的燃油、润滑油和冷却液的详细内容。

往复式内燃(RIC)机制造商应向发电机组制造商提供推荐的燃油、润滑油和冷却液的特性。

下列燃油特性特别重要:

a) 密度,kg/m^3;
b) 粘度,$N \cdot s/m^2$;
c) 热值,kJ;
d) (柴油的)十六烷值;
e) 钒、钠、二氧化硅(硅石)和氧化铝含量,%;
f) 重油的硫含量,%。

13 调速系统限值

调速系统限值见表2。

表2 调速系统限值

术语	符号	单位	数值			
			性能等级			
			G1	G2	G3	G4
相对的转速整定下降范围	$\delta n_{s,do}$	%	$\geqslant(2.5+\delta n_{s,t})$			AMC[a]
相对的转速整定上升范围	$\delta n_{s,up}$	%	≥2.5			
转速整定变化速率	v_n	%/s	0.2~1			
转速降	$\delta n_{s,t}$	%	≤8	≤5	≤3	

[a] AMC为按制造厂和用户之间的协议。

ICS 29.160.40
K 52

中华人民共和国国家标准

GB/T 2820.3—2009/ISO 8528-3:2005
代替 GB/T 2820.3—1997

往复式内燃机驱动的交流发电机组 第3部分:发电机组用交流发电机

Reciprocating internal combustion engine driven alternating current generating sets—Part 3:Alternating current generators for generating sets

(ISO 8528-3:2005,IDT)

2009-05-06 发布　　2009-11-01 实施

中华人民共和国国家质量监督检验检疫总局
中国国家标准化管理委员会　发布

前　言

GB/T 2820在《往复式内燃机驱动的交流发电机组》总标题下由下列各部分组成：

——第1部分：用途、定额和性能

——第2部分：发动机

——第3部分：发电机组用交流发电机

——第4部分：控制装置和开关装置

——第5部分：发电机组

——第6部分：试验方法

——第7部分：用于技术条件和设计的技术说明

——第8部分：对小功率发电机组的要求和试验

——第9部分：机械振动的测量和评价

——第10部分：噪声的测量(包面法)

——第11部分：旋转不间断电源　性能要求和试验方法

——第12部分：对安全装置的应急供电

本部分为GB/T 2820的第3部分。本部分等同采用ISO 8528-3:2005《往复式内燃机驱动的交流发电机组　第3部分：发电机组用交流发电机》。

本部分代替GB/T 2820.3—1997《往复式内燃机驱动的交流发电机组　第3部分：发电机组用交流发电机》。

本部分与GB/T 2820.3—1997相比，引用标准有了较大变化；有关符号、术语及定义集中编排在第3章；第14章定额标牌的内容有较大变化；修改了负载增加时的瞬态电压偏差指标值。

本部分由中国电器工业协会提出。

本部分由全国移动电站标准化技术委员会(SAC/TC 329)归口。

本部分主要起草单位：兰州电源车辆研究所、英泰集团、军械工程学院、空军雷达学院、江西清华泰豪三波电机有限公司、郑州金阳电气有限公司、广州三业科技有限公司。

本部分主要起草人：杨俊智、张洪战、潘耀明、赵锦诚、张友荣、吴文海、史清晨、郑浩、王丰玉。

本部分所代替标准的历次版本发布情况：

——GB/T 2820.3—1997。

往复式内燃机驱动的交流发电机组 第3部分:发电机组用交流发电机

1 范围

GB/T 2820 的本部分规定了发电机组用交流(a. c.)发电机在其电压调节器控制下的基本特性,是对 GB 755—2008 有关要求的补充。

注:目前尚无适用于异步发电机的国际标准。当这类标准出版后,本部分将相应予以修订。

本部分适用于由往复式内燃(RIC)机驱动的陆用和船用交流(a. c.)发电机组用、但不适用于航空或驱动陆上车辆和机车的发电机组用交流(a. c.)发电机。

对于某些特殊用途(例如医院、高层建筑必不可少的供电),附加要求可能是需要的。本部分的规定可作为确定任何附加要求的基础。

对于由其他类型往复式原动机(例如蒸汽发动机)驱动的交流(a. c.)发电机组,本部分的规定可作为基础。

2 规范性引用文件

下列文件中的条款通过 GB/T 2820 的本部分的引用而成为本部分的条款。凡是注日期的引用文件,其随后所有的修改单(不包括勘误的内容)或修订版均不适用于本部分,然而,鼓励根据本部分达成协议的各方研究是否可使用这些文件的最新版本。凡是不注日期的引用文件,其最新版本适用于本部分。

GB 755—2008 旋转电机 定额和性能(IEC 60034-1:2004,IDT)

GB/T 2820.1—2009 往复式内燃机驱动的交流发电机组 第1部分:用途、定额和性能(ISO 8528-1:2005,IDT)

GB/T 2820.5—2009 往复式内燃机驱动的交流发电机组 第5部分:发电机组(ISO 8528-5:2005,IDT)

GB 4343.1—2009 家用电器、电动工具和类似器具的电磁兼容要求 第1部分:发射(IECCISPR 14-1:2005,IDT)

GB 17743—2007 电气照明和类似设备的无线电骚扰特性的限值和测量方法(CISPR 15:2005,IDT)

3 符号、术语和定义

在标示电气设备的技术数据时,IEC 采用术语"额定的"加下标"N"表示。在标示机械设备的技术数据时,ISO 采用术语"标定的"加下标"r"表示。因此,在本部分中,术语"额定的"仅适用于电气项目。否则,全部采用术语"标定的"。

本标准所使用的符号和缩写词的解释见表1。

表1 符号、术语和定义

符号	术 语	单位	定 义
U_s	整定电压	V	就限定运行由调节选定的线对线电压
$U_{st,max}$	最高稳态电压	V	(见 GB/T 2820.5—2009)
$U_{st,min}$	最低稳态电压	V	(见 GB/T 2820.5—2009)
U_r	额定电压	V	在额定频率和额定输出时发电机端子处的线对线电压 注:额定电压是按运行和性能特性由制造商给定的电压。

表 1（续）

符号	术　语	单位	定　义
U_{rec}	恢复电压	V	在规定负载条件能达到的最高稳态电压 注：恢复电压一般用额定电压的百分数表示。它通常处在稳态电压容差带（ΔU）内。当超过额定负载时，恢复电压受饱和度和励磁机/调节器磁场强励能力的限制（见图 A.1 和图 A.2）。
$U_{s,do}$	下降调节电压	V	（见 GB/T 2820.5—2009）
$U_{s,up}$	上升调节电压	V	（见 GB/T 2820.5—2009）
U_0	空载电压	V	额定频率和空载时在发电机端子处的线对线电压
$U_{dyn,max}$	负载减少时上升的最高瞬时电压	V	—
$U_{dyn,min}$	负载增加时下降的最低瞬时电压	V	—
ΔU	稳态电压容差带	V	在突加/突减规定负载后的给定调节周期内，电压所达到的围绕稳态电压的商定电压带： $\Delta U = 2\delta U_{st} \times \frac{U_r}{100}$
ΔU_s	电压整定范围	V	在空载与额定输出之间的所有负载、商定的功率因数范围内、额定频率下，发电机端子处电压调节的上升和下降的最大可能范围： $\Delta U_s = \Delta U_{s,up} + \Delta U_{s,do}$
$\Delta U_{s,do}$	电压整定下降范围	V	在空载与额定输出之间的所有负载、商定的功率因数范围内、额定频率下，发电机端子处额定电压与下降调节电压之间的范围： $\Delta U_{s,do} = U_r - U_{s,do}$
$\Delta U_{s,up}$	电压整定上升范围	V	在空载与额定输出之间的所有负载、商定的功率因数范围内、额定频率下，发电机端子处上升调节电压与额定电压之间的范围： $\Delta U_{s,up} = U_{s,up} - U_r$
δU_{dyn}	瞬态电压偏差	V	—
δU_{dyn}^{-}	负载增加时的瞬态电压偏差[a]	%	负载增加时的瞬态电压偏差是指：当发电机在正常励磁条件下以额定频率和额定电压工作，接通额定负载后的电压降，用额定电压的百分数表示： $\delta U_{dyn}^{-} = \frac{U_{dyn,min} - U_r}{U_r} \times 100$
δU_{dyn}^{+}	负载减少时的瞬态电压偏差[a]	%	负载减少时的瞬态电压偏差是指：当发电机在正常励磁条件下以额定频率和额定电压工作，突然卸去额定负载后的电压升，用额定电压的百分数表示： $\delta U_{dyn}^{+} = \frac{U_{dyn,max} - U_r}{U_r} \times 100$ 若负载变化量与上述规定值不同，则应说明其规定值及相关的功率因数
δU_s	相对的电压整定范围	%	用额定电压的百分数表示的电压整定范围： $\delta U_s = \frac{U_{s,up} + U_{s,do}}{U_r} \times 100$

表 1（续）

符号	术　语	单位	定　义
$\delta U_{s,do}$	相对的电压整定下降范围	%	用额定电压的百分数表示的电压整定下降范围： $\delta U_{s,do}=\frac{U_r-U_{s,do}}{U_r}\times 100$
$\delta U_{s,up}$	相对的电压整定上升范围	%	用额定电压的百分数表示的电压整定上升范围： $\delta U_{s,up}=\frac{U_{s,up}-U_r}{U_r}\times 100$
δU_{st}	稳态电压偏差	%	考虑到温升的影响，但不考虑交轴电流补偿电压降的作用，在空载与额定输出之间的所有负载变化下的稳态电压变化。 注：初始整定电压通常为额定电压，但也可以是处在规定 ΔU_s 范围之内的任何值。 稳态电压偏差用额定电压的百分数表示： $\delta U_{st}=\pm\frac{U_{st,max}-U_{st,min}}{2U_r}\times 100$
$\hat{U}_{mod,s,max}$	电压调制最高峰值	V	围绕稳态电压的准周期最大电压变化（峰对峰）
$\hat{U}_{mod,s,min}$	电压调制最低峰值	V	围绕稳态电压的准周期最小电压变化（峰对峰）
$\hat{U}_{mod,s}$	电压调制	%	在低于基本发电频率的典型频率下围绕稳态电压的准周期最大电压变化（峰对峰），用额定频率和恒定转速时平均峰值电压的百分数表示： $\hat{U}_{mod,s}=2\frac{\hat{U}_{mod,s,max}-\hat{U}_{mod,s,min}}{\hat{U}_{mod,s,max}+\hat{U}_{mod,s,min}}\times 100$
$\delta U_{2,0}$	电压不平衡度	%	空载下的负序或零序电压分量对正序电压分量的比值。电压不平衡度用额定电压的百分数表示
—	电压调整特性		在给定功率因数及额定转速的稳态条件下，不对电压调节系统作任何手动调节，作为负载电流函数的端电压曲线
δ_{QCC}	交轴电流补偿电压程度		—
$s_{r,G}$	异步发电机的额定转差率		发电机组输出额定有功功率时，同步转速和转子的额定转速之差比上同步转速： $s_{r,G}=\frac{(f_r/p)-n_{r,G}}{f_r/p}$
f_r	额定频率	Hz	—
p	极对数		—
$n_{r,G}$	发电机旋转的额定转速	r/min	发电机发出额定频率电压所需的转速 注：对于同步发电机，$n_{r,G}=\frac{f_r}{p}\times 60$ 对于异步发电机，$n_{r,G}=\frac{f_r}{p}(1-s_{r,G})\times 60$
S_r	额定输出（额定视在功率）	VA	功率数值或其 10 的倍数连同功率因数一起表示的端子处视在电功率

表 1(续)

符号	术　语	单位	定　　义
P_r	额定有功功率	W	额定视在功率或其 10 的倍数与额定功率因数的乘积 $P_r = S_r \cos\phi_r$
$\cos\phi_r$	额定功率因数	—	额定有功功率与额定视在功率的比值 $\cos\phi_r = \frac{P_r}{S_r}$
Q_r	额定无功功率	var	额定视在功率与额定有功功率或其 10 的倍数之间的几何差 $Q_r = \sqrt{S_r^2 - P_r^2}$
$t_{U,in}$	负载增加后的电压恢复时间[b]	s	从负载增加瞬时至电压恢复到并保持在规定的稳态电压容差带内瞬时止的间隔时间(见图 A.1 和图 A.3)。 该时间间隔适用于恒定转速且取决于功率因数,若负载变化值不同于额定视在功率,应说明功率变化值与功率因数
$t_{U,de}$	负载减少后的电压恢复时间[b]	s	从负载减少瞬时至电压恢复到并保持在规定的稳态电压容差带内瞬时止的间隔时间(见图 A.2)。 该时间间隔适用于恒定转速且取决于功率因数,若负载变化值不同于额定视在功率,应说明功率变化值与功率因数
I_L	负载引起的有功电流	A	—
T_L	相对的预期热寿命因数		—

[a] 详见附录 A。

[b] 见 GB/T 2820.5—2009 图 5。

4　其他规定和附加要求

对必须遵守船级社规范、用于船舶甲板上和近海安装的交流(a.c.)发电机组,应满足该船级社的附加要求。该船级社名称应由用户在发出定单前说明。

对在无级别设备条件下运行的交流(a.c.)发电机组,任何附加要求须经制造商和用户商定。

若要满足任何其他管理机构(例如检查和/或立法机构)条例规定的专用要求,该管理机构名称应由用户在发出定单前声明。

任何其他的附加要求应由制造商和用户商定。

5　定额

5.1　总则

发电机的定额等级应按 GB 755—2008 规定。对于往复式内燃(RIC)机驱动的发电机组用发电机,应规定持续定额(工作状态类型 S1)或间断恒定负载定额(工作状态类型 S10)。

5.2　基本持续定额(BR)

在本标准中,以工作状态类型 S1 为基础的最大持续定额称为基本持续定额(BR)。

5.3　峰值持续定额(PR)

对于工作状态类型 S10,有一种峰值持续定额(PR),此时发电机的允许温升按耐热等级的规定值增加。在工作状态类型 S10 下以峰值持续定额(PR)运行,发电机绝缘系统的热老化加快。因此,与绝缘系统相对的预期热寿命因数 T_L 是定额类别重要的有机组成部分。

6 温度和温升限值

6.1 基本持续定额

发电机在整个运行条件(例如最低到最高冷却介质温度)范围内、总温度不高于 40 ℃加上 GB 755—2008 表 1 规定的温升时(见下注),应能提供基本持续定额(BR)。

6.2 峰值持续定额

发电机在峰值持续定额下,总温度可按表 2 中规定值增加。

表 2 峰值持续定额温度

耐热级别	定额<5 MV・A	定额≥5 MV・A
A 或 E	15 ℃	10 ℃
B 或 F	20 ℃	15 ℃
H	25 ℃	20 ℃

环境温度在 10 ℃以下时,环境温度每降低 1 ℃,允许的总温度增量应减小 1 ℃。

往复式内燃(RIC)机的输出可能随环境空气温度的变化而改变。发电机在运行中的总温度取决于发电机冷却介质初始温度,该初始温度不一定与往复式内燃(RIC)机进气温度有关。

注:当发电机在这些较高温度下运行时,发电机绝缘系统的热老化将比发电机在 BR 温升值下快 2 倍~6 倍(取决于温度的增加值和采用的具体绝缘系统),即在 PR 温升值下运行 1 h 约等于在 BR 温升值下运行 2 h~6 h。

T_L 因数的准确值应由制造商给定并在定额标牌上标明(见第 14 章)。

7 额定功率和转速特性

额定功率和转速的术语、符号和定义见表 1。

8 电压特性

电压的术语、符号和定义见表 1。

9 并联运行

当同其他发电机组或别的供电电源并联运行时,应采取措施保证稳定运行和正确分配无功功率。

最常用的方法是通过附加无功电流分量的传感电路作用于自动电压调节器来实现。这就形成了无功负载的电压降特性。

交轴电流补偿电压降程度(δ_{QCC})是空载电压(U_0)与额定电流和零滞后功率因数时电压($U_{(Q=S_r)}$)之差,用额定电压的百分数表示。

$$\delta_{QCC}=\frac{U_0-U_{(Q=S_r)}}{U_r}\times 100$$

δ_{QCC}值应小于 8%。在系统电压变化过大的情况下应考虑更高值。

注 1:功率因数为 1.0 的负载实际上不会引起电压降。

注 2:带相同励磁系统的相同交流(a.c.)发电机,当其磁场绕组采用均压线连接时,可实现无压降并联运行。在有功负载恰当分配和负载特性近似相同的情况下,可实现充分的无功负载分配。

注 3:中性点直接连接的发电机组并联运行时,可能会产生环流尤其是三次谐波电流。

10 特定负载条件

10.1 总则

在比 GB 755—2008 给定的负载条件恶劣的情况下,见 10.2~10.4 规定。

10.2 不平衡负载电流

定额不超过 1 000 kVA 的发电机在线与中性线之间加载时，应能在负序电流不大于 10%额定电流或在用户和制造商商定的负序电流下连续运行。

其他发电机按 GB 755—2008 中第 22 章的规定。

10.3 持续短路电流

发电机在短路状态下，为保证系统保护装置动作，通常需要最小值电流(在瞬时扰动中止后)维持足够的时间。在采用专用继电器、其他装置或方法完成选择性保护的情况下，或不要求选择保护时，则不需要维持该短路电流。

10.4 偶然过电流能力

见 GB 755—2008 中 18.1 的规定。

10.5 电话谐波因数(THF)

线对线端电压的电话谐波因数的限值应按 GB 755—2008 第 28 章的要求。

5%的 THF 值也适用于 62 kVA～300 kVA 的发电机，8%的 THF 值适用于 62.5 kVA 以下的发电机。

10.6 无线电干扰抑制(F)

持续的和静电干扰的无线电干扰限值应符合 GB 4343.1—2009 和 GB 17743—2007 的要求。

无线电干扰抑制的程度包括干扰电压、功率和场强。应由用户和制造商商定。

11 机组并联运行时机电振动频率的影响

发电机组制造商有责任保证其机组能同其他机组稳定并联运行。在需要满足该要求时，发电机制造商应予以协作。

若发动机扭矩不均匀性的频率接近电气固有频率，将出现振荡。电气固有频率通常在 1 Hz～3 Hz 范围内，因此，由低速(100 r/min～180 r/min)往复式内燃(RIC)机驱动的发电机组最有可能产生振荡。

当发电机组之间的振荡一旦发生，发电机组制造商应向用户提出建议，并协助进行必要的调查来解决问题。

12 带励磁装置的异步发电机

12.1 总则

异步发电机需要无功功率用于产生电压。

当异步发电机单机运行时，需要专用的励磁装置。该装置也应提供给负载所需的无功功率。

若异步发电机不是靠与电网连接，而是由装设的专用励磁装置提供所需的无功功率，则 12.2～12.4 中定义的所有术语是有效的。

12.2 持续短路电流

异步发电机仅在有专门设置的励磁电源时才产生持续短路电流(见 10.3)。

12.3 电压整定范围

为达到异步发电机的电压调节范围，需有可控的专用励磁设备(见表 1)。

12.4 并联运行

带专用励磁装置的异步发电机并联运行时，按其励磁输出容量分配连接负载所需的无功功率(见第 9 章)。

异步发电机按往复式内燃(RIC)机的转速分配连接负载所需的有功功率。

13 运行极限值

为了描述发电机的特性，定义了四个性能等级(见 GB/T 2820.1—2009)。运行极限值在表 3 中给出。

表 3　发电机运行限值

术　语	符号	单位	运行限值			
			性能等级			
			G1	G2	G3	G4
相对的电压整定范围	δU_s	%	≥±5[a]			AMC[b]
稳态电压偏差	δU_{st}	%	≤±5	≤±2.5	≤±1	AMC
负载增加时的瞬态电压偏差[c,d,e]	δU_{dyn}^-	%/s	≤−25	≤−20	≤−15	AMC
负载减少时的瞬态电压偏差[c,d,e]	δU_{dyn}^+	%	≤35	≤25	≤20	AMC
电压恢复时间[c,d]	t_U	s	≤2.5	≤1.5	≤1.5	AMC
电压不平衡度	$\delta U_{2.0}$	%	1[f]	1[f]	1[f]	1[f]

a 若不并联运行或电压整定不变，则不要求。

b AMC：为按制造商和用户之间的协议。

c 在额定电压、额定频率、恒定阻抗负载下的额定视在功率。其他功率因数和限值可由制造商和用户商定。

d 应该意识到，选择低于实际需要等级的瞬态电压偏差和/或恢复时间，就得用更大的发电机。因为瞬态电压特性与瞬时电抗之间有相当一致的关系，系统的故障度也将增加。

e 较高的指标值适用于额定输出高于 5 MVA、转速 600 r/min 以下的发电机。

f 并联运行时，这些数值减小为 0.5。

表 3 中给出的值仅适用于恒定（额定）转速下和从环境温度（冷态）开始运行的发电机、励磁机和调节器。原动机转速调整的影响可导致这些指标值偏离表 3 中给出的值。

14　定额标牌

发电机的定额标牌应符合 GB 755—2008 的要求。此外，额定输出和定额等级应按下述要求组合：

a）　标示以工作状态类型 S1 为基础的持续定额时，额定输出后应标记“BR”，如 S_r=22 kVA　BR；

b）　标示以工作状态类型 S10 为基础的间断恒定负载定额时，其中以工作状态 S1 为基础的基本持续定额按本章中 a)标示。此外，峰值额定输出后应按下列要求标记：

——标记“PR”；

——每年 500 h 或 200 h 的最长运行时间（见 GB/T 2820.1—2009 中 13.3.3 和 13.3.4）；

——因数 T_L，（如 S_r=24 kVA PR 500 h/a，T_L=0.9）。

有要求时，发电机制造商应向机组制造商提供表明发电机组超出冷却介质温度范围的允许输出的一组数值或容量图表。

附 录 A
（规范性附录）
负载突变后交流（a.c.）发电机的瞬态电压特性

A.1 总则

A.1.1 当发电机承受突变负载时，将会引起端电压随时间的变化。励磁调节器系统的功能之一就是检测端电压的这种变化，并按要求改变励磁磁场以恢复端电压。端电压的最大瞬态偏差是下列因素的函数：

a） 施加的负载大小、功率因数及变化率；

b） 初始负载的大小、功率因数及作为电压特性函数的电流；

c） 励磁调节器系统的响应时间和电压强磁能力；

d） 负载突变后的往复式内燃（RIC）机转速随时间的变化曲线。

因此，瞬态电压性能是包括发电机、励磁机、调压器和往复式内燃（RIC）机在内的系统特性，不可能仅据发电机数据确定。

本附录仅涉及发电机和励磁调节器系统。

A.1.2 在选择或安装发电机时，经常要求或规定突加负载时偏离额定电压的最大瞬态电压偏差（电压降）。当用户要求时，发电机制造商应提供下列两种情况下的预期瞬态电压偏差：

a） 发电机、励磁机和调压器是由交流（a.c.）发电机制造商按一个整体组装提供的；

b） 发电机制造商可得到确定调压器（若适用，和励磁机）瞬态性能的完整数据。

A.1.3 当提供预期瞬态电压偏差时，除另有规定外应假设下列条件成立：

a） 恒定转速（额定的）；

b） 发电机、励磁机和调压器在空载、额定电压，从环境温度（冷态）开始运行；

c） 施加规定的线性阻抗恒定负载。

注：偏离额定电压的预期瞬态电压偏差是指发电机端子处各相的平均电压变化，即不考虑发电机制造厂不能控制的不平衡因素的影响。

A.2 实例

用作为时间函数的输出电压带状曲线表示发电机、励磁机和调压器系统在负载突变时的瞬态性能。应记录完整的电压包络线。

代表两种类型电压记录器的带状曲线如图 A.1、图 A.2 和图 A.3 所示。该示踪曲线和样本计算应用作确定发电机、励磁机和调压器承受突变负载的性能指南。

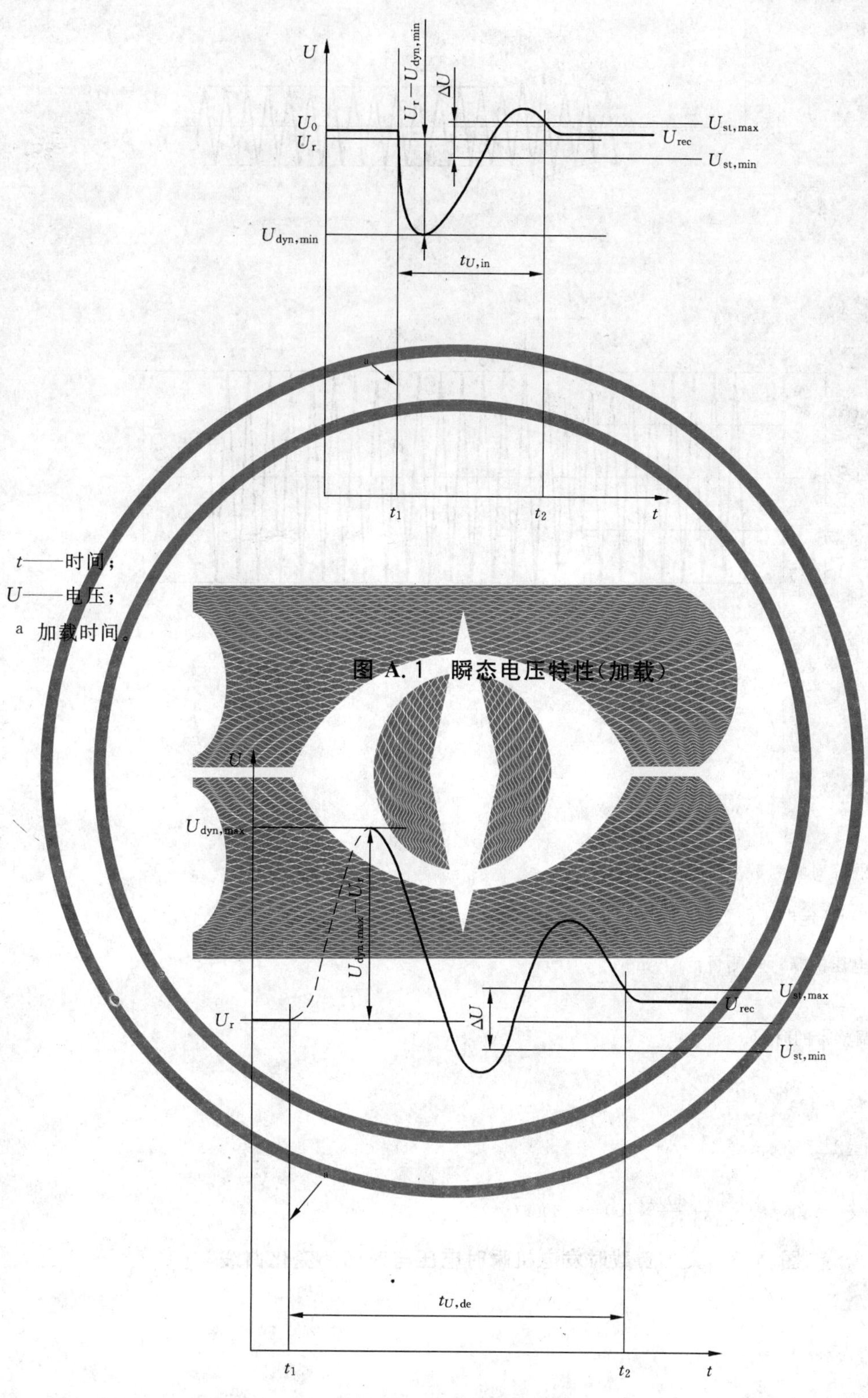

t——时间；

U——电压；

[a] 加载时间。

图 A.1 瞬态电压特性(加载)

t——时间；

U——电压；

[a] 加载时间。

图 A.2 瞬态电压特性(减载)

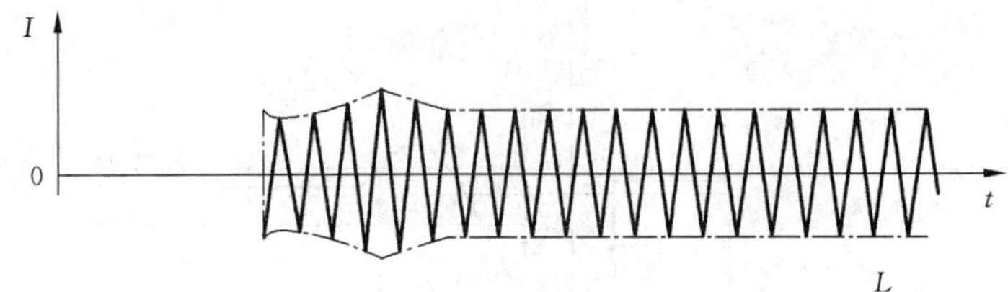

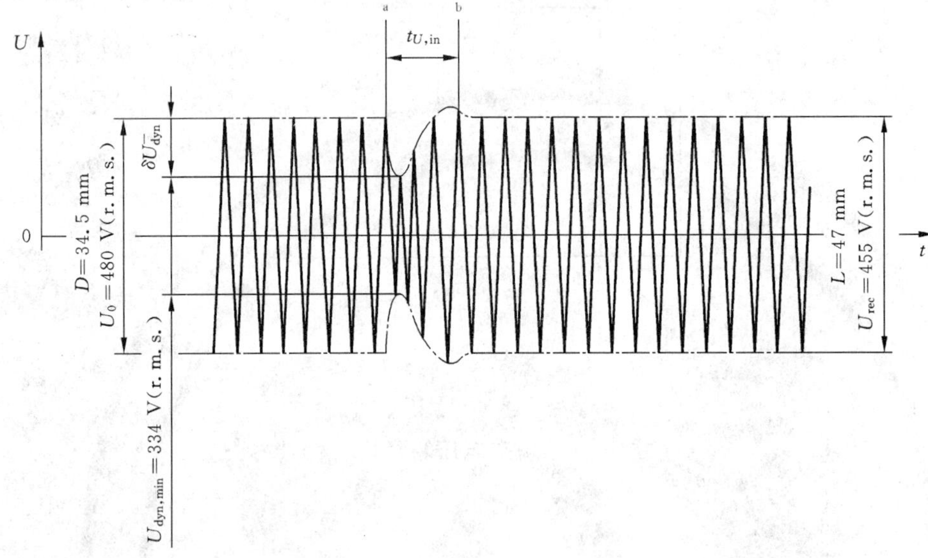

t——时间；

U——电压；

L——恢复电压的峰对峰测量范围，mm；

$I'_{\text{L}}=I_{\text{L}}\dfrac{U_{\text{r}}}{U_{\text{rec}}}$修正到额定电压的负载吸收的电流，A；

D——最低瞬时电压的峰对峰测量范围，mm；

a 加载时间；

b 返回到规定调整带的时间。

实例：

$U_{\text{r}}=480$ V　　$U_0=480$ V

$$U_{\text{dyn,min}}=\frac{D}{L}U_{\text{rec}}=\frac{34.5}{47}\times 455=334(\text{V})$$

$$\delta U_{\text{dyn}}^{-}=\frac{U_{\text{dyn,min}}-U_{\text{r}}}{U_{\text{r}}}\times 100=\frac{(334-480)}{480}\times 100=-30.4(\%)。$$

图 A.3　突加负载时发电机瞬时电压与时间的变化曲线

A.3　电动机启动负载

A.3.1　总则

推荐用下列试验条件确定同步发电机、励磁机和调压器系统的电动机启动性能。

A.3.2　模拟负载

模拟负载的试验条件如下：

a)　恒定阻抗(不饱和的电抗负载)；

b)　功率因数≤0.4(滞后)。

由模拟电动机启动负载所吸收的电流应按比值修正：$\frac{U_r}{U_{rec}}$。

无论什么时候，发电机端电压不能恢复到额定电压。该电流修正值和额定端电压应用于确定施加的实际千伏安负载。

A.3.3 温度

应在发电机和励磁装置所处的初始环境温度下进行试验。

ICS 29.160.40
K 52

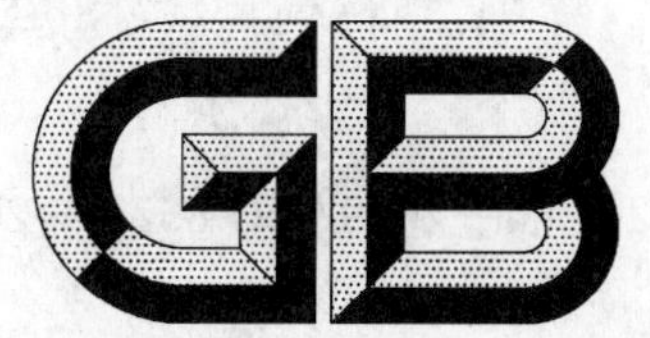

中华人民共和国国家标准

GB/T 2820.4—2009/ISO 8528-4:2005
代替 GB/T 2820.4—1997

往复式内燃机驱动的交流发电机组 第4部分:控制装置和开关装置

Reciprocating internal combustion engine driven alternating current generating sets—
Part 4:Controlgear and switchgear

(ISO 8528-4:2005,IDT)

2009-05-06 发布 2009-11-01 实施

中华人民共和国国家质量监督检验检疫总局
中国国家标准化管理委员会 发布

前　　言

GB/T 2820 在《往复式内燃机驱动的交流发电机组》总标题下由下列各部分组成：

——第 1 部分：用途、定额和性能

——第 2 部分：发动机

——第 3 部分：发电机组用交流发电机

——第 4 部分：控制装置和开关装置

——第 5 部分：发电机组

——第 6 部分：试验方法

——第 7 部分：用于技术条件和设计的技术说明

——第 8 部分：对小功率发电机组的要求和试验

——第 9 部分：机械振动的测量和评价

——第 10 部分：噪声的测量（包面法）

——第 11 部分：旋转不间断电源　性能要求和试验方法

——第 12 部分：对安全装置的应急供电

本部分为 GB/T 2820 的第 4 部分。本部分等同采用 ISO 8528-4:2005《往复式内燃机驱动的交流发电机组　第 4 部分：控制装置和开关装置》。

本部分代替 GB/T 2820.4—1997《往复式内燃机驱动的交流发电机组　第 4 部分：控制装置和开关装置》。

本部分与 GB/T 2820.4—1997 相比，主要进行了引用标准、条文编排及编辑性修改。

本部分由中国电器工业协会提出。

本部分由全国移动电站标准化技术委员会(SAC/TC 329)归口。

本部分主要起草单位：兰州电源车辆研究所、深圳市赛瓦特动力科技有限公司、上海孚创动力电器有限公司、深圳市沃尔奔达新能源股份有限公司。

本部分主要起草人：杨俊智、张洪战、张贵财、施远强、马朝东、王丰玉。

本部分所代替标准的历次版本发布情况：

——GB/T 2820.4—1997。

往复式内燃机驱动的交流发电机组
第4部分:控制装置和开关装置

1 范围

GB/T 2820的本部分规定了由往复式内燃(RIC)机驱动的发电机组用控制装置和开关装置的要求。

本部分适用于由往复式内燃(RIC)机驱动的陆用和船用交流(a.c.)发电机组,不适用于航空或驱动陆上车辆和机车的发电机组。

对于某些特殊用途(例如医院、高层建筑必不可少的供电),附加要求可能是需要的。本部分的规定可作为确定任何附加要求的基础。

对于由其他型式的往复式原动机(例如蒸汽发动机)驱动的交流(a.c.)发电机组,本部分的规定可作为基础。

2 规范性引用文件

下列文件中的条款通过GB/T 2820的本部分的引用而成为本部分的条款。凡是注日期的引用文件,其随后所有的修改单(不包括勘误的内容)或修订版均不适用于本部分,然而,鼓励根据本部分达成协议的各方研究是否可使用这些文件的最新版本。凡是不注日期的引用文件,其最新版本适用于本部分。

GB 755—2008 旋转电机 定额和性能(IEC 60034-1:2004,IDT)

GB/T 2820.1—2009 往复式内燃机驱动的交流发电机组 第1部分:用途、定额和性能(ISO 8528-1:2005,IDT)

GB/T 2820.5—2009 往复式内燃机驱动的交流发电机组 第5部分:发电机组(ISO 8528-5:2005,IDT)

GB 4556—2001 往复式内燃机 防火(idt ISO 6826:1997)

GB 7251.1—2005 低压开关设备和控制设备 第1部分:型式试验和部分型式试验成套设备(IEC 60439-1:1999,IDT)

IEC 60947-1:2001 低压开关设备和控制设备 第1部分:总则

IEC 62271-200:2003 额定电压为1 kV～52 kV的交流铁壳开关装置和控制装置

3 其他规定和附加要求

对必须遵守船级社规范、用于船舶甲板上和近海安装的往复式内燃(RIC)机驱动的交流(a.c.)发电机组,应满足该船级社的附加要求。该船级社名称应由用户在发出定单前说明。

对在无级别设备条件下运行的交流(a.c.)发电机组,任何附加要求须经制造商和用户商定。

若要满足其他管理机构(例如检查和/或立法机构)条例规定的专用要求,该管理机构名称应由用户在发出定单前声明。

任何其他的附加要求应由制造商和用户商定。

4 对设备的一般要求

4.1 装配

开关装置、控制装置和监测设备可与发电机组一体或分体安装,分体安装柜可为一个或多个。

4.2 结构

装置的结构应符合下列要求：

a) 额定电压低于1 kV者应符合GB 7251.1—2005的规定；

b) 额定电压为1 kV～52 kV者应符合IEC 62271-200:2003的规定。

4.3 工作电压

工作电压的定义见GB 7251.1—2005、IEC 62271-200:2003的规定。

4.4 额定频率

开关装置和控制装置的工作频率应与发电机组的额定频率相同。

各组装器件的频率应在有关IEC标准规定的限值内。除非另有规定，允许的工作限值应符合GB/T 2820.5—2009中第16章的要求。

4.5 额定电流

在考虑到开关装置总成主回路电气设备所有元件的定额、布置与用途后，应说明总成的额定电流。

在传输该电流时，任何元件的温升应不超过GB 7251.1—2005和IEC 62271-200:2003规定的限值。

若开关装置总成由多个主回路并联，考虑到任一时刻实际电流的最大总和，各回路应传输减小的额定值。

当确定设备的额定电流时，应考虑发电机运行过程中的电压变化(见GB 755—2008)。

4.6 控制回路电压

应采用低于250 V的电压。推荐下列电压：

a) 交流:48 V、110 V、230 V、(250 V)[1]；

b) 直流:12 V、24 V、36 V、48 V、110 V、125 V。

注：为确保控制回路装置的正常工作，控制电源偏差限值应予考虑。

4.7 启动蓄电池系统

4.7.1 若发动机是电启动的，应使用满足负载要求、有足够容量的重载启动蓄电池，并为预计的工作环境温度留有余量。

除非蓄电池可以补偿，否则不允许从蓄电池分电压。

若控制电路也与启动蓄电池连接，蓄电池应有足够的容量保证控制设备在所有条件下(即使是启动发动机时)能可靠工作(见4.6)。

4.7.2 若蓄电池始终与耗电装置并联且仅在电源发生故障或需要峰值电流的情况下放电，应采用一台适合向耗电装置供电的静态充电器。

该充电装置应有足够的输出，不但应在足够的时间内向蓄电池提供必要的再充电电流，同时提供控制系统常备负载电流。

4.7.3 当往复式内燃(RIC)机装有机械驱动的蓄电池充电发电机时，蓄电池的再充电应在发动机合理的运行时间内完成。若有这样的蓄电池充电发电机，静态充电器可只供给控制系统常备负载电流和充足的浮充电电流。

4.7.4 选取充电设备时，应保证跨接于蓄电池的控制继电器和电磁线圈不会因充电过程中的偶然过电压而损坏。

4.7.5 应根据电缆总压降确定启动电动机的电缆尺寸：启动发动机时电缆总电压降应不超过蓄电池标定电压的8%。

4.8 环境条件

标准使用条件按GB 7251.1—2005、IEC 62271-200:2003的规定。

---

1) IEC 60038:1983《IEC标准电压》中未规定该值。

与标准使用条件有偏差时，应遵循制造商与用户之间的协议。

若存在这种例外的使用条件，用户应通知制造商。

为了确定环境温度，应考虑安装在同一房间的其他设备散出的热量。

4.9 外壳和防护等级

按 IEC 60947-1:2001 的要求选用外壳。按 IEC 62271-200:2003 选择人员靠近运动件面临危险的防护等级。

5 发电机组开关装置

5.1 总则

发电机组开关装置包括发电机输入单元的所有主回路设备。若有要求，它可扩大到主输入单元和关联的配电系统。

典型的发电机组开关装置见图 1。

开关装置中的所有器件应有足够的额定值，以适应规定的发电机组运行。若有要求，也应适用于电网运行。

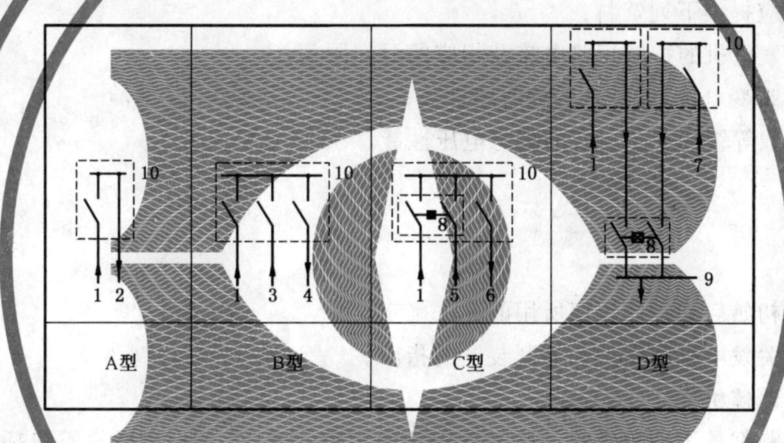

1——发电机组输入；
2——发电机组输出；
3——发电机组和/或电网输入；
4——联合配电；
5——电网输入；
6——联合配电；
7——电网电源；
8——转换开关(COS)装置(电气或机械联锁的)；
9——负载分配；
10——电网配电；
A 型——独立的发电机组开关装置；
B 型——组合的发电机组/电网开关装置(更适用并联运行)；
C 型——装有 COS 的组合发电机组开关装置(更适用于电网备用状态)；
D 型——带远距离 COS 的发电机组开关装置(更适用于电网备用状态)。

图 1 发电机组开关装置示意图

5.2 负载开关装置

考虑到相应的应用类别要求(通常为 AC-1)[2)]，选择的负载开关装置电流定额应与发电机的持续定额相适应。

若 AC-1 定额在使用中可能超过，应考虑制造商对负载开关装置规定的接通和/或断开能力。

用户应按当地供电管理局的要求规定所需的电极数。

电网供电和发电机组供电的定额不一致时，转换开关装置应与各自的负载要求相适应。

---

2) 见 IEC 60947-4-1:2000 低压开关设备和控制设备 第 4-1 部分：接触器和电动机启动器——机电接触器和电动机启动器。

5.3 故障电流定额

设置在回路中的开关装置和电缆应能承受规定短时间的预期故障电流。

对于开关装置中的电网输入单元，用户应给出在安装地点的短路条件资料(见 GB 7251.1—2005)。

在合适的地方允许用限流开关装置(例如高熔断能力(HRC)备用保险丝或限流断路器)进行短路保护，当采用这种限流保护时，所有下游的器件和连接线只需按额定条件短路电流选择。

5.4 电缆和连接线

电缆和连接线的温升应不超过其绝缘材料的最高温度限值。电缆的布置不应使其散出的热量对连接设备或其邻近的元器件受到有害影响。

各连接线上的电压降应满足所用设备功能的要求。

端子的设计应使对应适当额定电流的各导线和电缆容易连接。

电缆和母线应进行充分地机械支撑。

5.5 发电机保护

应尽量采用标准保护方案(见表 1 和 7.3)。

当选择发电机保护装置时，应考虑发电机的运行要求(见 GB 755—2008)。

发电机制造商应提供下列资料：

a) (如果有)发电机的持续短路电流及相应的时间限值；

b) 次瞬变和瞬变电抗，以及合适的时间常数；

c) 由规定负载等级的变化引起的瞬态电压性能。

6 控制方式

6.1 总则

控制方式应按初始启动控制程序所用的方法确定。

表 1 给出了有关发电机组保护和控制装置的指南。

6.2 手动启动/手动停机

所有功能的控制都是手动操作的。这主要用于额定值小于 20 kW 且通常不包括保护控制的发电机组。

6.3 本机电启动/手动停机

这是 6.2 增加电启动的扩展。这样设计的机组通常无保护控制。

6.4 本机电启动/电停机

这是 6.3 增加电停机的扩展。增加电停机主要是便于设置自动保护控制。

6.5 远距离启动/电停机

这实质上是一种本机电启动/电停机，但手动触发的启动和停机控制不在发电机组上或不靠近发电机组。

在手动信号要从听不见机组声音的地方触发或信号反馈不可行的场合，应采用自动保护控制。

6.6 自动启动/自动停机

发电机组的启动或停机是由独立取得的信号触发的，无手动干涉。

典型的应用包括电网故障控制、负载量控制、时钟控制、液位控制和恒温控制。

应有防护措施，以保证液位、温度等上升和下降时有充分不同的通断点值，使发电机组频繁运转次数减至最少。

6.7 根据要求启动

这通常适用于只以发电机组作为电源的家用设备。

当接通商定的最小负载时，发电机组自动启动并持续运行，直到连接的负载断开为止。

6.8 电网备用控制

一旦整个电网出现故障或电压偏差超出规定限值，电网故障检测装置自动启动发电机组。在电网恢复到规定的电压和频率限值内后，该系统的类似设计可使机组停机并恢复由电网向负载供电。

为实现这种功能，至少应包括下列设施：

a) 电网故障检测。

b) 发动机启动/停机顺序控制。

c) 保护装置保持断开的定时器。

d) 转换开关装置控制。

e) 功能选择开关，MANUUAL/AUTO(手动/自动)。

可包括下列附加设施：

f) 启动延时。

g) 发动机重复启动装置。

h) 发动机预热定时器。

i) 开关闭合延迟定时器。

j) 电网恢复计时器。

k) 发动机在空载转速下的停机延时。

l) 蓄电池-充电器故障检测。

m) 启动器传动齿轮重复装置。

n) 预热系统。

o) 运行计时器。

p) 连接网络规定性能的监控设备。

6.9 两台相互备用控制

这是两台发电机组自动运行的交替循环，其中一台工作，另一台备用。运行的转换由时钟、类似的触发或工作机组自身的故障控制。

两台相互备用方案的典型应用是发电机组的无人值守连续运行。

6.10 三台相互备用控制

三台发电机组按类似于两台相互备用控制的方式运行，且备用的顺序通常是可选取的。

6.11 两台相互电网备用控制

除负载通常由电网供电和6.9所述的程序在电网出现故障时启动外，该控制与两台相互备用控制是相同的。

当电网供电满意地恢复后，负载通常要、但不是必须返回电网。选定的备用顺序复原。

该方案的这种变化是可能的：在两台相互备用方案中，发电机组用作主电源，而电网供电作为备用。

6.12 并联运行

6.12.1 总则

这是一套多机组装备，也许要与电网进线连接，这就意味着并联运行(见GB/T 2820.1—2009中6.3.2和6.3.3)。

并联要求并入的发电机组是同步的；这可手动或自动实现。同步的过程包括调整电压和频率使并入机组达到同步，且相位与现有系统相同。

6.12.2 手动操作

下列控制和测试设备对手动同步和并联运行是必需的：

a) 发电机组断路器。

b) 接触器或负载开关。

c) 短路保护。

d) 若适用,电压调节装置。

e) 频率调节装置。

f) 同步灯、零位电压表或指示频率和相位差度的同步指示仪。

接通开关必须准确地进行,以至于灯的亮度也不是一种有足够灵敏的指示。同步灯应仅是一种辅助装置。若采用同步灯,则应多灯组合连接,使其成为显示同步状态的轮转灯。

当采用零位电压表时,电压必须先于频率调到一致。

g) 逆功率保护。

h) 有功功率表。

i) 电流表。

j) 电压表。

推荐下列控制和测试设备:

k) 两用频率表(并入机组和母线)。

l) 两用电压表(并入机组和母线)。

m) 有功负载分配控制。

n) 检查同步的设施。

o) 无功功率表。

p) 无功负载分配控制。

6.12.3 自动操作

下列控制和测试设备对自动同步和并联运行是必需的:

a) 远距离操作的发电机组断路器或具有相应短的闭合时间的负载开关。

b) 短路保护。

c) 若适用(用于无功负载量修正),电压调节装置。

d) 频率调节装置(用于有功负载量修正)。

e) 有功负载分配自动控制。

f) 逆功率保护。

g) 自动同步器。

h) 同步方式选择开关、MANUUAL/AUTO“手动/自动”。

注:使用同步方式选择开关,需用列于6.12.2中的设备。

i) 电流表。

j) 电压表。

k) 有功功率表。

推荐下列控制和测试设备:

l) 两用频率表(并入机组和母线)。

m) 两用电压表(并入机组和母线)。

n) 同步灯、零位电压表或指示频率和相位差度的同步指示仪。

接通开关必须准确地进行,以至于灯的亮度也不是一种有足够灵敏的指示。同步灯只应只是一种辅助装置。若采用同步灯,则应多灯组合连接,使其成为显示同步状态的轮转灯。

当采用零位电压表时,电压必须先于频率调到一致。

o) 带短路识别的过电流保护。

p) 无功功率表。

q) 无功负载分配自动控制。

r) 功率因数自动控制。

注:仅在与商业电网并联时需要。

6.13 停机装置

若对停机系统有要求,则应提供一种装置,当其工作时能切断进入发动机燃烧室的燃油。这种装置应能保持在“停机”位置,直到发动机完全停止转动为止。

注:此外,可能还需要1只空气关断阀以防超速。

当自动安全装置或保护继电器起作用时,停机装置的手动复位通常应是可能的。

7 发电机组监控

7.1 总则

在本标准中,监控是指通过测量或保护装置以及监视控制参数(见表1)观察发电机组的运行,验证其功能的正确性。

7.2 电气仪表

发电机组至少应配备电压表和电流表。并联运行的附加仪表在6.12中给出。

对于输出大于100 kW的机组还应配备频率表和运行计时器。对于3相机组,所有相的电压和电流均应进行测量。

7.3 电气保护和监控

7.3.1 过电流保护

若需要,过载保护只要求断开发电机的负载。

带过电流脱扣装置的传统断路器可提供短路保护。必要时,为保证短路选择性(短路识别),应对串联在电路中的过流保护继电器或保险丝进行选择,使最靠近故障的继电器或保险丝首先断开。

短路保护装置的匹配应根据发电机组制造商和用户之间的协议。

注:发电机持续短路电流对确保保护系统选择性的影响见GB/T 2820.3—2009中10.3和12.2。

7.3.2 电动机启动

为感应电动机供电的发电机组应能承受电动机启动电流。

启动电流有时可能比发电机的额定电流大得多。在这种情况下,需对发电机过流保护继电器作特殊考虑。

注:发动机/发电机制造厂公布的技术数据一般用每千瓦发电机定额的发动机输出和最大电压降来表示启动电动机能力。

7.3.3 欠速度保护

交流(a.c.)发电机若在正常电压、低于同步转速下长期运行可能容易损坏。此时应采取适当的保护方法。

7.3.4 逆功率保护

所有并联运行的发电机组应有逆功率保护。逆功率继电器应确切地识别逆向作用于发动机的负载转矩,并使发电机断路器在规定的延时内断开。

7.3.5 负载保护和减载

发电机组在某些条件下运行可能导致电压和/或频率的输出特性为电气负载一部分的某些设备所不能接受。用户应规定这类限值,并给出过/欠电压和过/欠频率保护的有关资料。

应有一种过载优先跳闸系统,在紧急情况下卸去部分负载,使供电保持在希望的容差范围内。系统应优先卸去最不重要的负载。

7.3.6 控制回路保护

所有的控制和测量仪表应有充分的过流保护。

7.3.7 接地故障保护

接地故障保护可用于发电机组或与其连接的系统。对于系统中采用的具体中性线接地方法,都有与其相适应的继电器保护方案(见图2)。

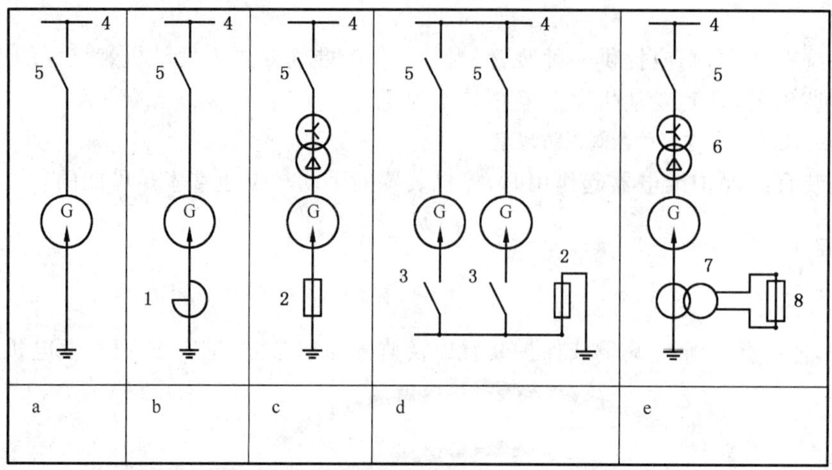

G——发电机；
1——电抗；
2——接地电阻；
3——中性线断路器；
4——公共母线；
5——断路器；
6——单元升压变压器；
7——配电变压器；
8——次级电阻；
a——直接接地；
b——电抗接地；
c——低电阻接地；
d——多电源系统的低电阻接地(1个接地电阻和开关装置)；
e——配电变压器(带次级电阻的接地)。

图2　发电机中性线接地方法

接地故障保护通常由三种检测零序电流的继电器方案来实现。

a) 剩余电流继电器防护方案(见图3a))

接地故障电流是通过检验三相总加电流互感器次级绕组中的剩余电流信号来检测的。当出现接地故障时，连接在电流互感器中性线上的接地故障继电器才有电流。

b) 接地传感器方案(见图3b))

穿心式磁势平衡电流互感器环绕各相导线(电缆电流互感器)。接地故障继电器检测不对称并捕捉零序电流分量。对于线对中性线连接的负载，穿心式磁势平衡电流互感器也环绕中性线。

c) 中性线接地方案(见图3c))

接地故障电流通过连接于阻性接地系统中性线接地导体上的零序电流互感器的变换，由接地故障保护继电器检验(见图3c))。

为了获得到选择性，通常采用限定的接地故障保护。这种保护形式仅监控某一特定范围，一般为从发电机定子绕组到电流互感器安装点。该保护范围外的接地故障是由定向接地故障继电器的断开来抑制的。若是低电阻中性线接地，继电器的极化作用由零序电流产生，若是高电阻中性线接地则由零序电压产生。

对于单独的发电机组，可提供不受限制的接地故障保护。

对于固定式高电压发电机组，实施接地故障保护也是可行的。

应特别注意用于临时供电的单台低电压发电机组的独立运行情况。

接地故障保护装置的配置应按供电管理局、用户和发电机组制造商之间的协议。

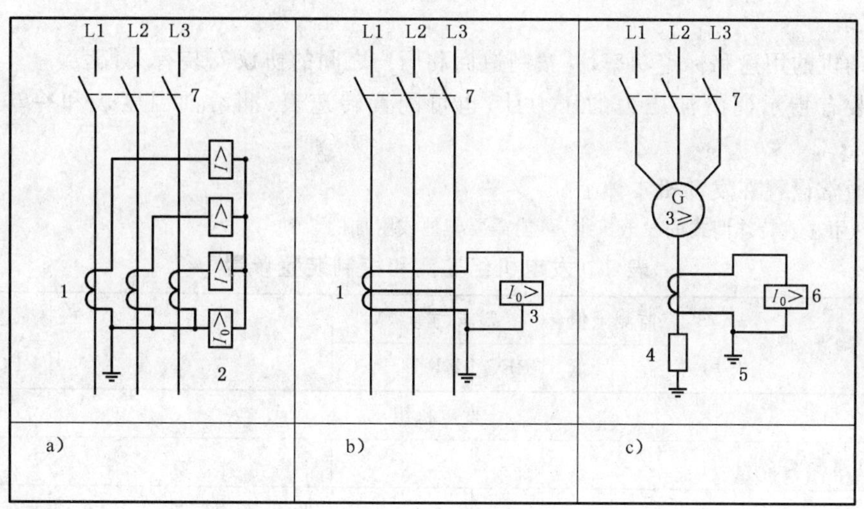

1——电流互感器；

2——剩余电流继电器；

3——接地传感器继电器；

4——接地电阻；

5——接地故障电流；

6——中性线接地继电器；

7——发电机回路断路器；

G——发电机；

a)——剩余电流继电器防护方案(不适用于低电压4线系统)；

b)——接地传感器方案(通常电流互感器的变化为50 A/5 A或100 A/5 A)；

c)——中性线接地方案(通常电流互感器的变比为接地故障电流/5 A)。

图3 检测零序电流的接地故障保护

7.4 发动机保护系统

在考虑了发电机组的输出和用途后，往复式内燃(RIC)机保护和监测装置的选择和扩展应经制造商和用户同意。

应监测下列发动机运行参量(见表1)：

——低润滑油压力，

——发动机超速；

——发动机冷却液温度；

——皮带故障(风冷发动机)。

根据发电机组的用途，推荐监测下列附加的发动机运行参量：

——冷却液液位；

——排气温度；

——润滑油温度；

——防火(按GB/T 4556—2001的要求)。

表1给出了更多推荐的发动机监测要点。

当被监测的发动机参数超过允许的运行限值时，下述动作之一应执行：

——仅报警(不停机)；

——报警并断开负载；

——报警并立即停机。

可以进行光和/或声报警。

7.5 发动机仪表

应根据发动机的用途和标定功率，并按制造商和用户之间的协议安装有关仪表。

发动机应装有指示润滑油压力的压力计，也可配置转速表、润滑油温度表和冷却液温度表（见表 1）。

这些仪表通常设置在发动机本体上。

注：对于特殊用途或特殊型式的发电机组，可能需要其他或附加的装置。

表 1 发电机组监测和控制装置参量

序号	参　量	监测限值		要求的等级[a]			仪　表	要求的等级[a]		
		高	低	REQ	HRE	REC		REQ	HRE	REC
发电机组										
1	发动机过速度[b]	×	—	×			—	—		
2	启动故障[c,d]	—	—		×		光和/或声信号[c]		×	
3	蓄电池电压[c,d]	—	×		×		光和/或声信号[d]			×
4	蓄电池充电器故障[c,d]	—	—		×		—	—		
5	燃油油位[c,d]	×	×		×		光和/或声信号			×
6	启动空气压力[d,e]	—	×		×		自动调节控制用于自动操纵的发电机组			×
7	启动器传动齿轮重发器[f]	—	—			×	—	—		
8	保护隔离定时器	—	—	×			—	—		
9	启动延迟[c]	—	—		×		—	—		
10	发动机在空载转速下停机延迟[c,d,g]	—	—		×		—	—		
11	发电机减载后断路器跳闸[c,h,i]	—	—		×		—	—		
12	工作状态选择开关[c]	—	—		×		—	—		
13	频率	—	—	—			频率表 同步时用两用频率表			×
14	频率保护[b]	×	×			×	—	—		
15	电压	—	—	—			电压表 适用于转换开关读取 3 相电压，同步时用两用电压表	×		
16	电压保护[b]	×	×		×		—	—		
17	转速整定[j]	—	—		×		—	—		
18	电压整定[j]	—	—		×		—	—		
19	电网电压[k]	—	—		×		—	—		

表 1（续）

序号	参　　量	监测限值		要求的等级[a]			仪　　表	要求的等级[a]		
		高	低	REQ	HRE	REC		REQ	HRE	REC
20	预热系统	—	—			×	—	—		
21	运行小时	—	—	—			运行小时计数器			×
22	电流	—	—	—			用于各相的电流表	×		
23	有功功率	—	—	—			有功功率表，当负载完全对称时允许用单相表测量	×[j]		×
24	功率因数	—	—	—			功率因数表			×
25	无功功率	—	—	—			无功功率表			×
26	同步设备[i,j]	—	—	×			同步指示器、零位电压表或同步灯	×		
27	短路保护	×	—	×			—	—		
28	过载保护	×	—	×			—	—		
29	延时过电流保护[l]	×	—		×		—	—		
30	电压抑制过电流保护[m]	×	—		×		—	—		
31	定向时间过电流保护[b,n]	×	—		×		—	—		
32	逆功率保护[j]	—	—		×		—	—		
33	系统分离装置[h]	—	—		×		—	—		
34	无功电流限制装置[b,o]	—	—		×		—	—		
35	系统接地故障保护	—	—			×	—	—		
36	启动器接地故障保护[n,p]	—	—			×	—	—		
37	差分电流保护[b,g,n,p]	—	—		×		—	—		
38	不对称负载保护[q]	×	—			×	—	—		
	发动机									
39	转速	—	—			×	转速表			×
40	润滑油压力	—	×	×			润滑油压力表	×		
41	润滑油温度	—	×			×	润滑油温度表			×
42	润滑油油位	—	×			×	—	—		
43	发动机冷却液温度	×	—	×			冷却液温度表		×	
44	发动机冷却液位[c]	—	×		×		—	—		
45	皮带故障[r]	—	—	×			—	—		
46	冷却风扇故障	—	—			×	—	—		
47	排气温度	×	—			×	排气温度表			×

表 1（续）

序号	参　　量	监测限值		要求的等级[a]			仪　　表	要求的等级[a]		
		高	低	REQ	HRE	REC		REQ	HRE	REC
48	启动	—	—			×	启动计数器			×
发电机										
49	温度响应过载保护[s]	×	—			×	—	—		
50	转子接地故障保护[n,t]		—			×	—	—		
51	磁场损耗保护[j,n,u]	—	—			×	—	—		

a REQ:要求;HRE:极力推荐;REC:推荐。

b 不适用于 100 kW 以下的发电机组。

c 用于自动操作的发电机组。

d 对安全使用设施的要求。

e 压缩空气启动的发动机。

f 电启动的发动机。

g 大于 2 MVA 的低压发电机。

h 用于与商业电网并联运行。

i 发电机组与电网无中断转换。

j 用于并联运行。

k 电网备用控制。

l 为便于选择,短路保护采用定时延时;过载保护采用反时延时。

m 发电机供给不足的持续短路电流时。

n 用于高压发电机。

o 商业电力系统出现长时间电压偏差(>±5%)。

p 发电机应消磁。

q 在过分不对称负载系统连续运行的情况下,也用于断相保护。

r 用于风冷发动机。

s 当热敏电阻式温度传感器是嵌入定子绕组中时,对高电压发电机通常不使用。

t 无刷发电机通常不采用。

u 中、低转速发电机组。

参 考 文 献

[1] GB/T 6072.3—2003 往复式内燃机 性能 第3部分:试验测量

[2] IEC 60947-4-1:2000 低压开关设备和控制设备 第4-1部分:接触器和电动机启动器——机电接触器和电动机启动器

[3] GB/T 2820.3—2009 往复式内燃机驱动的交流发电机组 第3部分:发电机用交流发电机

ICS 29.160.40
K 52

中华人民共和国国家标准

GB/T 2820.5—2009/ISO 8528-5:2005
代替 GB/T 2820.5—1997

往复式内燃机驱动的交流发电机组
第5部分:发电机组

Reciprocating internal combustion engine driven alternating current generating sets—Part 5: Generating sets

(ISO 8528-5:2005, IDT)

2009-05-06 发布　　　　2009-11-01 实施

中华人民共和国国家质量监督检验检疫总局
中国国家标准化管理委员会　发布

前　言

GB/T 2820 在《往复式内燃机驱动的交流发电机组》总标题下由下列各部分组成：

——第1部分：用途、定额和性能

——第2部分：发动机

——第3部分：发电机组用交流发电机

——第4部分：控制装置和开关装置

——第5部分：发电机组

——第6部分：试验方法

——第7部分：用于技术条件和设计的技术说明

——第8部分：对小功率发电机组的要求和试验

——第9部分：机械振动的测量和评价

——第10部分：噪声的测量(包面法)

——第11部分：旋转不间断电源　性能要求和试验方法

——第12部分：对安全装置的应急供电

本部分为 GB/T 2820 的第5部分。本部分等同采用 ISO 8528-5:2005《往复式内燃机驱动的交流发电机组　第5部分：发电机组》。

本部分代替 GB/T 2820.5—1997《往复式内燃机驱动的交流发电机组　第5部分：发电机组》。

本部分与 GB/T 2820.5—1997 相比，引用标准有了较大变化；有关符号、术语及定义集中编排在第3章；第14章定额标牌及第16章表4的注释内容有变化；(对初始频率的)瞬态频率偏差等技术内容有实质性修改。

本部分由中国电器工业协会提出。

本部分由全国移动电站标准化技术委员会(SAC/TC 329)归口。

本部分主要起草单位：兰州电源车辆研究所、空军雷达学院、重庆通信学院、上海科泰电源股份有限公司、深圳市赛瓦特动力科技有限公司、泰州锋陵特种电站有限公司、郑州佛光发电设备有限公司、广州三业科技有限公司、福州福发发电设备有限公司。

本部分主要起草人：杨俊智、张洪战、张友荣、沈卫东、庄衍平、张贵财、孙亚平、王忠华、郑浩、林福长、王丰玉。

本部分所代替标准的历次版本发布情况：

——GB/T 2820.5—1997。

往复式内燃机驱动的交流发电机组 第5部分:发电机组

1 范围

GB/T 2820的本部分规定了由往复式内燃(RIC)机和交流(a.c.)发电机组合为机组运行的术语、设计和性能。

本部分适用于由往复式内燃(RIC)机驱动的陆用和船用交流(a.c.)发电机组,不适用于航空或驱动陆上车辆和机车的发电机组。

对于某些特殊用途(例如医院、高层建筑必不可少的供电),附加要求可能是必需的。本部分的规定可作为确定任何附加要求的基础。

对于由其他型式的往复式原动机(例如蒸汽发动机)驱动的交流(a.c.)发电机组,本部分的规定可作为基础。

2 规范性引用文件

下列文件中的条款通过GB/T 2820的本部分的引用而成为本部分的条款。凡是注日期的引用文件,其随后所有的修改单(不包括勘误的内容)或修订版均不适用于本部分,然而,鼓励根据本部分达成协议的各方研究是否可使用这些文件的最新版本。凡是不注日期的引用文件,其最新版本适用于本部分。

GB 755—2008 旋转电机 定额和性能(IEC 60034-1:2004,IDT)

GB/T 2820.1—2009 往复式内燃机驱动的交流发电机组 第1部分:用途、定额和性能(ISO 8528-1:2005,IDT)

GB/T 2820.2—2009 往复式内燃机驱动的交流发电机组 第2部分:发动机(ISO 8528-2:2005,IDT)

GB/T 2820.3—2009 往复式内燃机驱动的交流发电机组 第3部分:发电机组用交流发电机(ISO 8528-3:2005,IDT)

GB/T 6072.4—2000 往复式内燃机 性能 第4部分:调速(idt ISO 3046-4:1997)

GB/T 6072.5—2003 往复式内燃机 性能 第5部分:扭转振动(ISO 3046-5:2001,IDT)

ISO 8528-12:1997 往复式内燃机驱动的交流发电机组 第12部分:对安全装置的应急供电

3 符号、术语和定义

在标示电气设备的技术数据时,IEC采用术语"额定的"加下标"N"表示。在标示机械设备的技术数据时,ISO采用术语"标定的"加下标"r"表示。因此,在本部分中,术语"额定的"仅适用于电气项目。否则,全部采用术语"标定的"。

本标准所使用的符号和缩写词的解释见表1。

表1 符号、术语和定义

符号	术 语	单位	定 义
f	频率	Hz	—
$f_{d,max}$	最大瞬态频率上升(上冲频率)	Hz	从较高功率突变到较低功率时出现的最高频率 注:与GB/T 6072.4—2000中的符号不同。

表 1（续）

符号	术语	单位	定义
$f_{d,min}$	最大瞬态频率下降(下冲频率)	Hz	从较低功率突变到较高功率时出现的最低频率 注：与 GB/T 6072.4—2000 中的符号不同。
f_{do}^{a}	过频率限制装置的工作频率	Hz	在整定频率一定时，过频率限制装置启动运行时的频率
f_{ds}	过频率限制装置的整定频率	Hz	超过该值时将触发过频率限制装置的发电机组频率 注：在实践中，用确定的允许过频率值代替整定频率值(也见 GB/T 2820.2—2009 表 1)。
f_i	空载频率	Hz	—
$f_{i,r}$	额定空载频率	Hz	—
f_{max}^{b}	最高允许频率	Hz	由发电机组制造商规定、低于频率极值一定安全量的频率
f_r	标定频率(额定频率)	Hz	—
$f_{i,max}$	最高空载频率	Hz	—
$f_{i,min}$	最低空载频率	Hz	—
f_{arb}	实际功率时的频率	Hz	—
$\hat{\check{f}}$	频率波动范围	Hz	—
I_k	持续短路电流	A	—
t	时间	s	—
t_a	总停机时间	s	从发出停机命令到发电机组完全停止的间隔时间： $t_a = t_i + t_c + t_d$
t_b	加载准备时间	s	在考虑了给定的频率和电压容差后，从发出启动命令到准备提供约定功率的间隔时间： $t_b = t_p + t_g$
t_c	卸载运行时间	s	从卸载到给出发电机组停机信号的间隔时间。即常说的“冷却运行时间”
t_d	停转时间	s	从给出发电机组停机信号到发电机组完全停止的间隔时间
t_e	加载时间	s	从发出启动命令到施加约定负载的间隔时间： $t_e = t_p + t_g + t_s$
$t_{f,de}$	负载减少后的频率恢复时间	s	在规定的负载突减后，从频率离开稳态频率带至其永久地重新进入规定的稳态频率容差带之间的间隔时间(见图 4)
$t_{f,in}$	负载增加后的频率恢复时间	s	在规定的负载突加后，从频率离开稳态频率带至其永久地重新进入规定的稳态频率容差带之间的间隔时间(见图 4)
t_g	总升转时间	s	在考虑了给定的频率和电压容差后，从开始转动到做好准备供给约定功率止的间隔时间
t_h	升转时间	s	从开始转动至首次达到标定转速止的间隔时间
t_i	带载运行时间	s	从给出停机指令至断开负载止的间隔时间(自动化机组)
t_p	启动准备时间	s	从发出启动指令至开始转动的间隔时间
t_s	负载切换时间	s	从准备加入约定负载至该负载已连接止的间隔时间

表 1（续）

符号	术　语	单位	定　义
t_u	中断时间	s	从初始启动要求的出现起至投入约定负载止的间隔时间： $t_u = t_v + t_p + t_g + t_s = t_v + t_e$ 注 1：该时间对自动启动的发电机组应专门加以考虑(见第 11 章)。 注 2：恢复时间(ISO 8528-12:1997)为中断时间的特例。
$t_{U,de}$	负载减少后的电压恢复时间	s	从负载减少瞬时至电压恢复到并保持在规定的稳态电压容差带内瞬时止的间隔时间(见图 5)
$t_{U,in}$	负载增加后的电压恢复时间	s	从负载增加瞬时至电压恢复到并保持在规定的稳态电压容差带内瞬时止的间隔时间(见图 5)
t_v	启动延迟时间	s	从初始启动要求的出现至有启动指令(尤其对自动启动的发电机组)止的间隔时间。该时间不取决于所采用的发电机组。该时间的精确值由用户负责确定，或有要求时按立法管理机构的专门要求确定。例如，该时间应可保证在出现非常短暂的电网故障时避免启动
t_z	发动时间	s	从开始转动至达到发动机发火转速止的间隔时间
t_0	预润滑时间	s	对某些发动机，在开始发动之前为保证建立润滑油压力所要求的时间。对通常不要求预润滑的小型发电机组，该时间一般为零
v_f	频率整定变化速率		在远程控制条件下，用每秒相对的频率整定范围的百分数来表示频率整定变化速率： $v_f = \frac{(f_{i,max} - f_{i,min})/f_r}{t} \times 100$
v_u	电压整定变化速率		在远程控制条件下，用每秒相对的电压整定范围的百分数来表示电压整定变化速率： $v_u = \frac{(U_{s,up} - U_{s,do})/U_r}{t} \times 100$
$U_{s,do}$	下降调节电压	V	—
$U_{s,up}$	上升调节电压	V	—
U_r	额定电压	V	在额定频率和额定输出时发电机端子处的线对线电压 注：额定电压是按运行和性能特性由制造商给定的电压。
U_{rec}	恢复电压	V	在规定负载条件能达到的最高稳态电压 注：恢复电压一般用额定电压的百分数表示。它通常处在稳态电压容差带(ΔU)内。当超过额定负载时，恢复电压受饱和度和励磁机/调节器磁场强励能力的限制(见图 5)。
U_s	整定电压	V	就限定运行由调节选定的线对线电压
$U_{st,max}$	最高稳态电压	V	考虑到温升的影响，在空载与额定输出之间的所有功率、额定频率及规定功率因数的稳态条件下的最高电压
$U_{st,min}$	最低稳态电压	V	考虑到温升的影响，在空载与额定输出之间的所有功率、额定频率及规定功率因数的稳态条件下的最低电压
U_0	空载电压	V	额定频率和空载时在发电机端子处的线对线电压
$U_{dyn,max}$	负载减少时上升的最高瞬时电压	V	从较高负载突变到较低负载时出现的最高电压

表 1（续）

符号	术　语	单位	定　　义
$U_{dyn,min}$	负载增加时下降的最低瞬时电压	V	从较低负载突变到较高负载时出现的最低电压
$\hat{U}_{max,s}$	整定电压最高峰值	V	—
$\hat{U}_{min,s}$	整定电压最低峰值	V	—
$\hat{U}_{mean,s}$	整定电压最高峰值和最低峰值的平均值	V	—
$\hat{U}_{mod,s}$	电压调制	%	在低于基本发电频率的典型频率下，围绕稳态电压的准周期电压波动（峰对峰），用额定频率和恒定转速时平均峰值电压的百分数表示： $\hat{U}_{mod,s}=2\dfrac{\hat{U}_{mod,s,max}-\hat{U}_{mod,s,min}}{\hat{U}_{mod,s,max}+\hat{U}_{mod,s,min}}\times 100$ 注 1：这可能是由调节器、循环不均匀度或间断负载引起的循环或随机的扰动。 注 2：灯光闪烁是电压调制的 1 个特例（见图 11 和图 12）。
$\hat{U}_{mod,s,max}$	电压调制最高峰值	V	围绕稳态电压的准周期最大电压变化（峰对峰）
$\hat{U}_{mod,s,min}$	电压调制最低峰值	V	围绕稳态电压的准周期最小电压变化（峰对峰）
$\breve{U}$	电压振荡宽度	V	—
Δf_{neg}	对线性曲线的下降频率偏差	Hz	—
Δf_{pos}	对线性曲线的上升频率偏差	Hz	—
Δf	稳态频率容差带	—	在负载增加或减少后的给定调速周期内，频率达到的围绕稳态频率的约定频率带
Δf_c	对线性曲线的最大频率偏差	Hz	在空载和额定负载间，Δf_{neg} 和 Δf_{pos} 的较大者（见图 2）
Δf_s	频率整定范围	Hz	最高和最低可调空载频率之间的范围（见图 1）： $\Delta f_s=f_{i,max}-f_{i,min}$
$\Delta f_{s,do}$	频率整定下降范围	Hz	标定空载频率和最低可调空载频率之间的范围（见图 1）： $\Delta f_{s,do}=f_{i,r}-f_{i,min}$
$\Delta f_{s,up}$	频率整定上升范围	Hz	最高可调空载频率和标定空载频率之间的范围（见图 1）： $\Delta f_{s,up}=f_{i,max}-f_{i,r}$
ΔU	稳态电压容差带	V	在突加/突减规定负载后的给定调节周期内，电压达到的围绕稳态电压的商定电压带。除另有规定外： $\Delta U=2\delta U_{st}\times\dfrac{U_r}{100}$
ΔU_s	电压整定范围	V	在空载与额定输出之间的所有负载、商定的功率因数范围内、额定频率下，发电机端子处电压调节的上升和下降的最大可能范围： $\Delta U_s=\Delta U_{s,up}+\Delta U_{s,do}$

表 1（续）

符号	术　语	单位	定　义
$\Delta U_{s,do}$	电压整定下降范围	V	在空载与额定输出之间的所有负载、商定的功率因数范围内、额定频率下，发电机端子处额定电压与下降调节电压之间的范围： $\Delta U_{s,do}=U_r-U_{s,do}$
$\Delta U_{s,up}$	电压整定上升范围	V	在空载与额定输出之间的所有负载、商定的功率因数范围内、额定频率下，发电机端子处上升调节电压与额定电压之间的范围： $\Delta U_{s,up}=U_{s,up}-U_r$
$\Delta\delta f_{st}$	频率/功率特性偏差	%	在空载与标定功率之间的功率范围内，对线性频率/功率特性曲线的最大偏差，用额定频率的百分数表示(见图 2)： $\Delta\delta f_{st}=\frac{\Delta f_c}{f_r}\times 100$
—	频率/功率特性曲线	—	在空载和标定功率之间的功率范围内，对发电机组有功功率所绘出的关系曲线(见图 2)
α_U	相对的稳态电压容差带	%	该容差带用额定电压的百分数表示： $\alpha_U=\frac{\Delta U}{U_r}\times 100$
α_f	相对的频率容差带	%	该容差带用额定频率的百分数表示： $\alpha_f=\frac{\Delta f}{f_r}\times 100$
β_f	稳态频率带	%	恒定功率时发电机组频率围绕平均值波动的包络线宽度$\hat{\check{f}}$，用额定频率的百分数表示： $\beta_f=\frac{\hat{\check{f}}}{f_r}\times 100$ 注 1：应指出 β_f 的最大值出现在 20%标定功率和标定功率之间。 注 2：对于功率低于 20%者，稳态频率带可能显示出较高的值(见图 3)，但应允许同步。
δf_d^-	负载增加时(对初始频率)的瞬态频率偏差	%	在突加负载后的调速过程中，下冲频率与初始频率之间的瞬时频率偏差，用初始频率的百分数表示： $\delta f_d^-=\frac{f_{d,min}-f_{arb}}{f_{arb}}\times 100$ 注 1：负号表示负载增加后的下冲，正号表示负载减少后的上冲。 注 2：瞬态频率偏差应在用户允许的频率容差内，且应专门说明。
δf_d^+	负载减少时(对初始频率)的瞬态频率偏差	%	在突减负载后的调速过程中，上冲频率与初始频率之间的瞬时频率偏差，用初始频率的百分数表示： $\delta f_d^+=\frac{f_{d,max}-f_{arb}}{f_{arb}}\times 100$ 注 1：负号表示负载增加后的下冲，正号表示负载减少后的上冲。 注 2：瞬态频率偏差应在用户允许的频率容差内，且应专门说明。
δf_{dyn}^-	负载增加时(对额定频率)瞬态频率偏差	%	在突加负载后的调速过程中，下冲频率与初始频率之间的瞬时频率偏差，用额定频率的百分数表示： $\delta f_{dyn}^-=\frac{f_{d,min}-f_{arb}}{f_r}\times 100$ 注 1：负号表示负载增加后的下冲，正号表示负载减少后的上冲。 注 2：瞬态频率偏差应在用户允许的频率容差内，且应专门说明。

表 1（续）

符号	术　语	单位	定　　义
δf_{dyn}^{+}	负载减少时（对额定频率）瞬态频率偏差	%	在突减负载后的调速过程中，上冲频率与初始频率之间的瞬时频率偏差，用额定频率的百分数表示： $\delta f_{dyn}^{+}=\frac{f_{d,max}-f_{arb}}{f_r}\times 100$ 注 1：负号表示负载增加后的下冲，正号表示负载减少后的上冲。 注 2：瞬态频率偏差应在用户允许的频率容差内，且应专门说明。
δU_{dyn}^{-}	负载增加时的瞬态电压偏差	%	负载增加时的瞬态电压偏差是指：发电机在正常励磁条件下以额定频率和额定电压工作，接通额定负载后的电压降，用额定电压的百分数表示： $\delta U_{dyn}^{-}=\frac{U_{dyn,min}-U_r}{U_r}\times 100$ 注 1：负号表示负载增加后的下冲，正号表示负载减少后的上冲。 注 2：瞬态电压偏差应在用户允许的电压容差内，且应专门说明。
δU_{dyn}^{+}	负载减少时的瞬态电压偏差	%	负载减少时的瞬态电压偏差是指：发电机在正常励磁条件下以额定频率和额定电压工作，突然卸去额定负载后的电压上升，用额定电压的百分数表示： $\delta U_{dyn}^{+}=\frac{U_{dyn,max}-U_r}{U_r}\times 100$ 注 1：负号表示负载增加后的下冲，正号表示负载减少后的上冲。 注 2：瞬态电压偏差应在用户允许的电压容差内，且应专门说明。
δf_s	相对的频率整定范围	%	用额定频率的百分数表示的频率整定范围： $\delta f_s=\frac{f_{i,max}-f_{i,min}}{f_r}\times 100$
$\delta f_{s,do}$	相对的频率整定下降范围	%	用额定频率的百分数表示的频率整定下降范围： $\delta f_{s,do}=\frac{f_{i,r}-f_{i,min}}{f_r}\times 100$
$\delta f_{s,up}$	相对的频率整定上升范围	%	用额定频率的百分数表示的频率整定上升范围： $\delta f_{s,up}=\frac{f_{i,max}-f_{i,r}}{f_r}\times 100$
δf_{st}	频率降	%	整定频率不变时，额定空载频率与标定功率时的额定频率之差，用额定频率的百分数表示（见图 1）： $\delta f_{st}=\frac{f_{i,r}-f_r}{f_r}\times 100$
δ_{QCC}	交轴电流补偿电压降程度	—	—
δ_s	循环不均匀度	—	—
δf_{lim}	过频率整定比	%	过频率限制装置的整定频率与额定频率之差除以额定频率，用百分数表示： $\delta f_{lim}=\frac{f_{ds}-f_r}{f_r}\times 100$
δU_{st}	稳态电压偏差	%	考虑到温升的影响，在空载与额定输出之间的所有功率、额定频率及规定功率因数的稳态条件下，相对于整定电压的最大偏差，用额定电压的百分数表示： $\delta U_{st}=\pm\frac{U_{st,max}-U_{st,min}}{2U_r}\times 100$

表 1（续）

符号	术　语	单位	定　　义
δU_s	相对的电压整定范围	%	用额定电压的百分数表示的电压整定范围： $\delta U_s=\dfrac{\Delta U_{s,up}+\Delta U_{s,do}}{U_r}\times 100$
$\delta U_{s,do}$	相对的电压整定下降范围	%	用额定电压的百分数表示的电压整定下降范围： $\delta U_{s,do}=\dfrac{U_r-U_{s,do}}{U_r}\times 100$
$\delta U_{s,up}$	相对的电压整定上升范围	%	用额定电压的百分数表示的电压整定上升范围： $\delta U_{s,up}=\dfrac{U_{s,up}-U_r}{U_r}\times 100$
$\delta U_{2,0}$	电压不平衡度	%	空载下的负序或零序电压分量对正序电压分量的比值。电压不平衡度用额定电压的百分数表示

a 对于给定的发电机组，其工作频率取决于发电机组的总惯量和过频率保护系统的设计。

b 频率限值(见 GB/T 2820.2—2009 中图 3)是指发电机组的发动机和发电机能够承受而无损坏风险的计算频率。

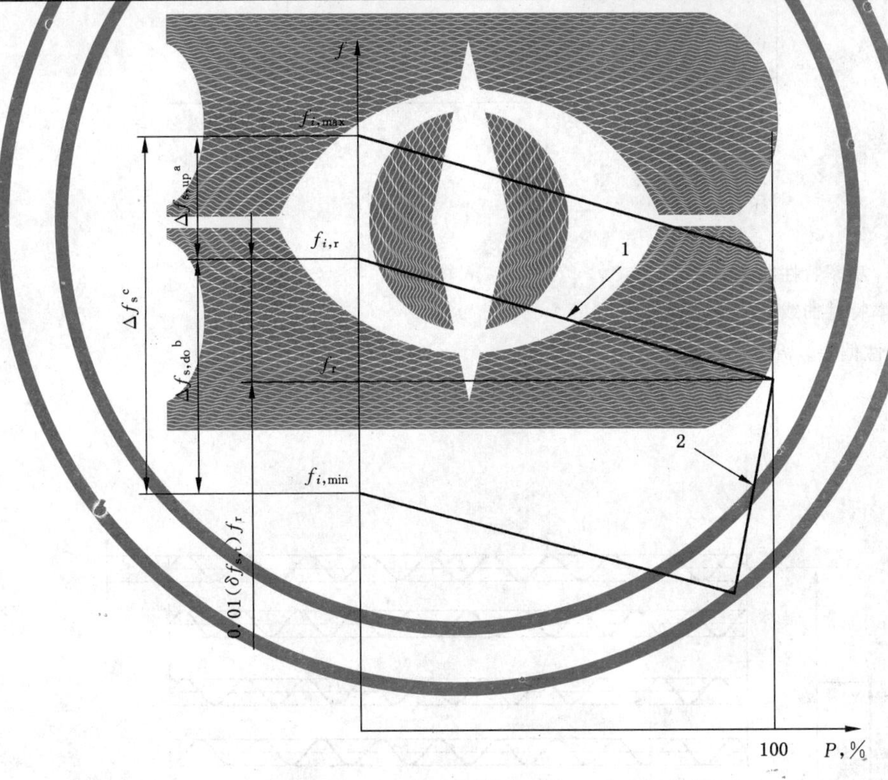

P——功率；

f——频率；

1——频率/功率特性曲线；

2——功率限值(考虑 a.c. 发电机效率的条件下，发电机组的功率极限取决于 RIC 发动机的功率极限，例如限油功率)；

a 上升频率整定范围；

b 下降频率整定范围；

c 频率整定范围。

图 1　频率/功率特性，频率整定范围

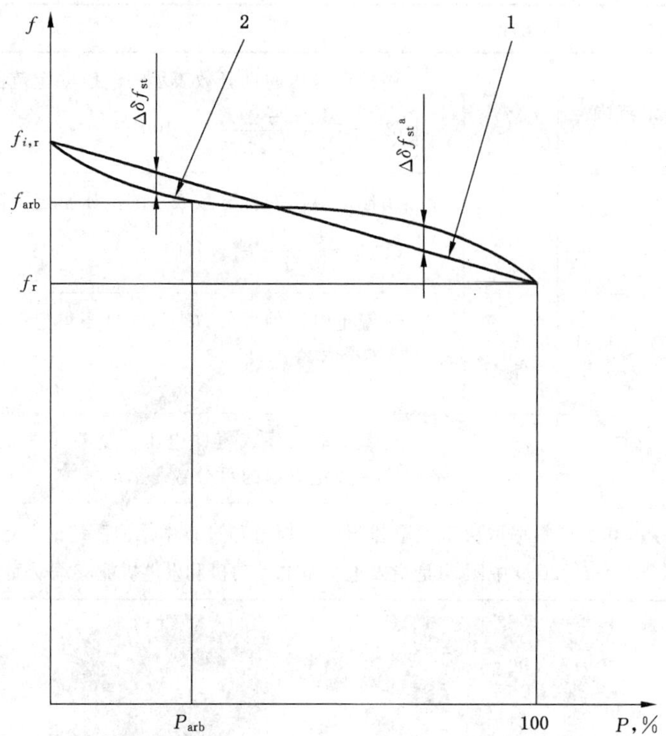

P——功率；

f——频率；

1——线性频率/功率特性曲线；

2——频率/功率特性曲线；

[a] 频率/功率特性偏差。

图 2 频率/功率特性，对线性曲线的偏差

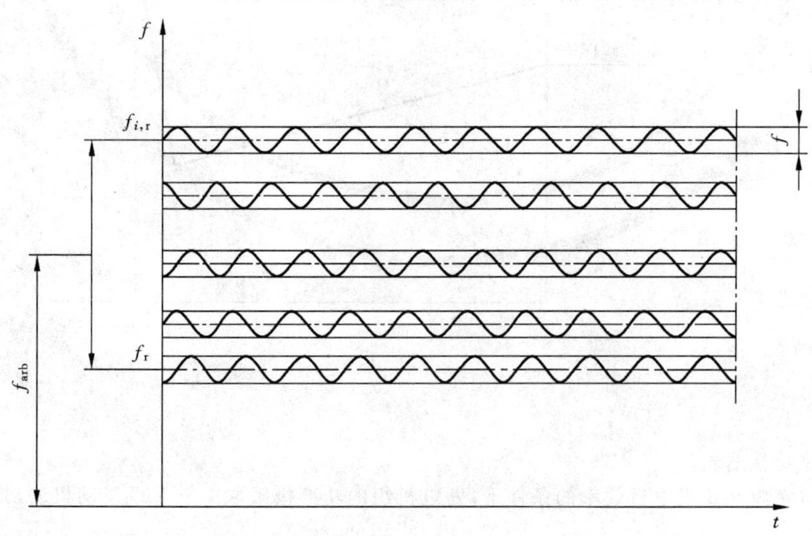

t——时间；

f——频率。

图 3 稳态频率带

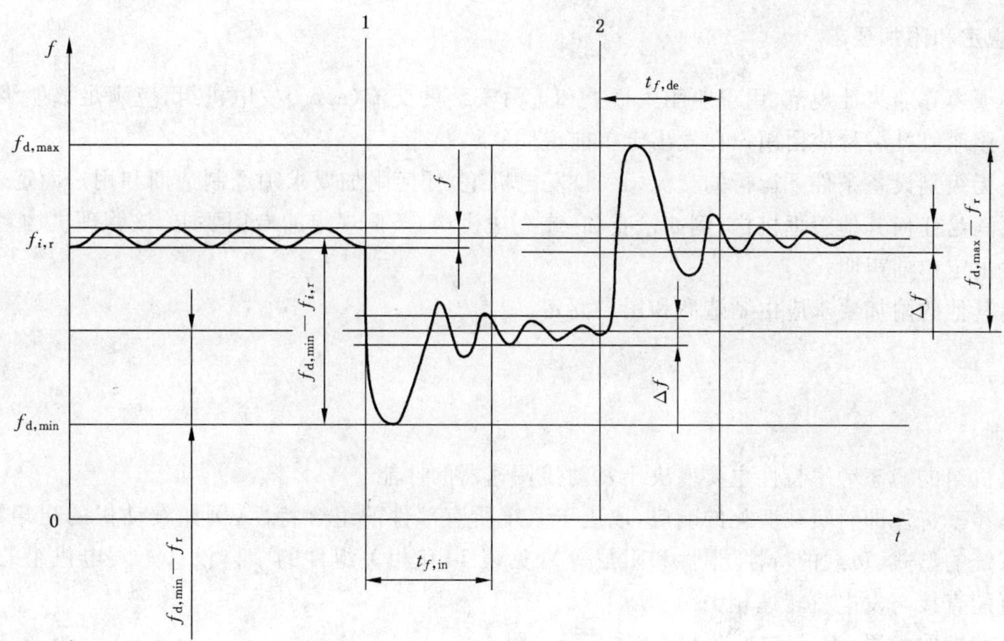

t——时间；

f——频率；

1——功率增加；

2——功率减少。

图 4　动态频率特性

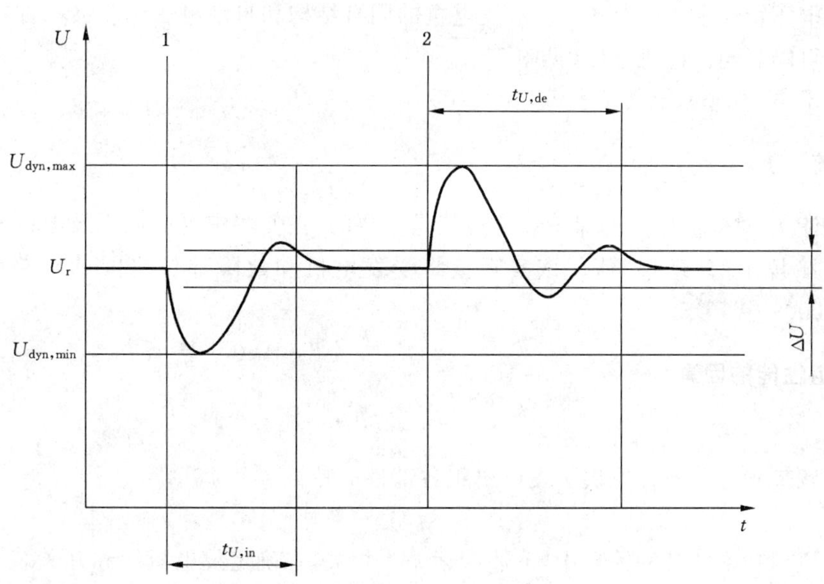

t——时间；

U——电压；

1——功率增加；

2——功率减少。

图 5　无交轴电流补偿电压降的瞬态电压特性

4 其他规定和附加要求

对必须遵守船级社规范、用于船舶甲板上和近海安装的交流(a.c.)发电机组,应满足该船级社的附加要求。该船级社名称应由用户在发出定单前说明。

对在无级别设备条件下运行的交流(a.c.)发电机组,任何附加要求须经制造商和用户商定。

若要满足任何其他管理机构(例如检查和/或立法机构)条例规定的专用要求,该管理机构名称应由用户在发出定单前声明。

任何其他的附加要求应由制造商和用户商定。

5 频率特性

5.1 总则

发电机组的稳态频率特性主要取决于发动机调速器的性能。

动态频率特性即对负载变化的响应,取决于系统所有部件的组合特性(例如发动机的扭矩特性、涡轮增压系统的型式、负载的特性、惯性和阻尼等)(见表1)和相关组件的个体设计。发电机组的动态频率特性可能直接与发电机转速相关。

频率特性的术语、符号和定义见表1和图1～图4。

6 过频率特性

过频率特性的术语、符号和定义见表1。

7 电压特性

发电机组的电压特性主要由交流(a.c.)发电机的固有结构和自动电压调节器的性能决定。稳态和瞬态频率特性也可能影响发电机电压(见图5)。

电压特性的术语、符号和定义见表1。

8 持续短路电流

持续短路电流 I_k 对电流操作的保护装置可能是重要的,在使用中可能低于发电机制造厂对发电机端子处的某种故障规定的"理想"值。该实际值将受发电机和故障部位之间的电路阻抗的影响(见GB/T 2820.3—2009中10.3)。

9 影响发电机组性能的因素

9.1 总则

发电机组的频率和电压特性取决于发电机组各部件的特性。

9.2 功率

在影响发电机组功率的各种因素中,下述因素尤为相关,在确定发电机组和开关装置的规格时应予以考虑:

a) 用途;

b) 连接负载的功率要求;

c) 负载功率因数;

d) 连接的任何电动机的启动特性;

e) 连接负载的多样性;

f) 间断负载;

g) 非线性负载的影响。

在确定往复式内燃(RIC)机、发电机及开关装置的规格时,对连接负载的类型应予以考虑。

9.3 频率和电压

突变负载时发电机组的瞬态频率和电压特性取决于下述因素的影响:

a) 往复式内燃(RIC)机的涡轮增压系统;

b) 往复式内燃(RIC)机在标定功率时的平均有效压力 p_{me};

c) 调速器特性;

d) 交流发电机类型;

e) 交流发电机励磁系统特性;

f) 电压调节器特性;

g) 整套发电机组的转动惯量。

为了确定因负载变化引起的发电机组的频率和电压特性,需要给定由连接负载设备给出的最大接通和断开负载值。

9.4 负载接受

鉴于不可能量化发电机组响应动态负载的所有影响因素,应以允许的频率降为基础给出施加负载的推荐指导值。平均有效压力 p_{me} 较高,通常需要分级加载。图 6 和图 7 给出了按标定功率时的 p_{me} 分级突加负载的指导值。因此,用户应规定由发电机组制造商考虑的任何特殊负载类型或任何负载接受特性。

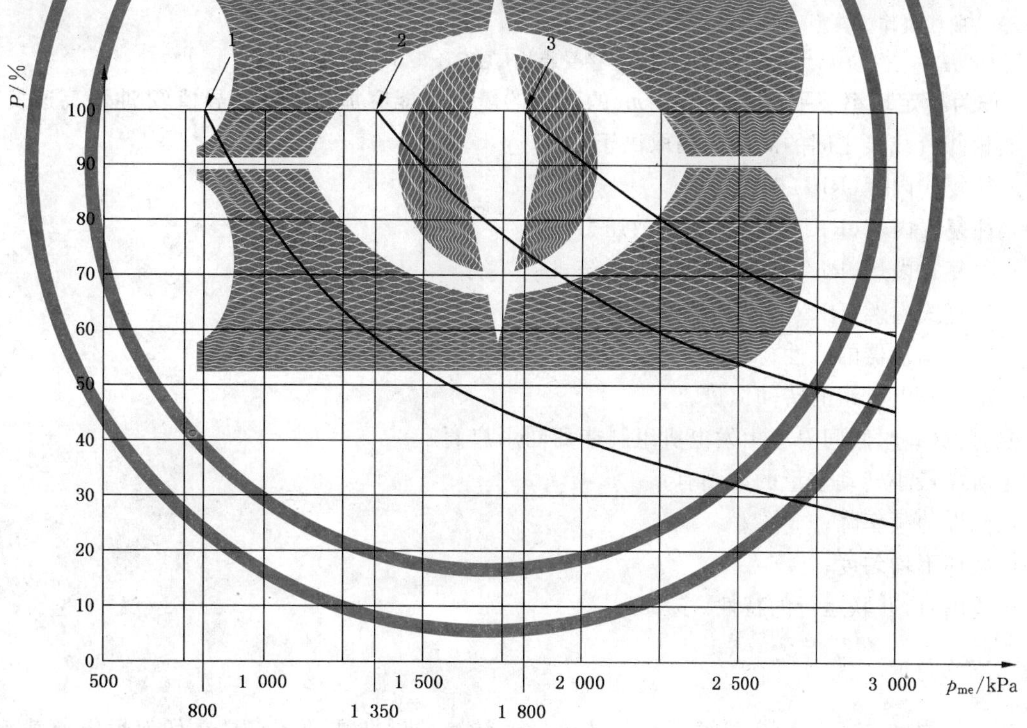

p_{me}——标定功率平均有效压力;

P——现场条件下相对于标定功率的功率增加;

1——第 1 功率级;

2——第 2 功率级;

3——第 3 功率级。

注:这些曲线仅作为典型示例提供。

为了做出决定,应考虑所用发动机的实际功率接受特性(见 GB/T 6072.4—2000)

图 6 作为标定功率下平均有效压力 p_{me} 函数的最大可能突加功率的指导值(4 冲程发动机)

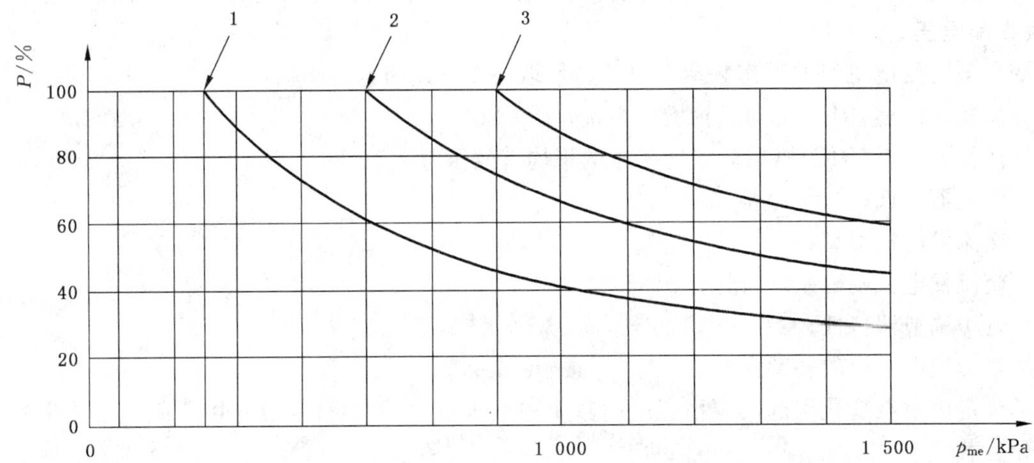

p_{me}——标定功率平均有效压力；

P——现场条件下相对于标定功率的功率增加；

1——第 1 功率级；

2——第 2 功率级；

3——第 3 功率级。

注：这些曲线仅作为典型示例提供。

为了做出决定，应考虑所用发动机的实际功率接受特性（见 GB/T 6072.4—2000）

图 7　作为标定功率下平均有效压力 p_{me} 的函数的最大可能突加功率的指导值（2 冲程高速发动机）

施加相邻负载级之间的时间间隔取决于：

a）往复式内燃(RIC)机的排量；

b）往复式内燃(RIC)机的平均有效压力；

c）往复式内燃(RIC)机的涡轮增压系统；

d）往复式内燃(RIC)机调速器的种类；

e）电压调节器的特性；

f）整台发电机组的转动惯量。

必要时，这些时间间隔应由发电机组制造商同用户商定。

确定所需最小转动惯量的准则有：

a）允许的频率降；

b）循环不均匀度；

c）适用时，并联运行的特性。

10　循环不均匀度

循环不均匀度 δ_s 是由原动机的不均匀转动导致转速的周期波动。它是在任何恒定负载下发电机轴的最高和最低角速度之差与平均角速度之比。在单机运行的情况下，循环不均匀度对发电机电压产生相应的调制作用，因此可通过测量所发出的电压的变化确定：

$$\delta_s = \frac{\hat{U}_{max,s} - \hat{U}_{min,s}}{\hat{U}_{mean,s}}$$

注 1：通过在内燃机和发电机之间安装弹性联轴器和/或变更转动惯量，可以改变与内燃机循环不均匀度测量值有关的发电机转速的循环不均匀度。

注 2：为了避免发动机扭矩的不规则性与机组机电频率之间的振荡，应特别关注同低速（100 r/min～180 r/min）压缩点火（柴油）发电机组的并联运行（见 GB/T 2820.3—2009 第 11 章）。

11 启动特性

启动特性取决于若干因素，如：

a) 空气温度；

b) 往复式内燃(RIC)机的温度；

c) 启动空气压力；

d) 启动蓄电池状况；

e) 润滑油粘度；

f) 发电机组的总惯量；

g) 燃料品质；

h) 启动设备的状态。

以上均需由用户和发电机组制造商商定(见图 8)。

启动特性的术语、符号和定义见表 1。

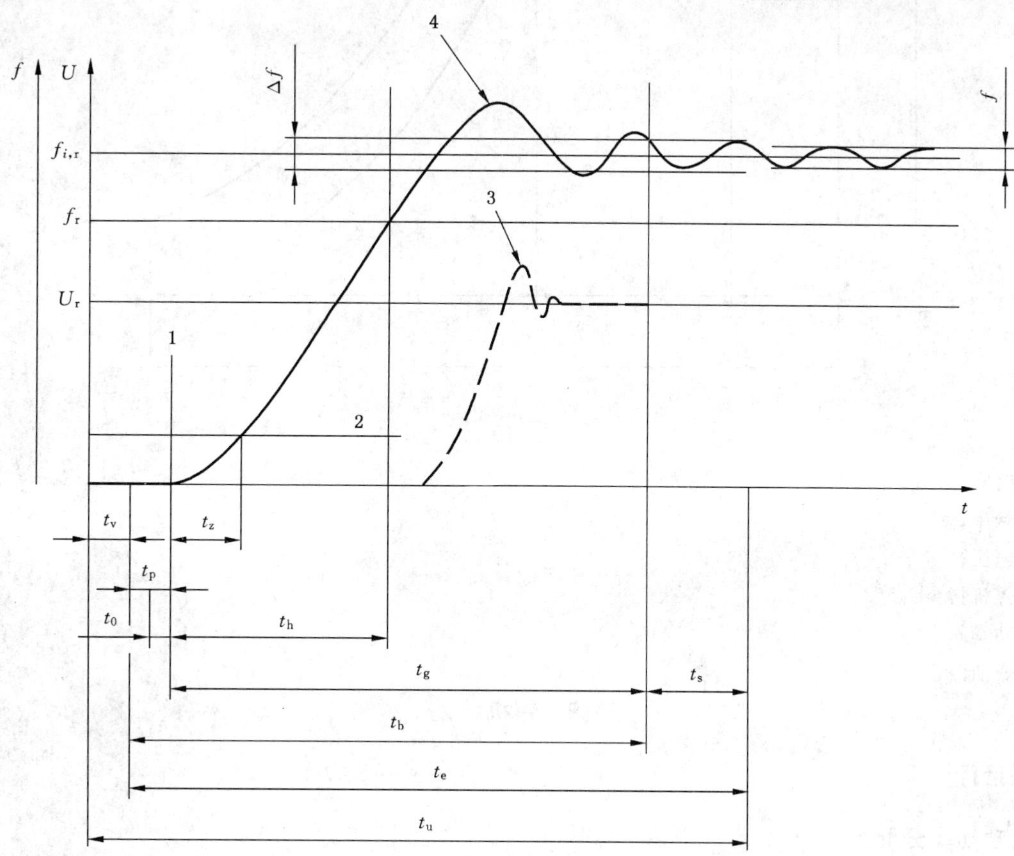

t——时间；

f——频率；

U——电压；

1——启动脉冲；

2——着火转速；

3——电压曲线；

4——频率曲线。

图 8 启动特性

12 停机时间特性

停机时间特性的术语、符号和定义见表1(见图9)。

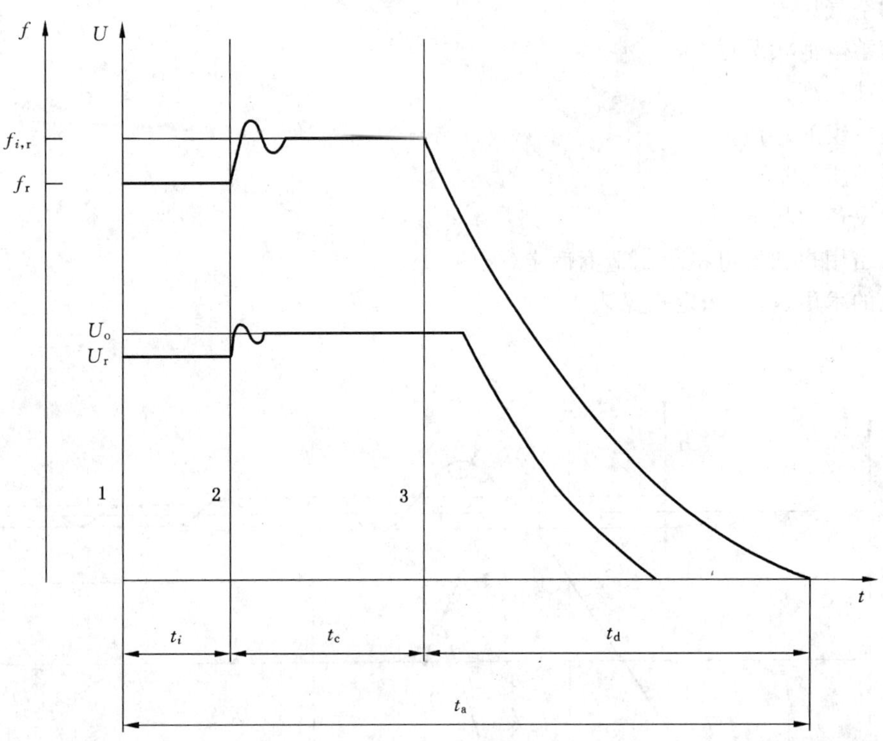

t——时间;

f——频率;

U——电压;

1——停机指令;

2——功率卸去;

3——燃油停止信号。

图9 停机特性

13 并联运行

13.1 有功功率分配

13.1.1 影响有功功率分配的因素

有功功率分配(见图10)可能受下述某个或多个因素的影响:

a) 调速器下降特性;

b) 往复式内燃(RIC)机及其调速器的动态特性;

c) 联轴器的动态特性;

d) 考虑电网或用户设备特性的交流(a.c.)发电机的动态特性;

e) 自动电压调节器特性。

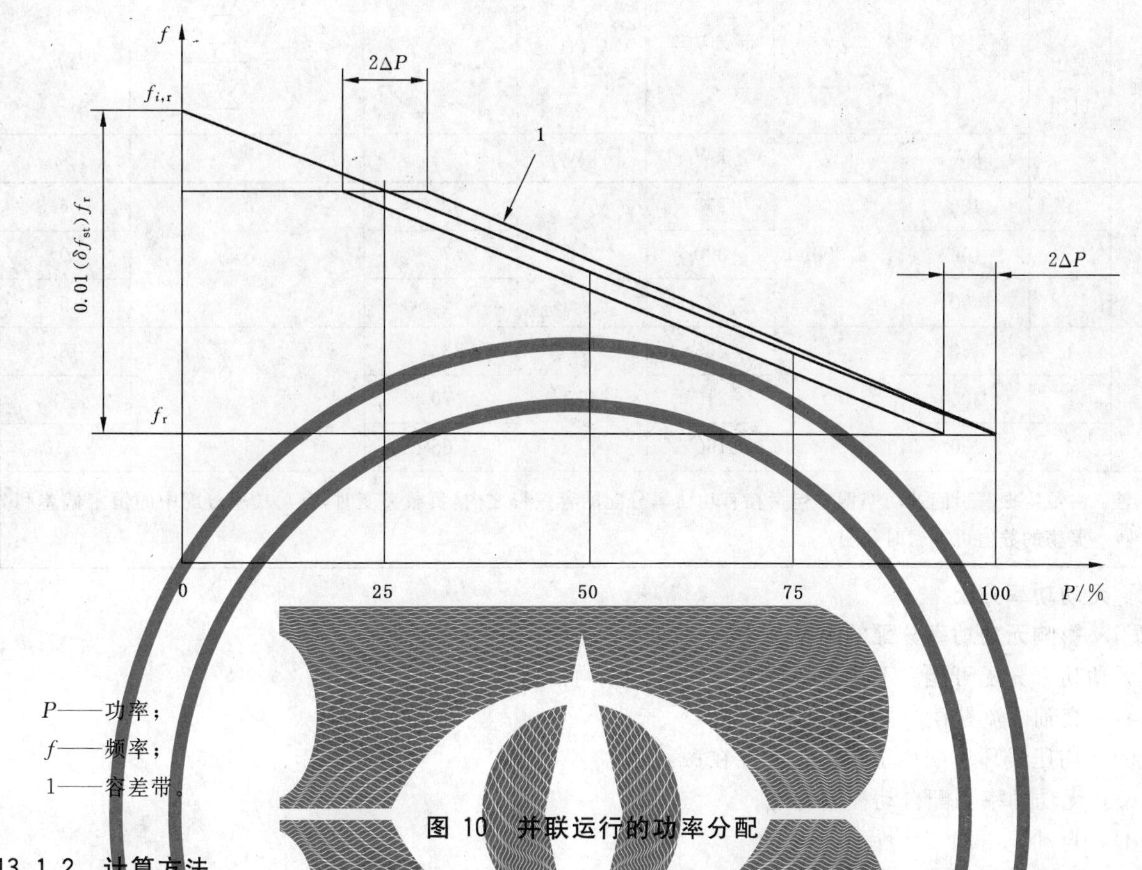

P——功率；

f——频率；

1——容差带。

图 10　并联运行的功率分配

13.1.2　计算方法

在理想的频率特性下，由单台发电机组承担的功率比例与由所有发电机组承担的总功率比例之差用百分数表示的值 Δp_i 为：

$$\Delta p_i = \left[\frac{p_i}{p_{r,i}} - \frac{\sum_{i=1}^{n} p_i}{\sum_{i=1}^{n} p_{r,i}}\right] \times 100$$

式中：

n——并联运行的发电机组数；

i——在一组所有并联运行的发电机组内识别单台发电机组的标记；

p_i——单台发电机组承担的部分有功功率；

$p_{r,i}$——单台发电机组的额定有功功率；

$\sum p_i$——所有并联运行的发电机组的各部分有功功率的总和；

$\sum p_{r,i}$——所有并联运行的发电机组的各额定有功功率的总和。

若最佳有功功率分配是在总额定有功功率时实现，则当发动机调速器的整定保持不变时，对于特定的发电机组，有功功率分配的最大偏差将出现在总额定有功功率的 20%～100%的范围内。与仅通过发动机调速器特性得到的值比较，若都采用自动有功功率分配装置，可减小有功功率偏差。为避免并联运行的发电机组之间存在功率偏差而出现电动机运行工况，要求有适当的保护措施，例如逆功率继电器。

13.1.3　有功功率分配实例

以 cosϕ=0.8(滞后)为例，见表 2。

——编号。

i) 其他安装/使用部件数据(至少):

1) 蓄电池;

2) 压缩空气启动设备;

3) 泵;

4) 压缩空气蓄气瓶;

5) 冷却设备。

6.8.3 测量数据

验收试验报告至少应包括下列测量数据:

a) 试验现场条件:

1) 海拔高度;

2) 大气压力;

3) 环境温度;

4) 相对湿度;

5) 进气温度;

6) 冷却液进口温度。

注:第3)、5)和6)项的数值对RIC发动机和发电机可能不同。

b) 燃料种类(规格号):

1) 密度;

2) 热值(低热值)。

c) 发电机组的技术数据:

1) 功率;

2) 电压;

3) 频率;

4) 相数;

5) 电流;

6) 功率因数;

7) 转速调节范围;

8) 频率整定变化速率;

9) 电压范围。

ICS 29.160.40
K 52

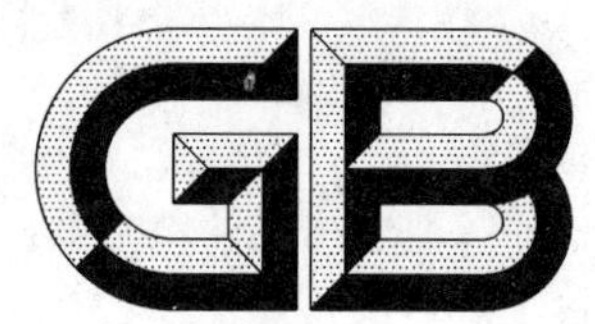

中华人民共和国国家标准

GB/T 2820.7—2002
eqv ISO 8528-7:1994

往复式内燃机驱动的交流发电机组 第7部分:用于技术条件和设计的技术说明

Reciprocating internal combustion engine driven alternating current generating sets—Part 7:Technical declarations for specification and design

2002-02-28 发布

2003-03-01 实施

中华人民共和国
国家质量监督检验检疫总局 发布

前　言

GB/T 2820《往复式内燃机驱动的交流发电机组》目前已制定了六个部分：

GB/T 2820.1—1997 《往复式内燃机驱动的交流发电机组　第1部分：用途、定额和性能》(eqv ISO 8528-1:1993)

GB/T 2820.2—1997 《往复式内燃机驱动的交流发电机组　第2部分：发动机》(eqv ISO 8528-2:1993)

GB/T 2820.3—1997 《往复式内燃机驱动的交流发电机组　第3部分：发电机组用交流发电机》(eqv ISO 8528-3:1993)

GB/T 2820.4—1997 《往复式内燃机驱动的交流发电机组　第4部分：控制装置和开关装置》(eqv ISO 8528-4:1993)

GB/T 2820.5—1997 《往复式内燃机驱动的交流发电机组　第5部分：发电机组》(eqv ISO 8528-5:1993)

GB/T 2820.6—1997 《往复式内燃机驱动的交流发电机组　第6部分：试验方法》(eqv ISO 8528-6:1993)

GB/T 2820 《往复式内燃机驱动的交流发电机组》还有五个部分正在制定，对应的国际标准分别是：

ISO 8528-7:1994 《往复式内燃机驱动的交流发电机组　第7部分：用于技术条件和设计的技术说明》

ISO 8528-8:1995 《往复式内燃机驱动的交流发电机组　第8部分：对小功率发电机组的要求和试验》

ISO 8528-9:1995 《往复式内燃机驱动的交流发电机组　第9部分：机械振动的测量和评价》

ISO 8528-10:1998 《往复式内燃机驱动的交流发电机组　第10部分：噪声的测量(包面法)》

ISO 8528-12:1997 《往复式内燃机驱动的交流发电机组　第12部分：对安全装置的应急供电》

本标准对应于 ISO 8528-7:1994《往复式内燃机驱动的交流发电机组　第7部分：用于技术条件和设计的技术说明》。本标准与 ISO 8528-7 的对应关系为等效，主要差异是：

本标准是指导制造商确定发电机组设计方案、制定产品技术条件以及用户如何选择发电机组的说明性文件，它本身没有规定具体的指标、定义及试验方法，因此本部分必须与 GB/T 2820.1～2820.6—1997 和其他标准结合起来使用。但 ISO 8528-7 中引用的主要标准 ISO 8528.1～8528.6、IEC 60034-6 等均等效转化成国标。本标准除引用标准与 ISO 8528-7 中的引用标准有差异外，其余内容均与 ISO 8528-7 相同。由于原标准 GB 2820—1990、GB 8365—1987 用于指导确定发电机组设计方案、制定产品技术条件的内容较少，所以本标准与 GB/T 2820 的前六部分一起代替 GB 2820—1990、GB 8365—1987。

本标准从实施之日起，代替 GB 8365—1987 和 GB 2820—1990，共列出了为得到满意的发电机组设计方案而必须考虑的19类86项内容。分类恰当，详细全面。对用户和制造商有很好的指导作用。制造商应以本部分第4章的内容为基础，必要时可进行适当的调整和补充，参照附录A、附录B、附录C的内容及格式向用户调查和征求意见。用户应熟悉本标准及相关标准中的内容，如实填写制造商的调查表。

本标准的附录A、附录B、附录C均为标准的附录，附录D为提示的附录。

本标准由中国电器工业协会提出。

本标准由兰州电源车辆研究所归口。

本标准由兰州电源车辆研究所负责起草，福建省福发股份有限公司、郑州电气装备总厂参加起草。

本标准主要起草人：张洪战、林忠善、张宏斌、尚云峰。

ISO 前言

ISO(国际标准化组织)是一个世界范围的国家标准团体(ISO 团体成员)的联合组织。国际标准制定工作一般是通过 ISO 技术委员会进行的。各团体成员若对已建立技术委员会的某一学科感兴趣,有权派代表参加相应的委员会。国际组织、政府和非政府组织在与 ISO 的协作中也参与工作。ISO 同国际电工委员会(IEC)密切合作,研究电工标准化的所有题材。

被技术委员会采用的国际标准草案发至各团体成员进行表决,作为一项国际标准的出版物,要求至少有投票团体成员的 75%通过。

国际标准 ISO 8528-7 是由 ISO/TC 70“内燃机技术委员会”的 SC2“性能和试验分技术委员会”制定的。

ISO 8528 在“往复式内燃机驱动的交流发电机组”总标题下包括下列部分:

第 1 部分:用途、定额和性能

第 2 部分:发动机

第 3 部分:发电机组用交流发电机

第 4 部分:控制装置和开关装置

第 5 部分:发电机组

第 6 部分:试验方法

第 7 部分:用于技术条件和设计的技术说明

第 8 部分:对小功率发电机组的要求和试验

第 9 部分:机械振动的测量和评价

第 10 部分:噪声的测量(包面法)

第 11 部分:在线不间断供电系统

第 12 部分:对安全装置的应急供电

附录 A、附录 B 及附录 C 是本标准的有机组成部分。附录 D 仅作为信息给出。

中华人民共和国国家标准

往复式内燃机驱动的交流发电机组 第7部分:用于技术条件和设计的技术说明

GB/T 2820.7—2002
eqv ISO 8528-7:1994

代替 GB 2820—1990
GB 8365—1987

Reciprocating internal combustion engine driven alternating current generating sets—Part 7: Technical declarations for specification and design

1 范围

本标准参照GB/T 2820.1～2820.6所给出的有关定义,对往复式内燃机(RIC)驱动的发电机组的技术条件和设计的要求作了规定。

本标准适用于由陆用和船用往复式内燃机(RIC)驱动的交流(a.c.)发电机组。不适用航空或驱动陆上车辆和机车的发电机组。

对于某些特殊用途(如医院、高层建筑的供电等)的发电机组,有必要提出一些补充要求。本标准的有关规定可作为基础。

对于其他类型的原动机(如沼气发动机、蒸汽机等),本标准有关规定也应作为基础。

2 引用标准

下列标准所包含的条文,通过在本标准中引用而构成为本标准的条文。本标准出版时,所示版本均为有效。所有标准都会被修订,使用本标准的各方应探讨使用下列标准最新版本的可能性。

GB/T 997—1981　电机结构及安装型式代号(eqv IEC 60034-7:1972)

GB/T 1993—1993　旋转电机冷却方法(eqv IEC 60034-6:1991)

GB/T 2820.1—1997　往复式内燃机驱动的交流发电机组　第1部分:用途、定额和性能 (eqv ISO 8528-1:1993)

GB/T 2820.2—1997　往复式内燃机驱动的交流发电机组　第2部分:发动机 (eqv ISO 8528-2:1993)

GB/T 2820.3—1997　往复式内燃机驱动的交流发电机组　第3部分:发电机组用交流发电机 (eqv ISO 8528-3:1993)

GB/T 2820.4—1997　往复式内燃机驱动的交流发电机组　第4部分:控制装置和开关装置 (eqv ISO 8528-4:1993)

GB/T 2820.5—1997　往复式内燃机驱动的交流发电机组　第5部分:发电机组 (eqv ISO 8528-5:1993)

GB/T 2820.6—1997　往复式内燃机驱动的交流发电机组　第6部分:试验方法 (eqv ISO 8528-6:1993)

GB/T 4942.1—1985　电机外壳防护等级(eqv IEC 60034-5:1981)

GB/T 5321—1985　用量热法测定大型交流电机的损耗及效率(neq IEC 60034-2A:1974)

中华人民共和国国家质量监督检验检疫总局2002-02-28批准　　2003-03-01实施

ISO 8178-3:1994　往复式内燃机废气排放测量　第3部分:稳态条件下废气烟度的测量方法及定义

IEC 60364-4-41:1992　建筑物的电气装置　第4部分:安全防护　第41章:电击防护

3　其他规定和附加要求

3.1　对于必须遵守某一社会团体法规的船用和近海使用的交流发电机组,还应遵守该社会团体的有关附加要求。用户在订货前应对该社会团体作出说明。

对于在无分级设备中运行的交流发电机组,在每种情况下的附加要求须由制造商和用户商定。

3.2　若还应满足任何其他官方(例如:检查和/或立法机构)的特殊要求,用户在订货前应对该机构作以说明。

任何其他的附加要求应由制造商和用户商定。

4　技术说明

为了得出满意的电站方案,客户/用户应对发电机组制造商提出有关要求和参数。最为重要的要求和参数的具体条款列于4.1～4.19。

注:如果用户没有具体的说明,则制造商的说明应作为这些要求和参数的基础。

必须对用户或客户与制造商的说明作出区别:

——发电机组的客户或用户必须给出的说明(在4.1～4.19的用户栏用"×"表示)。

——发电机组的制造商必须给出的说明(在4.1～4.19的制造商栏用"×"表示)。

——制造商与用户或客户应当协商的说明(在4.1～4.19的制造商和用户栏都标有"×")。

条号	项目	条款	引用标准及章条号	用户	制造商
4.1	基本数据	要求的功率		×	
		功率因数		×	
		额定频率		×	
		额定电压		×	
		系统接地类型	IEC 60364-4-41	×	
		电负载的连接方式	GB/T 2820.5中9.1	×	
		要求的稳态频率和电压特性	GB/T 2820.5中5.1,7.1	×	×
		要求的瞬态频率和电压特性	GB/T 2820.5中5.3,7.3		
		可用燃油类型	GB/T 2820.2中12	×	
		启动	GB/T 2820.5中15.1 GB/T 2820.7中C3.11	×	×
		冷却和房间通风	GB/T 2820.5中15.6	×	×
4.2	发动机	转速	GB/T 2820.2中6.2	×	×
		燃油条件	GB/T2820.2中12	×	×
		调速器类型和性能	GB/T 2820.2中6.6		×
		发动机冷却方式	GB/T 2820.2中12	×	×
		要求在不加油情况下的工作时间	GB/T 2820.5中15.3	×	
		要求的发动机的检测仪表	GB/T 2820.4中7.4	×	×
		要求的保护系统	GB/T 2820.4中7.3	×	×

条号	项目	条款	引用标准及章条号	用户	制造商
4.2	发动机	燃油消耗	GB/T 2820.1 中 14.5		×
		启动系统及能力	GB/T 2820.2 中 11 GB/T 2820.7 中 C1.10	×	×
		热平衡	GB/T 2820.2 中 9		×
		空气消耗			×
4.3	发电机	励磁及电压调节的类型和性质	GB/T 2820.1 中 14.7.2 GB/T 2820.3 中 8.12	×	×
		要求的机械防护	GB/T 4942.1	×	×
		要求的电气防护	GB/T 2820.4 中 7.2	×	×
		发电机的冷却方式	GB/T 1993	×	×
		热平衡	GB/T 5321		×
		不对称负载(不平衡负载电流)	GB/T 2820.3 中 10.1	×	
		结构及安装	GB/T 997		×
		无线电干扰抑制级别	GB/T 2820.3 中 10.5	×	×
4.4	运行方式	连续运行	GB/T 2820.1 中 6.1	×	
		限时运行(应急发电机组及高负荷备用发电机组)		×	
		每年预期运行时数		×	
4.5	标定功率类别	持续功率	GB/T 2820.1 中 13.3		×
		基本功率			×
		限时运行功率			×
4.6	使用场所	陆用	GB/T 2820.1 中 6.2.1	×	
		船用	GB/T 2820.1 中 6.2.2,11.5	×	
4.7	性能类别		GB/T 2820.1 中 7	×	
4.8	单机运行和并联运行	与其他发电机组并联运行	GB/T 2820.1 中 6.3	×	
		与电网并联运行		×	
		整步的类型与实施		×	×

条号	项目	条款	引用标准及章条号	用户	制造商
4.9	启动和控制方式	手动	GB/T 2820.1 中 6.4 GB/T 2820.4 中 6	×	
		自动		×	
		半自动		×	
		发电机组制造商推荐的附加控制装置			×
4.10	启动时间	不规定启动时间的发电机组	GB/T 2820.1 中 6.5	×	
		长时间断电发电机组		×	
		短时间断电发电机组		×	
		不断电发电机组		×	
4.11	安装特点	安装型式 ——固定式 ——可运载式 ——移动式	GB/T 2820.1 中 8.1	×	
		安装型式 底架式 ——罩壳式 ——挂车式	GB/T 2820.1 中 8.2	×	
		装配型式	GB/T 2820.1 中 8.3	×	×
		天气影响 ——室内 ——室外 ——露天	GB/T 2820.1 中 8.5	×	×
4.12	使用地点环境条件	环境温度	GB/T 2820.1 中 11	×	
		海拔高度		×	
		湿度		×	
		沙尘		×	
		船用		×	
		冲击和振动		×	
		化学污染		×	
		辐射类型		×	
		冷却水/液		×	

条号	项目	条款	引用标准及章条号	用户	制造商
4.13	排放（辐射）	噪声限值	GB/T 2820.1 中 9	×	
		废气排放限值		×	
		振动		×	×
		国家法律、法规		×	
4.14	试验方法	标准	GB/T 2820.6 中 4	×	×
		特殊要求		×	
4.15	维修间隔	日常维修(如更换机油)	GB/T 2820.1 中 13.3	×	×
		机械维修(如过滤器)			×
		电气维修(如控制装置)			×
		全面检查主要件的维修寿命			×
4.16	辅助装置	辅助装置的功率消耗(如风扇和压缩机)			×
		预热			×
		预润滑			×
		辅助装置和启动蓄电池			×
4.17	控制装置和开关装置	额定电流容量	GB/T 2820.4 中 4.5	×	×
		中性接地方案	GB/T 2820.4 中 7.2.7	×	
		故障电流定额	GB/T 2820.4 中 5.2	×	×
		保护装置的性质	GB/T 2820.4 中 7.2	×	×
		名义工作电压和控制线路电压	GB/T 2820.4 中 4.6	×	×
		要求的电气仪表	GB/T 2820.4 中 7.1	×	×
4.18	影响发电机组性能的因素	影响功率	GB/T 2820.5 中 9.1 GB/T 2820.1 中 14.2	×	
		影响频率和电压	GB/T 2820.5 中 9.2 GB/T 2820.1 中 14.2	×	
4.19	其他规定和要求		GB/T 2820.7 中 3	×	

附 录 A
（标准的附录）
技术调查——一般数据

A1～A15 给出了用户要求的调查清单，请用户在适当的方框里划上“＋”号。

条号	要求	GB/T 2820.7 中的相应条款
A1	基本数据	
A1.1	用户要求的功率：………………kW 相应的功率因数($\cos\varphi$)：………………	4.1
A1.2	额定电压：………………V 额定频率：………………Hz 相数：……………… 系统的接地类型：TN□ TT□ IT□	
A1.3	电负载的连接方式：	
A2	燃油	
A2.1	可用类型：柴油□ 汽油□ 气体□	4.1
A2.2	要求在不加油的情况下以额定功率运行的时间：………h	4.2
A3	发动机的冷却方式：风冷□ 水冷□	4.2
A4	运行方式	
A4.1	连续运行 □ 限时运行 □ 应急发电机组 □ 负荷高峰备用发电机组 □	4.4
A4.2	每年期望的运行时数：………………h	
A5	使用场所：陆用 □ 船用 □	4.6
A6	性能类别：G_1□ G_2□ G_3□ G_4□ 注：如果要求 G_4 级性能，见附录 B。	4.7
A7	单机运行和并联运行	
A7.1	单机运行 □	4.8
A7.2	与其他发电机组并联运行 □ 与公共电网并联运行 □ 整步方式：………………	

条号	要求	GB/T 2820.7 中的相应条款
A8	启动和控制方式	
A8.1	启动:手动 □　自动 □　半自动 □	4.9
A8.2	控制:手动 □　自动 □　半自动 □	
A9	启动时间	
A9.1	没有规定启动时间的发电机组 □ 规定有启动时间的发电机组 □	4.10
A9.2	长时间断电发电机组 □ 短时间断电发电机组 □ 不断电发电机组 □	
A10	负载接受特性 加载,第一步:……………………%额定功率 启动成功后:……………………s 加载,第二步:……………………%额定功率 启动成功后:……………………s 加载,第三步:……………………%额定功率 启动成功后:……………………s	4.18
A11	安装特点	
A11.1	安置型式: 固定式 □　可运载式 □　移动式 □	4.11
	安装型式: 底架式 □　罩壳式 □　挂车式 □	
	天气影响: 室内 □　室外 □　露天 □	
A12	使用地点的环境条件	
A12.1	环境温度,最高:……………………℃ 最低:……………………℃	4.12
A12.2	海拔高度:……………………m	
A12.3	最大湿度……………………%	
A12.4	沙尘:　有 □　无 □ 沙尘的性质:……………………	
A12.5	海洋气候下运行:　有 □　无 □	
A12.6	冲击和振动	

条号	要求	GB/T 2820.7 中的相应条款
A12.7	化学污染　有 □　无 □ 污染的性质：…………………… 化学剂的性质：……………………	4.12
A12.8	辅射型式：……………………	
A12.9	冷却液 可得到性：　能 □　不能 □ 海水 □　　淡水 □ 其他　□(当有规定时)：…………… 质量：…………………… pH 值：…………………… 允许最高温度：……………………℃	
A13	排放(辐射)	
A13.1	噪声限值：有 □　无 □ 最大噪声功率级 L_{wA}＝……………………dB	4.13
A13.2	废气排放限值：有 □　无 □	
A13.2.1	与能量消耗有关的排放： NO_x ……………… g/(kW·h) CO ……………… g/(kW·h) SO_2 ……………… g/(kW·h) HC ……………… g/(kW·h) 烟度数码(按 ISO 8178-3)：	4.13
A13.2.2	浓度值： NO_x ………… 10^{-6}　CO ………… 10^{-6} SO_2 ………… 10^{-6}　HC ………… 10^{-6} 烟度数码(按 ISO 8178-3)： 作为废气中排放物浓度值基础的 O_2 的体积分数： ……………………%(V/V)	
A13.2.3	排放物的浓度值： NO_x ……………… mg/m^3 CO ……………… mg/m^3 SO_2 ……………… mg/m^3 HC ……………… mg/m^3 在标准环境条件下(0℃,101.3 kPa)测量 烟度数码(按 ISO 8178-3) 作为废气中排放物浓度基础的 O_2 的体积分数： ……………………%(V/V)	

条号	要求	GB/T 2820.7 中的相应条款
A14	试验方法	
A14.1	GB/T 2820.6 规定的试验程序： 标准中的试验类型 □ 标准中的验收试验 □	4.14
A14.2	进行这些试验时的特殊要求：…………………………	
A15	其他规定和要求	
A15.1	应当考虑的法律法规(应附有关细节) 有 □ 无 □	4.19
A15.2	应当考虑的任何官方机构的特殊要求 (应附有关细节) 有 □ 无 □	

附 录 B

（标准的附录）

技术调查——特殊数据

B1～B9 给出了用户要求的调查清单。

本文件既可作为附录 A 一般要求的补充规定，也作为性能类别选择要求的修正文件。

条号	性能参数	GB/T 2820.7 中的相应条款
B1	频率降：……………………………… %	4.1
B2	稳态频率带：……………………………… %	
B3	稳态电压偏差：……………………………… %	
B4	相对于初始频率/额定频率的瞬态频率偏差(取决于加载步骤)： ……………………………… %	
B5	频率恢复时间：……………………………… s	
B6	相对于初始电压额定电压的瞬态电压偏差(取决于加载步骤)： ……………………………… %	
B7	电压恢复时间：……………………………… s	
B8	负载特性：………………………………	4.18
B9	中性接地方案：………………………………	4.17

附 录 C
（标准的附录）
发电机组数据

C1～C3给出了应由制造商和用户协商的技术要求的调查清单。请用户在适当的□里划“+”。

条号	要求	引用标准及章条号
C1	RIC发动机	
C1.1	制造商：…………	GB/T 2820.7 中 4.2
C1.2	发动机转速：………… r/min	
C1.3	发动机进气温度 最高：…………℃ 最低：…………℃	
C1.4	燃油条件：…………	
C1.5	发动机调速器的类型和性质：………… 制造商：…………	
C1.6	发动机的冷却方式：…………	
C1.7	要求的发动机的检测仪表：…………	
C1.8	要求的保护设备：…………	
C1.9	RIC发动机型式： 压燃式发动机 □ 火花点火发动机 □ 涡轮发动机 是 □ 否 □ 2-冲程 □ 4-冲程 □	
C1.10	启动系统： 压缩空气式启动机 □ 启动电机 □ 空气启动系统 □ 其他 □ （请提出要求）………… （也可参见C3）	
C2	交流发电机	
C2.1	制造商：…………	GB/T 2820.7 中 4.3
C2.2	交流发电机型式：同步电机 □ 异步电机 □	
C2.3	励磁系统：静止励磁 □ 无刷励磁 □	
C2.4	要求的机械防护：…………	GB/T 2820.7 中 4.4 GB/T 4942.1

条号	要求	引用标准及章条号
C2.5	要求的电气防护：…………	GB/T 2820.4 中 7.2 GB/T 2820.7 中 4.3
C2.6	结构和安装布置：…………	GB/T 2820.7 中 4.3 GB/T 997
C2.7	发电机的冷却方式：…………	GB/T 2820.7 中 4.3 GB/T 1993
C3	发电机组	
C3.1	标定功率类别：持续功率 □ 基本功率 □ 限时运行功率 □	
C3.2	整步型式：…………	
C3.3	装配型式： 刚性装配 □ 弹性装配：完全弹性 □ 半弹性 □ (复)组合弹性 □ 安装在弹性基础上 □	
C3.4	振动辐射限值：有 □ 无 □ …………	
C3.5	考虑到发电机效率时的燃油消耗：…………	GB/T 2820.1 中 14.5
C3.6	控制线路电压：………… V	
C3.7	发电机组制造商提供的附加控制装置：………… …………	
C3.8	天气的影响：…………	GB/T 2820.7 中 4.11
C3.9	维修间隔：日常维修：………… 特殊维修：…………	GB/T 2820.7 中 4.15
C3.10	附助装置： 附助装置：已包括 □ 未包括 □ 预热要求： 有 □ 无 □ 预润滑要求： 有 □ 无 □ 辅助装置和启动蓄电池要求：有 □ 无 □	GB/T 2820.7 中 4.16
C3.11	启动能力： 要求连续启动的次数：………… 各次启动的间隔时间：………… s	GB/T 2820.7 中 4.1
C3.12	冷却和房间通风类型： 自然 □ 强制 □	

附 录 D

（提示的附录）

文 献 目 录

1 GB/T 6072.1—2000 往复式内燃机 性能 第1部分：标准环境状况，功率、燃料消耗和机油消耗的标定及试验方法（idt ISO 3046-1：1995）

2 GB/T 6072.4—2000 往复式内燃机 性能 第4部分：调速（idt ISO 3046-4：1997）

3 GB/T 8190.1—1999 往复式内燃机 排放测量 第1部分：气体和颗粒排放物的试验台测量（idt ISO 8178-1：1996）

4 GB/T 8190.2—1999 往复式内燃机 排放测量 第2部分：气体和颗粒排放物的现场测量（idt ISO8178-2：1996）

5 GB/T 8190.4—1999 往复式内燃机 排放测量 第4部分：不同用途发动机的试验循环（idt ISO 8178-4：1996）

ICS 29.160.40
K 52

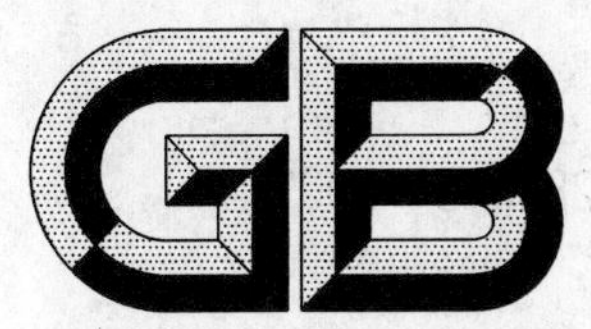

中华人民共和国国家标准

GB/T 2820.8—2002

往复式内燃机驱动的交流发电机组 第8部分：对小功率发电机组的要求和试验

Reciprocating internal combustion engine driven alternating current generating sets—Part 8:Requirements and tests for low-power generating sets

(ISO 8528-8:1995,MOD)

2002-08-05 发布　　　　2003-04-01 实施

中华人民共和国
国家质量监督检验检疫总局　发布

前　言

GB/T 2820《往复式内燃机驱动的交流发电机组》共有十二个部分：

第1部分：用途、定额和性能(eqv ISO 8528-1:1993)

第2部分：发动机(eqv ISO 8528-2:1993)

第3部分：发电机组用交流发电机(cqv ISO 8528-3:1993)

第4部分：控制装置和开关装置(eqv ISO 8528-4:1993)

第5部分：发电机组(eqv ISO 8528-5:1993)

第6部分：试验方法(eqv ISO 8528-6:1993)

第7部分：用于技术条件和设计的技术说明(eqv ISO 8528-7:1994)

第8部分：对小功率发电机组的要求和试验(ISO 8528-8:1995,MOD)

第9部分：机械振动的测量和评价(ISO 8528-9:1995,MOD)

第10部分：噪声的测量(包面法)(ISO 8528-10:1998,MOD)

第12部分：对安全装置的应急供电(ISO 8528-12:1997,MOD)

其中"第11部分：在线不间断供电系统"目前尚未制定。

本部分修改采用ISO 8528-8:1995《往复式内燃机驱动的交流发电机组　第8部分：对小功率发电机组的要求和试验》。

本部分在GB/T 2820.1～2820.6—1997的基础上，针对10 kW以下小功率发电机组的特点提出了补充的技术要求和试验方法，重点对该类机组的安全性能要求和试验、标志、使用维护说明等内容作了规定。由于本部分所依据的重要基础标准GB/T 2820.1～2820.6修改采用ISO 8528-1～8528-6，因此，本部分也属修改采用ISO 8528-8。本部分必须与GB/T 2820.1～2820.6—1997和其他标准结合起来使用。

本部分的附录A为资料性附录。

本部分由中国电器工业协会提出。

本部分由兰州电源车辆研究所归口。

本部分由兰州电源车辆研究所负责起草。

本部分主要起草人：张洪战、王丰玉、史清晨、薛晨。

往复式内燃机驱动的交流发电机组 第8部分:对小功率发电机组的要求和试验

1 范围

本部分规定了由往复式内燃机驱动的陆用和船用(民用、娱乐业和工业用)小功率发电机组的要求、最低性能和型式试验。航空用发电机组除外。

本部分主要适用于由往复式内燃机驱动的电压不超过500 V、单相或多相、交流或直流发电机组。这类发电机组应按标准生产,并且可以从产品样本或广告中选择。

在本部分中,"小功率"的含义是功率约在10 kW以下。

注:要准确地规定小功率的限额是不可能的。

适用于本部分的小功率发电机组具有以下特征:

——用户通常为非专业人员(详见3.1);

——整套发电机组通常为可运输式或移动式;

——电力输出采用插头插座连接方式(特低电压除外,见6.6.3);

——用户无需进行任何附加安装就能使用。

具备上述特点的特殊用途或功率较大的发电机组,在用户和制造商认可的前提下,也可根据本部分进行试验。在某些使用场合若需要补充有关要求,则本部分的规定可作为基础。

除了在GB/T 2820.1～2820.6中适用的定义和要求之外,本部分还对试验及安全性设计的具体要求做了规定。

此外,为了不对用户构成伤害,本部分还规定了有关安全性要求。

2 规范性引用文件

下列文件中的条款通过GB/T 2820的本部分的引用而成为本部分的条款。凡是注日期的引用文件,其随后所有的修改单(不包括勘误的内容)或修订版均不适用于本部分,然而,鼓励根据本部分达成协议的各方研究是否可使用这些文件的最新版本。凡是不注日期的引用文件,其最新版本适用于本部分。

GB 755—2000 旋转电机 定额和性能(idt IEC 60034-1:1996)

GB/T 2820.1—1997 往复式内燃机驱动的交流发电机组 第1部分:用途、定额和性能(eqv ISO 8528-1:1993)

GB/T 2820.2—1997 往复式内燃机驱动的交流发电机组 第2部分:发动机(eqv ISO 8528-2:1993)

GB/T 2820.3—1997 往复式内燃机驱动的交流发电机组 第3部分:发电机组用交流发电机(eqv ISO 8528-3:1993)

GB/T 2820.4—1997 往复式内燃机驱动的交流发电机组 第4部分:控制装置和开关装置(eqv ISO 8528-4:1993)

GB/T 2820.5—1997 往复式内燃机驱动的交流发电机组 第5部分:发电机组(eqv ISO 8528-5:1993)

GB/T 2820.6—1997 往复式内燃机驱动的交流发电机组 第6部分:试验方法(eqv ISO 8528-6:1993)

GB/T 6072.1—2000 往复式内燃机 性能 第1部分:标准基准状况,功率、燃料消耗和机油消耗的标定及试验方法(idt ISO 3046-1:1995)

GB 14023—2000 车辆、机动船和电火花点火发动机驱动的装置的无线电骚扰特性的限值和测量方法(idt CISPR 19:1983)

GB/T 14024—1992 内燃机电站无线电干扰特性的测量方法及允许值 传导干扰(neq IEC 533)

ISO 7000:1989 设备使用的图形符号 索引和摘要

IEC 60034-5:1991 旋转电机 第5部分:旋转电机外壳防护等级

IEC 60068-2-63:1991 环境试验 第2部分:试验——试验范例:冲击,弹性锤

IEC 60083:1975 民用及类似用途的插头和插座 标准

IEC 60245-4:1980 额定电压不超过450/750V的绝缘橡胶电缆 第4部分:软(电)线和挠性电缆

IEC 60309-1:1988 工业用输出插头、插座及连接器 第1部分:通用要求

IEC 60309-2:1989 工业用输出插头、插座及连接器 第2部分:插芯及接触式管件的尺寸互换性要求

IEC 60335-1:1991 家用及类似用途电气设备的安全性 第1部分:通用要求

IEC 60364-4-41:1992 建筑物的电气装置 第4部分:安全防护 第41章:电击防护

IEC 60417:1973 设备使用的图形符号 单个表格的索引、查询及编纂

IEC 60529:1989 外壳防护等级别(IP码)

3 定义

本部分将使用下列定义和GB/T 2820.1中的有关定义。

3.1

非专业人员 layman

非专业人员是指不能意识到因为电、运动件或高温件(见第6节)导致的潜在危险,并且缺乏相关的知识、经验及培训,对相关的规定也不甚了解的这样一类人员。

3.2

可达性 close proximity

在操作、调整控制装置及其手柄(包括其整个运动范围)周围应有30 mm的距离。

3.3

功率定额 power rating

在额定频率和额定功率因数下,从发电机的输出端或插座上所能得到的电功率,以kW表示。

3.4

标定功率 rated power

由发电机组制造商按GB/T 2820.1第13.3.2的规定所标明的基本功率。

注:由于这种小功率发电机组功率序列的不确定性,其平均允许功率约为标定功率的90%。

3.5

热稳定状态 thermal steady-state condition

当发电机的温升在1 h内的变化量不超过2 K时,即认为达到了热稳定状态。对于电气部件见GB 755—2000的2.11;对于往复式内燃发动机请参照GB/T 6072.1相应条款的内容。

注:在通常的试验条件下,往复式内燃发动机在进行一系列测试之前已达到稳定状态,否则,可以根据GB/T 6072.1的规定,允许往复式内燃发动机的稳定状态有少许偏差。

3.6

非控制发电机 uncontrolled generator

不能由自动调压器调整励磁电流来控制端电压,励磁电流与速度和负荷有关。

注:包括由负载电流直接作用励磁装置(复励)的发电机。

3.7

自动电压调节器控制的发电机　automatic voltage regulator-controlled generator

通过自动电压调节器改变励磁电流来控制端电压,励磁电流与速度和负荷有关。

4　其他规定和附加要求

小功率发电机组的附加规定主要取决于它工作的场所。

在不同的国家,其他规定和附加要求可以指环境要求和安全要求,它们应被定义在具有法律效应的法规和规定中。它们主要包括以下几个方面:

——噪声辐射限值;

——废气排放限值;

——电气安全性;

——燃油系统。

5　对试验的一般说明

本部分所规定的试验为型式试验。除非另有说明,应在交付的一台样机上进行所有项目的试验。

试验期间,环境温度应在15℃~30℃之间。

如果发电机组的额定电压、额定频率或电流多于一组值时,则应对所有组别参数进行试验。

6　安全性要求和试验

包括机械和电气性能及安全性的内容。

发电机组零部件应按其机械和电气强度、阻燃性及抗变形性来选择。

6.1　机械强度

6.1.1　发电机组应能承受正常工作范围内的操作。可能对安全性产生不利影响的所有易损零部件,都应有足够的机械强度。

发电机组应能满足下列试验要求。

a)　在冲击试验器上承受冲击试验

按IEC 60068-2-63的规定,用弹簧作用的冲击试验器对发电机组实施冲击。

调整弹簧,使冲击锤每次以1.0 J±0.05 J的冲击能量撞击发电机组。

应对释放机构弹簧进行调整,以使施加足够的压力保持释放爪处于啮合位置。

拉动扳机使机构翘起,直到释放爪与冲击锤轴上的槽啮合为止。

与样机被试点所在平面垂直,对准试验点推下释放锥头实施冲击。

慢慢增加压力,这样释放锥头将返回,直到与释放杆接触为止。释放锥头继续运动,将操纵释放机构进行下一次冲击。

样机整体刚性固定,且处于非运转状态,在外壳较薄弱点各实施三次冲击。

还应对保护装置、手柄、杠杆、球形把手等实施冲击。

b)　自由跌落试验

试验前,发电机组应处于运输或装运状态。发电机组从20 cm的高度自由跌落至水泥地板上。本试验仅做一次。

试验后,样机应无任何机械或电气安全性的损坏。

6.1.2　手柄、球形把手、杠杆等类似装置的要求和试验见IEC 60335-1:1991中22.12的规定。

发电机组应能满足下面的试验要求。

6.2 机械稳定性

6.2.1 发电机组在非运行状态时应有一定的机械稳定性。

把发电机组放置在沿任一方向倾斜15°的斜面上后，发电机组应不得倾翻或溢出燃油。

带有盖板和门的发电机组，应在盖板和门分别处于开和关两种状态下进行试验。机组应能在最恶劣环境下满足要求。

6.2.2 发电机组安装在倾斜4°的斜面上时应能正常工作。

把发电机组放置在倾斜4°的粗糙混凝土斜面上的4个不同位置，各个位置绕垂直轴线依次间隔90°。机组在空载和额定功率下运行30 min后，其位置变化量应不超过10 mm。

6.3 机械安全性

发电机组应有足够的防护措施，确保在运输、贮存和正常使用时不发生损坏。

6.3.1 机组及其备附件均应无锐边、尖角、毛刺等在正常使用时会对用户造成伤害的缺陷。

目视检查其符合性。

6.3.2 运动件的布置及防护应确保正常使用时不对人员造成伤害。防护罩、防护屏等应有足够的强度，且只有用工具才能拆除。

应进行一般性检查并按6.1.1进行试验。

6.3.3 往复式内燃机上应有启动装置。当按使用说明书进行操作时，该装置应能为操作人员提供足够的启动保护：

——永久性安装的拉绳式启动器应能提供自动绕绳功能；

——在推、拉及旋转方向上，启动手柄与其安装面及其他零部件之间应有足够的安全间隙。手柄应符合国际标准(ISO 11102-1和ISO 11102-2)的要求；

——带有手启动装置的柴油发动机应有解压装置，且在运行期间无需手持。

几次试启动后进行实质性启动，用目视法进行一致性检查。

6.4 对高温件的防护

在正常操作时为避免人员烫伤，发电机组中的高温部件应安装防护装置。

6.4.1 发电机组上所有的操作控制装置及其邻近的任何部件的温升（与第5章所给定的试验环境温度有关)应不超过：

35℃(35 K)	金属表面；
60℃(60 K)	低热导率表面。

发电机组上手柄及其邻近的任何部件的温升应不超过：

30℃(30 K)	金属表面；
50℃(50 K)	低热导率表面。

6.4.2 防护架上的零部件(6.4.1规定的零部件除外)的温度应不超过90℃。此规定不适用于安装在防护架轮廓线以内的零部件(例如:防护盖)。

按7.3.2的规定试验之后，应立即进行温度测量。

6.4.3 对于温度可高达150℃以上的零部件(例如:排气系统)，不得凸出防护架轮廓进入工作区域。

6.4.4 可能引起烫伤的零部件应作出标志或进行防护。

应进行目视检查。

6.5 防火措施

符合使用说明书的运行环境(见第9章)和保养良好的发电机组不应自燃(见GB/T 6072.3)。

6.5.1 在正常工作状态下燃油箱不得出现泄漏。

按6.1.1规定进行冲击和振动试验并检查其符合性。

在确保不会起火的情况下，往复式内燃发动机在起动和工作过程中允许从通气孔渗出燃油。

6.5.2 燃油箱过滤器颈部应合理地设计和布置，确保给油箱加油时，溅出的燃油不会与高温部件接触。

6.5.3 发电机组中直接与水平支撑的表面接触的任何零部件的温度都不应超过90℃。

6.6 电气设备

电气设备的外壳、导线绝缘层及功能部件均应用适应其正常工作温度的材料制造。

6.6.1 对外部干扰的防护

发电机组在符合使用说明书的运行或非运行状态(见第9章),以水、湿气或杂质等形式出现的外部干扰不应对用户的安全性造成任何不利影响。

6.6.1.1 对外部固体杂质的防护

发电机组的电气设备防止外部固体杂质进入的防护级别应不低于IEC 60529的IP 2X级。

按照IEC 60529:1989第13章的规定,对处于通常工作位置的非运行状态的发电机组进行检查。

6.6.1.2 防进水

发电机组电气设备防进水的级别应不低于IEC 60529的IP X3级。

按IEC 60529的规定,对处于正常工作位置的非运行状态的发电机组进行检查、试验和检验。

试验后,还应对电气设备进行下列防进水检查和验证试验:

——进水量应不影响正常工作;

——不能在潮湿条件工作的绕组及带电部件中应无进水;

注:插座盖可不作要求。

——应按IEC 60335-1:1991中16.3的规定进行绝缘介电强度试验。对于发电机应符合IEC 60034-5:1989中9.2规定。

6.6.1.3 防潮

发电机组应能在正常使用时可能遇到的潮湿条件下正常工作。

按IEC 60335-1:1991中15.3的规定进行潮湿处理。处理之后,立即按IEC 60335-1:1991第16章的规定进行漏电流和介电强度试验。

6.6.2 发电机

6.6.2.1 定额和性能

发电机应满足GB 755中S2型的有关要求。包括额定值、波形畸变率、对称电压、不对称负荷容量、温升、介电性能及短路强度。

应按GB 755要求进行一致性检验。

6.6.2.2 交流发电机的波形畸变率

电压波形取决于发电机的设计。其术语和试验条件见GB 755第28章。

对于小功率发电机组有以下两种类型:

第1类:THF<8%(见GB/T 2820.3中10.4)

第2类:THF<20%

注:对于非正弦波形的第3类情况也应考虑。

应按GB 755中28.2的进行检验和试验。

6.6.2.3 低压绕组

在配有用于蓄电池充电的安全性特低压绕组或用于控制回路的特低压绕组的发电机中,这些绕组与其它绕组间应有可靠的电气绝缘。

应按GB 755第17章的规定,用下列电压在主绕组和/或励磁绕组间进行耐压试验:

$2U_N+2\,000V$ 对于安全性特低电压

$2U_N+1\,000V$ 对于特低电压

6.6.2.4 与定子或磁场的连接

接触碳刷必须使用工具。电刷支架的螺帽应拧紧在轴肩或类似的挡块上,螺帽至少应拧紧3扣。碳刷在支架上由一个锁紧装置定位。碳刷支架的结构应保证锁紧功能与碳刷弹簧压力无关。如果锁紧装

置松开，碳刷将会接近带电部件。

从发电机组外表面能够接近的碳刷支架螺帽应由绝缘材料制造或覆盖有足够机械和电气强度的绝缘材料。它们不应凸出发电机组的周围表面(轮廓面)。

应用目视法进行检查，并按6.1.1a)的规定进行机械强度试验；按6.9的规定进行电气强度试验。

6.6.3 电负载的连接

对于不超过25 V的额定交流电压和60 V的额定直流电压，应用带有绝缘螺栓的接线柱或用插头和插座进行连接。额定电压较高时，应分别按IEC 60083(单相)和IEC 60309(多相)或相关国家标准的规定，采用插头插座连接方式。

低压电路的输出插头插座和额定电压高于50 V的输出插头插座不能混淆。

6.6.4 开关装置和接线盒

对振动比较敏感的装置(例如：测量仪表或电流操作的对地漏电断路器)应安装在开关盒内，并满足抗振动的要求。

应检查制造商的合格证，并在机组所规定的整个工作范围内进行测量。

6.6.5 外部组件

安装在交流发电机和/或开关装置外部的组件(尤其是干扰抑制器或励磁电容及连接线)应进行充分的防护，以防外部干扰和机械损坏。

用目测法检查其符合性。

6.6.6 耐腐蚀

在通常使用情况下，导电部件和其他金属部件应有足够的耐腐蚀性。

注：可以考虑使用不锈钢，其他耐腐蚀的合金、紫铜、黄铜和涂有保护层的钢等材料。

6.6.7 螺栓及其连接件

螺栓及其连接件的设计应符合IEC 60335-1:1991第28章的要求。

6.7 电击防护

6.7.1 直接接触防护措施应符合IEC 60364-4-41:1992中411.1、412.1和412.2的规定。

6.7.2 间接接触防护措施应符合IEC 60364-4-41:1992第413条的规定，同时还要考虑本标准6.7.2.1～6.7.2.3的内容。

6.7.2.1 安全性特低电压应符合IEC 60364-4-41:1992第411.1条的规定定义。

6.7.2.2 提供的自动断电保护措施应符合IEC 60364-4-41:1992,413.1的规定，但下列情况除外。

——在TN系统和TT系统中，只能使用跳闸值不超过30 mA的漏电流保护器(见IEC 60947-2和IEC 60364-3中示例)；

——在IT系统中所有裸露导体均应用保护导体连接并集中接地。在任何情况下，接地电阻均应小于或等于100 Ω；

——在IT系统中，绝缘监视装置和自动断电装置可以避免发生下列两种故障：裸露导体任何一点出现二倍短路电流和发电机端电压降到50 V以下(包括50 V)。

注：IT、TT、TN系统的定义见IEC 60364-3。

6.7.2.3 电气分离的保护应按IEC 60364-4-41:1992中413.5的规定，允许有6.7.2.3.1和6.7.2.3.2所规定的偏差。

6.7.2.3.1 不是Ⅱ类结构的发电机组，其裸露金属导体应与等电位搭接导体相连。

6.7.2.3.2 当若干用电设备连接到一台发电机组上时，则必须满足下列条件之一：

——当带电部件和等电位搭接导体间的绝缘电阻下降到100 Ω/V以下时，用电设备应在1 s内自动与发电机切断。既不必限制系统的范围，也不必遵守两故障要同时发生的条件。

——应对电缆线、导线或软导线的长度进行限制：当其总长度不大于500 m时，电压与总长度的乘积应不大于100 000 V·m。当不同极性的导体影响裸露导体馈电的两故障同时发生时，则应满足下列要求中的一种：

应按 IEC 60364-4-41:1992 第 413.5.3.4 的规定实现自动断电。

在 IEC 60364-4-41:1992 第 413.5.3.4 规定的时间内，发电机端子间的输出电压应降到 50 V 以下（包括 50 V）。

注：当连接两个有差异的负载时，由绝缘不良引起的电路故障中，发电机与负载导体间导体电阻总和的最大值是彼此相关的。

6.7.3 适用于本标准的发电机组，应符合 6.7.2.3 规定的间接接触防护要求，不对用户构成任何危险。

就一般意义的维护状态而言，应满足下列有关要求：

——当插座后环路电阻为 1.5 Ω 时，发电机电压应能自动减小到小于或等于 50 V，或者符合 6.7.2.3 规定的过流保护装置应能动作。此外，对于多相发电机，应对发生短路的两相或者一相导体与可能存在的中性导体之间的短路情况进行检查。

——为了使发电机的短路电流峰值迅速减小，只能使用与发电机匹配的保护型断路器。在这种情况下不能使用熔断器（保险丝）。

——就适用的附加保护特性而言，应在发电机组上安装一个接地棒，接地棒应符合 IEC 60417 的规定，发电机的外壳和接线盒（假若有的话）应与插座的接地线和接地棒相连。

——如果有中性导体，则中性导体既不能与保护接地线连接，也不能与外壳连接。

为了满足上述电阻限值的要求，包括导线的允许长度和横截面积在内的有关保护特性的适当信息应在使用说明书中给出。

应进行目视检查，并在插座后 1.5 Ω 的环路上进行短路试验。

6.7.4 电流操作、对地漏电式断路器用于 TT 或 TN 系统。对配有这种断路器的发电机组，要求的最大允许接地电阻与根据 IEC 60364-4-41:1992 中 413.1.3.5、413.1.4.2 规定的保护、测量、选择有关。这方面的内容应在使用说明书中陈述。

电流操作、对地漏电式断路器应安装在防潮、耐高温和抗机械振动的地方。

应按使用说明书的规定，进行试运行和目视检查。

6.7.5 向当前配电网络或二次配电系统供电的发电机组，应满足各种使用情况下的保护测量要求。

为了确定发电机组过流断路器的常用跳闸电流，通常应采用 6.7.3 规定的插座后电阻值不超过 1.5 Ω 的接地故障环路。

当与二次配电系统有关的短路电流不用发电机组提供，或者插座后网络的总电阻值超过 1.5 Ω 时，应提供一种与常用跳闸电流和导线长度无关的保护测量（如电流操作、接地故障断路器）。

连接在负载侧的过流保护装置的选择性跳闸只能在特殊情况下才是允许的。不允许把熔断器的性能范畴用作发电机组的自动隔离保护系统。

应在插座后环路电阻为 1.5 Ω 时进行短路试验，并进行目视检查。

6.8 温升

发电机组在以给定额定值运行期间，不得超过允许的温度限值。

在平均允许功率下至少运行 60 min，不得超过 6.8.1 和 6.8.2 所规定的允许值。

6.8.1 发电机

GB 755 第 5 章给出了发电机组的允许温度限值。

使发电机在本部分第 5 章所规定的环境条件运行，并检查其符合性。温升试验及温度的测量方法应符合 GB 755 第 5 章的规定。

试验期间，发电机组的平均允许功率应保持恒定。

在温升试验后，应根据 GB 755 第 5 章的规定立即确定发电机的温升。

应用电阻法测量发电机绕组的温升。

注：对于异步发电机，当发电机以空载或部分负载运行时的温度比以额定功率运行时要高。必要时，可在部分负载下

进一步进行温升试验。

6.8.2 往复式内燃机及其他组件

温度测量要在热稳定状态下进行，测量结果不得超出制造商规定的最高温度。

6.9 在工作温度下的漏电流和介电强度

所有带电部件及干扰抑制器的设计绝缘能力(容量)，应保证在工作状态时漏电流不超过容许值。

电气设备应有足够的绝缘介电强度。

按 IEC 60335-1:1991 中 13.1 和 13.2 的规定进行试验，并检查其符合性。

6.10 过载

在通常使用中，过载是有可能发生的，按本标准进行试验的发电机组，不得因过载而造成影响安全性的任何损坏。

6.10.1 非控制发电机

采用非控制发电机的发电机组，增加负载时转速和电压将会降低。负载限值据此确定。

使发电机组在第 5 章所规定的环境条件下，以 7.1 的额定功率运行，并对这种运行方式进行检查。对发电机组施加有功或无功负载，直到达到上述的额定功率或电压降至额定值的 80%为止。

在确定的工作点进行不超过 30 min 的温升试验或直到保护装置跳闸为止。试验期间，发电机组的温升在 IEC 60364-1:1994 中 16.1.3 的规定值的基础上不得超过 20 K(对 S 2 型电机总值为 30 K)。

6.10.2 控制发电机

采用控制型发电机的发电机组，增加负载时发电机的电压将保持设定值。发电机组的功率与负载成比例增加，但一般受 RIC 发动机的限制。

当转速不足时，必须保护发电机防止热过载。此时应采用切断装置，但该装置不得自动回位。

使发电机组的功率超过其额定值，直到出现电压(崩溃)突然降低之前的最大功率为止。之后应进行温升试验，并按 6.10.1 的规定进行评估。

6.11 非正常运行

6.11.1 只有在规定的冷却和环境温度下，发电机组才能加载至额定功率。如果工作条件不符合本标准的规定，以及如果发电机或发动机冷却不良(在有限的区域运行)，那么适当减少功率是必要的。应在使用说明书对这些情况予以说明。

按使用说明书的规定进行检查。

6.11.2 发电机组的电力输出的任何短路均不应引起影响安全性的机械或电气损坏。这个要求也同样适用于充电整流器，也包括充电电池极性反接的情况。

当有几种额定电压时，若错误的选择了电压，不应对发电机组造成重大损坏。

使发电机组运行至稳定状态，与此同时，只有借助工具才能对输出端子或负载端及熔断器进行短路试验。应分别对每种不正确的运行状态进行检查。

试验后，任何已经动作的保护装置均应复位或重置。

把带有充电器的发电机组与一个充满电的蓄电池在输出端或负载端反相连接，直至建立稳定状态。

在这些试验期间，发电机组不应出现明火或熔化金属，有毒气体或可燃气体不能达到危险的数量，外壳的变形程度应符合本标准的规定。

本试验所用的蓄电池为铅酸电池，其额定直流输出电压等于发电机组蓄电池充电回路的直流输出电压，容量不小于 70 A·h，除非蓄电池充电器上有这样的标志：该充电器可向不同型号的蓄电池充电。在每种情况下，参与试验的蓄电池型号和最大容量应符合发电机组上的标志或其生产手册中的数值。

6.11.3 确定发动机转速的控制装置，应由发电机组制造商在工厂进行防护，以免用户误用。当不能进行封闭或从外部可以触及控制器与执行器之间的连杆时，以 1.2 倍的额定转速短时超速运行不应引起发电机组的损坏。

发电机组以 1.2 倍的额定转速运行 1 min，然后目视检查其符合性。

6.12 爬电距离和电气间隙

爬电距离和电气间隙应不小于 IEC 60335-1:1991 第 29 章的规定，其单位为 mm。

应通过测量电气间隙和以生产记录为基础进行验证，并检查其符合性。

6.13 电气设备的零部件

对安全性比较重要的电气部件，应符合可适用的 ISO、IEC 和有关国家标准中安全性的要求。

这些独立部件均标有运行数据，当其在发电机组使用时必须遵守这些规定。

独立部件的试验必须符合相应的规范而不是本标准。一般来说，应按下列适用的情况分别进行。

一个独立部件如果有说明，且按说明使用时，则应根据说明进行试验。在这种情况下，试验样品的数量按相应标准的规定选取。

对于一个独立部件，如果没有相应的 ISO、IEC 及国家标准，或者该组件不按说明使用时，则应按一般仪器规定的条件进行试验。在这种情况下，试验样品的数量一般应按类似规程的规定选取。

应按相应的 ISO、IEC 及国家标准或具体的产品规范进行验证，用目测法检查其符合性。

7 运行特性、功率输出、性能等级和燃油消耗

7.1 标准环境条件

标准环境条件(见 GB/T 6072.1)规定如下：

——环境温度：25℃；

——大气压力：100 kPa；

——相对湿度：30%。

7.2 起动和运行条件

符合本标准的发电机组应能在－15℃～40℃之间的环境温度范围内起动和运行。

7.3 功率输出、性能等级和电压容许偏差的确定

7.3.1 按使用说明书的规定来准备和起动发电机组。在往复式内燃发动机暖机约 5 min 以后，以空载状态下测量电压和频率的上限值。

7.3.2 发电机组按平均允许功率和规定的功率因数至少运行 60 min，使发电机组从空载逐渐加载至额定功率或最大允许功率。

检查加载后电压和频率的参数是否满足 GB/T 2820.5—1997 中 16.1，16.6，16.7 和 16.10 的 G1 级的规定。

有功功率可用有功功率表直接测量。视在功率可通过计算电流和电压的乘积得出。

在测量期间，若试验地点的大气压力、环境温度与标准环境状况(见 7.1)有偏差，则往复式内燃机的相关测试值应按 GB/T 6072.1 进行修正。

在标准环境状况下得出的功率特性值对于 A 类机组，应不低于额定功率的 5%；对于 B 类机组，应不低于额定功率的 10%。

7.3.3 小功率发电机组的燃油消耗率应在 75%的额定功率下进行计算，其单位为 g/(kW·h)时的数值应符合 GB/T 6072.1 的规定。燃油消耗量也可用 L/h 为单位。

7.4 无线电干扰抑制

在设计发电机组时，其电气部件无线电干扰限值应符合 GB/T 14024 的规定；火花点火式内燃发动机的无线电干扰限值应符合 GB 14023 的规定。

安装无线电干扰抑制器后，不应对发电机组的电气和机械安全性产生不利的影响。

按 GB 14023 和 GB/T 14024 检查其符合性。

8 标志

发电机组上的标牌和标签应牢固而且易于辨认。

8.1 定额标牌

发电机组的额定输出功率及其性能等级应按规定的功率因数以kW为单位标明。

发电机组的性能参数通常是指在GB/T 6072.1规定的标准环境状况下的数值。因此，在定额标牌上不必对安装使用地点的海拔高度和环境温度进行说明。定额标牌上的内容按GB/T 2820.5—1997中第14章的规定执行。

用目测法检查其符合性。

8.2 安全和信息标志

标志的符号应根据ISO 7000的规定。

按本部分生产的任何发电机组，必须有一个永久性的标签，且应对用户说明下列情况：

a）请阅读使用说明书；

b） 排放烟气有毒，发电机组请勿在不通风的房间里工作；

c） 发电机组在运行时请勿加注燃油。

可能引起燃烧的部件应给予适当的标识或予以防护。

控制功能应有清楚的说明。根据发电机组型号的不同和地方当局的要求，也可有附加的标志。

9 使用说明书——安全指南

发电机组可能导致意外伤害，非专业人员尤其是儿童是认识不到的。只要充分了解了发电机组功能的有关知识，就能做到安全操作。

在符合本标准的由RIC发动机驱动的发电机组使用说明书中，按应该掌握的最基本的常识，对下列安全性、操作性和维修要求进行说明：

a） 一般安全知识

应包括以下内容：

1） 使儿童与发电机组保持一定的安全距离。

2） 燃油是可燃的并且容易起火。发电机组在运行期间不能加注燃油。加油时不能抽烟，也不能靠近明火，不要溢出燃油。

3） 内燃机的一些部件温度很高，可能造成烫伤，应注意发电机组上的警告标志。

4） 发动机排出的气体是有害的，不要在通风不良的房间里操作。当机组安装在通风良好的房间里时，应特别注意防火和防爆炸。

b） 电气安全性

应包括以下内容：

1） 电气设备(包括电缆和插头连接部件)应无故障。

2） 发电机组不能与其它电源连接，如电力公司的主电网。当作为备用机组打算与目前的电力系统连接时，应由有资格的电工(技术人员)来完成。应考虑用电设备由公共电网和由发电机组供电之间的差别。应按本标准的规定，对这种差别在使用说明书陈述。

3） 电击防护取决于断路器，尤其是断路器与发电机组的匹配性。如果要更换断路器，则必须用具有相同定额和性能特性的断路器更换。

4） 由于机械应力高，所以只能使用带有挠性电缆或同等产品。

如果发电机组遵守本标准6.7.2.3规定的“电气分离防护要求”，则还应考虑下列内容。

5） 发电机勿需接地。

6） 使用加长导线或移动式配电柜时，横截面为1.5 mm^2 的导线总长不应超过60 m；横截面为2.5 mm^2的导线总长不应超过100 m。

c） 启动前

要做到安全操作，操作者必须充分了解各个控制装置、显示器或仪表的功能及位置。

1) 应对控制器、显示器及仪表的设计、功能和布局进行描述。

2) 在必要时，应对发电机组上的标签(志)进行图示说明，并作进一步的解释。

3) 应对工作前任何必要的检查包括发电机组的安置进行说明。

d) 启动 RIC 发动机

1) 借助易于蒸发的燃油进行启动时，应给出具体的操作导则。

2) 带有手启动装置(如：手柄启动装置，回弹式启动器)的发动机应有警告说明，对发动机旋动方向的突然改变可能带来的危险进行警告。

e) 发电机组的使用

只有在标定的环境条件下，发电机组才能被加载至额定功率。如果发电机组工作时的环境条件不符合本部分规定的标准状况，或者发动机和发电机组的冷却不良，例如在有限区域运行，则有必要减小功率。应向用户说明，当环境温度、海拔高度和相对湿度高于标准环境值时，减少功率是必要的。

f) 维护

在开始维修工作之前，应确保不会误起动。应提出日常维护和大修方案。

方案中应明确，哪些维护工作需要专业人员的(鉴定)认可。产品规范中应给出非专业人员进行维护时所需的材料。

g) 贮存和运输的说明

附 录 A
（资料性附录）
参 考 文 献

1 GB/T 6072.3—2000 往复式内燃机 性能 第3部分:试验测量
2 GB/T 4556—1984 往复式内燃机 防火
3 ISO 11102-1:1997 往复式内燃机 手柄启动设备 第1部分:安全性要求和试验
4 ISO 11102-2:1997 往复式内燃机 手柄启动设备 第2部分:脱离角度的试验方法
5 IEC 364-3:1993 建筑物的电气装置 第3部分:一般性能评价
6 IEC 439-1:1992 低电压开关装置和控制装置评定 第1部分:对型式试验和部分型式试验的要求
7 IEC 947-2:1989 低电压开关装置和控制装置 第2部分:断路器

ICS 29.160.40
K 52

中华人民共和国国家标准

GB/T 2820.9—2002

往复式内燃机驱动的交流发电机组 第9部分:机械振动的测量和评价

Reciprocating internal combustion engine driven alternating current generating sets—Part 9:Measurement and evaluation of mechanical vibrations

(ISO 8528-9:1997,MOD)

2002-08-05 发布　　2003-04-01 实施

中华人民共和国
国家质量监督检验检疫总局　发布

前　言

GB/T 2820《往复式内燃机驱动的交流发电机组》共有十二个部分：

第1部分：用途、定额和性能(eqv ISO 8528-1:1993)

第2部分：发动机(eqv ISO 8528-2:1993)

第3部分：发电机组用交流发电机(eqv ISO 8528-3:1993)

第4部分：控制装置和开关装置(eqv ISO 8528-4:1993)

第5部分：发电机组(eqv ISO 8528-5:1993)

第6部分：试验方法(eqv ISO 8528-6:1993)

第7部分：用于技术条件和设计的技术说明(eqv ISO 8528-7:1994)

第8部分：对小功率发电机组的要求和试验(ISO 8528-8:1995,MOD)

第9部分：机械振动的测量和评价(ISO 8528-9:1995,MOD)

第10部分：噪声的测量(包面法)(ISO 8528-10:1998,MOD)

第12部分：对安全装置的应急供电(ISO 8528-12:1997,MOD)

其中"第11部分：在线不间断供电系统"目前尚未制定。

本部分修改采用ISO 8528-9:1995《往复式内燃机驱动的交流发电机组　第9部分：机械振动的噪声和评价》。本部分与ISO 8528-9的主要差异是引用文件不同。

本部分的附录A、附录B、附录C、附录D、附录E均为资料性附录。

本部分由中国电器工业协会提出。

本部分由兰州电源车辆研究所归口。

本部分由兰州电源车辆研究所负责起草。

本部分主要起草人：张洪战、王丰玉、薛晨、史清晨。

往复式内燃机驱动的交流发电机组 第9部分:机械振动的测量和评价

1 范围

本部分描述了在规定测量点对发电机组的外部机械振动特性进行测量和评价的程序。

本部分适用于由往复式内燃机驱动的、固定式和移动式、刚性和(或)弹性安装的交流发电机组。本部分适用于陆用和船用发电机组,不适用于航空或驱动陆用车辆和机车的发电机组。

对于某些特殊用途的发电机组(如医院、高层建筑的供电等),有必要提出一些补充要求。本部分的有关规定可作为基础。

对于由其他往复式发动机(如沼气发动机、蒸汽机等)驱动的发电机组,本部分的规定也可作为基础。

2 规范性引用文件

下列文件中的条款通过GB/T 2820的本部分的引用而成为本部分的条款。凡是注日期的引用文件,其随后的修改单(不包括勘误的内容)或修订版均不适用于本部分,然而,鼓励根据本部分达成协议的各方研究是否可使用这些文件的最新版本。凡是不注日期的引用文件,其最新版本适用于本部分。

GB/T 2820.5—1997 往复式内燃机驱动的交流发电机组 第5部分:发电机组(eqv ISO 8528-5:1993)

IEC 60034-7:1992 旋转电机 第7部分:结构和安装型式分类(IM码)

ISO 2041:1990 振动和冲击 术语

ISO 5348:1987 机械振动和冲击 加速度计的机械安装

3 定义

本部分使用了ISO 2041中的有关定义和下列定义。

振动严重程度:这个一般性的术语指的是对振动进行描述的一个或一组数值,如最大值、平均值或有效值或其他参数。

注1:它也可是中间值或均方根值。

注2:ISO 2041在定义中有两个注释,这两个注释不适用于本部分。

4 符号和缩略语

本部分使用了下列符号:

a——加速度

$\hat{a}$——加速度峰值

f——频率

s——位移

$\hat{s}$——位移峰值

t——时间

v——速度

$\hat{v}$——速度峰值

x——轴向坐标

y——横向坐标

z——纵向(垂直)坐标

ω——角速度

下列这些下标连同振动参数 v、s 和 a 一起使用。

rms——振动参量数值(有效值)

x——x 轴方向振动参量测量值

y——y 轴方向振动参量测量值

z——z 轴方向振动参量测量值

$1,2,\cdots,n$——级数值

本部分使用了下列缩略语:

IMB——按 IEC 60034-7 规定的发电机结构和安装型式。

5 其他规定和附加要求

5.1 对于必须遵守某一社会团体规定的船用和近海使用的发电机组,还应满足该社会团体的附加要求。该社会团体应在用户订货前予以声明。

对于在未分级设备中运行的交流发电机组,类似附加要求在不同情况下都应经过用户和制造商的协商认可。

5.2 如果必须满足任何其他官方机构(如检查和/或立法机构)的特殊要求,该官方机构在用户订货前应予以声明。

任何进一步的附加要求都应得到用户和制造商的协商认可。

6 测量值

加速度、速度和位移是测量振动的几个变量(见第 10 章)。一般情况下,从时刻 t_1 到 t_2 时间间隔,振动速度的有效值为:

$$v_{\text{rms}} = \sqrt{\frac{\int_{t_1}^{t_2} v^2 \mathrm{d}t}{t_2 - t_1}} \quad \cdots\cdots(1)$$

在满足正弦振动的特殊情况下,振动速度的有效值为:

$$v_{\text{rms}} = \frac{\omega\hat{s}}{\sqrt{2}} = \frac{\hat{v}}{\sqrt{2}} = \frac{\hat{a}}{\omega} \times \frac{1}{\sqrt{2}} \quad \cdots\cdots(2)$$

如果已对振动特殊性进行了分析,且在已知角速度 ω_1、ω_2、$\cdots\omega_n$ 及振动速度 $\hat{v}_1$、$\hat{v}_2$、$\cdots\hat{v}_n$ 的情况下,振动速度的有效值可由下式求出:

$$v_{\text{rms}} = \frac{\sqrt{\hat{v}_1^2 + \hat{v}_2^2 + \cdots + \hat{v}_n^2}}{\sqrt{2}} \quad \cdots\cdots(3)$$

$$v_{\text{rms}} = \sqrt{v_{\text{rms1}}^2 + v_{\text{rms2}}^2 + \cdots + v_{\text{rms}n}^2} \quad \cdots\cdots(4)$$

注:加速度和位移的有效值也可用同样的方法求出。

7 测量装置

测量系统在给出振动加速度、速度、位移这三个参量有效值时的精确度应满足下列要求:在 10 Hz

～1 000 Hz 范围内误差不超过±10%；在 2 Hz～10 Hz 范围内误差不超过－20%～10%。

只要对测量系统的精确度没有不利影响，为导出非直接测量参量，根据测量装置的输出方式，上述有效值可以从微分型或积分型传感器上获得。

注 1：传感器和被测物体的连接方法对测量的精确度有影响。频率响应及振动的测量值也受传感器连接方式的影响。当振动剧烈时，保持传感器在机组上被测点的良好安装尤为重要。

注 2：加速度计的安装参见 ISO 5348。

8 测量方向和测量点的布置

图 1 所示为推荐的发电机组振动测量点。当本部分适合被指明的其他机型时，在可能的情况下，应在所示测点的 x、y、z 三个方向实施测量。

图 1 所示的各测点必须位于坚固的发动机机体和发电机骨架上，以避免测点处发生变形。

可根据经验，在类似的发电机组振动剧烈的点实施测量而不必对图 1 所有的点进行测量。

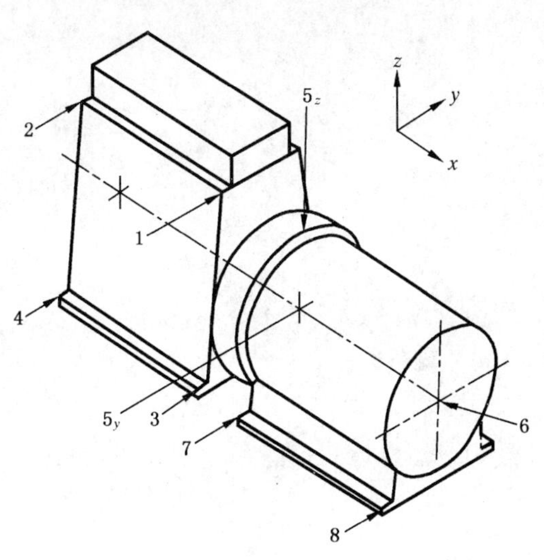

a）由直列式发动机与带有整体轴承的发电机用法兰连接的发电机组

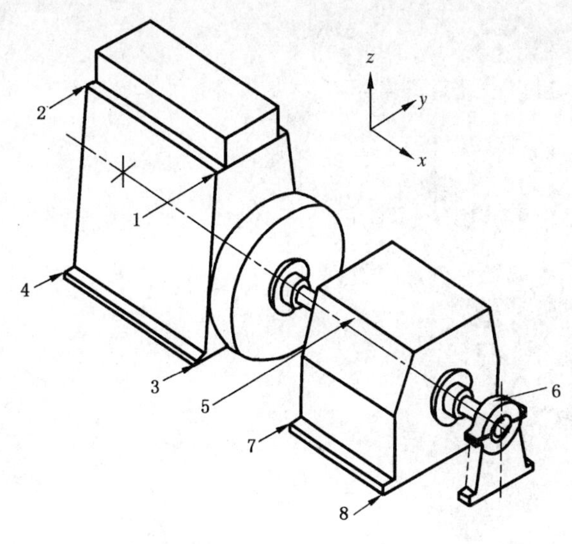

b）由直列式发动机与带有托架轴承的发电机组成的发电机组

主要测点说明：

1，2——上前端和上后端　　3，4——发动机底座的前后端

5，6——发电机主轴承外壳　　7，8——发电机底座

注：测点 1～4 也适合于其他类型的发动机，如 V 型、卧式发动机。

图 1　测量点的布置

9 测量时发电机组的工作状态

测量振动时发电机组的工作状态包括：正常工作温度，额定频率，空载到满载。如果发电机组不能输出额定功率，则可在其能输出的最大功率状态下进行测量。

10 测量结果的评估

往复式内燃机的主激励频率范围约为 2 Hz～300 Hz。但当与发电机等其他部件组成发电机组后，则评估的频率范围要扩展到 2 Hz～1 000 Hz。

为确保没有结构方面的原因影响测量结果，有必要进行附加试验。

常用发电机组振动加速度、速度、位移有效值范围见表 C.1。这些数值可用来评估发电机组的振动级别和潜在效应。

经验证明，对按标准结构和零部件设计的发电机组，当振动级别小于数值1时，将不会发生损坏。

当振动级别在数值1和数值2之间时，则应按发电机组制造商和零部件供货商之间的协议对发电机组的结构和零部件的强度进行评估，以确保发电机组可靠运行。

在某种情况下，振动级别可能会高于数值2，但这仅限于个别特殊结构的发电机组。

在任何情况下，发电机组制造商应对发电机组零部件的互换性负责（见GB/T 2820.5—1997中15.10）。

11 试验报告

要表明的测量结果应包括发电机组和使用的测量设备的主要数据。这些数据应用附录D记录。

附 录 A
（资料性附录）
发电机组的典型结构

往复式内燃机与发电机的装配有多种方式。图 A.1～A.6 为发电机组典型结构示例：

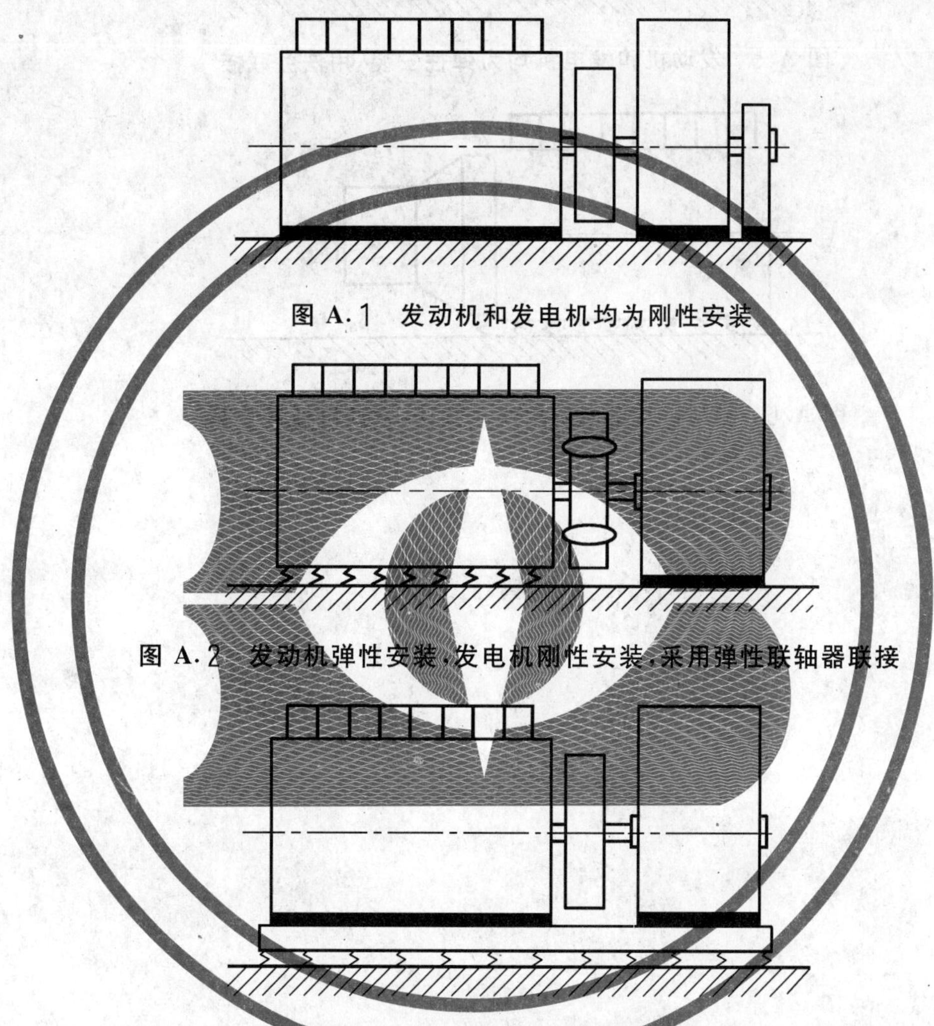

图 A.1　发动机和发电机均为刚性安装

图 A.2　发动机弹性安装，发电机刚性安装，采用弹性联轴器联接

图 A.3　发动机和发电机刚性安装在底架上，而底架为弹性安装

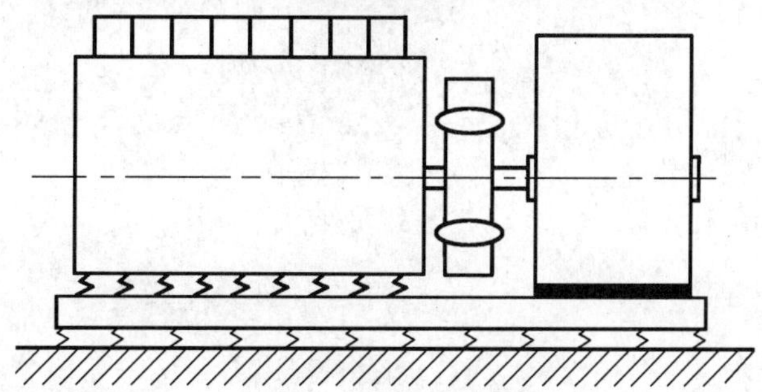

图 A.4　发动机弹性、发电机刚性安装在底架上，而底架为弹性安装，采用弹性联轴器联接

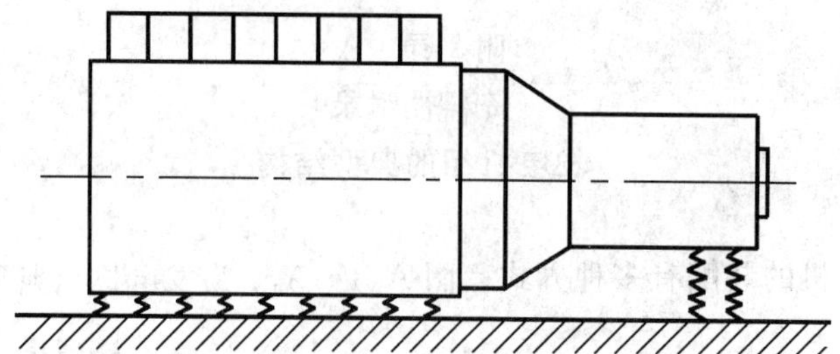

图 A.5　发动机和发电机均为弹性安装，用法兰联接

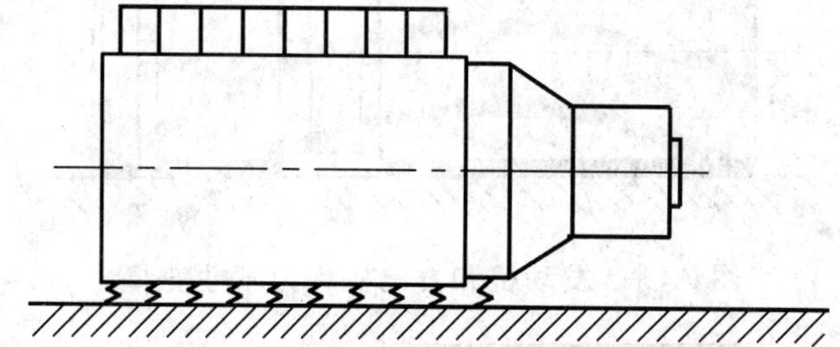

图 A.6　发动机与发电机用法兰联接，发动机弹性安装

附 录 B
（资料性附录）
发电机组振动评价概论

众所周知，发电机在发电机组中运行时所承受的振动值较之单独运行时的值高得多。

往复式内燃机的典型特点是：有往复运动和摆动的质量、脉动的扭矩、与作功行程有关的波动压力等。所有这些因素在发电机组的主要支承上产生了相当大的交变作用力，在主要骨架上产生很高的振幅。这些振幅值一般要比旋转式机器的值高得多。但是，由于受发电机组结构的影响，在往复式发动机的寿命期，这些振动值较旋转式机器更加趋于保持恒定。

通过本部分对振动变量的定义，允许我们对发电机组的振动特性进行一般性说明，对机组整体的运行特性和振动的相互作用进行一般性评价。然而，不能用确定的振动数值对发电机组中的固定件和运动件的机械应力进行说明。

也不能用振动严重程度的确定值对轴系（统）的扭转和线性振动特性进行说明。

在发电机组中，甚至连利用振动来精确评价机械应力也是不可能的事。经验表明，如果振动级别超过类似发电机组可接受的某一“通常值”后，发电机组中的重要零部件将会因承受过高的振动应力而发生机械损坏。

然而，如果超出上述的“通常值”范围，发电机组的其他附件和连接件、控制和监视装置等的损坏也会发生。

这些零件的敏感性取决于它们的结构和安装方式，也就是说，在某些个别情况下，即使评价值位于“通常值”范围内时，要避免上述问题也是很困难的。这时应通过发电机组上专门的“局部测量”（如消除共振零件）来解决。

附 录 C
（资料性附录）
振 动 变 量

表 C.1 往复式内燃发动机驱动的交流发电机组的振动位移、速度、加速度的有效值

内燃机的标定转速 n/(r/min)	发电机组额定输出容量和功率		振动位移有效值[a] mm			振动速度有效值 mm/s			振动加速度有效值[a] m/s²		
	P'/(kV·A) (cosϕ=0.8)	p/kW	内燃机[b c]	发电机[b]		内燃机[b c]	发电机[b]		内燃机[b c]	发电机[b]	
				数值 1	数值 2		数值 1	数值 2		数值 1	数值 2
2 000≤n≤3 600	P'≤15（单缸机）	p≤12（单缸机）	—	1.11	1.27	—	70	80	—	44	50
	P'≤50	p≤40	—	0.8	0.95	—	50	60	—	31	38
	P'>50	p>40	—	0.64[d]	0.8[d]	—	40[d]	50[d]	—	25[d]	31[d]
1 300≤n<2 000	P'≤10	p≤8	—	—	—	—	—	—	—	—	—
	10<P'≤50	8<p≤40	—	0.64	—	—	40	—	—	25	—
	50<P'≤125	40<p≤100	—	0.4	0.48	—	25	30	—	16	19
	125<P'≤250	100<p≤200	0.72	0.4	0.48	45	25	30	28	16	19
	P'>250	p>200	0.72	0.32	0.45	45	20	28	28	13	18
720<n<1 300	250≤P'≤1 250	200≤p≤1 000	0.72	0.32	0.39	45	20	24	28	13	15
	P'>1 250	p>1 000	0.72	0.29	0.35	45	18	22	28	11	14
n≤720	P'>1 250	p>1 000	0.72	0.24 (0.16)[e]	0.32 (0.24)[e]	45	15 (10)[e]	20 (15)[e]	28	9.5 (6.5)[e]	13 (9.5)[e]

注：振动速度和振动频率的关系见图 C.1。

[a] 表中位移有效值 s_{rms} 和加速度有效值 a_{rms} 可用表中的速度有效值 v_{rms} 按下式求得：

$$s_{rms} = 0.015\,9 \times v_{rms}$$

$$a_{rms} = 0.628 \times v_{rms}$$

[b] 对于法兰连接的发电机组，在测点 5（见图 1a)）的测量值应满足对发电机所要求的数值。

[c] 额定功率大于 100 kW 的发电机组有确定的数值，而额定功率小于 100 kW 的发电机组无代表性数值。

[d] 这些数值应得到制造商和用户的认可。

[e] 括号内的数值适用于安装在混凝土基础上的发电机组。此时，从图 1a）和图 1b）7、8 两点测得的轴向振动数值应为括号内数值的 50%。

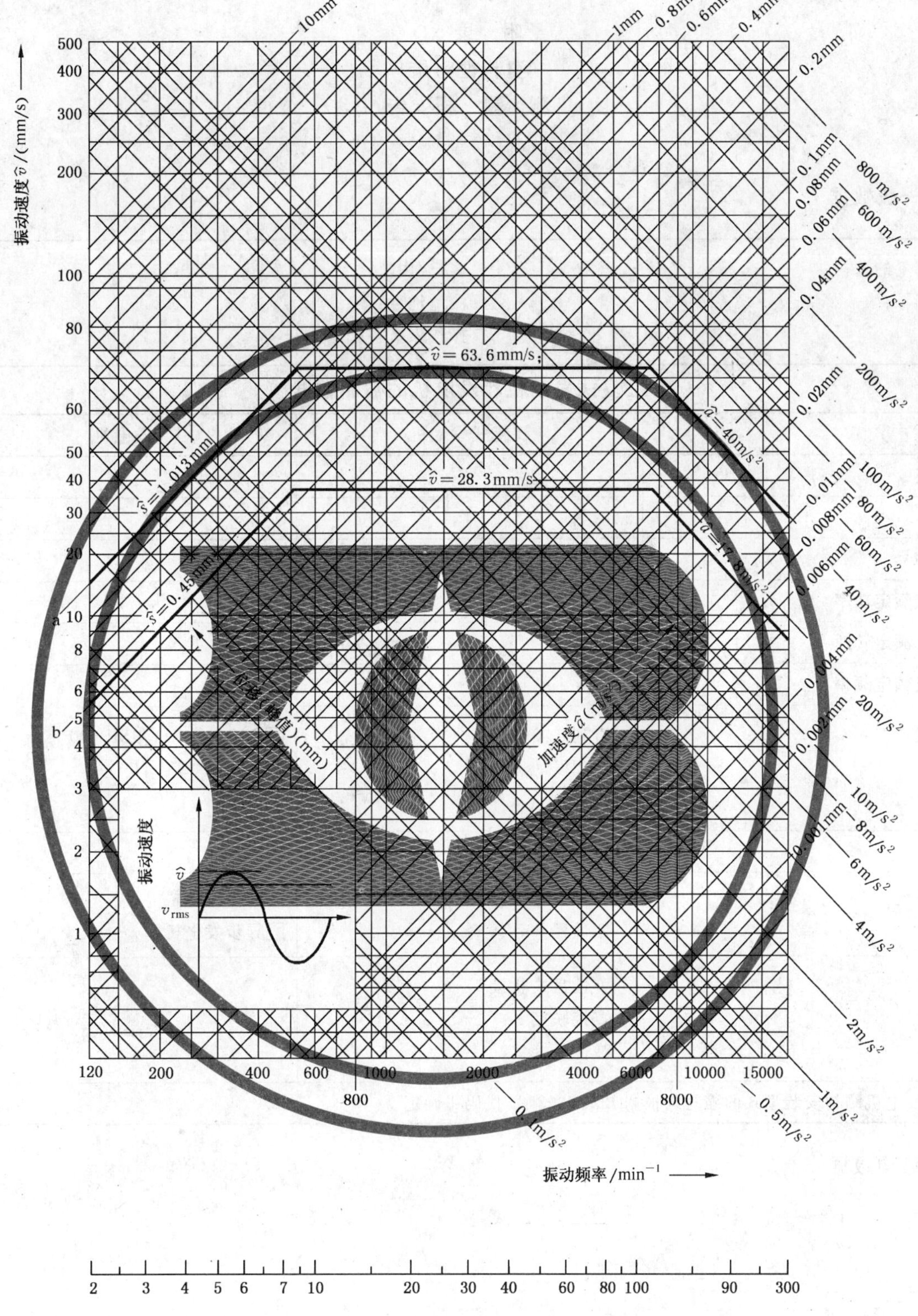

图示曲线仅限于正弦振动

曲线 a:RIC 发动机示例　　v_{rms}=45 mm/s

曲线 b:发电机示例　v_{rms}=20 mm/s(见表 2)

图 C.1　振动速度和振动频率的关系

附　录　D
（资料性附录）
测　量　报　告

D.1　一般数据

负责测量的公司：	客户/用户：
报告编号：	测量地点：
日期：	操作人员：

往复式发动机和发电机的被测数据

	往复式发动机	发电机
制造商		
型式		
生产编号		
标定或额定功率	______kW	______k·VA　cosϕ=______
标定或额定转速	r/min	r/min
标定或额定频率		Hz
结构设计	□直列式发动机 □V 型发动机	□IMB20[a]　□IMB520 □IMB16　□其他 □IMB3
数量	气缸：	轴承：
工作系统	□两冲程 □四冲程	□同步发电机 □异步发电机
联接方式	□弹性盘式联接 □直接联接 □弹性联接	
[a] 发电机结构安装型式的缩写词根据 IEC 60034-7 代码 1 确定。		

D.2　结构数据

总装图：

编号：

成套制造商：

安　装　型　式

发动机	发电机	基础	底架	法兰盘
□刚性 □弹性	□刚性 □弹性	□刚性 □弹性	□刚性 □弹性	□有 □无

D.3 测量点

测量点及其编号如上图1所示。增加的测量位置应顺序编号且必须在图上标明。在图上标注的所有测量点都是推荐性的。

D.4 测量结果

当适用和有要求时，必须附上数据记录、图表和频谱分析结果。

测 量 设 备

部 件	制造商	型 号	说 明
传感器			
测量指示装置			
记录仪表			
校验仪表			
注：术语按ISO 2954规定。			

特殊测量设备

<table>
<tr><td>机械连接</td><td colspan="2">□螺纹 □手柄 □胶贴 □磁性吸附</td></tr>
<tr><td>测量值</td><td colspan="2">□位移 □速度 □加速度</td></tr>
<tr><td>记录值</td><td colspan="2">□位移 □速度 □加速度</td></tr>
<tr><td>测量范围</td><td>振幅：</td><td>频率：</td></tr>
<tr><td>频率分析/滤波仪</td><td>线性范围：</td><td>传递频带：</td></tr>
<tr><td colspan="3">测量记录的评价数据(如放大、反馈速率)：</td></tr>
<tr><td colspan="3">说明：</td></tr>
</table>

测 量 结 果

<table>
<tr><td colspan="6">功率： kW
转速： r/min</td><td colspan="5">环境温度： ℃
燃油类型：</td></tr>
<tr><td rowspan="4">测点编号</td><td colspan="9">有效值(2 Hz～300 Hz)[a]</td><td rowspan="4">说明</td></tr>
<tr><td colspan="9">测量方向</td></tr>
<tr><td colspan="3">(x)轴向</td><td colspan="3">(y)横向</td><td colspan="3">(z)纵向</td></tr>
<tr><td>s/mm</td><td>v/(mm/s)</td><td>a/(m/s^2)</td><td>s/mm</td><td>v/(mm/s)</td><td>a/(m/s^2)</td><td>s/mm</td><td>v/(mm/s)</td><td>a/(m/s^2)</td></tr>
<tr><td></td><td></td><td></td><td></td><td></td><td></td><td></td><td></td><td></td><td></td><td></td></tr>
<tr><td colspan="11">[a] 通过计算或测量。</td></tr>
</table>

附 录 E
（资料性附录）
参 考 文 献

1. ISO 2954:1975　旋转和往复式机械振动——测量振动强烈程度的设备要求
2. GB/T 2820.1—1997　往复式内燃机驱动的交流发电机组　第1部分:用途、定额和性能
3. ISO 10816-1:1995　机械振动　利用非旋转部件的测量值对机器振动进行评估　第1部分:一般导则
4. ISO 10816-6:1995　机械振动　利用非旋转部件的测量值对机器振动进行评估　第6部分:额定功率大于100 kW的往复式机器

ICS 29.160.40
K 52

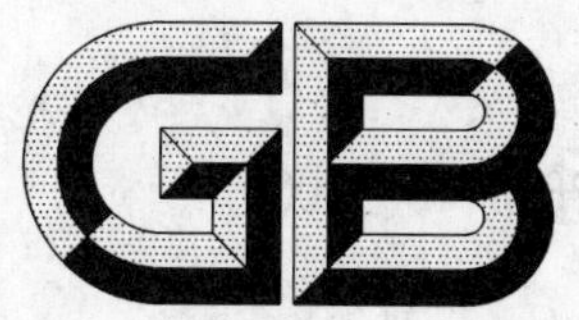

中华人民共和国国家标准

GB/T 2820.10—2002

往复式内燃机驱动的交流发电机组 第10部分:噪声的测量(包面法)

Reciprocating internal combustion engine driven alternating current generating sets—Part 10: Measurement of airborne noise by the enveloping surface method

(ISO 8528-10:1998,MOD)

2002-08-05 发布　　2003-04-01 实施

中华人民共和国
国家质量监督检验检疫总局　发布

前　　言

GB/T 2820《往复式内燃机驱动的交流发电机组》共有十二个部分:

第1部分:用途、定额和性能(eqv ISO 8528-1:1993)

第2部分:发动机(eqv ISO 8528-2:1993)

第3部分:发电机组用交流发电机(eqv ISO 8528-3:1993)

第4部分:控制装置和开关装置(eqv ISO 8528-4:1993)

第5部分:发电机组(eqv ISO 8528-5:1993)

第6部分:试验方法(eqv ISO 8528-6:1993)

第7部分:用于技术条件和设计的技术说明(eqv ISO 8528-7:1994)

第8部分:对小功率发电机组的要求和试验(ISO 8528-8:1995,MOD)

第9部分:机械振动的测量和评价(ISO 8528-9:1995,MOD)

第10部分:噪声的测量(包面法)(ISO 8528-10:1998,MOD)

第12部分:对安全装置的应急供电(ISO 8528-12:1997,MOD)

其中"第11部分:在线不间断供电系统"目前尚未制定。

本部分修改采用ISO 8528-10:1998《往复式内燃机驱动的交流发电机组　第10部分:噪声的测量(包面法)》。本部分与ISO 8528-10的主要差异是引用文件不同。

本部分的附录A为资料性附录。

本部分由中国电器工业协会提出。

本部分由兰州电源车辆研究所归口。

本部分由兰州电源车辆研究所负责起草。

本部分主要起草人:张洪战、王丰玉、陈涵。

往复式内燃机驱动的交流发电机组
第10部分:噪声的测量(包面法)

1 范围

本部分规定了由往复式内燃机驱动的发电机组(空气传播)噪声的测量方法。即:在对排气系统、冷却系统及发动机(发电机组)其他所有噪声的总和进行评估时,有一致或相似的基准,从而使测量结果具有可比性。然而,当排气和冷却系统通过管道输送到较远的地方时,它们对噪声的影响不包括在本部分范围之内。

噪声辐射的基本特性参数为声功率级。

根据应遵守的声学测量条件的不同,按本部分所获得的测量结果的精度可分为2级或3级。2级精度(即按ISO 3744中的工程测量法),要求测量区域在整个反射面上是真正的声学自由场,(环境修正系数$K_{2A}\leqslant 2$ dB),本底噪声级可以忽略不计(本底噪声修正系数$K_{1A}\leqslant 1.3$ dB)。3级精度(即按ISO 3746的测量方法)要求环境修正系数$K_{2A}\leqslant 7$ dB,本底噪声修正系数$K_{1A}\leqslant 3$ dB。

当发电机组在稳态条件下运行时,可按本部分计算相应精度等级的A计权声功率级以及倍频程或三分之一倍频程声功率级。

本部分适用于往复式内燃机驱动的、固定式或移动式、刚性或弹性安装的交流发电机组。本部分只适用于陆用和船用发电机组,而不适用于航空和驱动陆用车辆和机车的发电机组。

注1:本部分是为往复式内燃机驱动的交流发电机组制定的,但对于往复式内燃机驱动的直流发电机组同样适用。

注2:对用于某些特殊场合(如医院、高层建筑等)的发电机组,有必要做出补充要求,但应以本部分的规定为基础。

注3:只有在同一测量精度下发电机组间才能进行真正的比较。

2 规范性引用文件

下列文件中的条款通过GB/T 2820的本部分的引用而成为本部分的条款。凡是注日期的引用文件,其随后所有的修改单(不包括勘误的内容)或修订版均不适用于本部分,然而,鼓励根据本部分达成协议的各方研究是否可使用这些文件的最新版本。凡是不注日期的引用文件,其最新版本适用于本部分。

GB/T 2820.1—1997 往复式内燃机驱动的交流发电机组 第1部分:用途、定额和性能(eqv ISO 8528-1:1993)

GB/T 2820.2—1997 往复式内燃机驱动的交流发电机组 第2部分:发动机(eqv ISO 8528-2:1993)

GB/T 6072.1—2000 往复式内燃机 性能 第1部分:标准基准状况,功率、燃料消耗和机油消耗的标定及试验方法(idt ISO 3046-1:1995)

ISO 700[1]: 电弧焊接设备 焊接电源

ISO 3744:1994 声学 用声压确定噪声源的声功率级在整个反射面上真正自由声场中的工程测量方法

ISO 3746:1995 声学 用声压确定噪声源的声功率级在整个反射面上的包面测量方法

1) 即将发布(修订ISO 700:1982)

ISO 9614-1:1993　声学　用声强法确定噪声源的声功率级　第1部分:离散点测量

ISO 9614-6:1996　声学　用声强法确定噪声源的声功率级　第2部分:扫描测量

ISO 11203:1995　声学　机械设备噪声　用声功率级确定工作台和其他给定点的声压级

IEC 60804:1985　积分式平均声压级仪表

3　术语和定义

本部分使用了下列术语和定义:

——声学方面的术语按 ISO 3744 和 ISO 3746;

——往复式内燃机方面的术语按 GB/T 6072.1;

——发电机组方面的术语按 GB/T 2820.1～2820.2。

4　符号

i——表示具体测点的下标;

K_{1A}——本底噪声修正系数;

K_{2A}——环境修正系数;

$\overline{L_p}$——在对本底噪声和环境干扰修正后的平均倍频程或三分之一倍频程声压级,用分贝表示;

$\overline{L_{PA}}$——在对本底噪声和环境干扰修正后的平均A计权声压级,用分贝表示;

L_{pAi}——在测点 i 处的A计权声压级,用分贝表示;

L_{pi}——在测点 i 处的倍频程或三分之一倍频程声压级,用分贝表示;

L_S——测量面量纲;

L_{WA}——A计权声功率级;

L_{Woct}——倍频程声功率级;

$L_{W1/3oct}$——三分之一倍频程声功率级;

n——测点数目;

S——测量面(面积);

S_0——参考测量面;

ΔL_P——声压级差值,用分贝表示;

ΔL_{WA}——A计权声功率级差值;

$\cos\phi$——功率因数。

5　其他规定和要求

5.1　对于必须遵守某一社会团体法规的船用和近海使用的发电机组,还应遵守该社会团体的有关附加要求。该社会团体应在用户订货前作出说明。

对于未分级的发电机组,这类附加要求在任何情况下都应得到制造商和用户的认可。

5.2　若还应满足任何其他官方(例如检查和/或立法机构)的特殊要求,该社会团体应在用户订货前作出说明。

任何其他附加要求应由用户和制造商商定。

6　表示方法

本部分2级精度噪声测量方法可按下列方式表示:

GB/T 2820.10　噪声测量　2级精度

本部分3级精度噪声测量方法可按下列方式表示:

GB/T 2820.10　噪声测量　3级精度

7 测量设备

测量设备应满足 ISO 3744 和 ISO 3746 的有关规定。

8 测量对象

发电机组的噪声指的是由发电机组发出的各种噪声的总和。这包括发动机和发电机表面的噪声，进气噪声，排气噪声，发动机冷却系统和发电机风扇的噪声以及由连接处和底架发出的噪声等。

在对发电机组全部或部分封装的情况下，其表面噪声应是从机壳发出的噪声。

假若在特殊情况下，以上提及的任一噪声未包含在测量结果中，那么在试验报告中应予以记录。

9 发电机组的工况

9.1 总则

应按制造商的说明，对发电机组进行工作前的准备。

按照惯例，同一台发电机组，会因用途和使用地点条件的不同而处于各种工况，因此，9.2 和 9.3 规定的工况也可被采用。

在声学测量结果中，转矩的允差为±10%。

在进行测量时，环境温度和进气温度应不高于 320 K(47℃)。试验期间发电机组转速、平均输出功率、环境温度、燃油型号及其十六烷值等在试验报告中应作详细记录，因为这些因素将会影响发电机组的噪声。

9.2 发电机组(一般动力发电机)

发电机组应在 75%的额定功率(kW)下稳定运行。

应记录用于计算输出有功功率的输出容量(kV·A)及其相应的功率因数($\cos\phi$)。

注：这里所给出的工况与欧共体指令 84/536/EEC(正在修订)的规定相同。

9.3 发电机组(电焊发电机)

按 ISO 700 的规定进行驱动，并使之对某一阻抗产生额定焊接输出。

注：这里所给出的工况与欧共体指令 84/535/EEC(正在修订)的规定相同。

9.4 发电机组的安装

发电机组应安装在典型的反射噪声的混凝土或无孔沥青地面上。从声源到与之相邻的试验室墙壁的距离应为声源到测头距离的两倍。挂车电站应按制造商的推荐进行安装。

10 测量面、测量距离和测量点

见图 1～图 4。

10.1 参考半球面和测量面

为了测量半球面上的声功率级、欧共体指令 84/535/EEC 和 84/536/EEC 的要求应得到满足。

10.2 参考平行六面体和测量面

围绕发电机组应建立一个尽可能小的、假想的平行六面体参考框架，对于从发动机上凸出的某些部件，如果对声能没有显著影响，则可以忽略。

为了安全，参考框架可以适当放大，以便把测量点从危险区域(例如高温表面和运动部件)移开，测量面与参考矩形面之间的距离为“d”，在安装机组噪声反射面处终止。

10.3 测量距离

参考平行六面体与测量面之间的距离 d 为 1 m，当不能保持规定的距离时，测量距离至少应为 0.5 m。只有在环境条件符合 ISO 3744 和 ISO 3746 时，才允许适当放大测量距离。

10.4 测量点的数目与布置

一般来说，测量点应沿测量表面等距离布置，并应完全包容噪声区域。测量点的数目取决于发电机组的尺寸和噪声场的均匀性。测量面上测点数目的布置取决于参考框架的参量 l_1、l_2 和 l_3，见图 1～图 4。

2 级精度和 3 级精度测点的布置不应有差别。图 2～图 4 中的测点与 ISO 3744 和 ISO 3746 的规定相当，只是进行了简化。

初步的研究证明，对于一般的发电机组来说，按 5 个测点(图 1 中的测点 1,2,3,4 和 9)所确定的 A 计权声功率级的测量结果，通常比按 9 个测点所确定的测量结果高 ΔL_{WA}[2)]。

对于某一给定型号的发动机来说，应进行初步的研究，并证明 ΔL_{WA} 的值不超过 0.5 dB，否则，测点的数目不能减少到 5 个。

图 2、图 3 和图 4 中，测头位置的数目比 ISO 3744 和 ISO 3746 中的规定要少。初步的研究证明，在与发动机型号有关的各种情况下，这种测点的减少所造成的 A 计权声压级的差值小于 0.5 dB。

在这些图中，测量面上的测点之一，如果因缺少空间或其他原因不能使用，则可以沿其测量面移动，并使其离原测点位置的距离尽可能小。测量报告中应标明已变化了的测点位置。

在布置进气口和排气口附近的测点时，不应使其正对气流。目前，由于缺少经验，对于比图 1 规定较大的发电机组，尚没有简化的测量方法。

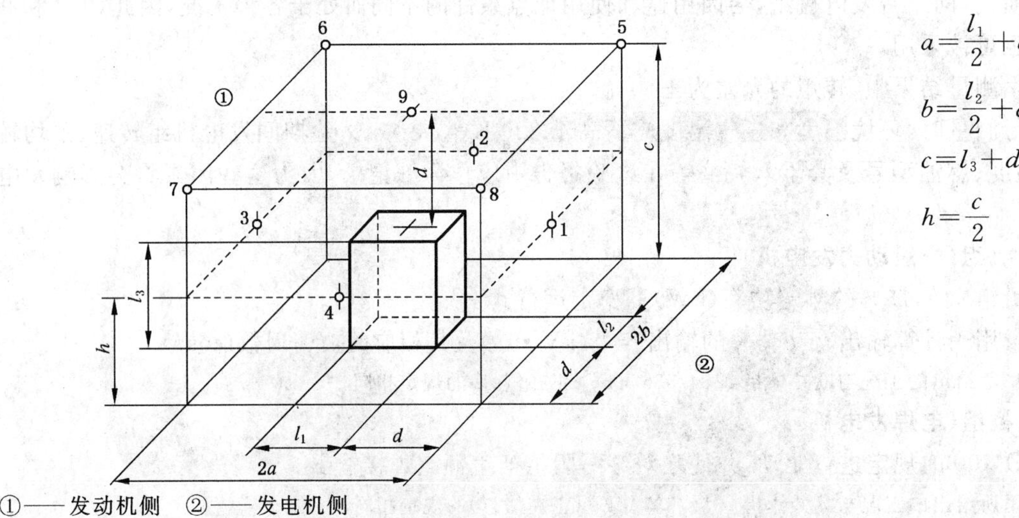

$$a=\frac{l_1}{2}+d$$
$$b=\frac{l_2}{2}+d$$
$$c=l_3+d$$
$$h=\frac{c}{2}$$

①——发动机侧　②——发电机侧

图 1　用参考矩形测量发电机组噪声时的测量面及测点布置(9 个测点)：$l_1<2$ m，$l_2<2$ m，$l_3<2.5$ m

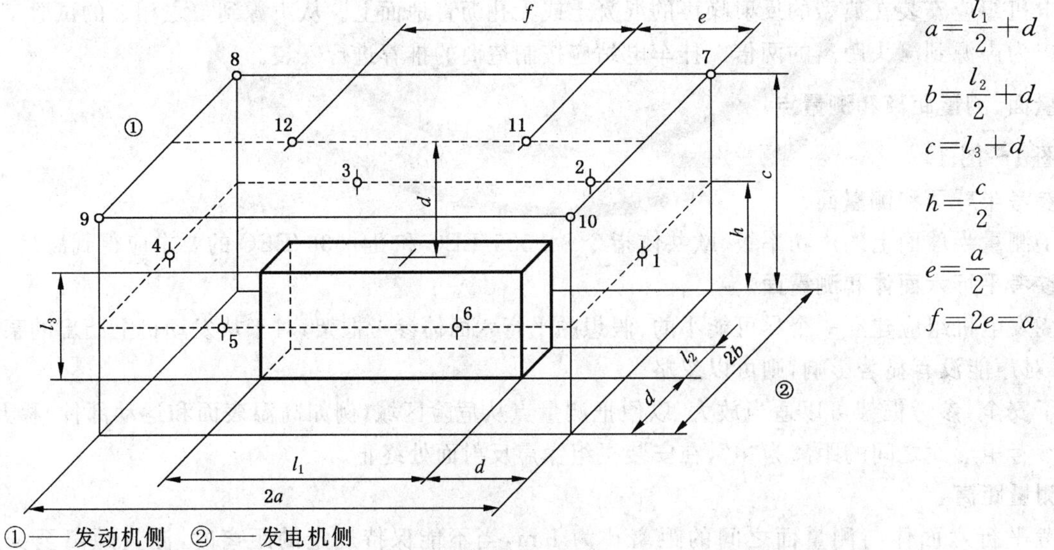

$$a=\frac{l_1}{2}+d$$
$$b=\frac{l_2}{2}+d$$
$$c=l_3+d$$
$$h=\frac{c}{2}$$
$$e=\frac{a}{2}$$
$$f=2e=a$$

①——发动机侧　②——发电机侧

图 2　用参考矩形测量发电机组噪声时的测量面及测点布置(12 个测点)：2m＜l_2＜4 m，$l_3<2.5$ m

2) 大量的试验证明，对于不同型号的发动机 ΔL_{WA} 的值在 0.7 dB～1.8 dB 之间。

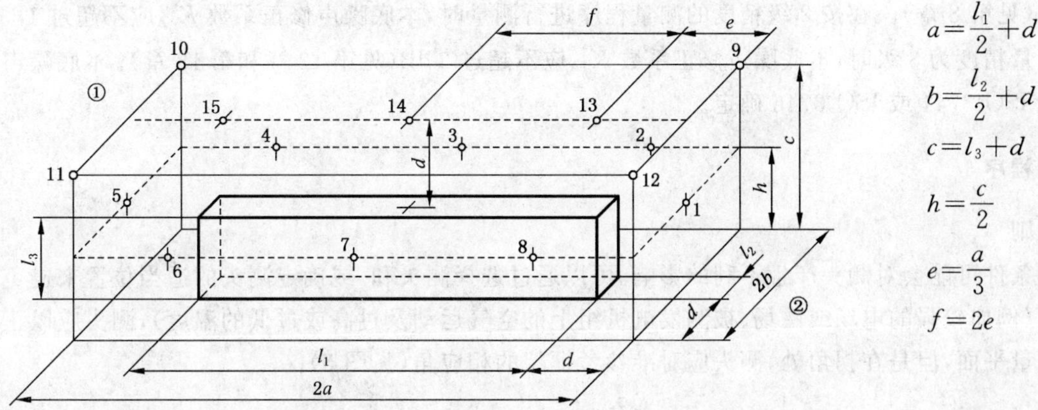

①——发动机侧　②——发电机侧

图 3　用参考矩形测量发电机组噪声时的测量面及测点布置(15 个测点):$l_1>4$ m,$l_3\leqslant 2.5$ m

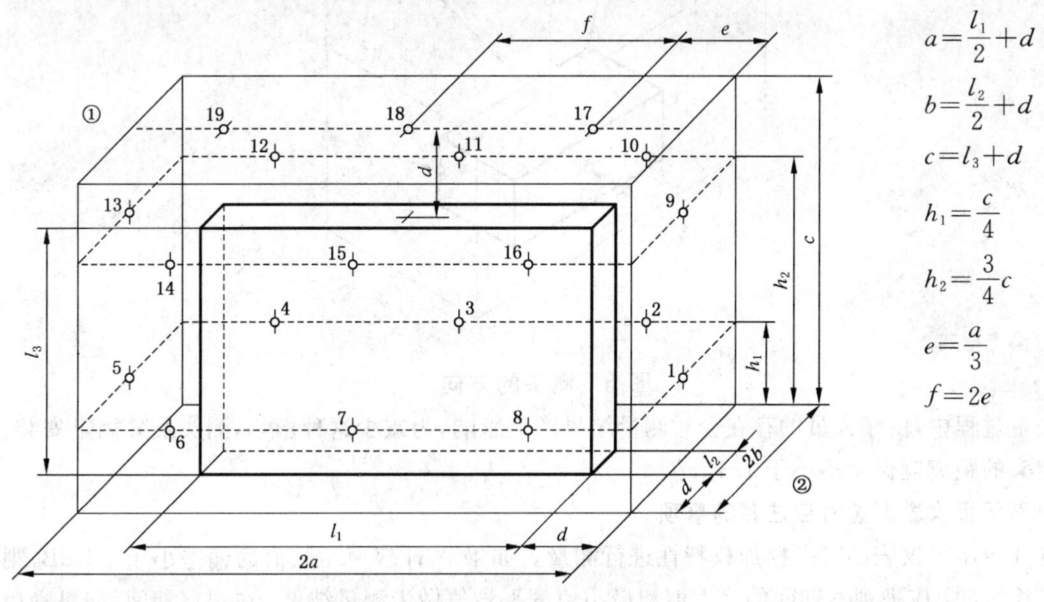

①——发动机侧　②——发电机侧

图 4　用参考矩形测量发电机组噪声时的测量面及测点布置(19 个测点):$l_1>4$ m 和/或 $l_3>2.5$ m

11　测量环境

11.1　测量环境反射特性的判定准则

为了获得 2 级精度的测量结果,要求得到的修正系数 $K_{2A}\leqslant 2$ dB。应按 ISO 3744 和 ISO 3746 的规定来计算该环境修正系数。

为了达到 3 级精度,则需要有环境修正数 $K_{2A}\leqslant 7$ dB 的环境。

在许多情况下,由于测量区域的声学特性及试验台工况的现实性(对大型发电机组尤为突出),往往只能达到 3 级精度。特殊情况下,当征得客户、验收公司或授权机构的同意后,可用特殊的测量方法(例如按 ISO 9614-1 和 ISO 9614-2 规定的声强测量法)来提高精度。

由于空气运动而在测头处产生的噪声可看作本底噪声。在室外测量时,应按声级计制造商的规定在测头上安装风罩。在室外测量时,最大风速应不超过 6 m/s。

11.2　本底噪声的确定准则

本底噪声是指在试验中,不是由发电机组发出的噪声,或者是由不属于测量对象的孔口和零部件发出的噪声(见第 8 章)。在按 2 级精度的测量程序进行测量时,本底噪声修正系数 K_{1A} 应不超过 1.3 dB。

当测量精度为 3 级时,本底噪声修正系数 K_{1A} 应不超过 3 dB(见第 12 章和第 13 章)。本底噪声修正值应根据 ISO 3744 或 ISO 3746 确定。

12 测量程序

12.1 准则

环境条件可能会对测头产生不利的影响。可以通过选择测头和/或确定测头的适当位置来避免该干扰的影响(例如较强的电场或磁场、被测发电机组上的空气运动及过高或过低的温度),测头应以正确角度对准测量平面,但是在拐角处,测头应对准参考框架的相应角(见图 5)。

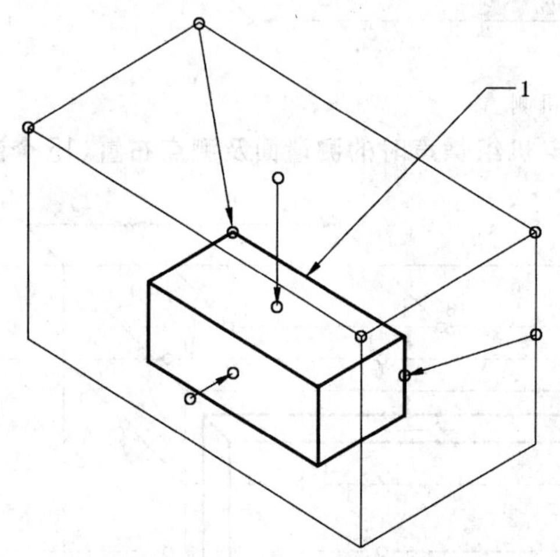

1——参考框架。

图 5 测头的方向

在测量过程中,由于人员的存在会对测量结果产生影响,为减少这种影响,测头最好固定安装。测量人员与测头的距离应保持不小于 1.5 m。

12.2 用声压级仪表测量时应注意的事项

应选择声压级仪表的"慢"档加权特性进行测量。如果 A 计权声压数值的偏差小于±1 dB,则认为噪声值是稳定的。应把观察期间的最大值和最小值的平均值做为测量结果。在观察期间,如果噪声值的偏差大于±1 dB,则认为噪声是不稳定的。如果噪声是不稳定的,则测量结果不能被接受,此时应用积分式声压级仪表重新测量。

12.3 用积分式声压级仪表测量时应注意的事项

当使用符合 IEC 60804 规定的积分式声压级仪表进行测量时,有必要使积分时间等于测量时间。

12.4 发电机组运行期间的测量

确定测量平面,选择正确的测头的位置。当发电机组按第 9 章所给定的工况运行时,测量其总体噪声的 A 计权声压级,如果经用户与制造商同意,可在要求的频率范围内在每个测点处测量发电机组的倍频程或三分之一倍频程声压级。不必同时在各个测点进行测量。在所有测点处的测量时间应不少于 10 s。

包括倍频程和三分之一倍频程的最小中心频率应为 63 Hz~8 000 Hz。必要时,还应对更低的频率进行测量,确保有效的低频部分也包括在内。

12.5 本底噪声的测量

测量时应体现出本底噪声的有关数据,这一点对发电机组的噪声测量非常重要。

应在各个测点对 A 计权声压级进行测量。若经用户和制造商同意,还应在要求的频率范围内对倍频程或三分之一倍频程的声压级在每个测点处进行测量。在所有测点处的测量时间应不少于 10 s。

13 A 计权功率级的确定

13.1 本底噪声修正系数 K_{1A}

在发电机组运行期间,从各测点所测得的 A 计权声压级和倍频程或三分之一倍频程声压级,在可能的情况下应首先按 ISO 3744 和 ISO 3746 的规定对本底噪声的干扰分别进行修正。

$$K_1 = 10\lg\left(1 - \frac{1}{10^{0.1\Delta L}}\right) \quad \cdots\cdots(1)$$

ΔL 为发电机组运行时所测得的噪声声压级与本底噪声单独作用时平均声压级之差,单位为 dB。表 1所给的修正系数 K_{1A},可以使用户把本底噪声的因素考虑进去。

13.2 测量面声压级的计算

测得的声压级 L_p 应在测量面上进行平均,并在考虑了本底噪声和环境条件后进行修正,计算公式如下:

$$\overline{L_{pA}} = 10\lg\left(\frac{1}{n}\sum_{i=1}^{n}10^{0.1L_{pAi}}\right) - K_{2A} \quad \cdots\cdots(2)$$

$$\overline{L_p} = 10\lg\left(\frac{1}{n}\sum_{i=1}^{n}10^{0.1L_{pi}}\right) - K_2 \quad \cdots\cdots(3)$$

式中:

L_{pAi}——在第 i 个测点处的 A 计权声压级;

L_{pi}——在第 i 个测点处的倍频程或三分之一倍频程声压级;

$\overline{L_{pA}}$——在对本底噪声和环境干扰修正后的平均 A 计权声压级,dB;

$\overline{L_p}$——在对本底噪声和环境干扰修正后的平均倍频程和三分之一倍频程声压级,dB;

n——测点总数。

基准声压为 20 μPa。

应用 ISO 3744 和 ISO 3746 确定测量区域的修正系数 K_{2A}或 K_2。

注 1:如果 L_{pi}的范围不超过 5 dB,则可用更简便的方法计算平均值。这样的计算结果与用(2)、(3)式所计算的结果之差不超过 0.7 dB。

注 2:对于按 10.4 规定的 5 个测点简化成的测量面声压级可按下式计算:

$$\overline{L_{pA}} = 10\lg\left(\frac{1}{n}\sum_{i=1}^{n}10^{0.1L_{pi}}\right) - K_{1A} - \Delta L_{WA} - K_2 \quad \cdots\cdots(4)$$

式中:

$n=5$。

表 1 修正系数 K_{1A}

ΔL/dB	K_{1A}[a]	精度级
3	3.0	3
4	2.2	
5	1.7	
6	1.3	2
7	1.0	
8	0.7	
9	0.6	
10	0.5	
>10	0.0	

[a] 应从发电机组运行时测出的声压级中减去。

13.3 测量面积 S、测量面量纲 L_S 和声功率级 L_{WA}

测量面取决于平行六面体的表面。

对实心地板，测量面的面积 S 为：

$$S = 2 \times 2ac + 2 \times 2bc + 2a \times 2b$$

对吸收性地板：

$$S = 2 \times 2a(c+d) + 2 \times 2b(c+d) + 2a \times 2b$$

在这两个例子中：

$2a$——矩形的长度(参考矩形的长度 l_1＋2 倍的测量距离)

$2b$——矩形的宽度(参考矩形的长度 l_2＋2 倍的测量距离)

$2c$——矩形的高度(参考矩形的长度 l_3＋测量距离)

测量面的面积只需近似求出。测量面的面积偏差 5%，噪声结果误差 0.2 dB。

测量面的量纲 L_S 和 A 计权声功率级 L_{WA} 或三分之一倍频程或倍频程声功率级 $L_{W1/3oct}$ 或 L_{Woct} 按 ISO 3744 和 ISO 3746 确定。

$$L_W = \overline{L_p} + 10\lg\left(\frac{S}{S_0}\right) \quad \cdots\cdots(5)$$

式中：

L_W——声源的 A 计权或频谱声功率级，dB；

$\overline{L_p}$——测量面的声压级，dB；

S——测量面的面积，m^2；

$S_0 = 1\ m^2$。

14 声压级的确定

本部分的(辐射)声压级 L_p 可按 ISO 11203 确定。

确定声压级 L_p 时无需进行附加测量，可按第 13 章的规定直接由声功率级 L_W 计算出：

$$\overline{L_p} = L_W - 10\lg\left(\frac{S}{S_0}\right) \quad \cdots\cdots(6)$$

式中：

S——测量距离为 1 m 时包容被测发电机组(参考盒/平行六面体)的测量面的面积。

$S_0 = 1\ m^2$。这意味着 $\overline{L_p}$ 是距机组表面 1 m 处的声压级。

15 测量方法的精度和测量结果的不确定性

这应涉及到 ISO 3744 和 ISO 3746 关于发电机组噪声测量结果再现性的标准误差，到目前为止，尚未进行足够的测量来得出这样的结论。

16 测量报告(测量记录)

16.1 总则

按本部分所作的测量报告应对第 6 章中规定的测量程序进行说明，并给出 16.2～16.5 中规定的数据。

16.2 被试发电机组的有关数据

制造商

型号(式)

系列编号

外形尺寸

外壳详图(适用时)
额定输出功率(kW)
发电机组转速
安装(排列)方式
内燃机的制造商
内燃机的型号(式)
发动机系列编号
进气系统的型式和排列
排气系统的型式和排列
发电机冷却方式
发动机的冷却方式和排列
燃油类型
发电机的制造商
发电机的型号(式),包括发电机组布置详图
发电机的系列编号

16.3 测量条件细则

(见第9,10,11章)
平均电力输出(kW)
发电机组转速
环境温度
湿度
地面、天花板和墙壁的声学测量条件
发电机组在测量区域的安置
当在室外测量时天气的详细情况,包括风速

16.4 所用的测量设备

制造商
型号
系列编号
校准程序
校准地点和日期

16.5 测量值和测量结果

(见第13章)
在各个测点的声压级 L_{pAi}
本底噪声修正系数 K_{1A}
环境修正系数 K_{2A}
平均A计权声压级 $\overline{L_{pA}}$
测量面的面积 S 和测量面的量纲 L_S
A计权声功率级 L_{WA}
地点、日期、时间等有关测量情况

17 测量报告摘要

测量报告至少应包括下列内容:

a) 涉及的GB/T 2820的标准(如GB/T 2820.10)

b） 按第 5 章确定的测量程序的特性

c） 进行测量的地点、日期、人员姓名等

d） 被试发电机组详细情况(包括结构型式)

e） 制造商

f） 型号

g） 外壳详图(适用时)

h） 内燃机进气系统型式和排列

i） 排气系统的型式和排列

j） 测量时的电力输出(按第 9 章)

k） 测量时发电机组的转速

l） 测量结果

m） 声功率级 L_{WA}

附 录 A
（资料性附录）
关于目前的欧共体指令

为了确定发电机组的声功率级，本部分根据 ISO 3744 和 ISO 3746 规定了相应的测量方法。在欧共体指令 84/535/EEC 和 84/536/EEC 规定的测量方法中，声功率级的测量是在测量距离更大的半球面上进行的。以前的测量结果证明，当测量距离 $d=1$ m 时，整个平行六面体区域的声功率级的测量可以较低的成本达到要求的精度。这种方法所需的边界条件即足够大的测量区域，低的外部噪声级，使得试验很难进行。大量的实验证明，用这两种试验方法所取得的结果是具有可比性的。

在计算欧共体范围内用于建筑物或建筑业的发电机组的噪声时，欧共体指令 84/535/EEC（电焊发电机）和 84/536/EEC（动力发电机）中的原理应受到重视。

ICS 29.160.40
K 52

中华人民共和国国家标准

GB/T 2820.11—2012/IEC 88528-11:2004

往复式内燃机驱动的交流发电机组 第11部分:旋转不间断电源 性能要求和试验方法

Reciprocating internal combustion engine driven alternating current generating sets—Part 11:Rotary uninterruptible power systems—Performance requirements and test methods

(IEC 88528-11:2004,IDT)

2012-11-05 发布

2013-02-01 实施

中华人民共和国国家质量监督检验检疫总局
中国国家标准化管理委员会 发布

前　言

GB/T 2820《往复式内燃机驱动的交流发电机组》由下列各部分组成：

——第1部分：用途、定额和性能；

——第2部分：发动机；

——第3部分：发电机组用交流发电机；

——第4部分：控制装置和开关装置；

——第5部分：发电机组；

——第6部分：试验方法；

——第7部分：用于技术条件和设计的技术说明；

——第8部分：对小功率发电机组的要求和试验；

——第9部分：机械振动的测量和评价；

——第10部分：噪声的测量(包面法)；

——第11部分：旋转不间断电源　性能要求和试验方法；

——第12部分：对安全装置的应急供电。

本部分是GB/T 2820的第11部分。

本部分按照GB/T 1.1—2009给出的规则起草。

本部分使用翻译法等同采用国际标准IEC 88528-11:2004《往复式内燃机驱动的交流发电机组　第11部分：旋转不间断电源　性能要求和试验方法》。

与本标准中规范性引用的国际文件有一致性对应关系的我国文件如下：

——GB/T 2820.9—2002　往复式内燃机驱动的交流发电机组　第9部分：机械振动的测量和评价(ISO 8528-9:1995,MOD)

——GB/T 2820.10—2002　往复式内燃机驱动的交流发电机组　第10部分：噪声的测量(包面法)(ISO 8528-10:1998,MOD)

——GB/T 7260.3—2003　不间断电源设备(UPS)　第3部分：确定性能的方法和试验要求(IEC 62040-3:1999,MOD)

——GB/T 16273.1—2008　设备用图形符号　第1部分：通用符号(ISO 7000:2004,NEQ)

本部分由中国电器工业协会提出。

本部分由全国移动电站标准化技术委员会(SAC/TC 329)归口。

本部分主要起草单位：上海电器科学研究所(集团)有限公司、兰州电源车辆研究所有限公司、上海电科电机科技有限公司、军械工程学院、中船重工电机科技有限公司、郑州佛光发电设备有限公司、中国北车集团永济电机厂、科泰电源(上海)有限公司、兰州电机有限责任公司、深圳市赛瓦特动力科技有限公司、福建福安闽东亚南电机有限公司、英泰集团、泰豪科技股份有限公司、上海麦格特电机有限公司、上海强辉电机有限公司、浙江金龙电机有限公司、卧龙电气集团股份有限公司。

本部分主要起草人：刘宇辉、张洪战、李军丽、赵锦成、周效龙、王忠华、周永江、庄衍平、李杰、张贵财、潘跃明、梁泊山、王丰玉、康茂生、陈伯林、赵文钦、叶锦武、叶月君。

往复式内燃机驱动的交流发电机组 第11部分:旋转不间断电源 性能要求和试验方法

1 范围

GB/T 2820的本部分规定了由机械和电气旋转设备组合而成的旋转不间断电源(UPS)的性能要求和试验方法。本部分适用的电源,主要为用户提供不间断交流电。当无市电输入运行时,输入能量由储存的能量或者往复式内燃机提供,由一台或多台旋转电机输出电能。

本部分适用的交流电源,主要为固定陆用和船用设施提供不间断电能。不包括为航空、陆上车辆和机车供电的电源。也不包括通过静态变换产生输出电能的电源。

本部分对使用旋转UPS改善交流供电品质、实现电压和/或电流变换及削减峰值等情况进行了描述。

对于某些特殊用途(例如医院、近海岸、非固定应用、高层建筑及核设施等),可能需要附加一些其他的要求,本部分的规定应作为基础。

2 规范性引用文件

下列文件对于本文件的应用是必不可少的。凡是注日期的引用文件,仅注日期的版本适用于本文件。凡是不注日期的引用文件,其最新版本(包括所有的修改单)适用于本文件。

GB 755—2008 旋转电机 定额和性能(IEC 60034-1:2004,IDT)

GB/T 2820.1—2009 往复式内燃机驱动的交流发电机组 第1部分:用途、定额和性能(ISO 8528-1:2005,IDT)

GB/T 2820.6—2009 往复式内燃机驱动的交流发电机组 第6部分:试验方法(ISO 8528-6:2005,IDT)

GB 4208—2008 外壳防护等级(IP代码)(IEC 60529:2001,IDT)

GB/T 5465.2—2008 电气设备用图形符号 第2部分:图形符号(IEC 60417 DB:2007,IDT)

GB/T 6072.1—2008 往复式内燃机 性能 第1部分:功率、燃料消耗和机油消耗的标定及试验方法 通用发动机的附加要求(ISO 3046-1:2002,IDT)

GB/T 8190.1—1999 往复式内燃机 排放测量 第1部分:气体和颗粒排放物的试验台测量(ISO 8178-1:1996,IDT)

GB 23640—2009 往复式内燃机(RIC)驱动的交流发电机(IEC 60034-22:1996,IDT)

IEC 61000 电磁兼容(Electromagnetic compatibility)

ISO 8528-9:1995 往复式内燃机驱动的交流发电机组 第9部分:机械振动的测量和评价(Reciprocating internal combustion engines driven alternating current generating sets—Part 9:Measurement and evaluation of mechanical vibrations)

ISO 8528-10:1998 往复式内燃机驱动的交流发电机组 第10部分:噪声的测量(包面法)(Reciprocating internal combustion engines driven alternating current generating sets—Part 10:Measurement of airborne noise by the enveloping surface method)

IEC 62040-3:1999 不间断电源设备(UPS) 第3部分:确定性能的方法和试验要求(Uninterruptible power systems(UPS)—Part 3:Method of specifying the performance and test requirements)

ISO 700:2004 设备用图形符号——索引和简介(Graphical symbols for use on equipment—Indx and synopsis)

3 术语和定义

下列术语和定义适用于本文件。

3.1 一般术语

3.1.1

发电机组 generating set

1台或多台用以产生机械能的RIC发动机、1台或多台将机械能转换为电能的发电机,以及用于传递机械能的部件(例如联轴器、齿轮箱)和适用的轴承与安装部件的组合。

3.1.2

不间断电源 uninterruptible power system;UPS

在市电发生故障时,维持向负载持续供电的供电系统。

3.1.3

旋转 UPS rotary UPS

由1台或多台旋转电机提供输出电压的UPS。

3.1.4

变换器 converter

电压和/或频率等特性发生变化,使电流从一种类型变换为另一种类型的装置(静态或旋转的)。

3.1.5

电源电感 power system reactor

与某些种类的UPS输入端串联的可调或不可调电感。

3.1.6

机组 machine set

1台或多台旋转电机的组合。

3.1.7

储能装置 energy storage device

当常用电源发生故障时,能够提供储存能量的装置。该能量在总的故障期间或直到由往复式内燃机提供能量时应能使用。

3.1.8

负载电力的连续性 continuity of load power

电压和频率在稳态和瞬态允差范围内,且畸变率和电力中断时间不超过负载所规定限值时负载电能的可用性。

3.2 系统和部件性能

3.2.1

市电 mains power

通常由电力系统或独立发电装置提供、可持续供电的电源。

3.2.2

反馈　back feed

将 UPS 中的一部分电压或能量，直接或通过漏电回路反馈到任一输入端的情况。

3.2.3

线性负载　linear load

负载阻抗参数(Z)为常数，当施加正弦电压时产生正弦电流的负载。

3.2.4

非线性负载　non-linear load

负载阻抗参数(Z)不再为常数，而是随诸如电压或时间等其他参数而变化的负载。

3.2.5

电源故障　power failure

市电的输入电压或频率超出负载所能接受限值的任何变化。

3.2.6

冗余运行　redundant operation

为确保向负载供电，在系统中额外增加并联功能单元或功能单元组的运行。

3.2.7

电源调理模式　power conditioning mode

UPS 在下列条件下最终达到的稳定运行：

——常用电源存在，并处于给定允差之内；

——在给定的能量恢复时间可得到全部(100%)储存能量；

——运行是或可能是连续的；

——负载在给定范围之内；

——输出电压在给定允差内。

采用旁路方式：

——具有输入电压且在给定允差内；

——锁相有效(如有锁相)

3.2.8

独立模式　independent mode

UPS 在下列情况下的运行：

——常用电源未连接或超出给定的允差；

——由储能装置或往复式内燃机(若配备)提供能量；

——负载在给定的范围内；

——输出电压和频率在给定允差之内。

3.2.9

旁路模式　bypass mode

UPS 通过旁路为负载供电的运行状态。

3.2.10

闲置模式　off mode

断开连接并闲置时 UPS 的状态。

3.2.11

同步　synchronous

将一个交流电源的频率和相位调节到与另一个交流电源相一致。

3.2.12

负载供电 load power

从 UPS 向负载供电。

3.2.13

异步转换 asynchronous transfer

两个不同步电源向负载供电的转换。实施该转换时将发生供电中断。

3.3 规定值

3.3.1

额定值 rated value

针对规定的用途和运行条件，为组件、设备、装置及系统而确定的值。

3.3.2

允差带 tolerance band

某个量在规定限值内的数值范围。

3.3.3

偏差 deviation

某一变量在规定瞬间的预期值与实际值之差。

注：无论期望值是常量还是随时间变化本定义均适用。

3.3.4

额定电压 rated voltage

设备设计或规定的输入或输出电压。

3.3.5

额定频率 rated frequency

制造商规定的输入或输出频率。

3.3.6

相位角 phase angle

1 个或多个交流电流波形中基准点间的角度(通常用电气角度表示)。

3.3.7

波峰系数 crest factor

周期量的峰值与有效值之比。

3.3.8

功率 power

单位时间内传递或转换的能量或所做的功(也称为有功功率)。

3.3.9

视在功率 apparent power

二端元件或二端电路的端电压有效值与其电流有效值的乘积。

$$S=UI$$

3.3.10

环境温度 ambient temperature

设备在其中使用的空气或其他介质的温度。

3.3.11

总谐波畸变率 total harmonic distortion

周期函数中，畸变成分的有效值占基波成分有效值的百分比。

3.3.12

恢复时间　recovery time

稳定的电压或频率超出稳态允差带的瞬间到重新回到并保持在稳态允差带之内的时间间隔。

3.3.13

储能供电时间　stored energy time

当常用电源发生故障，而起用已充分储能的储能装置时，由 UPS 进行供电的最短时间。

3.4　输入值

注：以下定义只适用于电源调理模式(标准工况)。

3.4.1

输入电压允差　input voltage tolerance

在正常运行状态下，持续输入电压的最大变化。

3.4.2

输入功率因数　input power factor

在已充分储能，UPS 以额定输入电压、额定输出功率运行时，输入有功功率与输入视在功率之比。

3.4.3

高阻抗市电故障　high impedance mains failure

出现在 UPS 输入端的市电阻抗是无穷大时的市电故障。

3.4.4

低阻抗市电故障　low impedance fault failure

出现在 UPS 输入端市电阻抗可忽略不计时的市电故障。

3.5　输出值

3.5.1

输出电压　output voltage

输出端子之间的电压有效值(除非对特殊负载另有规定)。

3.5.2

输出电流　output current

输出端子上的电流有效值(除非对特殊负载另有规定)。

3.5.3

额定负载　rated load

系统规定的负载。

4　符号和缩略语

$\cos\varphi$　功率因数

f　旋转 UPS 输出频率

P　有功功率

S　视在功率

U_r　旋转 UPS 的额定输出电压

U_c　整流电压

U_{ac}　旋转 UPS 输出电压(线电压有效值)

Z　负载阻抗

5 选用准则

完整的选用准则应包括如下特征并便于供应商采用：
——旋转 UPS 负载要求；
——要求的运行时间；
——大型电动机带载启动能力；
——排除故障能力；
——输入电能品质；
——环境温度；
——可靠性；
——维修性；
——要求的设备占用面积；
——并联运行要求；
——运行效率；
——减少和/或隔离从输入端到输出端的电压谐波及其他偏差；
——减少和/或隔离从输出端到输入端的电流谐波及其他偏差；
——环境要求(噪音、振动、灰尘及电磁兼容性等)；
——在电源调理模式下与市电的隔离程度(谐波、完全电气隔离等)。
应提供一个输入开关装置隔离旋转 UPS 与输入市电。
如需要，应采取防止逆功率的措施。

6 总体描述

不间断电源的类型如图 1 所示。

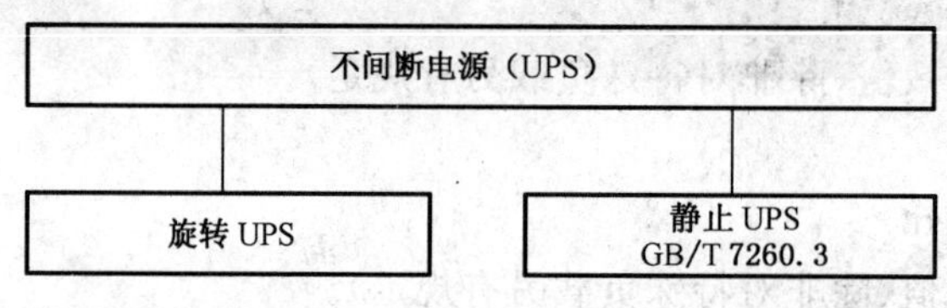

图 1 UPS 的类型

6.1 旋转 UPS

旋转不间断电源供电在本标准中的定义是由旋转电机和(所要求的)往复式内燃机及发电机组联合完成的供电。

为了在较短的中断时间内实现不间断供电，采用了诸如气动、运动及电化学的等不同种类的储能设备。为了延长供电时间，可利用往复式内燃机或发电机组提供能量(见 GB/T 2820.1—2009 中 6.5)。

6.2 旋转 UPS 的类型

根据使用情况和性能要求的不同，旋转 UPS 可有不同的构型。重要的是用户在与制造商签署需求协议时应考虑到 UPS 的构型。

6.2.1 串联式旋转 UPS

串联旋转 UPS 如图 2 所示。

在大部分串联方式下,两台独立的电机(电动机和发电机)或两者的组合作为旋转 UPS 的终端输出。大多数情况下,一对终端输出机器或机器组合通过交流回路直接与市电连接。通过电能转换器可连接至储能装置。直接连接的效率高,并可减少输入谐波。某些串联依靠交流回路。

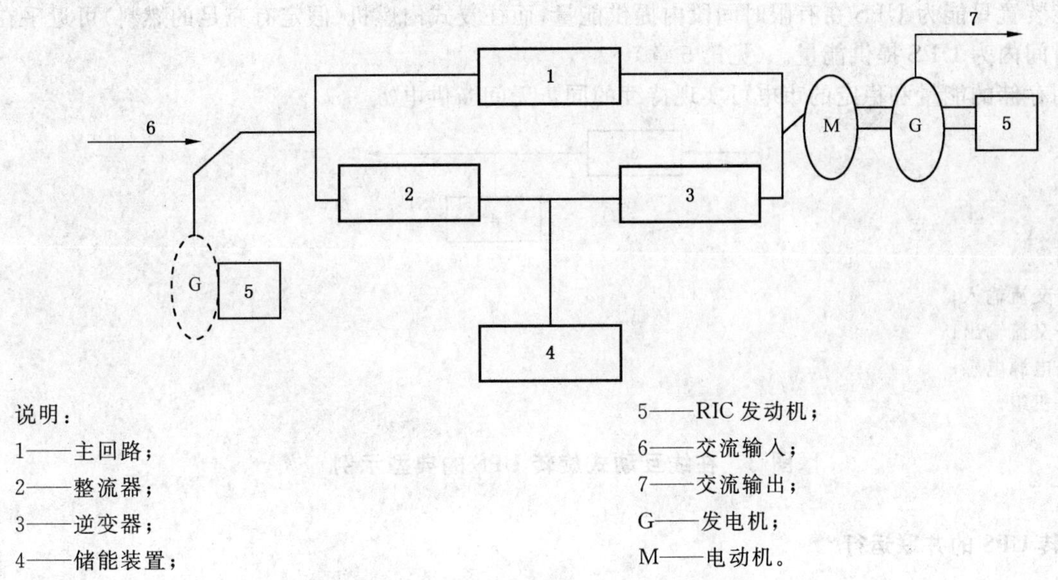

说明:

1——主回路;
2——整流器;
3——逆变器;
4——储能装置;
5——RIC 发动机;
6——交流输入;
7——交流输出;
G——发电机;
M——电动机。

图 2　串联旋转 UPS 的典型示例

——无论外部电源发生故障与否,旋转 UPS 对用户供电所需要的能量均来自于旋转 UPS。当市电发生故障或超出旋转 UPS 的输入允差范围,在往复式内燃机(如配备)启动前,由储存能量进行短时间供电。若装置配备了发动机,则发动机(假定有充足的燃料)提供的能量可为用户提供几乎无限长时间的连续供电(见第 5 章)。当市电恢复后,市电重新为 UPS 供电。

——发动机自身可配备发电机和转换开关,其构型可向串联旋转 UPS 输入端供电。发动机也可通过连轴器直接与串联旋转 UPS 的机组相联。

——为维持旋转 UPS 的电能输出及避免对旋转 UPS 内部造成损害,必须防止在市电短路或旋转 UPS 转换模式时向市电反向馈电。在串联方式下若只有一条回路(即整流器—逆变器—机组),此时通过整流器的相位控制防止反向馈电;若串联旋转 UPS 有双回路(即静态开关—机组和整流器—逆变器—机组),此时需通过次循环静态开关和整流器的相位控制防止反向馈电。

——在串联旋转 UPS 中,对用户负载的隔离保护是电气到机械,再回到终端输出机组的电能转换来实现的。对负载隔离保护的等级取决于机组、绝缘、气隙等。发电机根据负载要求提供无功功率补偿、谐波和不平衡。

——在市电发生故障或超出用户的允差范围时,在近乎没有任何中断的情况下将由储存能量进行短期供电,进而由发动机(如配备)供电。

——当稳定的市电恢复时,供电是同步且无中断的。

6.2.2　在线互动式旋转 UPS

在线互动式旋转 UPS 如图 3 所示。

一台机组包括一台发电机、储能装置及一台往复式内燃机(如配备),与市电并联运行。

储能装置与往复式内燃机可同轴连接,或作为独立单元(如电气、液压或机械等方式)间接连接。

——若电压和频率在市电或用电用户规定的容差范围内,由市电供电。

——市电也向旋转 UPS 供电。采用电抗器实现市电与用户之间一定程度的隔离。电抗器安装在输入端,并联的同步电机可对电压偏差进行补偿,从而满足系统的要求。

——当市电发生低阻抗故障时,电源电抗可限制反馈,并能独立控制输出电压。发电机提供无功功率补偿、谐波和所需的不平衡负载。

——当市电发生故障或超出用户的允差范围,则由同步变压器或类似机组的同步发电机供电。

储能装置只能为 UPS 在有限时间段内提供能量,而往复式内燃机(假定有充足的燃料)可近乎在无限长的时间内为 UPS 提供能量。(见第 5 章)

利用存储的能量和稳定的市电可实现持续的同步无间断供电。

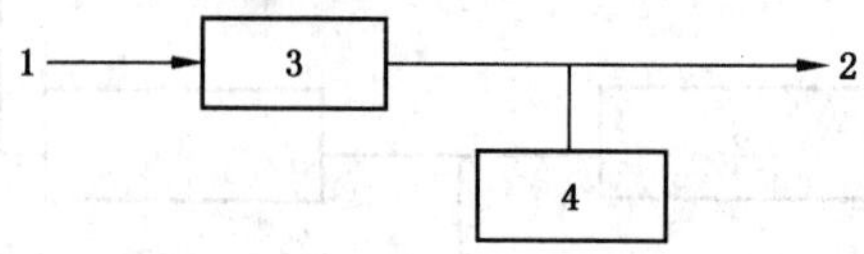

说明:
1——交流输入;
2——交流输出;
3——电源电感;
4——机组。

图 3 在线互动式旋转 UPS 的典型示例

6.3 旋转 UPS 的并联运行

6.3.1 概述

旋转 UPS 的并联运行可以增加功率输出和利用率,或者提供冗余。

6.3.2 并联运行

旋转 UPS 的并联运行如图 4 所示。相同定额的旋转 UPS 并联比较常见。

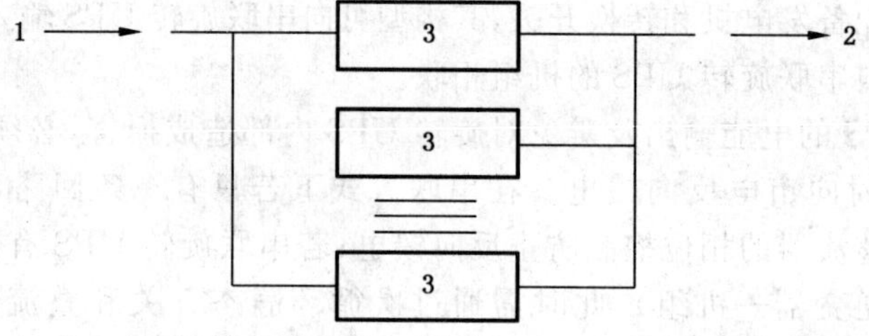

说明:
1——交流输入;
2——交流输出;
3——旋转 UPS。

图 4 旋转 UPS 的并联运行

6.3.3 冗余运行

为了在单台 UPS 维修和发生故障时仍能充分保证向用户负载供电,应增加有源旋转 UPS 的数目,至少要增加一台(1+n 有源冗余)。

6.4 电源系统与旋转 UPS 之间的转换(旁路)

为了从电气上隔离旋转 UPS,如果标称输入、输出频率相同,一般的市电对于负载适用,则可由旁路供电。旁路可是自动的和/或手动的。在旋转 UPS 并联运行方式中,旁路电路可以是独立的,也可以是公共的,见图 5。

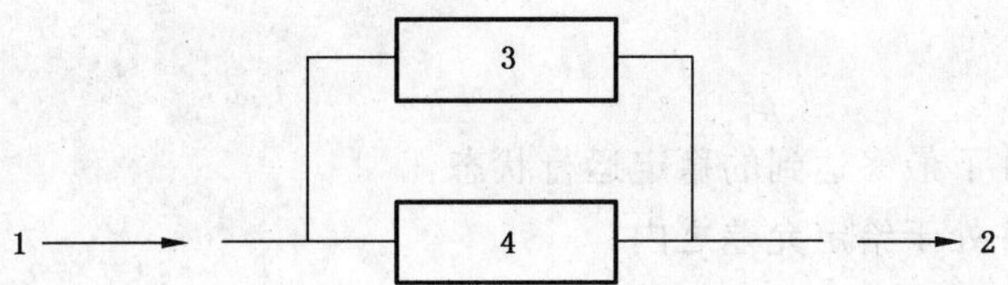

说明：
1——交流输入；
2——交流输出；
3——旋转 UPS；
4——旁路。

图 5 旁路运行

若旋转 UPS 发生故障(无源冗余)，则可自动转换为市电为用户供电。

转换过程中有无中断取决于旋转 UPS 的设计。大部分的转换是不出现中断的。

如果旋转 UPS 与市电是同步的，则转换的过程中不会出现中断；若不同步，则会出现短暂的中断。若无市电或超出允差范围，则此转换可能被(临时)禁止。

6.5 外壳防护

旋转 UPS 设备应具有箱体或外壳，以提供最低程度的保护 IP2X(GB 4208)，以防止人员意外接触带电、发热或运动部件。

7 运行模式

旋转 UPS 的典型运行如图 6 所示。

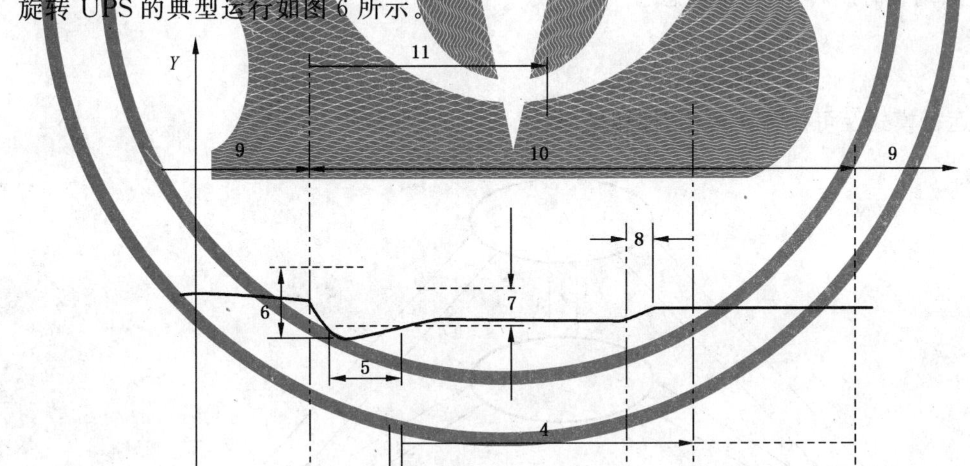

说明：
1——电源故障时间；
2——电源恢复时间；
3——同步时间；
4——往复式内燃机(如配备)；
5——恢复时间；
6——动态限值；
7——稳态限值；
8——同步；
9——电源调理模式；
10——独立模式；
11——储能供电时间；
X 轴——时间，秒；
Y 轴——输出电压频率。

图 6 旋转 UPS 运行图解

7.1 电源调理模式

旋转 UPS 在下列条件下最终达到的稳定运行状态：

——常用电源存在，并处于给定允差之内；

——储能装置正在储能或已储能完毕；

——运行是连续的或可以是连续的；

——负载在给定范围之内；

——输出电压在给定允差内；

——往复式内燃机准备启动(如果有)。

7.2 独立模式

旋转 UPS 在下列情况下的运行状态：

——常用电源未连接或超出给定的允差；

——由储能装置或往复式内燃机(若配备)提供能量；

——负载在给定的范围内；

——输出电压和频率在给定允差之内。

7.3 旁路模式

旋转 UPS 通过旁路为负载供电的运行状态。

7.4 闲置模式

当断开连接和闲置时旋转 UPS 的状态。

7.5 转换

4 种主要的运行模式及可能存在的 12 种转换，如图 7 所示。

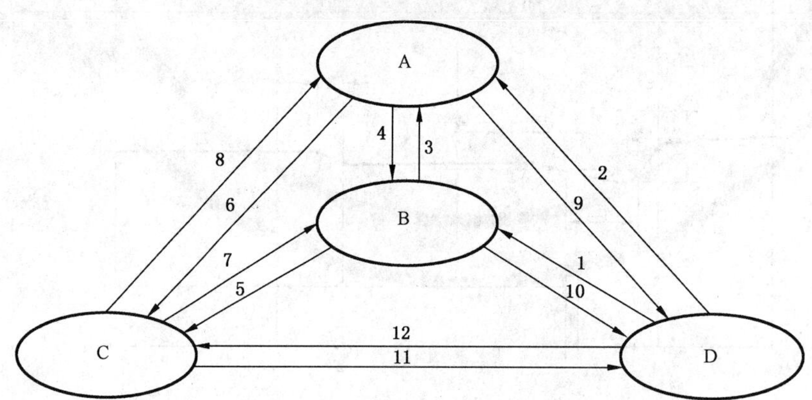

说明：

A——独立模式；

B——电源调理模式；

C——旁路模式；

D——空闲模式。

图 7 运行模式

7.5.1 转换1,有市电启动

在从电网获得能量前,需利用往复式内燃机或小型电动机将旋转部件带动起来。若市电电压和频率均在允差范围内,则旋转UPS进入电源调理模式。

当总负载超过第一单元的容量,且超过部分通过旁路由市电供电时,多模块单元系统可相继启动。

注:当触动紧急"OFF"按钮时,启动(转换1,2或12)至少是被禁止的。

7.5.2 转换2,无市电启动(盲启动)

该启动方式仅适用于具有持久能源装置(如往复式内燃机)的UPS系统。否则,独立运行模式只能维持有限的时间。盲启动是利用内部的能源,如充电电池或燃料的能量进行启动的能力。在闲置模式下,假定至少有一天内部能源不能维持,则认为在盲启动开始前能量已释放。多模块单元(相互并联)可相继启动,但应分步加载或在有足够数量的模块投入运行的情况下才能加载。

7.5.3 转换3,与电网断开

当市电发生故障时,UPS采用独立模式向重要负载继续供电。针对电源不同的故障模式可采用不同的检测方法。例如低阻抗电源故障的判定主要根据低电压;而发生高阻抗电源故障时,出现在旋转UPS输入端的电压和频率起初可能是正常的。对其判定则需要根据频率变化、测量阻抗或相位的变化。可通过开关断开旋转UPS与(有故障)市电的连接。

7.5.4 转换4,与电网连接

当市电恢复后,UPS与市电电压同步并与其连接。

7.5.5 转换6,转移

若出现过载或内部发生故障,负载从旋转UPS转移到旁路。

7.5.6 转换7、8,再转移

在完成维修或初始启动时,从旁路模式自动转换到(标准工况)电源调理模式的再转移可以手动进行。将负载由旁路转换到发电机供电一般没有中断,而由于内部错误而导致负载转换到旁路的再转移则需要手动进行。

其余的转换在图中进行了编号,但未给出进一步的解释。能否进行这些转换取决于旋转UPS的型式,并非全部转换都是可行的。

8 工作条件

8.1 正常工作条件

符合本部分的不间断电源应能在下列条件下正常运行:

海拔高度:0~1 000 m;

环境温度:0 ℃~35 ℃;

相对湿度:20%~80%(无凝露)。

8.2 在其他环境条件下运行

8.2.1 工作环境温度

旋转UPS在本部分中运行的额定条件是最低环境温度范围为0 ℃~35 ℃。若超出此范围,则温

度每升高 1 ℃,额定功率降低 1%,直到温度上限为 55 ℃。

8.2.2 储存环境和运输条件

若制造商的说明书没有给出其他条件,符合本部分的旋转 UPS 应能在 8.2.2.1 和 8.2.2.2 规定的条件下进行储存 。

注:由于包括铅酸蓄电池的再充电要求,所以储存期可能受到限制。制造商需要说明这些要求。

8.2.2.1 运输储存温度

旋转式 UPS 在运输时应使用常用的货运集装箱,例如空运或卡车运输。环境温度为—25 ℃～+55 ℃。

在建筑物中的固定储存环境温度为—25 ℃～+55 ℃。应考虑蓄电池制造商提出的运输和储存说明。符合本部分的 UPS 设备应能用一般的装运箱运输。

注:当设备包括含有电解液的蓄电池时,由于蓄电池的寿命会下降,所以过高或过低的环境温度的持续时间要受到限制。

8.2.2.2 相对湿度

旋转 UPS 设备用一般的装运箱运输和储存期间,相对湿度范围可为 20%～95%(无凝露)。除非能保证干燥的环境条件,否则装运箱应作充分设计。装运箱若未按潮湿环境条件设计,应有醒目的警告符号标志。

8.2.2.3 特殊运输条件

该条件由制造商制定。可能包括液体排放方法、转动件锁止、低温危害、振动、维修位置(如垂直)和蓄电池保养等。

8.3 发动机

发动机具有符合 GB/T 6072.1—2008 和 GB/T 2820.1—2009 中规定的标准功率。发动机用于旋转 UPS,与储能装置结合(见附录 A),以延长桥接时间。

若想达到近乎无限长的供电时间,需满足以下条件:

——燃料供应;

——润滑油供应;

——维修间隔。

8.4 旋转电机

旋转电机应符合 GB 755—2008 和 GB 23640—2009 的规定。

8.5 控制逻辑

旋转 UPS 应包括必要的控制装置,以便在表 1 和表 2 给定的允差范围内来实现 UPS 的各种功能模式及其间的转换。

9 电气使用条件和性能

9.1 概述——对所有旋转 UPS

基本旋转 UPS 具有这样的潜在功能,即能提供额外的故障排除载流能力。要利用这一特点,用户应考虑旋转 UPS 输出端的次瞬态阻抗和维持故障排除能力的这种特殊设计特性,从而能够与负载电路保护装置协调工作。

对于线性负载及不超过附录 B 和附录 C 所定义的规定数量的非线性负载，输出电压波形应符合 IEC 61000-2-2 中第 4 章或 IEC 61000-2-12 中表 1 的最低要求。见表 1。

表 1　市电各次谐波电压的兼容值

非 3 倍数的奇次谐波		3 倍数的奇次谐波		偶次谐波	
谐波次数(n)	谐波电压/%	谐波次数(n)	谐波电压/%	谐波次数(n)	谐波电压/%
5	6	3	5	2	2
7	5	9	1.5	4	1
11	3.5	15	0.3	6	0.5
13	3	21	0.2	8	0.5
17	2	>21	0.2	10	0.5
19	1.5			12	0.2
23	1.5			>12	0.2
25	1.5				
>25	$0.2+0.5\times25/n$				

符合本部分的旋转 UPS 应有标志，并对旋转 UPS 控制及指示装置的安装和运行提供说明。

9.2　性能

旋转 UPS 的电气性能应符合表 2 和表 3 的规定。

旋转 UPS 有不同的用途。以下规定了四种性能等级和对应的运行极限值(由 GB/T 2820.1—2009)：

等级 G1：基本照明和控制；

等级 G2：类似于变化范围较小公用设施、泵、风机和卷扬机；

等级 G3：计算机、电信及其他敏感负载；

等级 G4：特殊用途。

以下限值适用于任何组合：

——温度在正常的运行范围内；

——市电在稳态限值范围内；

——在额定功率因数下负载从空载到额定值；

——单台或多模块系统。

表 2　不同性能等级的稳态运行限值

类别	项目	频率[a]	电压[b]
G1	基本照明和控制	±4%	±8%
G2	泵、风机和卷扬机	±2%	±4%
G3	计算机、电信设备	±1%	±2%
G4	特殊用途	AMC	AMC
AMC：制造商与客户之间的协议。			
[a] 不包括电流补偿。 [b] 10 s 运行时间，三相有效值的平均值。			

表3 不同性能等级动态运行限值(注1)

类别	项目	骤然移相	频率(注3)	电压(注2)	恢复时间
G1	基本照明和控制	无限值	±5 Hz	±30%	5 s
G2	泵、风机和卷扬机	无限值	±3 Hz	±22%	1 s
G3	计算机、电信设备	2%	±1 Hz	±15%	0.7 s
G4	特殊用途	—	AMC	AMC	AMC
AMC:制造厂商与客户之间的协议。					
注1:在以下状态后的瞬态值 ● 在电源调理模式下,负载变化从5%~100%,反之亦然; ● 在独立模式下,负载变化从5%~100%,反之亦然; ● 在市电故障和恢复时; ● 在转换至旁路和从旁路重新转换至原状态时,旁路电源为其标称值; ● 在冗余多台UPS系统中,增加/去除某1台时。 注2:较低的瞬态电压值适用于熔断性负载故障产生10 ms后。 注3:在稳态允差带外的频率回转率,上下均不能超过每秒瞬态频率偏差极限值的两倍(采用10个周期的平均值)。另外,就性能等级3而言,电源调理模式与独立模式下连续循环运行的持续时间之差不能多于2%。					

各种等级的输出电压波形畸变应小于表3中规定的线性负载和规定数量的标准非线性负载。

特殊用途的性能等级4按制造商和客户之间的达成的协议。协议可包括其他允差范围或运行条件。

10 制造商的技术声明

10.1 概述

制造商的技术声明应包含如下内容:

——净电气输出;

——输出品质等级(见9.2中G1,G2,G3,G4);

——额定负载时电源调理模式和储能供电模式的净效率,见8.2.2;

——必要的辅助设备;

——电池的再充电间隔(如有)或能量恢复时间。

10.2 采购者指南

有功功率从不足100 W到数MW的各种UPS,可满足用户不同负载类型的供电连续性和供电品质要求。

编撰本部分有助于购买者识别与其应用相关的重要准则,或帮助购买者更好地理解有关信息,以便制造商/供货商根据用途建议适当的旋转UPS类型向其提供。

此外,也可用来鉴别制造商/供货商提供的旋转UPS性能特性,以及对运行所规定的各种限制是否符合本部分要求。

下列项目可以作为结合表4检查内容,帮助购买者选择最适用的旋转UPS类型,并可与制造商/供货商共同确定合适的规格。

10.2.1 旋转UPS的类型、附加特性和系统要求

a) 单台;

b) 多模块(见10.2.7附加信息);
c) 作为主电源或备用电源系统的旁路;
d) 交流发电机备用电源系统(如适合);
e) 旁路转换时间的要求(如适合);
f) 输入和/或直流环节和/或输出之间电气隔离要求;
g) 输入和/或直流环节和/或输出的接地;
h) 维修旁路电路和其他设备的要求,如旋转UPS系统的隔离器和连接开关;
i) 与指定电源系统的兼容性(例如接地中点,浮中点);
j) 远程紧急断电(EPO)或紧急停机要求。

10.2.2 旋转UPS的输入

对主电源系统和备用电源系统(若有):
a) 标称输入电压和期望的电压允差带;
b) 相数和中性线要求;
c) 标称输入频率和期望的允差带;
d) 相关的特殊条件,例如,高次迭加的谐波、瞬态电压、电源阻抗等;
e) 有关的限值,例如,冲击电流、谐波电流等;
f) 备用电源系统的额定值;
g) 供电保护要求(短路过载、接地故障)。

10.2.3 由旋转UPS供电的负载

a) 类型举例:
——计算机;
——电动机;
——饱和变压器电源;
——二极管整流器;
——晶闸管整流器;
——开关型电源负载和其他类型负载。
b) 持续视在功率和功率因数要求;
c) 单相和/或三相负载;
d) 冲击电流;
e) 启动方法;
f) 负载的特殊特征,如运行方式、相间不平衡及非线性(产生谐波电流);
g) 支路熔断器和断路器的额定值;
h) 最大分级负载和负载曲线图;
i) 旋转UPS输出与负载连接所要求的方法。

注:旋转UPS输出负载。

负载种类的多样性及其相关特性总是随技术的发展而变化。因此,通常给旋转UPS施加无源基准负载来尽可能按实际模拟预期的负载类型,从而获得UPS的输出特性,但这种负载不能完全代表给定应用场合的实际负载。

旋转UPS行业一般规定在线性负载(即阻性或阻性/感性)下确定UPS的输出特性。在现有技术条件下,许多负载都具有非线性特性,因为负载都是单相或三相电容滤波器的整流器(见附录C)。

在多数情况下,不论是稳态还是瞬态,在非线性负载的作用下,旋转UPS输出会偏离制造商/供货商在线性负载条件下所提供的输出特性。原因如下:

a) 由于稳态电流的峰值与有效值之比较高,其输出电压的总谐波畸变可能增加而超过规定限值。在较高等级THD下,与负载的兼容应由制造商/供货商和购买者协商。

b) 非线性分级负载的应用可导致瞬态电压特性偏离线性瞬态电压特性，主要是由于相对稳态的瞬时冲击电流比较大的缘故，特别是 UPS 在正常运行方式下使用电子限流的场合。这种效应也出现于变压器和其他磁性装置在剩磁下合闸的情况。

当负载是依次投入和首次应用或对已经接入的负载不存在有害影响的场合，上述较高的瞬态冲击电流产生的负载电压是可以容忍的。

为缩小 UPS 的体积，某些 UPS 电路结构采用了交流输入电源/旁路。同样，虽然单台 UPS 不允许这种规定的分级负载，而在多模块或冗余系统中，总系统的响应是允许的。

负载电压和频率敏感度：负载对超出正常市电限值的频率变化、或对电压变化、或对波形畸变是敏感的，则应研究适用于这些场合的最佳旋转 UPS 布局。

应征求制造商/供货商关于这些问题的建议。

10.2.4 旋转 UPS 的输出

a) 额定输出功率和功率因数；

b) 相数；

c) 额定输出电压，稳态和瞬态的允差带；

d) 标称输出频率和允差带；

e) 特殊要求，如同步、相对谐波含量和调制；

f) 电压调整范围；

g) 相角允差(仅对三相或单相中心抽头或由三相中的两相供电的单相旋转 UPS)；

h) 不平衡负载要求(仅对三相或单相中心抽头或由三相中的两相供电的单相旋转 UPS)；

i) 旋转 UPS 和负载保护装置之间的协调；

j) 电源保护要求(短路、过载及接地故障)。

10.2.5 蓄电池(如适合)

a) 蓄电池/蓄电池组的类型和结构；

b) 标称电压、电池数目、安时容量(若买方提供)；

c) 额定储能供电时间；

d) 额定能量恢复时间；

e) 电池使用寿命要求；

f) 蓄电池有其他负载及其电压允差；

g) 是否有独立的蓄电池室；

h) 蓄电池保护和隔离装置；

i) 特殊要求，例如，纹波电流；

j) 蓄电池室的温度(推荐 20℃～22℃)；

k) 蓄电池截止电压；

l) 充电电压的温度补偿。

10.2.6 一般用途要求和特殊使用条件

a) 额定负载条件下的效率。

效率是指旋转 UPS 的净输出有用功率与输入总功率之比。为了便于比较，应在平均气候条件下的稳定状态测量和规定。效率是一种经济和热量参数，利用已充分储存能量的储能装置运行超过 15 min 情况下，此时考虑效率才是有意义的。UPS 辅助系统为完成正常任务而消耗的功率也作为损失的一部分。由于变化较大的气候条件而使用的加热或空调所消耗的功率不计入。若能从废气或冷却水中重新获得能量，其将作为 UPS 净输出功率的一部分。

b) 运行环境温度范围；

c) 冷却系统(旋转 UPS 及蓄电池设备);

d) 仪表(本机/远程);

e) 遥控和监视系统;

f) 特殊的环境条件:设备可能暴露在烟雾、潮湿、尘埃、盐雾、露天和热源等环境中;

g) 特殊的机械条件:可能遇到振动、冲击或倾斜、特殊的运输或存储条件,空间或重量的限制;

h) 性能限制,例如,电气和听觉噪声;

i) UPS 系统的进一步扩展;

j) 波峰系数;

注: 当应用 UPS 的负载电流时,人们通常认为波峰系数是只与负载有关的特性参数。实际上,负载的波峰系数是负载与其供电电源的内部阻抗共同作用的结果。例如,当非线性负载通过旁路由无调整性电网的纯正弦电压供电时,产生的波峰系数可高达 4;而同样的非线性负载由 UPS 供电,则波峰系数只有 2。(非线性)负载电流反映了直流侧的电容器充电时,以交流电压峰值为中心或其周围的短峰值。当由 UPS 供电时,UPS 的输出阻抗会防止窄峰值的出现,而一些宽的、低的峰值将会产生较低的波峰系数。

10.2.7 多模块系统的配置

a) 冗余旋转 UPS;

b) 非冗余旋转 UPS;

c) 公共系统的蓄电池;

d) 独立模块的蓄电池;

e) 旋转 UPS 的开关类型;

f) 旋转 UPS 开关配置。

10.2.8 电磁兼容性

a) 设备应遵守的辐射标准和分类等级要求;

b) 设备应符合的抗干扰度标准和试验等级。

11 试验

以下试验方法用于所有性能试验。

证明与安全性和 EMC 标准一致性的试验受地方法规影响,因而表 5 中没有包括。(见 GB/T 2820.6—2009)

考虑了型式试验和出厂试验。

除非另有说明,试验状态应是额定功率因数、线性对称额定负载。试验环境温度为 15 ℃～25 ℃。若没有给出额定功率因数,则采用 0.8。除非另有说明,所有试验均在单台 UPS 上进行。

11.1 稳态输出电压和频率偏差

所有三相输出的线电压有效值及输出频率应在下列情况下测量,并与表 4 中的稳态值比较:

a) 由市电造成的稳态电压或频率偏差;

b) 由负载变化造成的稳态电压或频率偏差

——额定功率因数时,分别按 0%、25%、50%、75%和 100%施加对称线性负载;

注: 若没有给出额定功率因数,则采用 0.8。

——不平衡负载,在额定、对称、阻性负载下,断开其中一线,测量输出电压的不平衡度;

注: 若旋转 UPS 没有中性线,剩余负载是线-线连接;若有中性线,则是两倍的线—中性线连接。

注意,在两种情况下线电流均小于其额定值,并且具有不同的功率因数。

——非线性负载；

——过载。

c) 效率；

d) 输出波形畸变；

e) 稳态非线性负载。

测量旋转 UPS 在 50%和 100%线性负载下输出电压的稳态谐波分量，包括线电压和相电压。（若适用低电压）

表 4 技术资料表——制造商的声明

设备特性	制造商的声明值
电源调理模式和储能供电模式时的气电输出特性——稳态特性	
额定输出电压 电压调整类别 输出频率(标称) 额定输出视在功率 线性负载时额定输出有功功率 正弦额定输出功率	……………………………………V(r. m. s.) ……………………………………V ……………………………………Hz ……………………………………kV·A ……………………………………kW ……………………………………kW
满负载运行时的短路能力	见单独声明
过载能力	见单独声明
允许的额定负载功率因数——线性负载 输出相数 输出线数	……………………………………PF …………………………………… ……………………………………
输出电压——直流成分，线性负载	……………………………………V
电源调理模式和储能供电模式(仅适用于 G4 级)时的电气输出特性——瞬态特性	
在电源调理模式/储能供电之间转换运行方式时，输出电压的瞬态变化	见单独声明
由于负载变化而引起的输出电压瞬态变化	见单独声明
回转速率	……………………………………Hz/s
冲击电流	……………………………………A
储能供电方式时的气电输出特性——瞬态特性	
输入/输出效率	……………………………………%
同步(若适用)	
市电匹配同步器	是/否
储能供电方式运行	
额定负载下容许的最大储能持续供电时间	……………………………………s/min/h
储能供电时间（整个蓄电池组）	……………………………………min(额定负载)
充电到 90%额定值时的能量恢复时间(整个蓄电池组)	……………………………………h
蓄电池额定值及数量(整个蓄电池组)	……………………×…………
蓄电池再充电截面图	见单独声明
蓄电池截止电压	……………………………………V

表 4（续）

设备特性	制造商的声明值	
控制和监测信号		
参见单独的指示和远程报警/监视或多用装置的完整列表说明		
旁路特性		
旁路的类型	手动 □	自动 □
机械式/静态式	机械式 □	静止式 □
无中断转换/中断转换	不断开转换 □	断开转换 □
分断时间/接通时间	………………… ms/……………… ms	
维修旁路	有 □	无 □
旁路保护熔断器或断路器	额定值	
适用的电气隔离	有 □	无 □
电磁兼容性		
抗干扰度	见相关的国内/国际标准和试验等级	
辐射	见相关的国内/国际标准和分类	
交流市电传导	见单独声明 ……………………………………… dB	
交流输出传导		
辐射的电场		
辐射的磁场		
输入谐波电流		
市电承载的无线电频率衰减——输入至输出		

11.2 瞬态输出电压和频率偏差

通过以下试验观察输出电压和频率。对于没有中性线的三相系统，线电压应记为三线有中线系统的线电压除以$\sqrt{2}$，或将半周期的实际有效值可作为其有效值。频率测量时应使用频率——电压转换器，该转换器能够对单独一个周期的频率进行测量，或至少能够测量5个周期的平均频率。

11.3 输入电流特性

在电源调理模式、标定市电电压、额定功率且储能装置充分储能的情况下。

——输入电流谐波；

若系统具有多条回路，则输入电流谐波应在全部回路模式下测量，且持续时间可超过5 s。

——输入功率因数；

——反馈；

旋转 UPS 在输入端的电压可在高阻抗市电故障时记录。

——冲击电流。

11.4 测量滤波特性

11.4.1 从市电到输出

旋转 UPS 在电源调理模式下,且无负载或有少量的阻性负载。

11.4.1.1 电压谐波

步骤 1:测量输入和输出电压谐波。至少测量线电压的 5 次和 7 次谐波,若旋转 UPS 设备具有中性线,还应测量相电压的 3 次谐波。

步骤 2:在旋转 UPS 设备的输入端至少并联输入电压谐波两倍的整流器负载(按附录 C)。然后按照步骤 1 测量同样的谐波。

步骤 3:计算输入端每次谐波的数值增加值。

步骤 4:计算输出端每次谐波的数值增加值。滤波就是步骤 4 的结果相对于步骤 3 的结果的百分比。

举例:步骤 1 显示输入端的 5 次谐波分量为 5 V(有效值),输出端为 2 V。在步骤 2 中,输入端 5 次谐波为 10 V,输出为 2.2 V(有效值)。衰减为((2.2−2.0)/(10−5))×100%=4%。

11.4.1.2 过电压和瞬态

为了隔离市电的浪涌电压进入到旋转 UPS 的输入端,需要一个串联阻抗。在旋转 UPS 输入电流为额定值时,合适的串联电感上的压降约为 5%。对于大型系统,该阻抗可能存在于馈电系统中(见图 8)。

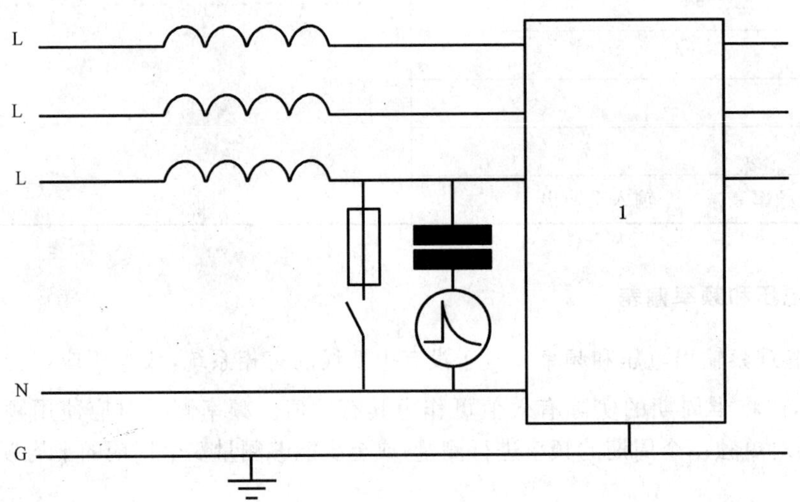

说明:

L——线路;

N——中性线;

G——接地;

1——被测 UPS。

图 8 浪涌电压试验

浪涌电压可应用于:

——线间;

——线与中性线之间;

——地与所有的输入线之间,包括中性线。

试验浪涌电压可按下列方式产生：

——首先,在旋转 UPS 的输入端造成一个短路来产生试验浪涌电压。当熔断器熔断时,上游电感的俘获能量产生浪涌电压。典型的浪涌电压上升时间近似为 0.3 ms,峰值为 500 V。

——试验浪涌电压也可由一个电容性耦合标准浪涌电压发生器产生。其典型脉冲的上升时间为 1.2 μs,峰值为 2.5 kV,衰减时间为 50 μs。耦合的电容器大,则能传导脉冲;若小,则限制线频率进入到脉冲发生器。

应记录输入端的和相应输出端的波形,注意与正常正弦波的最大偏差。旋转 UPS 的衰减是输入端的最大偏差与输出端的比值。

11.4.2 从输出到市电

在电源调理模式下,旋转 UPS 可减少或消除由旋转 UPS 输出端非线性负载所引起的电流谐波分量反馈到市电。旋转 UPS 处于电源调理模式,带有非线性负载。负载所消耗的有功功率至少为旋转 UPS 额定有功功率的 30%。测量的输入电流谐波是指线电流谐波。

11.4.2.1 线电流谐波

步骤 1:对非线性负载测量输入和输出电流谐波(见 11.4.2)。

步骤 2:测量线性负载等于有功功率 P 的输入电流谐波。

步骤 3:计算步骤 1 和步骤 2 之间输入谐波的差值。衰减就是这个差值除以步骤 1 中的输出电流谐波。

11.4.2.2 中性线电流谐波

对中性线采用同样的方法。可采用附录 C 中的三个单相非线性负载。

11.5 系统性能

11.5.1 效率

储能装置储能完毕后,负载分别为 0%、25%、50%、75%和 100%进行测量,25%和 75%是型式试验。效率描述如下：

——电源调理模式效率;

在标定市电电压和线性对称负载下测量。

——储能模式效率(燃料消耗)。

11.5.2 储能供电时间

——储能放电时间;

——储能再充电时间。

11.5.3 多模块旋转 UPS 的性能

以下性能适用于并联运行的多模块旋转式 UPS 系统。在试验时,至少保证两台 UPS 并联运行,并且是线性对称负载,负载大小至少为单台 UPS 额定负载的 1.5 倍。所有的试验均在电源调理模式和独立模式下进行：

——由负载引起的电压和频率变化

分别接通/断开负载测量。

——有功功率分配

记录每台的最低和最高有功功率。

——无功功率分配

记录每台的最低和最高无功功率。

——单台故障试验(若系统具有并联冗余)

负载短路试验。与单台试验基本相同。当负载故障时,发电机可能会失去相互的同步,因此恢复尤为关键。

11.6 盲启动试验

除了燃料和启动器电池(如适合可采用电子电池)外无其他电源的情况下,旋转 UPS 的启动能力。该启动试验在空载下进行。

11.7 环境试验

——往复式内燃机低温启动试验(见 GB/T 2820.1—2009 中 14.1)。

——往复式内燃机在其环境温度上限值时的额定功率试验。

——根据 GB/T 8190.1—1999 测量往复式内燃机废气排放。

——根据 ISO 8528-9:1995 规定测量和评价往复式内燃机和旋转电机的机械振动。

11.8 噪声

根据 ISO 8528-10:1998 规定,在 0%负载和 100%负载下测量空气传播噪声。

——电源调理模式;

——独立模式。

11.9 试验

试验汇总见表 5。

表 5 旋转 UPS 性能特性试验方法

旋转 UPS 特性测量	出厂试验	型式试验	AMC	章节号
稳态输出电压和频率偏差				
由市电引起的稳态 V 或 f 偏差			●	11.1
由负载引起的变化		●		11.1
对称、线性负载	●	●		11.1
不平衡负载		●		11.1
非线性负载		●		11.1
过载	●	●		11.1
效率	●			11.1
输出波形畸变	●			11.1
稳态非线性负载		●		11.1

表 5（续）

旋转 UPS 特性测量	出厂试验	型式试验	AMC	章节号
瞬态输出电压和频率偏差				
由负载变化引起	●			11.2
由运行模式变化引起		●		11.2
从电源调理模式到储能供电模式的转换	●			11.2
高阻抗电源故障	●			11.2
低阻抗电源故障		●		11.2
从储能供电模式到电源调理模式的转换	●			11.2
从电源调理模式到旁路模式	●			11.2
从旁路模式到电源调理模式或储能供电模式	●			11.2
负载端故障		●		11.2
单相故障		●		11.2
三相故障		●		11.2
输入电流特性				
输入电流谐波		●		11.3
输入功率因数		●		11.3
反向馈电		●	●	11.3
冲击电流(磁铁和定子)			●	11.3
滤波特性测量				
从市电到输出			●	11.4.1
电压谐波			●	11.4.1.1
电涌和瞬变			●	11.4.1.2
从输出到市电			●	11.4.2
在线电流谐波		●		11.4.2.1
中性线电流谐波		●		11.4.2.2
系统性能				
额定功率下的效率	●			11.5.1
电源调理模式效率	●			11.5.1
储能供电模式效率(燃料消耗)			●	11.5.1
储能供电时间				
储能充电时间	●			11.5.2
储能再充电时间	●			11.5.2
储能放电时间	●			11.5.2

表 5（续）

旋转 UPS 特性测量	出厂试验	型式试验	AMC	章节号
多模块 UPS 性能				
有功功率分配	●			11.5.3
无功功率分配	●			11.5.3
单台故障试验	●			11.5.3
冗余试验	●			11.5.3
盲启动试验(如适用)	●			11.6
环境试验				
往复式内燃机低温启动试验			●	11.7
往复式内燃机在环境温度上限值时额定功率试验			●	11.7
机械振动测量		●		11.7
往复式内燃机废气排放测量			●	11.7
噪声				
在电源调理模式下空气传播测量		●		11.8
在储能供电模式下空气传播测量		●		11.8
注：AMC 为按用户和制造厂之间的协议选做；●表示应做的试验项目。				

12 维修和产品标志

12.1 铭牌标志

根据 GB 755—2008 的要求，制造商提供的铭牌标志中至少应包括以下信息：

a) 供应商名称；
b) 型号和/或零件名称编号；
c) 序号和/或控制号；
d) 额定输入电压(输入电压允差)；
e) 额定输入电流；
f) 额定输入频率；
g) 额定输出电压；
h) 额定输出频率；
i) 额定输出电流；
j) 额定输出功率和输出容量 kVA；
k) 额定直流输入电压(外配蓄电池旋转 UPS 要求)；
l) 额定直流输入电流(外配蓄电池旋转 UPS 要求)；
m) 额定直流输入电压(可选，内配蓄电池旋转 UPS 要求)；
n) 额定直流输入电压(可选，内配蓄电池旋转 UPS 要求)；
o) 重量(可选)；
p) 性能等级。

12.2 标签要求

不可混淆警告标签和说明标签,警告标签应:

a) 声明危险;

b) 显著、清晰和简明;

c) 描述潜在伤害的严重性;

d) 指导用户如何避免危险;

e) 应永久地附着在产品上。

设备上至少应有如图 9 所示的小心电击或等同的信息。

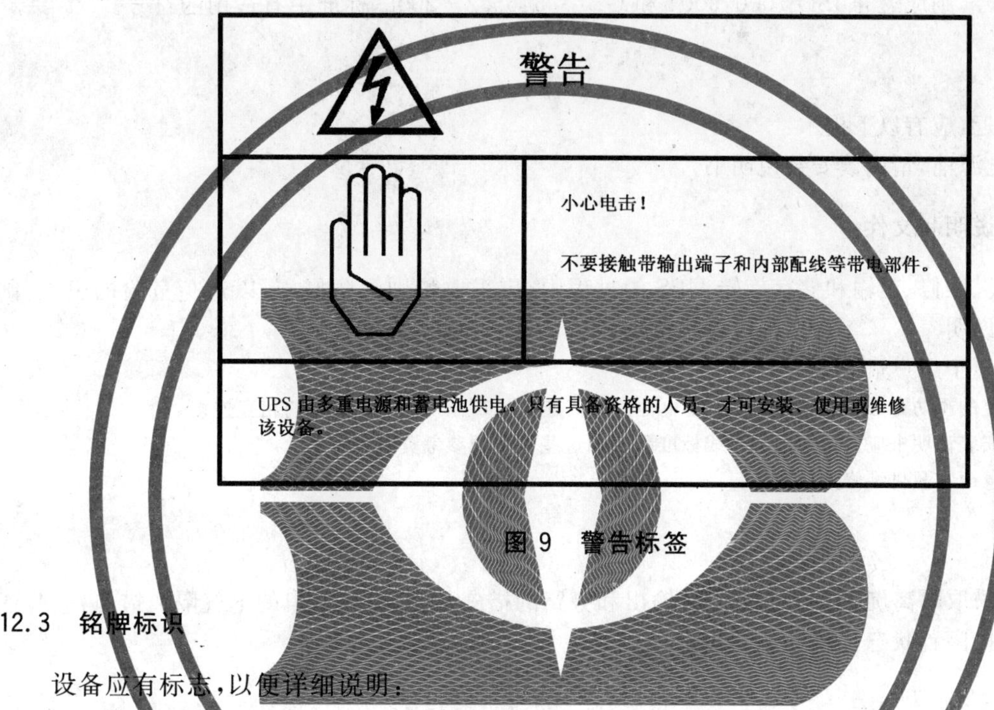

图 9 警告标签

12.3 铭牌标识

设备应有标志,以便详细说明:

a) 输入要求。

b) 输出额定值。

为便于除维修人员以外的任何人员安装 UPS,在操作者可接近的位置或设备的外表面应有明显的标志。若标志位于固定安装的 UPS 设备的外表面,则以正常使用方式安装设备后应能易于观察。

从 UPS 外面无法看见的标志,则在开门和打开盖子时应能直接可见。若标志位于操作者不能接触到的门或盖的背后,则 UPS 应有易辨认的标识,以清楚地指示标志的位置。允许使用临时性标识。

输入和输出标志应包括如下内容:

c) 线电压和/或相电压的额定值或额定值范围,用伏(V)表示。

最小和最大额定值之间应用符号"—"连接表示电压范围。若具有多个额定电压或额定电压范围时,应有斜线符号"/"隔开。

注:额定电压标志的一些例子:额定电压范围:220 V—240 V。表示旋转 UPS 设备可以连接到标称电压范围为 220 V—240 V 的任何电源。

多种额定电压:120/220/240 V,表示通常经过内部调节之后旋转 UPS 设备可连接在标称电压为 120 V、220 V 或 240 的电源上。

d) 额定频率或额定频率范围(Hz)。

e) 额定电流(A)。

若设备具有多个额定电压,则应标出相应的额定电流,不同的额定电流之间也用"/"符号隔开,这样额定电压与额定电流之间的对应关系就一目了然。

若设备具有额定电压范围，则应标记最大的额定电流或电流范围，还应标记如下内容：

——相数(1 相～3 相)，是否有中性线；

——额定输出有功功率，单位：W 或 kW；

——额定输出视在功率，单位：V・A 或 kV・A；

——运行环境的最高温度范围(可选)；

——在环境温度 25 ℃和输出额定有功功率条件下的储能供电时间，用 min 或 h 表示(仅适用于内置电池的)(可选)；

——制造商名称、商标或识别标志；

——制造商的型号或类型。

若需采用符号，则应遵守 ISO 7000:2004 和 GB/T 5465.2—2008，标准中有适用的符号。

12.4 说明标签

在连接点附近，应有以下提示：

“在连接到电源前，请阅读安装说明书”。

12.4.1 安全性说明和文件

在运行、安装、维修、运输和储存旋转 UPS 的过程中，应采取特别预防措施，以避免危险的引入，制造商应有必要的说明。

操作说明应便于用户索取。

注 1：一些特定的预防是必要的，如 UPS 与蓄电池的直流连接(如有)和各独立单元的相互连接。

注 2：必要时安装说明书应包括与国家布线标准限制的这些说明的参考资料。

注 3：维修信息通常只供维修人员使用。

12.5 维修

在维修时应采取隔离旋转 UPS 的输入、输出和旁路的措施；应采取电池组的电气隔离措施；应验证设备是否处于维护闲置状态。

附　录　A
（资料性附录）
典型储能装置

A.1　储能装置

机组是动态 UPS 的核心部件。机组旋转部件储存的能量可在毫秒范围内以电能的形式释放出来。通过增加储能装置如飞轮或电池等，输出电能可延长有限的时间。若与往复式内燃机结合，输出电能的时间可近乎无限延长。

设计 UPS 的储能装置时应考虑以下因素：

——功率（负载）增加/功率（负载）变化（若适用：按步骤）；

——允许的频率偏差；

——允许的恢复时间；

——电机、离合器及往复式内燃机（若适用）的安装惯性；

——要求的备用时间。

A.2　动能储存装置

动能储存在飞轮中。高速飞轮（10 000 r/min～50 000 r/min）可在相对长的时间内提供低转矩，而低速飞轮（1 000 r/min～5 000 r/min）可在短时间内（大约是几秒钟）提供高转矩，因此更适用于旋转 UPS。

动能储存装置可用于双转换 UPS，即在常用模式下，能量通过（取自或送至）媒介进行两次转换，在线互动式 UPS 中，市电能量通常不进行转换。若适用，两种方案均见图 A.1 和图 A.2。

所有的系统都可与往复式内燃机联合使用，或直接与发电机耦合，或作为一个独立的柴油发电机组在交流输入端代替市电。飞轮系统可包括一个辅助电动机，其作用是使转轴的速度接近于同步速度或/和为飞轮储能。

柴油机、辅助电动机以及旁路电路在本附录的图中没有示出。

A.2.1　刚性耦合飞轮储能

带有刚性耦合飞轮的旋转 UPS 是最简单的一种。若使用常规发电机，在储能供电模式时输出频率与飞轮转速成正比。飞轮的转速受到输出频率允差的限制，因此只能利用很小一部分储能。当电源发生故障时，为防止反馈，交流输入端必须与电网断开（图 A.1 和图 A.2）。

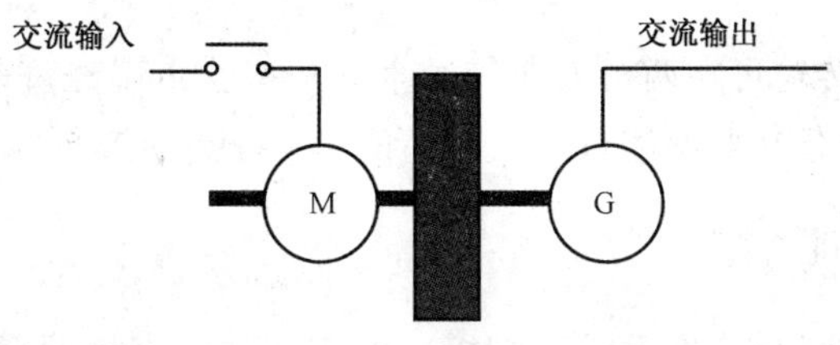

图 A.1　双变换——飞轮直接耦合

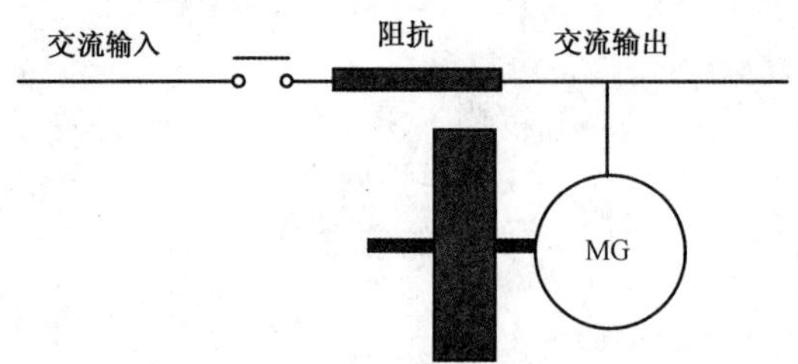

图 A.2　在线互动式——直接耦合飞轮

A.2.2　与飞轮间接耦合

若飞轮通过受控比例传输方式与发电机/电动机耦合，则可更多地利用飞轮中的储能，而且旋转UPS输出频率的变化可以忽略不计(图 A.3 和图 A.4)。

以下为可变比例传输的例子：

a)　飞轮与发电机转轴之间通过电磁控制片耦合；

b)　通过静态频率变换器与同步电动机耦合；

c)　通过高压液压与液压电动机耦合；

d)　持续可变传输(CVT)。

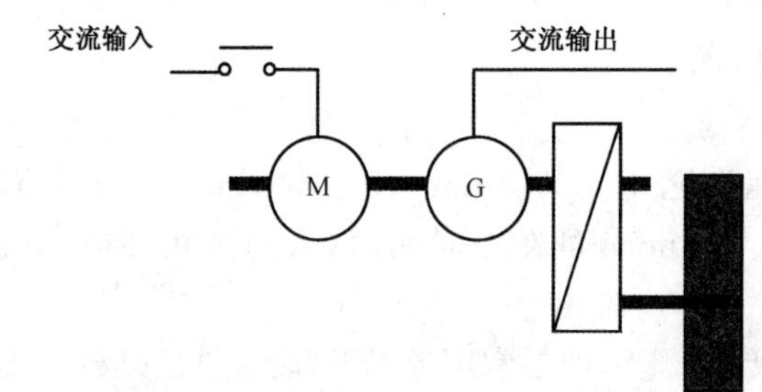

图 A.3　双变换——飞轮间接耦合

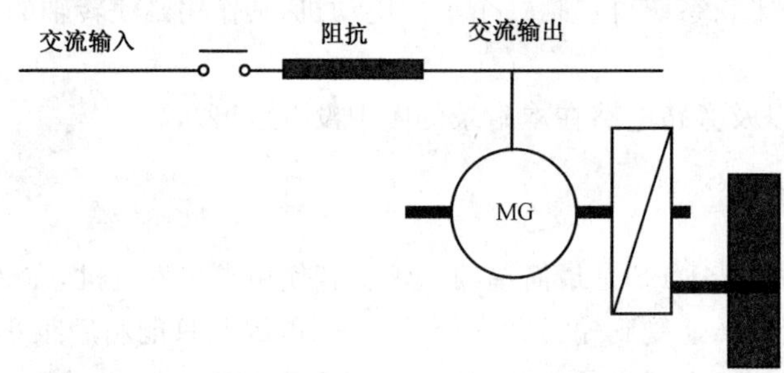

图 A.4　在线互动式——间接耦合飞轮

几乎没有一种可变比例传输可在两个方向传送全部功率。由于经济的原因，其中一个方向上的功率较低，导致飞轮的储能时间是其典型能量释放时间的 10～1 000 倍。

A.2.3　变速/恒定频率发电机

利用频率受控供电转子绕组(双馈电交流电机)，可实现减速直接耦合飞轮输出恒定频率。由频率变换器提供励磁，经过滑环给转子馈电。若换流器可将能量向两个方向转换，则转轴的速度在交流发电机的同步(直流励磁)速度上下徘徊。

在线互动式示例如图 A.5 所示。

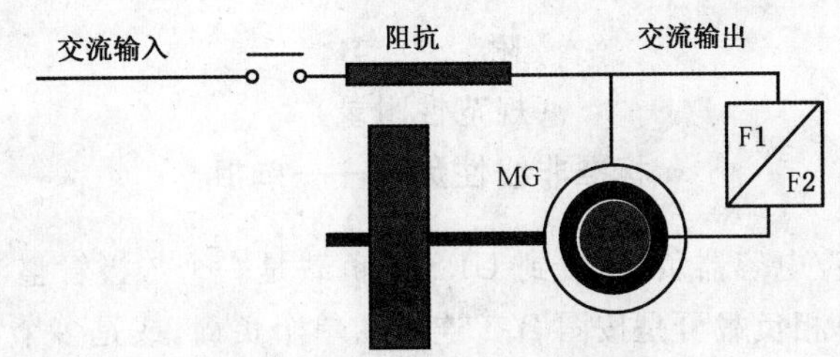

图 A.5　双馈电交流电机

A.3　电化学储能装置

另外一种常用的储能装置是蓄电池。也可用于双变换或在线互动式设计,可用直流发电机直接与蓄电池耦合,或用同步交流电机通过逆变器与蓄电池耦合。

图 A.6 中的电动机是交流电机,因此,只要市电的电压和频率在适当的范围内,可直接通过交流输入端馈电。

若不要求这种,则可以采用图 A.7 中的直流电动机,直接由蓄电池馈电。

蓄电池的储能供电时间大概是几分钟。

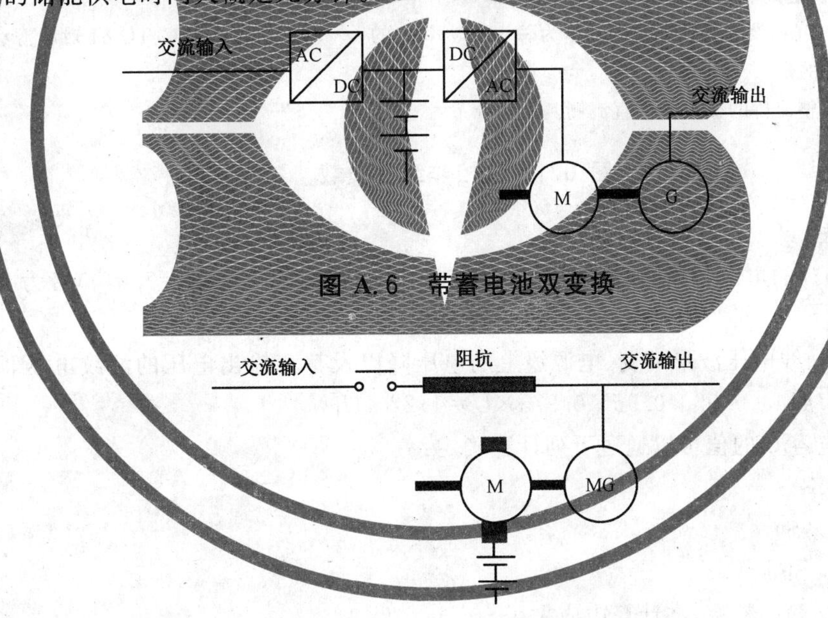

图 A.6　带蓄电池双变换

图 A.7　带蓄电池在线互动

A.4　其他可能的储能设备

虽然以上阐述的储能设备在实际中有着广泛的应用,还有一些其他的储能设备,如利用超导磁铁(SMES)、超级电容器及压缩空气等储能。

附 录 B
（规范性附录）
标准非线性负载——单相

为了模拟单相稳态整流/电容器负载，接到 UPS 的负载是一个二极管整流桥，桥的输出侧一个电容器和一个电阻并联。总的单相负载可是按图 B.1 连接的单个负载，或是多个等效负载并联构成。

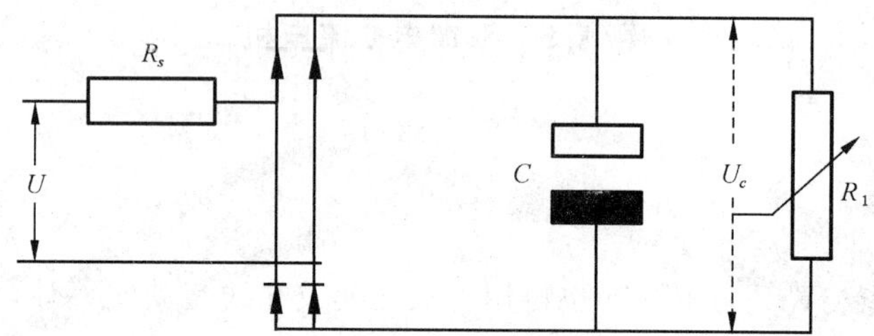

说明：

U ——UPS 额定输出电压，V；

U_c ——整流输出电压，V；

S ——非线性负载的视在功率——功率因数 0.7，即视在功率 S 的 70%将以有功功率消耗在 R_1 和 R_s 上；

R_1 ——负载电阻，设定其消耗有功功率为总视在功率 S 的 66%；

R_s ——串联的线性电阻，设定其消耗有功功率为总视在功率 S 的 4%（4%是根据 IEC/TC 64 对电源线上的压降的建议而设定的）。

注：电阻 R_s 可以在整流桥的交流侧或直流侧。

图 B.1 单相非线性负载

计算和试验方法：

纹波电压小于 5%的电容器峰-峰值电压 U_c，相应的时间常数为 $R_1 \times C = 7.5/f$（f 为 UPS 输出频率，Hz）。

考虑到峰值电压、线电压波形畸变、电源线上的电压降以及整流输出电压的波纹电压，则整流电压平均值 U_c 为：$U_c = 1.414 \times 0.92 \times 0.96 \times 0.975 \times U = 1.22 \times U$[V]

电阻 R_s、R_1 和电容 C 的值可以通过下列计算确定：

$R_s = 0.04 \times U^2/S$

$R_1 = U_c^2/(0.66 \times S)$

$C = 7.5/(f \times R_1)$[F]

对 50 Hz/60 Hz 两种频率，在计算中应采用 50 Hz。

使用的电容值应不小于计算值。

注：二极管桥的电压降可以忽略不计。

试验方法：

a) 起初，将非线性试验负载电路连接至交流输入电源，该电源的额定输出电压为受试 UPS 的额定电压。

b) 当给本试验负载供电时，交流输入电源阻抗所引起的交流输入波形畸变应不大于 8%（IEC 61000-2-2 要求）。

c) 调节电阻 R_1，直到输出的视在功率（S）和有功功率达到受试 UPS 的规定值。

d) 电阻 R_1 调整后，将非线性试验负载加至受试 UPS 的输出端，此后不再调整。

e) 非线性负载投入后不再调整，可按不同条款的规定用非线性负载完成所有的试验，获得所要求的各种数据。

非线性负载与UPS的连接：

a) 对于33 kV·A以下的单相UPS,非线性负载的视在功率S等于UPS的额定视在功率。

b) 对于额定容量大于33 kV·A的单相UPS,可采用视在功率为33 kV·A的非线性负载,再加上线性负载,使之达到UPS的额定视在功率和额定有功功率。

c) 对于设计按线—中线连接单相负载的三相UPS,三个相等的单相负载应按线—中线连接,可用于视在功率及有功功率不超过100 kV·A的UPS。

d) 对于额定容量大于100 kV·A的三相UPS,可采用c)项非线性负载,然后根据附录C增加负载。

附 录 C
（规范性附录）
标准非线性负载——三相

所有小于 100 kV·A 的单相和三相 UPS 的基准负载按附录 B 定义。

对于额定值大于 100 kV·A 的 UPS，第一个 100 kV·A 非线性负载的应符合附录 B 的规定。直到 UPS 额定值的剩余全部功率（kW 或 kV·A）则由以下电路实现（见图 C.1）。该电路结构简单，具有典型的定义好的输入电流谐波（5 次 22%、7 次 11%、11 次 9%、13 次 7%）。主要由于这些谐波的影响，输入电流的功率因数为 0.96。

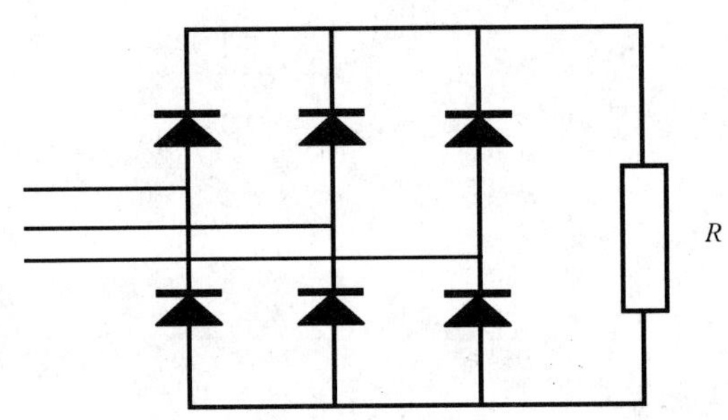

图 C.1 三相非线性负载

若 UPS 输出电压为 U_{ac}（线电压的有效值），P 为电阻 R 上消耗的有功功率，则

$R=1.872\ U_{ac}^{2}/P$

举例：一台 480 V、60 Hz 的 UPS，在功率因数为 0.8 时额定值为 500 kV·A。假定可接受 100% 非线性负载，输出正弦波。本试验中，带中性线的三线连接单相负载，根据附录 B 每相连接 33 kV·A，23 kW，则剩余的 400－(3×23)＝331 kW 采用附录 C 规定的三相非线性负载（R＝1.303 Ω）。

产生的电压畸变应低于（IEC 61000-2-2）表 3 中的规定值。

若假定 UPS 可接受 50% 的非线性负载，则单相负载和三相基准非线性负载均为其规定值的一半。

附　录　D
（规范性附录）
输入市电故障——试验方法

当市电发生故障时，UPS 的特性应用下述电路进行试验(图 D.1)：

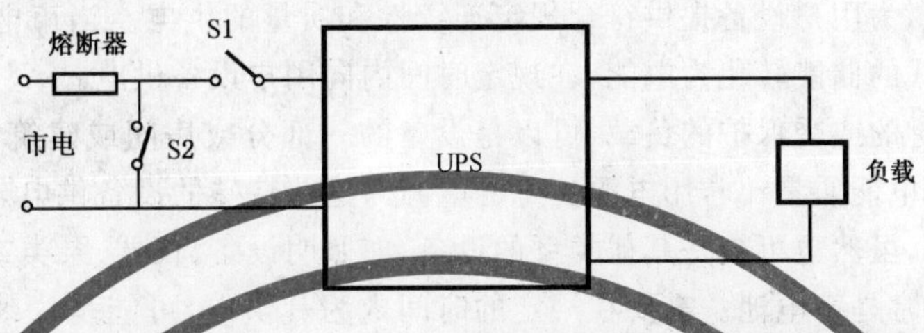

图 D.1　输入市电故障试验方法

试验 D1　高阻抗市电故障

通常运行方式：

——S1 闭合；

——S2 断开；

——断开 S1 模拟市电故障。

试验 D2　低阻抗市电故障试验

通常运行方式：

——S1 闭合；

——S2 断开；

——闭合 S2 模拟市电故障(熔断器 1/4 负载时熔断)。

熔断器的额定值应与 UPS 输入电流一致。S2 的额定值应按熔断器的额定值而定。

用于三相供电，则开关的各个触头应同时断开/闭合。

附 录 E
（资料性附录）
不间断电源(UPS)的结构类型

本部分所述的不间断电源(UPS)是一种惯性电源。其主要功能是：当常用电源，通常是当地的市电局部或全部发生故障时，为用户设备提供符合规定连续性和质量的供电。当市电再不能得到或不符合要求时，通过将某种形式的储能转化为电能，在规定时间内向用户设备供电。

用户设备，特指关键的或受保护的负载，可以是设备的一部分或房间或建筑物的全部设备。因此，用户决定采用稳定性和电能质量比常用电源更好的电源为这些特殊的设备供电。关键设备绝大部分是指数据处理之类的设备，虽然也可能是其他类型的设备，如照明设备、仪器、泵类或通信设备等。为这些负载供电的储能装置通常是蓄电池。需要在规定的时间内为其供电，可能是片刻或在数小时之久。该时间间隔通常称为储能供电时间或备用时间。

目前已开发出功率从不足百瓦到数兆瓦，能满足用户对不同负载类型、供电连续性和供电质量要求的各种类型UPS。

下面概述各种UPS的配置，其范围包括单台UPS到为增加安全性而设计的十分复杂的设备。

不同类型的UPS配置可实现不同程度的负载供电的连续性要求和/或增加输出额定功率。

本附录阐述了一些典型的配置及每种配置的重要特征。图E.1和图E.2主要介绍串联UPS系统。图E.3为在线互动式。UPS的其他类型配置见图E.4和图E.5。

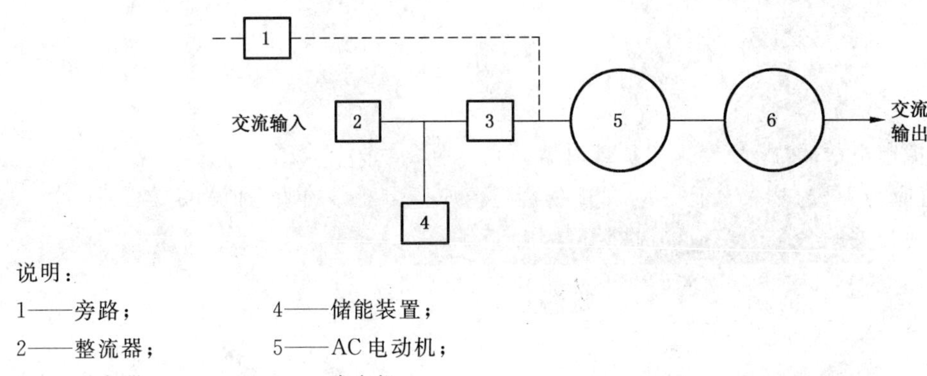

说明：

1——旁路；
2——整流器；
3——逆变器；
4——储能装置；
5——AC电动机；
6——发电机。

图 E.1 串联类型 1

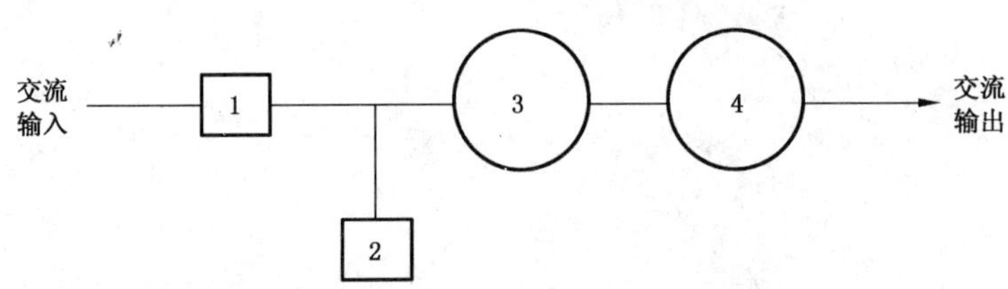

说明：

1——整流器；
2——储能装置；
3——直流电动机；
4——发电机。

图 E.2 串联类型 2

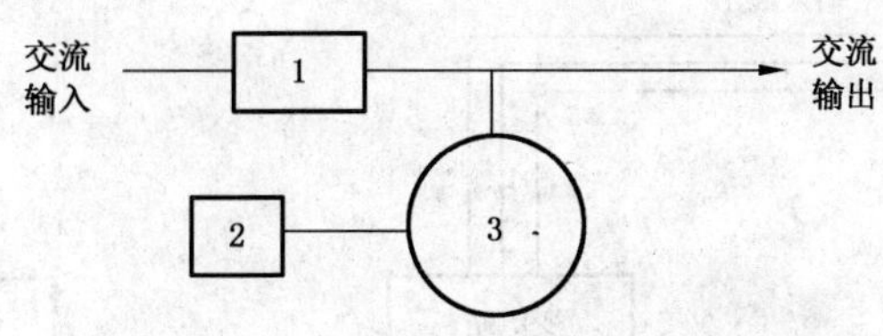

说明：

1——整流器；

2——储能装置；

3——发电机。

图 E.3 在线互动式

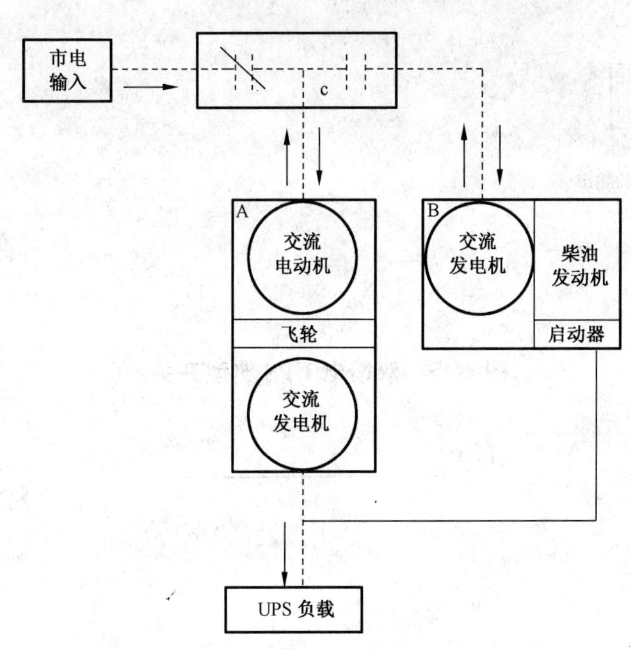

图 E.4 典型 UPS

在图 E.4 中，在正常 24 h 运行中，"A"电动机与市电连接，驱动"A"发电机，为 UPS 负载和储存动能的飞轮供电。

若市电出现故障，则控制"C"将转换电源如下：

——由飞轮中的能量驱动的"A"电动机即刻变为发电机与"B"发电机并联，"B"发电机即刻变为电动机，帮助发动机加速；

——"A"发电机由飞轮提供能量，继续为负载连续供电并作为瞬时电源(经整流后变为直流)驱动发动机启动器。当发动机达到全速时，"B"发动机的发电机替代市电为"A"电动机供电，它又继续驱动"A"发电机而不影响 UPS 负载；

——当市电恢复后，"C"控制将"A"电动机连接至市电，并在数分钟后停止发动机；

——系统初始启动时采用"B"发动机的发电机使飞轮缓慢加速。根据系统容量的大小，此过程大约需要 20 分钟。消除了从市电取电引起的较大冲击电流。

包括两个类似的鼠笼式感应电动机和一个同轴的交流同步发电机的系统，通常的平面图和电气连接如图 E.5 所示。

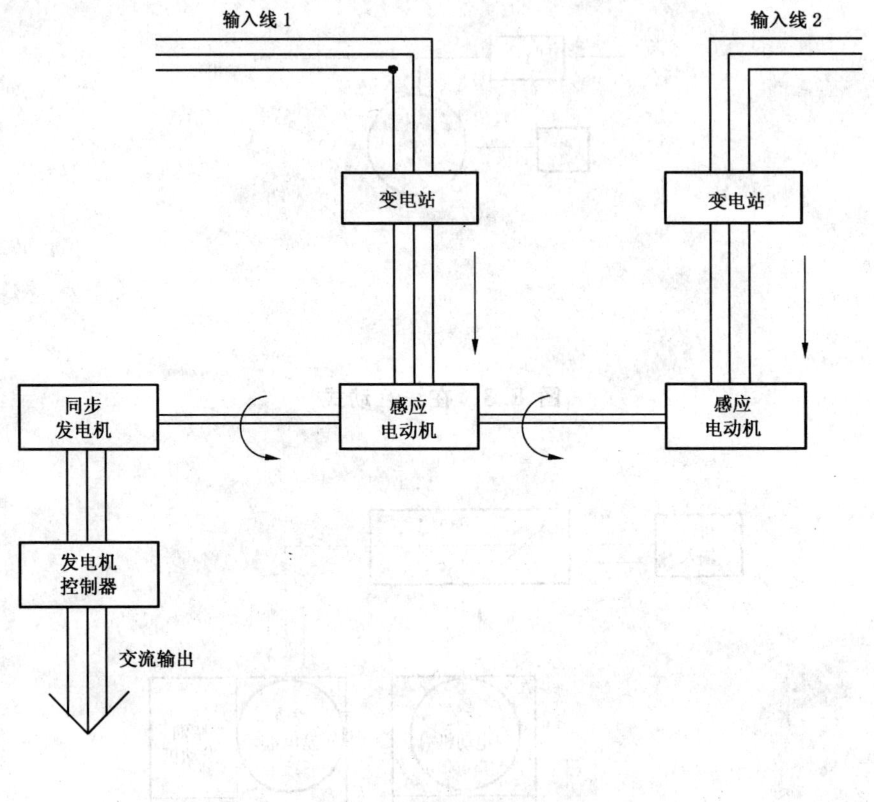

图 E.5 双馈电 UPS 典型开关

ICS 29.160.40
K 52

中华人民共和国国家标准

GB/T 2820.12—2002

往复式内燃机驱动的交流发电机组 第12部分:对安全装置的应急供电

Reciprocating internal combustion engine driven alternating current generating sets—Part 12:Emergency power supply to safety services

(ISO 8528-12:1997,MOD)

2002-08-05发布　　2003-04-01实施

中华人民共和国
国家质量监督检验检疫总局　发布

前　　言

GB/T 2820《往复式内燃机驱动的交流发电机组》共有十二个部分：

第 1 部分：用途、定额和性能(eqv ISO 8528-1:1993)

第 2 部分：发动机(eqv ISO 8528-2:1993)

第 3 部分：发电机组用交流发电机(eqv ISO 8528-3:1993)

第 4 部分：控制装置和开关装置(eqv ISO 8528-4:1993)

第 5 部分：发电机组(eqv ISO 8528-5:1993)

第 6 部分：试验方法(eqv ISO 8528-6:1993)

第 7 部分：用于技术条件和设计的技术说明(eqv ISO 8528-7:1994)

第 8 部分：对小功率发电机组的要求和试验(ISO 8528-8:1995,MOD)

第 9 部分：机械振动的测量和评价(ISO 8528-9:1995,MOD)

第 10 部分：噪声的测量(包面法)(ISO 8528-10:1998,MOD)

第 12 部分：对安全装置的应急供电(ISO 8528-12:1997,MOD)

其中"第 11 部分：在线不间断供电系统"目前尚未制定。

本部分在 GB/T 2820.1～2820.6 的基础上，对自动化机组的有关要求作了补充规定。由于本部分所依据的基础标准 GB/T 2820.1～2820.6 修改采用 ISO 8528-1～8528-6，因此，本部分也属修改采用 ISO 8528-12:1997《往复式内燃机驱动的交流发电机组　第 12 部分：对安全装置的应急供电》。

本部分应与 GB/T 2820.1～2820.6—1997 和其他标准结合起来使用。

本部分由中国电器工业协会提出。

本部分由兰州电源车辆研究所归口。

本部分由兰州电源车辆研究所负责起草。

本部分主要起草人：张洪战、王丰玉、张宏斌。

往复式内燃机驱动的交流发电机组
第12部分:对安全装置的应急供电

1 范围

本部分适用于由往复式内燃机驱动、向安全装置进行应急供电的发电机组。例如医院、高层建筑、公众聚集场所的安全装置等。本部分对用于上述场所发电机组的性能、设计和维修性的特殊要求作了规定,同时也考虑了GB/T 2820.1～2820.6及GB/T 2820.10等部分的有关规定。

2 规范性引用文件

下列文件中的条款通过GB/T 2820的本部分的引用而成为本部分的条款。凡是注日期的引用文件,其随后所有的修改单(不包括勘误的内容)或修订版均不适用于本部分,然而,鼓励根据本部分达成协议的各方研究是否可使用这些文件的最新版本。凡是不注日期的引用文件,其最新版本适用于本部分。

GB 755—2000　旋转电机定额和性能(idt IEC 60034-1:1996)

GB/T 2820.1—1997　往复式内燃机驱动的交流发电机组　第1部分:用途、定额和性能(eqv ISO 8528-1:1993)

GB/T 2820.2—1997　往复式内燃机驱动的交流发电机组　第2部分:发动机(eqv ISO 8528-2:1993)

GB/T 2820.3—1997　往复式内燃机驱动的交流发电机组　第3部分:发电机组用交流发电机(eqv ISO 8528-3:1993)

GB/T 2820.4—1997　往复式内燃机驱动的交流发电机组　第4部分:控制装置和开关装置(eqv ISO 8528-4:1993)

GB/T 2820.5—1997　往复式内燃机驱动的交流发电机组　第5部分:发电机组(eqv ISO 8528-5:1993)

GB/T 2820.6—1997　往复式内燃机驱动的交流发电机组　第6部分:试验方法(eqv ISO 8528-6:1993)

GB/T 2820.10—2002　往复式内燃机驱动的交流发电机组　第10部分:噪声的测量(包面法)(ISO 8528-10:1998,MOD)

GB/T 13337.1—1991　固定型防酸式铅酸蓄电池技术条件

IEC 60285:1993　碱性二次电池和蓄电池　密封式镍-镉圆柱形单节充电电池

IEC 60364-5-56:1980　建筑物的电气装置　第5部分:电气设备的选择和安装　第56章:安全装置

IEC 60364-7-710[1)]:　建筑物的电气装置　第7部分:对特殊设备或装置的要求　第710节:医疗场所

IEC 60601-1:1988　医疗电气设备　第1部分:安全性通用要求

1) 即将发布。

3 定义

本部分使用了下列定义和 GB/T 2820.1～2820.6 中的有关定义。

3.1

切换时间 t_{co}　change-over time

从常用供电系统出现故障到应急供电系统重新向安全装置供电的时间。这种供电可分若干个步骤进行加载。

3.2

持续供电时间 t_B　bridging time

在预定的运行状态下，发电机组必须向用户供电的最短时间。这个时间必须与 IEC 60601 所规定的额定运行时间相适应。

3.3

安全装置　safety services

为了在常用供电系统发生故障时保护人员安全而安装的设备。

3.4

用户对功率的要求　consumer power dernand

在考虑到实际加载步骤的情况下，有关用户预期需求的总和。

3.5

对安全装置的功率需求　power demand for safety services

为满足安全装置的需要而消耗的功率。

4 符号

I_2/I_N——不平衡负载电流比

k_U——电压波形正弦性畸变率

t_B——持续供电时间

t_{co}——切换时间

$t_{U,de}$、$t_{U,in}$——电压恢复时间

β_f——稳态频率带

δU_{dyn}^-、δU_{dyn}^+——瞬态电压偏差

δf_{dyn}——瞬态频率偏差

δf_{st}——频率降

δU_{st}——稳态电压偏差

5 其他规定和附加要求

如果需要符合特殊规定和附加要求，用户应予以说明并征得制造商和用户的认可。

6 分类

6.1　向安全装置供电的发电机组，是按规定的 G2 级性能、IEC 60364-5-56 规定的切换时间及表 1 进行分类的。

表 1　按切换时间进行分类

发电机组	不断电	短时间断电	长时间断电	
切换时间	0	<0.5 s	<15 s	>15 s
类　别	1	2	3	4

6.2　典型类别示例

表 1 所规定的类别的典型示例见表 2。

表 2　示例

类别	典　型　示　例
1	电网电压的下降值超过额定电压的 10%。用户在 0 s 的切换时间应得到其安全装置所需要的功率。不断电发电机组的设计取决于所要求的电压和频率的偏差。
2	电网电压的下降值超过额定电压的 10%。用户在 0.5 s 的切换时间内应得到其安全装置所需要的功率。短时间断电发电机组的设计取决于所要求的电压和频率的偏差。
3	电网电压的下降值超过额定电压的 10%,持续时间长于 0.5 s。在 15 s 的最大切换时间内,用户的安全装置应能按若干个加载步骤得到所需求的 100%的功率。
4	电网电压的下降值超过额定电压的 10%,持续时间长于 0.5 s。在 15 s 的最大切换时间之后,用户的安全装置应能通过两次加载得到所需求功率的 80%。在之后 5 s 之内应能得到 100%的功率。

7　发电机组的设计

7.1　确定需求功率的准则

为了确保发电机组可靠供电,应将装置对功率的需求情况告知发电机组的制造商。

对功率的需求包括切换到电气装置(例如:电梯、泵、风扇、照明设备和其他非线性电气设备)上时出现的短时高负荷。在适当的场合,例如为了留有余量,可以采用多台机组并联运行。

由于现代往复式内燃机大多为涡轮增压型,因此,有必要分若干加载步骤设置负载接受特性。

由于发电机组的负载接受能力取决于往复式内燃机的制动平均有效压力,所以应采用 GB/T 2850.5—1997 第 9 章和图 6、图 7 所给出的负载接受特性的定义及数值。

若要采用比 GB/T 2820.5—1997 中图 6、图 7 推荐值更大的加载步骤,则应采取适当的附加措施,或者增加发电机组的额定功率,适用时也可增加飞轮的转动惯量。

在设计发电机组时,把第 14 章中的设计调查清单作为信息提出是必要的。

为了保证发电机组在规定的时间内正常运行,应提供应急发电机组必需的设备。如冷却系统、包括燃油箱的燃油系统及润滑系统。

往复式内燃发动机的冷却系统应为自带式。

注:使用火花点火式内燃发动机时应考虑其特殊要求和有关国家标准的规定。

7.2　功率的确定

可按 GB/T 2820.5—1997 中 13.1 和 13.3 确定发电机组的功率。

7.3　指标限值

发电机组的性能指标至少应满足 GB/T 2820.5—1997 中 G2 级的规定。

GB/T 2820.5—1997 给出了对性能指标的具体要求。

瞬态指标限值一般按 GB/T 2820.5—1997 表 3 的规定。

表 2 给出机组类别的性能指标列于表 3。

表 3 对表 2 所给示例的具体要求

参数	符号	单位	参考标准		类别			
					1	2	3	4
频率降	δf_{st}	%	GB/T 2820.5	5.1.1	AMC[a]	AMC	5	4
稳态频率带	βf	%		5.1.4	AMC	AMC	1.5	0.5
瞬态频率偏差	δf_{dyn}	%		5.3.4	AMC	AMC	−10	−10
稳态电压偏差	δU_{st}	%		7.1.4	AMC	AMC	±2.5	±1
瞬态电压偏差	δU_{dyn}^{-} δU_{dyn}^{+}	% %		7.3.3	AMC	AMC	+20 −15	+10 −10
电压恢复时间	$t_{U,de}$ $t_{U,in}$	s s		7.3.5	AMC	AMC	4	4
不对称负载电流比	I_2/I_N[b]	1	GB/T 2820.3	10.1	33[c] 15[d]	33[c] 15[d]	33[c] 15[d]	33[c] 15[d]
电压波形正弦性畸变率	k_U	%	—		AMC	AMC	—	5[e]
注：所有其他参数值见 GB/T 2820.5。								

a AMC 即由制造商和用户协商确定。
b 也可见 GB 755 相应条款的规定。
c 额定值不大于 300 kVA 的发电机组。
d 额定值大于 300 kVA 的发电机组。
e 适用线性对称负载下中性导体与各导体之间的电压。

8 附加要求

8.1 监测和控制电路所需的持续供电，应由蓄电池供电作备用。这种用途的蓄电池应符合 GB/T 13337.1或 IEC 60285 的要求。

适用时，这类蓄电池可用于启动发动机。不应引出部分电压。该蓄电池除了用于启动发动机和向监测和控制电路供电外，不能用作其他用途。

在环境温度为 10℃，蓄电池处于浮充电状态下，蓄电池的容量应能提供足够的电流来启动、监测和控制发电机组。在每次启动(持续)时间为 10 s、两次启动间隔时间为 5 s 时应能对发电机组进行三次启动。每次驱动启动(电)机时，蓄电池电压的降低不应对控制系统产生不利影响。

对于每个蓄电池，应提供控制型充电设备。该设备应有确定的恒流和恒压充电性能(*IU* 曲线)，在充电周期末应能转变为浮充状态。蓄电池充电器应能按下列规定自动对已放电的蓄电池充电到其额定容量(A·h)的 80%：

——4 类发电机组：在 6 h 以内；

——3 类发电机组：在 10 h 以内。

除了向蓄电池充电外，充电设备还应提供足够的能量，维持监测和控制设备连续(正常)运行。

应提供一个能对蓄电池电压进行持续监测并能实施故障报警的设备。用于这种报警的线路应有失败报警模式。该报警器在/或被重置于永久性手控位置时应能发出警报声。短时间的电压降低(例如：进行启动或充电)不得触发报警。

蓄电池充电器发生故障时(例如:交流电的断电时间超过 3 min 或者交流或直流小型断路器动作)应能触发报警。

蓄电池充电器及其相关系统应这样设计,即输出端子上的电压应不超过永久性连接的控制和驱动设备的最大额定电压。

启动电机电缆的规格应这样确定:启动发动机时,电缆上的总压降应不超过蓄电池名义电压的8%。

如果要用分离式蓄电池控制发电机和启动发电机组,则应按本标准的有关规定为每个蓄电池各配一个充电器。

8.2 对于用压缩空气启动的往复式发动机,储气瓶的规格和数量应这样确定:在热态和冷态两种情况下,能使往复式发动机以 5 倍的着火转速运转。应提供自动压缩机系统为储气瓶充气。充气系统应能在 45 min 内使瓶内压力达到工作压力。储气瓶内的压力应能始终得到显示。

如果不能维持要求的压力,则应进行报警。

每个储气瓶上应有自动或手动放水装置。

8.3 往复式内燃机驱动的发电机组能够为用户提供电力的持续供电时间主要取决于燃油供应。

3 类发电机组的燃油量应足够使发电机组以额定功率至少运行 8 h。对于 4 类发电机组,包括试运行用油在内,其燃油供应量应足够使发电机组以额定功率至少运行 24 h。

当发生自然灾害(如地震)时,发电机组必须工作更长的时间。这时应根据制造商和用户就具体供电业务的协商结果,增加燃油的供应量。

主(供)油箱的容量应足够使发电机组以额定功率至少运行 2 h。该油箱应放在发动机的附近。为了保证发电机组能可靠启动,该油箱的底部应比发动机的燃油泵至少高出 0.5 m。除非发动机的制造商另有规定。主油箱应有放油和通气部件。为了避免加油过满并得知是否有渗漏,应提供适当的保护措施。

关于持续运行时间和储油量的其他要求,应由制造商和用户协商。

油箱应有油位指示器或量油尺作为容量指示器。

8.4 配备的活动式通风百叶窗应能由应急电源自动操作也能手动操作。

8.5 常用供电系统发生故障的时间短于 0.5 s 时,不应启动发动机,不断电和短时间断电发电机组除外。

8.6 必要时,应针对发生地震时的振动等因素另外采取有效措施。

注 1:地震时,包括管道和电缆在内的应急发电机组的零部件的损坏,将中断向安全装置的供电。

注 2:如果安全设施和/或与之相连的电缆也因地震而发生损坏,那么通过应急发电机组供电时将会造成二次灾害。

注 3:如果发生灾害的地域比较广大,则希望通过应急发电机组向安全装置供电的时间更长一些,直到常用供电系统得到修复。在某些特殊情况下,修复时间达 153 h——1995 年 1 月日本神户地区发生灾害,修复向全部用户供电的常用供电系统所用的时间。

由于日常维护保养工作没有做好,一些应急发电机组在发生灾害后不能及时启动。因此,必须重视应急发电机组的日常维护工作,比如检查燃油量、过滤器堵塞、蓄电池充电情况等。

9 控制装置和开关装置

发电机组的自动化设备可以与电网开关装成一体。

9.1 发电机的保护、测量、监视和控制设备

9.1.1 发电机保护设备

GB/T 2820.4 中 5.4 对发电机的保护设备作了规定。

9.1.2 发电机的测量和监视设备

GB/T 2820.4 中 6.11 对发电机的测量和监视设备作了规定。

应记录或显示最大电流。

应对下列情况进行监视：

——过大的发电机电流；

——“电网供电”和“发电机供电”模式。

参见GB/T 2820.4第6章。

9.2 发动机测量和监视设备

GB/T 2820.4中7.3和7.4对发动机的测量和监视设备作了规定。

9.3 发电机组测量和监视设备

GB/T 2820.4第7章对发电机组的测量和监视设备作了规定。

9.4 遥测(控)信号

应为遥控型长时间断电发电机组提供下列运行信息和故障报警：

——发电机组“准备”(选择器处于“自动”方式)；

——发电机组运行——长时间断电发电机组向用户供电；

——发电机组运行——电网向用户供电；

——发电机组发生“故障”。

10 试验方式

10.1 与电网同时供电运行试验

3类和4类发电机组通常与电网一起供电。与电网同时供电且无中断运行试验可按下列要求完成。

10.1.1 无切换逐级加载

用手动或自动方式使发电机组接近电网的频率和电压。

当发电机断路器同步合闸后，用往复式内燃机调速器实施调整，以达到所希望的速度和设备所需求的功率。以发电机组与电网并联的方式进行试验。

试验完成后，通过降低调速器的设定转速来给发电机组卸载。当功率低于额定功率的10%后，发电机断路器断开。

为此，有必要提供合适的发电机保护设备及开关和控制设备(见GB/T 2820.4中5.4和7.2)。

为了确定电网所要求的保护功能及识别电网故障，与电网协同试验是必要的。

10.1.2 有切换逐级加载运行

用手动和自动方式使发电机组接近电网的频率和电压。

在发电机断路器同步合闸后，通过提高发动机调速器的设定转速来增加发电机组的输出功率。当由电网提供的功率是发电机组额定功率的10%时，电网断路器应断开。

为了在不断电情况下使用电设备与发电机组分离重新与电网连接，在试验结束时，应反过来进行上述切换程序。

为此，有必要提供合适的发电机保护设备以及开关和控制设备(GB/T 2820.4中5.4和7.2)。

为了确定电网所要求的保护和识别电网故障，与电网协同试验是必要的。

10.1.3 突然加载短时并联运行试验

用手动或自动方式使发电机组接近电网的频率和电压。

当与电网同步后，发电机断路器闭合，在100 ms的最大重叠时间后，电网断路器应断开。用电设备所消耗的功率立即由发电机组提供。

为了防止发电机组过载和出现故障，必须保证在接受设备负荷的瞬时，不能超过GB/T 2820.5第9章所规定的第一阶段的推荐功率。频率和电压将与电网的不同。

为了在不断电情况下，使用电设备与发电机组分离重新与电网连接，上述切换程序应反过来进行。

这种切换的前提条件是，允许在规定的时间把全部用户负载转移到电网上。

为此，有必要提供发电机的保护设备及开关和控制设备(GB/T 2820.4中6.10)。

为了确定电网所要求的保护并识别电网故障，与电网协同试验是必要的。

10.2 不与电网同时供电

为了进行模拟电网供电故障的试验，电网断路器应断开。这将引起对设备供电的中断，相应的切换时间在第6章给出。发电机组的启动和设备需求功率特性见第6章。

一般应按下述规定进行试验：

——3类发电机组按10.1.1或10.1.2的规定。

——4类发电机组按10.1.3的规定。

11 试验

11.1 总则

按安装试验和周期试验进行分类。

验收试验见GB/T 2820.6第6章。

11.2 安装试验

a)～f)各条所列的试验项目，旨在为正确地确定发电机组的容量和工作次序提供信息。在发电机组初始运行之前以及任何改进或修理后重新运行之前应进行这些试验。

a) 在配电柜处中断电网供电，改由应急发电机组向用户供电；

b) 对安装发电机组的房间进行检查：防火、防洪、通风及废气排放等；

c) 在确定发电机组的规格时，应考虑地板静载荷和可能的启动电流(例如：电动机驱动风扇、泵、电梯等)；

d) 发电机组保护设备、尤其是必须满足项目的试验；

e) 应急发电机组的运行试验包括：启动试验、运行特性、辅助设备运行、开关和控制设备等试验，按额定功率运行时的性能及作为一台发电机组运行时的性能试验。应特别注意电压和频率的动态偏差。

f) 检查当地是否满足防火要求。

11.3 周期试验

11.3.1 应按IEC 60364-7-710的规定对电站定期进行试验。

11.3.2 除11.2a)～f)所列试验外，其余试验内容如下：

a) 对重要设备供电时每月进行运行试验，内容包括：

——监测电网电压

——启动和试运行特性

——规定的负载接受特性

——开关装置、控制装置和辅助设备的性能

b) 应急发电机组负载特性运行试验每月都应进行。至少在50%的额定功率下运行60 min，除非制造商和用户另有规定。

当应急发电机组持续运行时，可不进行本试验。

c) 每月对开关装置进行操作试验。

d) 验证应急发电机组是否仍能满足设备所要求的功率的年度检验。

11.3.3 应保存那些定期重复进行试验的试验记录，并使对其监测的时间不少于2年。

12 定额标牌

除了GB/T 2820.5第14章规定的标志外，发电机组的定额标牌还应包括表1中的类别。

13 文件要求

应提供有关系统部件和辅件的说明书，说明书中应提供操作、维修和安全性的足够信息。

14 设计调查清单

表4给出了正确设计发电机组需要了解的有关信息。

表4 设计发电机组时应考虑的事项

项目名称	参考标准		情况说明	信息类型		
				1)	2)	3)
启动时间	GB/T 2820.1 GB/T 2820.5	6.5 11	要求的切换时间的有关信息。这将决定是安装长时间断电、短时间断电或不断电发电机组	×		
性能级别	GB/T 2820.1 GB/T 2820.5	7 9	用电设备方面的信息。如负荷大小、负荷类型；这些用电设备应按确定的步骤连接入网；发电机组运行期间最大的负荷变化	×		
单机和并联运行	GB/T 2820.1	6.3	考虑到整步变(参)量及运行的可行性，并联运行的目的和条件应经过协商	×	×	
启动和控制方式	GB/T 2820.1	6.4	启动、监视、切换等	×	×	×
原动机 发电机	GB/T 2820.1 GB/T 2820.1	5.1.1 5.1.2	柴油机、汽油机 同步/异步	× ×	× ×	× ×
发电机组构型	GB/T 2820.1	8.2	形状的确定	×	×	×
使用地点的条件	GB/T 2820.1	11	发电机组使用地点及对发电机组有影响的环境条件	×		
排放(物)	GB/T 2820.1	9	对环境的影响	×	×	
功率特性	GB/T 2820.2	5.1	确定额定功率、负荷峰值、短路特性	×	×	
开关装置和控制装置	GB/T 2820.4		短路稳定性、容差、额定电压和控制电压、中线负荷能力、保护能力	×	×	×
安装型式	GB/T 2820.1	8.3	根据结构，噪声的衰减要求及基础的允许振动载荷，选择弹性安装或刚性安装	×	×	×
对多个建筑物集中供电	IEC 60601-1 IEC 60364-7-710		电网配电柜的图样及编号	×	×	
1) 用户向制造商提供的项目。 2) 用户和制造商协商确定的项目。 3) 制造商向用户提供的项目。						

附 录 A
(资料性附录)
文献目录

1 IEC 60146-1-1:1991 通用要求和线路变换器 第1-1部分:基本要求
2 IEC 60146-1-2:1991 通用要求和线路变换器 第1-2部分:应用导则
3 IEC 60146-1-3:1991 通用要求和线路变换器 第1-3部分:变压器和电抗器
4 IEC 60146-2:1974 半导体器件 第2部分:自变换半导体
5 IEC 60146-4:1986 半导体器件 第4部分:不间断供电系统(电源)性能的确定方法和试验要求
6 IEC 60364-3:1993 建筑物的电气装置 第3部分:一般性能评价
7 IEC 60364-6-61:1986 建筑物的电气装置 第6部分 验证:第61章 最终验证
8 IEC 60364-6-62:[2] 建筑物的电气装置 第6部分 验证:第62章 周期验证

2) 即将发布

ICS 29.160.40
K 52

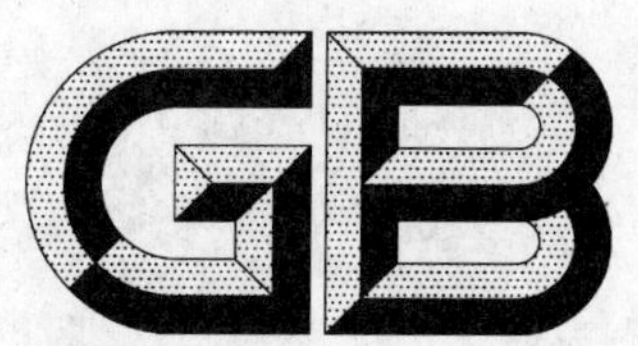

中华人民共和国国家标准

GB/T 4712—2008
代替 GB/T 4712—1996

自动化柴油发电机组分级要求

Requirements of classification for automatic diesel generating set

2008-06-13 发布 2009-03-01 实施

中华人民共和国国家质量监督检验检疫总局
中国国家标准化管理委员会 发布

前　言

本标准代替 GB/T 4712—1996《自动化柴油发电机组分级要求》。

本标准与原 GB/T 4712—1996 相比，技术内容有如下变化：

——引用标准变为 JB/T 8194 和 GB/T 12786。

——自动化分级由原来的四个等级变更为三个等级，并取消了无人值守时间的要求。

——机组并联与解列不限于同型号机组。

——增加了远程计算机通信控制功能要求。

本标准由中国电器工业协会提出。

本标准由兰州电源车辆研究所归口。

本标准主要起草单位：兰州电源车辆研究所。

本标准参加起草单位：军械工程学院、郑州佛光发电设备有限公司、科泰电源设备(上海)有限公司、深圳市赛瓦特动力科技有限公司、英泰集团。

本标准主要起草人：张洪战、赵锦成、王忠华、庄衍平、张贵财、潘跃明、王丰玉。

本标准所代替标准的历次版本发布情况为：

——GB/T 4712—1984；

——GB/T 4712—1996。

自动化柴油发电机组分级要求

1 范围

本标准规定了自动化柴油发电机组的自动化分级要求。

本标准适用于按GB/T 12786《自动化内燃机电站通用技术条件》制造的自动化柴油发电机组(以下简称机组)。

2 规范性引用文件

下列文件中的条款通过本标准的引用而成为本标准的条款。凡是注日期的引用文件,其随后所有的修改单(不包括勘误的内容)或修订版均不适用于本标准,然而,鼓励根据本标准达成协议的各方研究是否可使用这些文件的最新版本。凡是不注日期的引用文件,其最新版本适用于本标准。

GB/T 12786 自动化内燃机电站通用技术条件

JB/T 8194 内燃机电站名词术语

3 术语和定义

本标准采用了JB/T 8194中的术语和下列术语。

3.1

远程计算机通信控制功能 remote computer communication and control function

远距测量机组的主要性能参数、自动实现启动和停机、显示机组运行状态的功能。

4 总要求

4.1 机组应符合本标准和GB/T 12786的规定。

4.2 对机组有特殊要求时,应在其产品技术条件中补充规定。

5 自动化分级

5.1 机组的自动化等级

机组的自动化等级应符合表1的规定。

表1

自动化等级	自动化等级特征
1	维持准备运行状态等的自动控制、保护和显示
2	1级的特征,燃油、机油、冷却介质的自动补给以及并联运行等的自动控制
3	a) 1级的特征以及远程计算机通信控制功能的自动控制 b) 2级的特征以及远程计算机通信控制功能的自动控制、集中监控和故障自诊断

5.2 自动化等级特征内容

5.2.1 1级自动化

a) 按自动控制指令或遥控指令实现自动启动;

b) 按带载指令自动接受负载;

c) 按自动控制指令或遥控指令实现自动停机;

d) 自动调整频率和电压,保证调频和调压的精度满足产品技术条件的要求;

e) 实现蓄电池的自动补充充电和(或)压缩空气瓶自动补充充气;

f) 有过载、短路、过速度(或过频率)、冷却介质温度过高、机油压力过低等保护装置。根据需要选设过电压、欠电压、失电压、欠速度(或欠频率)、机油温度过高、启动空气压力过低、燃油箱油面过低、发电机绕组温度过高等方面的保护装置;

g) 有表明正常运行或非正常运行的声光信号系统;

h) 必要时,应能自动维持应急机组的准备运行状态,即柴油机应急启动和快速加载时的机油压力、机油温度和冷却介质温度均达到产品技术条件的规定值;

i) 当一台机组自动启动失败时,程序启动系统自动地将启动指令传递给另一台备用机组。

5.2.2 2级自动化

a) 5.2.1规定的各项内容;

b) 燃油、(和有要求时)机油和冷却介质的自动补充;

c) 按自动控制指令或遥控指令完成机组与机组或机组与电网之间的自动并联与解列、自动平稳转移负载的有功功率和无功功率。

5.2.3 3级自动化

5.2.3.1 3 a)级自动化

按遥控指令实现5.2.1规定的各项内容,并具有远程计算机通信控制功能。

5.2.3.2 3 b)级自动化

a) 按遥控指令实现5.2.2规定的各项功能,并具有远程计算机通信控制功能;

b) 集中自动控制。即可由统一的控制中心对多台自动化机组的工作状态实现自动控制;

c) 具备一定的主控件故障自动诊断能力。即可由一定的自动装置确定调速装置和调压装置的技术状态。

ICS 29.220.01
K 80

中华人民共和国国家标准

GB/T 12786—2006
代替 GB/T 12786—1991

自动化内燃机电站通用技术条件

General specification for automatic electric power plant with internal combustion engines

2006-03-06 发布　　2006-08-01 实施

中华人民共和国国家质量监督检验检疫总局
中国国家标准化管理委员会　发布

前　言

本标准按照 GB/T 1.1—2000《标准化工作导则　第 1 部分:标准的结构和编写规则》的要求,结合 GB/T 2820 系列标准的有关内容对 GB 12786—1991《自动化柴油发电机组技术条件》进行了补充和修订。

其主要差异为:

——按 GB/T 2820.12—2002 要求,机组按切换时间进行分类;

——性能指标按 GB/T 2820 系列标准的要求;

——试验方法按 GB/T 20136—2006《内燃机电站通用试验方法》的要求。

本标准由中国电器工业协会提出。

本标准由兰州电源车辆研究所归口。

本标准由兰州电源车辆研究所负责起草。

本标准主要起草人:张洪战、王丰玉、薛晨。

本标准自发布之日起代替 GB 12786—1991。

自动化内燃机电站通用技术条件

1 范围

本标准规定了自动化内燃机电站(以下简称电站)的技术要求、试验方法、检验规则等。

本标准适用于功率范围不超过 3 150 kW 的陆用交流工频内燃机电站。60 Hz 电站也可参照使用。

2 规范性引用文件

下列文件中的条款通过本标准的引用而成为本标准的条款。凡是注日期的文件,其随后所有的修改单(不包括勘误的内容)或修订版均不适用本标准,然而,鼓励根据本标准达成协议的各方研究是否可以使用这些文件的最新版本。凡是不注日期的文件,其最新版本适用于本标准。

GB 755—2000 旋转电机 定额和性能(idt IEC 60034-1:1996)

GB 1589—2004 道路车辆外廓尺寸 轴荷及质量限值

GB/T 2681—1981 电工成套装置中的导线颜色

GB/T 2423.16—1999 电工电子产品基本环境试验 第 2 部分 试验 J 和导则 长霉(idt IEC 60068-2-10:1988)

GB/T 2820.1—1997 往复式内燃机驱动的交流发电机组 第 1 部分:用途、定额和性能(eqv ISO 8528-1:1993)

GB/T 2820.2—1997 往复式内燃机驱动的交流发电机组 第 2 部分:发动机(eqv ISO 8528-2:1993)

GB/T 2820.3—1997 往复式内燃机驱动的交流发电机组 第 3 部分:发电机组用交流发电机(eqv ISO 8528-3:1993)

GB/T 2820.4—1997 往复式内燃机驱动的交流发电机组 第 4 部分:控制装置和开关装置(eqv ISO 8528-4:1993)

GB/T 2820.5—1997 往复式内燃机驱动的交流发电机组 第 5 部分:发电机组(eqv ISO 8528-5:1993)

GB/T 2820.6—1997 往复式内燃机驱动的交流发电机组 第 6 部分:试验方法(eqv ISO 8528-6:1993)

GB/T 2820.8—2002 往复式内燃机驱动的交流发电机组 第 8 部分:对小功率发电机组的要求和试验(ISO 8528-8:1995,MOD)

GB/T 2820.9—2002 往复式内燃机驱动的交流发电机组 第 9 部分:机械振动的测量和评价(ISO 8528-9:1997,MOD)

GB/T 2820.12—2002 往复式内燃机驱动的交流发电机组 第 12 部分:对安全装置的应急供电(ISO 8528-12:1997,MOD)

GB/T 4712—1996 自动化柴油发电机组分级要求

GB/T 6072.1—2000 往复式内燃机 性能 第 1 部分:标准基准状况,功率、燃料消耗和机油消耗的标定及试验方法(idt ISO 3046-1:1995)

GB/T 13306 标牌

GB/T 20136—2006 内燃机电站通用试验方法

JB/T 8194—2001 内燃机电站名词术语

3 术语和定义

GB/T 2820.1～2820.6—1997、GB/T 2820.12—2002、GB/T 6072.1—2000 和 JB/T 8194—2001 确定的术语和定义适用于本标准。

4 分类

4.1 自动化内燃机电站按 GB/T 2820.12—2002 的规定进行分类,见表 1。

表 1

电　站	不断电	短时间断电	长时间断电	
切换时间	0	<0.5 s	<15 s	>15 s
类　别	1	2	3	4

4.2 典型类别示例

表 1 所规定的类别的典型示例见表 2。

表 2

类　别	典　型　示　例
1	电网电压的下降值超过额定电压的 10%。用户在 0 s 的切换时间应得到其安全装置所需要的功率。不断电电站的设计取决于所要求的电压和频率的偏差。
2	电网电压的下降值超过额定电压的 10%。用户在 0.5 s 的切换时间内应得到其安全装置所需要的功率。短时间断电电站的设计取决于所要求的电压和频率的偏差。
3	电网电压的下降值超过额定电压的 10%,持续时间长于 0.5 s。在 15 s 的最大切换时间内,用户的安全装置应能按若干个加载步骤得到所需求的 100%的功率。
4	电网电压的下降值超过额定电压的 10%,持续时间长于 0.5 s。在 15 s 的最大切换时间之后,用户的安全装置应能通过两次加载得到所需求功率的 80%。在之后 5 s 之内应能得到 100%的功率。

5 一般技术要求

5.1 总则

5.1.1 电站应符合本标准的规定,电站的各配套件,本标准未作规定者,应符合各自技术条件的规定。

5.1.2 对电站有特殊要求时,经用户和制造商协商,在产品技术条件中进行补充规定。

5.1.3 功率的确定按 GB/T 2820.1—1997 中 13.3.1～13.3.3 的规定。

5.2 环境条件

5.2.1 输出额定功率的条件

5.2.1.1 标准基准条件

电站在下列条件下应能输出额定功率:

a) 绝对大气压力:100 kPa;

b) 环境温度:298 K (25℃);

c) 空气相对湿度:30%。

5.2.1.2 额定现场条件

在现场条件未知且订购方又未另做规定的情况下,电站在下列额定现场条件下应能输出额定功率:

a) 绝对大气压力:89.9 kPa(或海拔高度:1 000 m);

b) 环境温度:313 K(40℃);

c) 空气相对湿度:60%。

5.2.1.3 **现场条件**

电站应能在合同规定的现场条件下输出额定功率。

5.2.2 **输出规定功率(允许修正功率)的条件**

电站在下列条件下应能输出规定功率并可靠地工作,其具体条件应在产品技术条件中明确。

5.2.2.1 **海拔高度**

不超过 4 000 m。

5.2.2.2 **环境温度**

下限值分别为−40℃、−25℃、−15℃、5℃;

上限值分别为 40℃、45℃、50℃。

5.2.2.3 **相对湿度、凝露和霉菌**

a) 综合因素:按表 3 的规定。

表 3

环境温度上限值/℃		40	40	45	50
相对湿度	最湿月平均最高相对湿度/%	90(25℃时)1)	95(25℃时)1)		
	最干月平均最高相对湿度/%	—	—	10(40℃时)2)	
凝露		—	有	—	
霉菌		—	有	—	
1) 指该月的平均最低温度为 25℃,月平均最低温度是指该月每天最低温度的月平均值。					
2) 指该月的平均最高温度为 40℃,月平均最高温度是指该月每天最高温度的月平均值。					

b) 长霉:电站电气零部件经长霉试验后,表面长霉等级应不超过 GB/T 2423.16—1999 规定的 2 级。

5.2.2.4 **现场条件**

电站运行的现场条件应由用户明确确定,且应对任何特殊的危险条件如爆炸大气环境和易燃气体环境加以说明。

5.2.3 **功率修正**

电站的实际工作条件或试验条件比 5.2.1 规定恶劣时,其输出的规定功率应不低于如下修正后之值:对原动机为柴油机的电站,其功率为按 GB/T 6072.1—2000 规定换算出试验条件下的柴油机功率后再折算成的电功率,但此电功率最大不得超过发电机的额定功率。

对采用其他原动机的电站,其功率修正方法按产品技术条件的规定。

5.2.4 **环境温度的修正**

当试验海拔高度超过 1 000 m(但不超过 4 000 m 时),环境温度的上限值按海拔高度每增加 100 m 降低 0.5℃修正。

5.3 **运行方式**

5.3.1 电站的实际运行方式有持续运行和限时运行两种。

5.3.2 在 5.2.1 规定条件下,电站在试验室应能按表 4 规定正常地连续运行 12 h。

表 4

序号	功　率　标　定	连续运行的时间及所带负载的量
1	以持续功率(COP)定额标定	以 COP 定额连续运行 11 h,然后按 110%COP 定额运行 1 h
2	以持续功率(COP)定额和基本功率(PRP)定额标定	以 PRP 定额连续运行 11 h,然后按 110%PRP 定额运行 1 h
3	以持续功率(COP)定额、基本功率(PRP)定额和限时运行功率(LTP)定额标定	以 PRP 定额连续运行 11 h,然后按 LTP 定额运行 1 h

5.4 启动要求

5.4.1 常温启动:电站在常温(非增压柴油电站不低于 5℃,增压柴油电站不低于 10℃,汽油电站不低于－10℃)下经 3 次启动应能成功。

5.4.2 低温启动和带载:在低温下使用的电站应有低温启动措施,在环境温度－40℃(或－25℃)时,对功率不大于 250 kW 的电站应能在 30 min 内顺利启动,并应有在启动成功后 3 min 内带规定负载工作的能力;对功率大于 250 kW 的电站,在低温下的启动时间及带载工作时间按产品技术条件的规定。

5.5 指标限值

5.5.1 电气性能指标

5.5.1.1 电站的性能指标一般应满足表 5 中 G2 级的规定。表 2 给出的电站类别的性能指标列于表 6。

表 5

<table>
<tr><th rowspan="2">序号</th><th colspan="2" rowspan="2">参　　数</th><th rowspan="2">符号</th><th rowspan="2">单位</th><th colspan="2" rowspan="2">参考标准条款</th><th colspan="4">运行极限值</th></tr>
<tr><th>性能等级 G1 级</th><th>性能等级 G2 级</th><th>性能等级 G3 级</th><th>性能等级 G4 级</th></tr>
<tr><td>1</td><td colspan="2">频率降</td><td>δf_{st}</td><td>%</td><td rowspan="16">GB/T 2820.5—1997</td><td>5.1.1</td><td>≤8</td><td>≤5</td><td>≤3</td><td>AMC$^{1)}$</td></tr>
<tr><td>2</td><td colspan="2">稳态频率带</td><td>β_f</td><td>%</td><td>5.1.4</td><td>≤2.5</td><td>≤1.5$^{2)}$</td><td>≤0.5</td><td>AMC</td></tr>
<tr><td>3</td><td colspan="2">相对的频率整定下降范围</td><td>$\delta f_{s,do}$</td><td>%</td><td>5.2.1.1</td><td colspan="3">≥(2.5+δf_{st})</td><td>AMC</td></tr>
<tr><td>4</td><td colspan="2">相对的频率整定上升范围</td><td>$\delta f_{s,up}$</td><td>%</td><td>5.2.1.2</td><td colspan="3">≥+2.5$^{3)}$</td><td>AMC</td></tr>
<tr><td>5</td><td colspan="2">频率整定变化速率</td><td>γ_f</td><td>%/s</td><td>5.2.2</td><td colspan="3">0.2～1</td><td>AMC</td></tr>
<tr><td rowspan="2">6</td><td rowspan="2">(对初始频率的)瞬态频率偏差</td><td>100%突减功率</td><td rowspan="2">δf_d</td><td rowspan="2">%</td><td rowspan="2">5.3.3</td><td>≤+18</td><td>≤+12</td><td>≤+10</td><td rowspan="2">AMC</td></tr>
<tr><td>突加功率$^{4)5)}$</td><td>≤－(15+δf_{st})$^{4)}$</td><td>≤－(10+δf_{st})$^{4)}$</td><td>≤－(7+δf_{st})$^{4)}$</td></tr>
<tr><td rowspan="2">7</td><td rowspan="2">(对额定频率的)瞬态频率偏差</td><td>100%突减功率</td><td rowspan="2">δf_{dyn}</td><td rowspan="2">%</td><td rowspan="2">5.3.4</td><td>≤+18</td><td>≤+12</td><td>≤+10</td><td rowspan="2">AMC</td></tr>
<tr><td>突加功率$^{4)5)}$</td><td>≤－15$^{4)}$
≤－25$^{5)}$</td><td>≤－10$^{4)}$
≤－20$^{5)}$</td><td>≤－7$^{4)}$
≤－15$^{5)}$</td></tr>
<tr><td rowspan="2">8</td><td colspan="2" rowspan="2">频率恢复时间</td><td>$t_{f,in}$</td><td rowspan="2">s</td><td rowspan="2">5.3.5</td><td>≤10$^{6)}$</td><td>≤5$^{6)}$</td><td>≤3$^{6)}$</td><td rowspan="2">AMC</td></tr>
<tr><td>$t_{f,de}$</td><td>≤10$^{4)}$</td><td>≤5$^{4)}$</td><td>≤3$^{4)}$</td></tr>
<tr><td>9</td><td colspan="2">相对的频率容差带</td><td>α_f</td><td>%</td><td>5.3.6</td><td>3.5</td><td>2</td><td>2</td><td>AMC</td></tr>
<tr><td>10</td><td colspan="2">稳态电压偏差</td><td>δU_{st}</td><td>%</td><td>7.1.4</td><td>≤±5
≤±10$^{7)}$</td><td>≤±2.5
≤±1$^{8)}$</td><td>≤±1</td><td>AMC</td></tr>
<tr><td>11</td><td colspan="2">电压不平衡度</td><td>$\delta U_{2,0}$</td><td>%</td><td>7.1.5</td><td>1$^{9)}$</td><td>1$^{9)}$</td><td>1$^{9)}$</td><td>1$^{9)}$</td></tr>
<tr><td>12</td><td colspan="2">电压整定范围</td><td>ΔU_s</td><td>%</td><td>7.2.1</td><td colspan="3">±5</td><td>AMC</td></tr>
<tr><td>13</td><td colspan="2">电压整定变化速率</td><td>γ_U</td><td>%/s</td><td>7.2.4</td><td colspan="3">0.2～1</td><td>AMC</td></tr>
</table>

表 5(续)

序号	参数		符号	单位	参考标准条款		运行极限值			
							性能等级 G1 级	性能等级 G2 级	性能等级 G3 级	性能等级 G4 级
14	瞬态电压偏差	100%突减功率	δU^{+}_{dyn}	%	GB/T 2820.5—1997	7.3.3	≤+35	≤+25	≤+20	AMC
		突加功率[4)5)]	δU^{-}_{dyn}				≤−25[4)]	≤−20[4)]	≤−15[4)]	
15	电压恢复时间[10)]		$t_{U,in}$	s		7.3.5	≤10	≤6	≤4	
			$t_{U,de}$				≤10[4)]	≤6[4)]	≤4[4)]	
16	电压调制[11)12)]		$\hat{U}_{mod,s}$	%		7.3.7	AMC	0.3[13)]	0.3	AMC
17	有功功率分配[14)]	80%和100%标定定额之间	ΔP	%		13.1	—	≤±5	≤±5	AMC
		20%和80%标定定额之间						≤±10	≤±10	
18	无功功率分配	20%和100%标定定额之间	ΔQ	%		13.2	—	≤±10	≤±10	AMC

1) AMC为按制造厂和用户之间的协议。

2) 电站选用单缸或两缸发动机的情况下,该值可达2.5。

3) 不需并联运行时,转速或电压的整定不变是允许的。

4) 对用涡轮增压发动机的电站,这些数据适用于按GB/T 2820.5—1997中图6和图7增加最大允许功率。

5) 适用于火花点火气体发动机。

6) 该规定值仅是当卸去100%负载时的常用值;制动扭矩仅是由电站的机械损耗提供的,所以恢复时间将只取决于电站的总惯量和机械效率,这样,由于用途和/或发动机型式不同引起的变化会很大。

7) 额定容量不大于10 kVA的电站。

8) 当考虑无功电流特性时,对带同步发电机的电站在并联运行时的最低要求:频率漂移范围应不超过±5%。

9) 在并联运行的情况下,该值应减为0.5。

10) 除非另有规定,用于计算电压恢复时间的容差带应等于$2\times\delta U_{st}\times U_r/100$。

11) 运行极限值不包括在稳态极限内。

12) 若因发动机所迫出现发电机的扭转振动,将导致电压调制超过极限,发电机制造厂须予以合作以减小振动或提供专门的励磁调节器。

13) 对选用单缸或两缸发动机的电站,该值可为±2。

14) 当使用该容差时,并联运行电站的有功标定负载或无功标定负载的总额按容差值减小。

表 6

参数	符号	单位	参考标准		类别			
					1	2	3	4
频率降	δf_{st}	%	GB/T 2820.5—1997	5.1.1	AMC[1)]	AMC	5	4
稳态频率带	β_f	%		5.1.4	AMC	AMC	1.5	0.5
瞬态频率偏差	δf_{dyn}	%		5.3.4	AMC	AMC	−10	−10
稳态电压偏差	δU_{st}	%		7.1.4	AMC	AMC	±2.5	±1
瞬态电压偏差	ΔU^{-}_{dyn} ΔU^{+}_{dyn}	%		7.3.3	AMC	AMC	+20 −15	+10 −10
电压恢复时间	$t_{u,de}$ $t_{u,in}$	s		7.3.5	AMC	AMC	4	4

表 6(续)

参数	符号	单位	参考标准	类别			
				1	2	3	4
不对称负载电流比	I_2/I_N[2)]	I	GB/T 2820.3—1997 中 10.1	33[3)] 15[4)]	33[3)] 15[4)]	33[3)] 15[4)]	33[3)] 15[4)]
总电压谐波含量	K_u	%	—	AMC	AMC	—	5[5)]

注：所有其他参数值见 GB/T 2820.5—1997。

1) AMC 即制造商和用户确定的协议。
2) 也可见 GB 755—2000 的规定。
3) 额定容量不大于 300 kVA 的电站。
4) 额定容量大于 300 kVA 的电站。
5) 适用线性对称负载下中性导体与各导体之间的电压。

5.5.1.2 并联

a) 型号规格相同和容量比不大于 3∶1 的电站在 20%～100%总额定功率范围内应能稳定地并联运行，且可平稳转移负载的有功功率和无功功率，其有功功率和无功功率的分配差度应不大于表 5 中的规定。
b) 容量比大于 3∶1 的电站并联，各电站承担负载的有功功率和无功功率分配差度按产品技术条件规定。

5.5.1.3 启动电动机

三相电站空载时应能直接启动成功表 7 中规定的空载四极鼠笼型三相异步电动机。

表 7

单位为千瓦(kW)

序号	电站额定功率 P	电动机额定功率
1	$P \leqslant 40$	$0.7P$
2	$40 < P \leqslant 75$	30
3	$75 < P \leqslant 120$	55
4	$120 < P \leqslant 250$	75
5	$250 < P \leqslant 3\,150$	AMC

5.5.1.4 温升

电站在运行中，交流发电机各绕组的实际温升应不超过按 GB 755—2000 中表 8 对温升限值进行修正后的值；电站其他各部件的温度(或温升)应符合各自产品规范的规定。

5.5.1.5 蓄电池启动电站连接电缆

启动电站时，连接电缆上的总压降应不超过标定蓄电池电压的 8%。

5.5.1.6 冷热态电压变化

电站在额定工况下从冷态到热态的电压变化：对采用可控励磁装置发电机的电站应不超过±2%额定电压；对采用不可控励磁装置发电机的电站应不超过±5%额定电压。

5.5.1.7 不对称负载下的线电压偏差

额定功率不大于 250 kW 的三相电站在一定的三相对称负载下，在其中任一相(对可控硅励磁者指接可控硅的一相)上再加 25%额定相功率的电阻性负载，当该相的总负载电流不超过额定值时应能正常工作，线电压的最大(或最小)值与三线电压平均值之差应不超过三线电压平均值的±5%。

5.5.1.8 畸变率

电站在空载额定电压时的线电压波形正弦性畸变率应不大于下列规定值：

单相电站和额定功率小于 3 kW 的三相电站为 15%;

额定功率为 3 kW~250 kW 的三相电站为 10%;

额定功率大于 250 kW 的电站为 5%。

5.5.2 机械性能指标

5.5.2.1 额定功率在 10 kW 以下的电站的机械强度和机械稳定性应满足下列要求:

a) 机组在冲击试验器上应能承受 1.0 J±0.05 J 冲击能量的撞击,无损坏。

b) 机组从 20 cm 的高度自由跌落至混凝土地板上,无机械或电气安全性的损坏。

c) 电站在空载沿任一方向放置在倾斜 15°的斜面上后,不得倾翻或溢出燃油、水。

d) 电站放置在倾斜 4°粗糙的混凝土斜面上的四个不同位置,各个位置绕垂直轴线依次间隔 90°。电站在空载和额定功率下运行 30 min 后,其位置变化量应不超过 10 mm。

5.5.2.2 电站(使用现场组装的机组除外)各部分结构应能承受在下列条件下运输或行驶时的振动和冲击:

a) 里程:汽车电站和挂车电站鉴定试验和型式试验行驶 1 500 km,出厂试验行驶 50 km,发电机组鉴定试验和型式试验运输 1 000 km。

b) 路面:不平整的土路及坎坷不平的碎石路为试验里程的 60%;柏油或水泥路面为试验里程的 40%。

c) 速度:在不平整的土路及坎坷不平的碎石路面上为 20 km/h~30 km/h;在柏油或水泥路面为 30 km/h~40 km/h。

5.5.3 安全要求

5.5.3.1 电站各独立电气回路对地及回路间的绝缘电阻应不低于表 8 规定。冷态绝缘电阻只供参考,不作考核。

表 8

单位为兆欧(MΩ)

条件		回路额定电压/V		
		≤230	400	6 300
冷态	环境温度为 15℃~35℃,空气相对湿度为 45%~75%	2	2	AMC
	环境温度为 25℃,空气相对湿度为 95%	0.3	0.4	6.3
热态		0.3	0.4	6.3

5.5.3.2 电站各独立电气回路对地及回路间应能承受试验电压数值为表 9 规定、频率为 50 Hz、波形尽可能为实际正弦波、历时 1 min 的绝缘介电强度试验而无击穿或闪络现象。

表 9

部位	回路额定电压/V	试验电压/V
二次回路对地	<100	750
一次回路对地,一次回路对二次回路	≥100	(1 000+2 倍额定电压)×80%,最低 1 200
注:发动机的电气部分,半导体器件及电容器等不作此项试验。		

5.5.3.3 电站应有良好的接地端子并有明显的标志。

5.5.4 电站的燃油消耗率和机油消耗率(g/(kW·h))应分别不高于表 10、表 11 的规定。

表 10

电站额定功率 P/kW	$P\leqslant 3$	$3<P\leqslant 5$	$5<P\leqslant 12$	$12<P\leqslant 24$	$24<P\leqslant 40$	$40<P\leqslant 75$	$75<P\leqslant 120$	$120<P\leqslant 250$	$250<P\leqslant 600$	$600<P\leqslant 1\ 250$	$P>1\ 250$
燃油消耗率 g/(kW·h)	AMC	360	340	320	300	290	280	270	260	250	AMC
注：燃油消耗率的允差值最大不超过标定值的+5%，重油的基准低热值为 42 000 kJ/kg。											

表 11

电站额定功率 P/kW	$P\leqslant 12$	$12<P\leqslant 40$	$40<P\leqslant 1\ 250$	$P>1\ 250$
机油消耗率/(g/(kW·h))	5.0	4.5	4.0	AMC

5.5.5 可靠性和维修性

电站的平均故障间隔时间和平均修复时间应符合表 12 的规定。

表 12

额定转速/(r/min)	平均故障间隔时间(不短于)/h	平均修复时间(不长于)/h
3 000	AMC	AMC
1 500	500	3
1 000	800	3
750,600,500	1 000	3

5.5.6 对环境污染的限制指标

5.5.6.1 电站根据需要设置减振装置；常用电站振动加速度、速度、位移有效值应符合表 13 的规定值。

表 13

内燃机的标定转速 n/r/min	电站额定功率 P/kW	振动位移有效值[1]/mm			振动速度有效值/(mm/s)			振动加速度有效值/(m/s^2)		
		内燃机[2,3]	发电机[2]		内燃机[2,3]	发电机[2]		内燃机[2,3]	发电机[2]	
			数值 1	数值 2		数值 1	数值 2		数值 1	数值 2
$2\ 000\leqslant n\leqslant 3\ 600$	$P\leqslant 12$(单缸机)	—	1.11	1.27	—	70	80	—	44	50
	$P\leqslant 40$	—	0.8	0.95	—	50	60	—	31	38
	$P>40$	—	0.64[4]	0.8[4]	—	40[4]	50[4]	—	25[4]	31[4]
$1\ 300\leqslant n<2\ 000$	$P\leqslant 8$	—	—	—	—	—	—	—	—	—
	$8<P\leqslant 40$	—	0.64	—	—	40	—	—	25	—
	$40<P\leqslant 100$	—	0.4	0.48	—	25	30	—	16	19
	$100<P\leqslant 200$	0.72	0.4	0.48	45	25	30	28	16	19
	$P>200$	0.72	0.32	0.45	45	20	28	28	13	18
$720<n<1\ 300$	$200\leqslant P\leqslant 1\ 000$	0.72	0.32	0.39	45	20	24	28	13	15
	$P>1\ 000$	0.72	0.29	0.35	45	18	22	28	11	14
$n\leqslant 720$	$P>1\ 000$	0.72	0.24 (0.16)[5]	0.32 (0.24)[5]	45	15 (10)[5]	20 (15)[5]	28	9.5 (6.5)[5]	13 (9.5)[5]

表 13(续)

<table>
<tr><td rowspan="3">内燃机的标定转速 n/r/min</td><td rowspan="3">电站额定功率 P/kW</td><td colspan="3">振动位移有效值[1]/mm</td><td colspan="3">振动速度有效值/(mm/s)</td><td colspan="3">振动加速度有效值/(m/s²)</td></tr>
<tr><td rowspan="2">内燃机[2),3)]</td><td colspan="2">发电机[2)]</td><td rowspan="2">内燃机[2),3)]</td><td colspan="2">发电机[2)]</td><td rowspan="2">内燃机[2),3)]</td><td colspan="2">发电机[2)]</td></tr>
<tr><td>数值 1</td><td>数值 2</td><td>数值 1</td><td>数值 2</td><td>数值 1</td><td>数值 2</td></tr>
<tr><td colspan="11">1) 表中位移有效值 S_{rms} 和加速度有效值 a_{rms} 可用表中的速度有效值 V_{rms} 按下式求得：
$S_{rms}=0.0159V(rms)$
$a_{rms}=0.628\ V(rms)$
2) 对于法兰止口连接的电站，在 GB/T 2820.9—2002 图 1a 的测点 5 的测量值应满足对发电机所要求的数值。
3) 额定功率大于 100 kW 的电站有确定的数值，而额定功率小于 100 kW 的电站无代表性数值。
4) 这些数值应得到制造商和用户的认可。
5) 括号内的数值适用于安装在混凝土基础上的电站。此时，从 GB/T 2820.9—2002 图 1a 和图 1b 的测点 7 和测点 8 测得的轴向振动数值应为括号内数值的 50%。</td></tr>
</table>

5.5.6.2 在距电站柴油机和发电机机体 1 m 处的噪声声压级平均值：对于功率不大于 250 kW 的电站噪声声压级平均值应不大于 102 dB(A)；对功率大于 250 kW 的电站、额定转速 3 000 r/min 的电站和使用增压柴油机的电站，其噪声声压级由产品技术条件规定。

5.5.6.3 对有抑制无线电干扰要求的电站，应有抑制无线电干扰的措施，其干扰值应不大于表 14 和表 15的规定值。

表 14

频　率/MHz	端子干扰电压	
	MV	dB
0.15	3 000	69.5
0.25	1 800	65.1
0.35	1 400	62.9
0.60	920	59.0
0.80	830	58.0
1.00	770	58.0
1.50	680	56.7
2.50	550	54.8
3.50	420	54.0
5.00	400	52.0
10.00	400	52.0
30.00	400	52.0

表 15

频段 f_d/MHz		$0.15 \leqslant f_d \leqslant 0.50$	$0.50 < f_d \leqslant 2.50$	$2.50 < f_d \leqslant 20.00$	$20.00 < f_d \leqslant 300.00$
干扰场强	μV/m	100	50	20	50
	dB	40	34	26	34

5.5.6.4 当有要求时，电站的排气烟度和排出的有害物质允许浓度按产品技术条件的要求。

5.6 相序

三相电站的相序：对采用输出插头插座者，应按顺时针方向排列（面向插座）；对采用设在控制屏上的接线端子者，从屏正面看应自左到右或自上而下、由里到外排列。

5.7 外观质量

5.7.1 电站的焊接应牢固，焊缝应均匀，无裂纹、药皮、溅渣、焊穿、咬边、漏焊及气孔等缺陷，焊渣、焊药应清除干净。

5.7.2 电站的控制屏表面应平整，布线合理、安全，接触良好，层次分明，整齐美观，导线颜色符合 GB 2681—1981 的规定。

5.7.3 电站涂漆部分的漆膜应均匀，无明显裂纹、脱落、流痕、气泡、划伤等现象。

5.7.4 电站的镀层光滑，无漏镀、斑点、锈蚀等现象。

5.7.5 电站外表面颜色应符合产品技术条件的规定。

5.7.6 电站的紧固件应无松动。

5.8 指示装置

电站电气仪表应按 GB/T 2820.4—1997 中 7.1 条的规定配装。电站控制屏各监测仪表（柴油机仪表除外）的准确度等级：频率表应不低于 5.0 级，其他应不低于 2.5 级。柴油机仪表应符合柴油机的产品技术条件的规定。监测仪表的指针转动应灵活、指示准确。

5.9 外形尺寸

电站的外形尺寸应符合 GB 1589—2004 的规定。

5.10 质量

电站的质量应符合产品技术条件的规定。

6 自动化性能

6.1 自动维持准备运行状态

电站应急启动和快速加载时的机油压力、机油温度、冷却水温度应符合产品技术条件的规定。

6.2 自动启动

a) 接自控或遥控的启动指令后，电站应能自动启动；对于与市电电网并用的 3 类、4 类电站，当电网电压下降（符合 GB/T 2820.12—2002 中第 10 章的规定）或中断供电时，电站应能自动启动；常用供电系统发生故障的时间短于 0.5 s 时，不应启动发动机，1、2 类电站除外。
b) 电站自动启动第 3 次失败时，应发出启动失败信号，设有备用电站时，程序启动系统应能自动将启动指令传递给备用电站。
c) 从自动启动指令发出至向负载供电的时间应根据需要在产品技术条件中明确。
d) 电站自动启动成功后，首次加载量对于额定功率不大于 250 kW 者，不小于 50％额定负载；对于额定功率大于 250 kW 者，按产品技术条件规定。
e) 电站接通额定负载后应能自动可靠运行。
f) 电站自动启动的成功率应不低于 98％。

6.3 自动启动供电和自动停机

接自控或遥控的停机指令后，电站应能自动停机；对于与市电电网并用的 3 类、4 类电站，当电网恢复正常后，电站应能自动切换和自动停机，由电网向负载供电，其停机方式按 GB/T 2820.12—2002 中 10.1 条的规定。

6.4 自动并联与解列

6.4.1 接自控或遥控的并联与解列指令后，两台同型号的电站应能自动并联与解列。

a) 通常，当第一台电站单机运行时功率持续达到产品技术条件规定时，自控系统应向第二台电站发出启动指令，使其自动投入并联运行。

b) 当两台并联电站的总输出功率持续减小到不大于总额定功率的40%时，自控系统应向两台并联电站中的一台发出解列和停机的指令，对于继续减小功率的情况按产品技术条件的规定。

6.4.2 两台电站并联运行时，应能自动分配输出的有功功率和无功功率，其值应符合表5的规定。

6.4.3 自控或遥控装置应有控制第三台电站的能力。

a) 当两台已并联运行电站中的一台发生一级故障时，应先启动第三台电站并使其自动投入并联运行后再使故障电站解列。

b) 当两台已并联运行电站中的一台发生二级故障时，故障电站应自动解列并停机，自动切断一部分负载(通常是次要负载)，使继续运行的电站不出现不允许的过载。同时启动第三台电站并使其自动投入并联运行，恢复正常供电。

注1：一级故障指电站发生故障后仍允许运行一段时间(备用电站投入运行所需时间)的故障。

注2：二级故障指电站发生故障后须立即停机的故障。

6.5 自动补给

6.5.1 燃油、机油、冷却水自动补充应符合产品技术条件的规定。

6.5.2 按表16规定的时间自动对已放电的蓄电池充电到其额定容量的80%。

表16

电站类别	1类	2类	3类	4类
时　间	AMC	AMC	<10 h	<6 h

6.5.3 对于用压缩空气启动的内燃发动机，在热态和冷态两种情况下，储气瓶的规格和数量应能使内燃发动机以5倍的点火转速运转，并有自动压缩机系统在45 min内为储气瓶充气且达到工作压力。

6.6 无人值守时间

电站无人值守时间应按GB/T 4712—1996在产品技术条件中明确。

6.7 自动保护

6.7.1 电站应有下列保护功能，并能进行声光报警。

a) 短路保护；

b) 过载保护；

c) 过速度保护；

d) 过热保护；

e) 低油压保护。

6.7.2 对于要求并联运行的三相电站，应有逆功率保护。

6.8 其他

6.8.1 电站的自动停机和手动停机均应有正常停机和紧急停机两种。

6.8.2 电站的预润滑、启动和停机、调频和调压、并联和解列、送电和停电等应能手动控制。

6.8.3 对于远程监控的自动化电站，应测量频率整定变化速率和电压整定变化速率。

7 成套性

7.1 电站的成套性按供需双方的协议。

7.2 每台电站应随附下列文件：

a) 合格证；

b) 使用说明书，其内容至少包括：技术数据，结构和用途说明，安装、保养和维修规程，电路原理图和电气接线；

c) 备品清单：备件和附件清单，专用工具和通用工具清单；

d) 产品履历书。

7.3 电站应按备品清单配齐维修用的工具及备附件,在保修期内能用所配工具及备件进行已损零部件的修理和更换。

8 标志、包装和储运

8.1 电站的标牌应固定在明显位置,其尺寸和要求按 GB/T 13306 要求的规定。

8.2 电站的铭牌应包括下列内容:

a) 本标准的代号和编号;

b) 制造厂名称或标记;

c) 类别:按表 1;

d) 电站编号;

e) 电站制造年份;

f) 相数;

g) 额定转速,r/min;

h) 额定功率,kW,按 GB/T 2820.1—1997 中 13 加词头 COP、PRP 或 LTP;

i) 额定频率,Hz;

j) 额定电压,V;

k) 额定电流,A;

l) 额定功率因数,$\cos\varphi$;

m) 最高海拔高度,m;

n) 最高环境温度,℃;

o) 质量,kg;

p) 外形尺寸,$l \times b \times h$,mm。

8.3 电站及其备附件在包装前,凡未经涂漆或电镀保护的裸露金属,应采取临时性防锈保护措施。

8.4 电站的包装应能防雨,牢固可靠,有明显、正确、不易脱落的识别标志。

8.5 电站的包装应根据需要能进行水路运输、铁路运输和汽车运输。

8.6 电站按产品技术条件规定的贮存期和方法贮存应无损。

9 试验项目和试验方法

9.1 检验用仪器仪表

9.1.1 在工厂试验室的检验

电站检验在制造厂的试验台条件下进行,鉴定检验和型式检验用于测量下列电气参数的仪表的准确度应为:

电流:0.5%;

电压:0.5%;

功率:0.5%;

频率:0.5%;

功率因数:0.5% (1.0%)。

出厂检验允许采用 1.0 级准确度的仪器仪表进行测量。

9.1.2 在现场条件下的检验

电站在安装现场条件下进行检验,用于测量电气参数的仪表的准确度由产品技术条件或在合同中明确,最低不得低于 GB/T 2820.6—1997 中的 6.6.1 条的规定。

9.2 试验项目和试验方法

9.2.1 试验项目和试验方法按表 17 的规定。

表 17

序号	试验项目名称	出厂试验	型式试验	鉴定试验	结果应满足本标准	GB/T 20136—2006 试验方法章条号
1	检查外观	△	△	△	5.7	方法 201
2	检查成套性	△	△	△	7	方法 202
3	检查标志和包装	△	△	△	8	方法 203
4	测量质量	—	—	△	5.10	方法 204
5	测量绝缘电阻	△	△	△	5.5.3.1	方法 101
6	耐电压试验	△	△	△	5.5.3.2	方法 102
7	检查常温启动性能	△	△	△	5.4.1	方法 206
8	检查低温启动措施	△	△	△	5.4.2	方法 207
9	检查相序	△	△	△	5.6	方法 208
10	检查控制屏各指示装置	△	△	△	5.8	方法 210
11	冲击试验	—	—	△	5.5.2.1	GB/T 2820.8—2002 中 6.1.1 条的规定
12	跌落试验	—	—	△	5.5.2.1	
13	倾斜运行试验	—	—	△	5.5.2.1	方法 614
14	测量电压整定范围	△	△	△	5.5.1.1	方法 408
15	测量频率降	△	△	△	5.5.1.1	方法 401
16	测量稳态频率带	△	△	△	5.5.1.1	方法 402
17	测量相对的频率整定上升范围和下降范围	—	△	△	5.5.1.1	方法 403
18	测量(对初始频率的)瞬态频率偏差和(对额定频率的)瞬态频率偏差	—	△	△	5.5.1.1	方法 405
19	瞬态频率偏差和频率恢复时间	—	△	△	5.5.1.1	方法 405
20	测量稳态电压偏差	△	△	△	5.5.1.1	方法 406
21	测量电压不平衡度	—	△	△	5.5.1.1	方法 407
22	测量瞬态电压偏差和电压恢复时间	—	△	△	5.5.1.1	方法 410
23	测量电压调制	—	△	△	5.5.1.1	方法 411
24	检查直接启动电动机的能力	—	—	△	5.5.1.3	方法 417
25	检查冷热态电压变化	—	△	△	5.5.1.6	方法 418
26	测量在不对称负载下的线电压偏差	—	△	△	5.5.1.7	方法 419
27	测量线电压波形正弦性畸变率	—	△	△	5.5.1.8	方法 423
28	连续运行试验	—	△	△	5.3	方法 429

表 17(续)

序号	试验项目名称	出厂试验	型式试验	鉴定试验	结果应满足本标准	GB/T 20136—2006 试验方法章条号
29	测量温升	—	△	△	5.5.1.4	方法 430
30	并联运行试验	—	—	△	5.5.1.1	方法 431
31	测量燃油消耗率	—	—	△	5.5.4	方法 501
32	测量机油消耗率	—	—	△	5.5.4	方法 502
33	测量振动值	—	—	△	5.5.6.1	方法 601
34	测量噪声级	—	—	△	5.5.6.2	方法 602
35	测量传导干扰	—	—	△	5.5.6.3	方法 603
36	测量辐射干扰	—	—	△	5.5.6.3	方法 604
37	测量有害物质的浓度	—	—	△	5.5.6.4	方法 605
38	测量烟度	—	—	△	5.5.6.4	方法 606
39	高温试验	—	—	△	5.2.2	方法 607
40	低温试验	—	—	△	5.2.2	方法 608
41	湿热试验	—	—	△	5.2.2	方法 609
42	长霉试验	—	—	△	5.2.2	方法 611
43	运输试验	—	—	△	5.5.2.2	方法 615
44	可靠性和维修性试验	—	—	△	5.5.5	方法 703
45	检查自动维持准备运行状态	—	—	△	6.1	方法 211
46	检查自动启动供电和自动停机	△	△	△	6.3	方法 213
47	检查自动启动成功率	—	△	△	6.2	方法 212
48	检查自动补充电*	△	△	△	6.5.2	方法 214
49	检查自动补充气*	△	△	△	6.5.3	方法 215
50	检查自动补给燃油*	△	△	△	6.5.1	方法 216
51	检查短路保护功能	—	△	△	6.7.1	方法 303,304
52	检查过载保护功能	—	△	△	6.7.1	方法 305
53	检查过速度保护功能	△	△	△	6.7.1	方法 309
54	检查过热保护功能	△	△	△	6.7.1	方法 311
55	检查逆功率保护*	—	—	△	6.7.2	方法 306
56	检查某些自控项目进行手控的可能性	△	△	△	6.8	方法 217
57	频率整定变化速率*	—	—	△	6.8	方法 404
58	电压整定变化速率*	—	—	△	6.8	方法 409
59	检查无人值守时间	—	—	△	6.6	方法 704
60	并联运行试验*	—	—	△	6.4	方法 412

注 1：表中“△”为包括该项目。

注 2：表中带“*”的项目，有此功能时做。

9.2.2 在电站初始运行之前及任何改进或修理后重新运行之前都要按GB/T 2820.12—2002中11.2的要求进行试验。

10 检验规则

10.1 电站的试验分出厂试验、型式试验和鉴定试验，各类试验的项目按9.2.1规定。

电站均应进行出厂试验。

正常生产的电站自上次检验算起经3年或当国家质量监督检验机构要求时应进行型式试验，型式试验的电站为1台。

新产品试制（包括转厂生产）完成时应进行鉴定试验，鉴定试验的电站为2台（额定功率大于250 kW、无并联要求的电站允许为1台）。

对于要求多台并联的电站，并联试验电站为3台。

10.2 凡属下列情况，应进行有关项目的试验：

10.2.1 供需双方协议补充试验项目时；

10.2.2 产品的设计或工艺上的变更足以影响产品性能时；

10.2.3 出厂试验结果和以前的试验结果出现不允许的偏差时。

10.3 除另有规定和协议外，各项试验均在生产厂试验站当时所具有的条件（环境温度、空气相对湿度、大气压力）下进行。

10.4 出厂试验中，只要有一项试验结果不符合本标准规定，应找出原因并排除故障复试，若经第3次复试后仍不合格，则断为不合格品。每次复试均应记载复试次数、缺陷、缺陷分析及排除缺陷的方法。

型式试验中和10.2条规定的试验中，只要有一项试验结果不符合本标准的规定，则应在同一批产品中另抽加倍数量的产品，对该项目进行复检，若仍不合格，产品生产暂停，对该批产品的该项目逐台检验，直到找出原因并排除故障确认其合格后方能恢复生产。

10.5 检验时使用的测量仪器仪表应有定期校验的合格证。

10.6 除另有规定外，各电气指标均在电站控制屏输出端考核。

11 生产厂的保证

在用户遵守生产厂的使用说明书规定的情况下，生产厂应保证电站自发货之日起不超过12个月，且使用期不超过原动机生产厂规定的保用期内能良好地运行，如在规定的时间内因制造质量不良而导致电站损坏或不能正常工作，并有技术记录可查时，生产厂应免费予以修理或更换零部件。

ICS 29.160.20
K 21

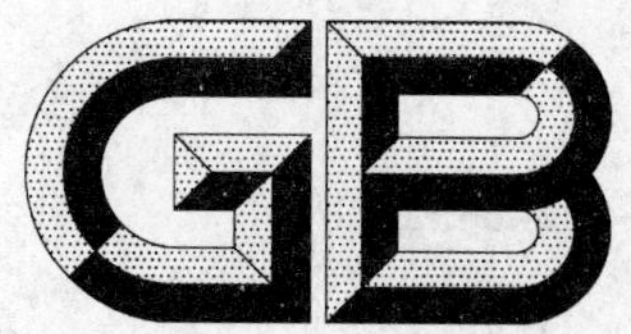

中华人民共和国国家标准

GB/T 15548—2008
代替 GB/T 15548—1995

往复式内燃机驱动的三相同步发电机通用技术条件

General specification for three-phase synchronous generators driven by reciprocating internal combustion engine

2008-06-30 发布 2009-04-01 实施

中华人民共和国国家质量监督检验检疫总局
中国国家标准化管理委员会 发布

前　言

本标准代替 GB/T 15548—1995《往复式内燃机驱动的交流发电机通用技术条件》。

本标准与 GB/T 15548—1995 相比较，主要作了如下的修改：

——表 1 进行了修改；

——当发电机在 95%～105%额定电压之间变化达到极限而作连续运行时，温升允许超过的最大值作了修改；

——将“空载线电压波形畸变率”改为“空载线电压谐波电压因数”，计算公式和限值发生了变化；

——取消了稳态电压调整率公式中的“±”号；

——将“电话谐波因数”改为“总谐波畸变量”，计算公式发生了变化并规定了相应的限值；

——电机不同部件的温升限值作了改动，具体见表 5；

——短路电流峰值的确定方法中取消了功率划分界限“对 300 kVA 以上的发电机”；

——取消了“转速低于 600 r/min 的发电机，其振动限值由制造厂与用户协商”；

——增加了轴电压限值；

——接地螺栓的最小直径的规定改为按 GB 14711 的要求；

——电气间隙和爬电距离的最小值按 GB 14711 作了较大变动。

本标准由中国电器工业协会提出。

本标准由全国旋转电机标准化技术委员会(SAC/TC 26)归口。

本标准负责起草单位：上海电器科学研究所(集团)有限公司、永济新时速电机电器有限责任公司、济南发电设备厂、卧龙电气集团股份有限公司、兰州兰电电机有限公司、上海麦格特电机有限公司、浙江临海电机有限公司、苏州德丰电机有限公司、英泰集团江苏英泰机电有限公司、泰豪科技股份有限公司、上海电科电机科技有限公司。

本标准参加起草单位：福建福安闽东亚南电机有限公司、西安西玛电机(集团)股份有限公司。

本标准主要起草人：李军丽、张广兴、于代军、周立新、张广垣、陈伯林、沈裕生、李文富、徐海洋、黄秋华。

本标准所代替标准的历次版本发布情况：

——GB/T 15548—1995。

往复式内燃机驱动的三相同步发电机 通用技术条件

1 范围

本标准规定了往复式内燃机驱动的三相同步发电机(以下简称发电机)的型式、基本参数与尺寸、技术要求、检验规则、试验方法以及标志、包装和质量保证期。

本标准适用于往复式内燃机驱动的三相同步发电机。

2 规范性引用文件

下列文件中的条款通过本标准的引用而成为本标准的条款。凡是注日期的引用文件,其随后所有的修改单(不包括勘误的内容)或修订版均不适用于本标准,然而,鼓励根据本标准达成协议的各方研究是否可使用这些文件的最新版本。凡是不注日期的引用文件,其最新版本适用于本标准。

GB/T 191—2000 包装储运图示标志(eqv ISO 780:1997)

GB 755 旋转电机 定额和性能(GB 755—2008,idt IEC 60034-1:2004)

GB/T 997 旋转电机结构型式、安装型式及接线盒位置的分类(IM 代码)(GB/T 997—2008,IEC 60034-7:2001,IDT)

GB/T 1029—2005 三相同步电机试验方法

GB/T 1096—2003 普通型 平键

GB 1971—2006 旋转电机 线端标志与旋转方向(IEC 60034-8:2002,IDT)

GB/T 1993—1993 旋转电机冷却方法

GB/T 2820.6—1997 往复式内燃机驱动的交流发电机组 第 6 部分:试验方法(eqv ISO 8528-6:1993)

GB/T 4772.1—1999 旋转电机尺寸和输出功率等级 第 1 部分:机座号 56～400 和凸缘号 55～1080(idt IEC 60072-1:1991)

GB/T 4772.2—1999 旋转电机尺寸和输出功率等级 第 2 部分:机座号 355～1000 和凸缘号 1180～2360(idt IEC 60072-2:1990)

GB/T 4942.1—2006 旋转电机整体结构的防护等级(IP 代码) 分级(IEC 60034-5:2000,IDT)

GB 10068 轴中心高为 56 mm 及以上电机的机械振动 振动的测量、评定及限值(GB 10068—2008, IEC 60034-14:2007,IDT)

GB/T 10069.1—2006 旋转电机噪声测定方法及限值 第 1 部分:旋转电机噪声测定方法(ISO 1680:1999,MOD)

GB 10069.3 旋转电机噪声测定方法及限值 第 3 部分:噪声限值(GB 10069.3—2008,IEC 60034-9:2007,IDT)

GB/T 12665—2008 电机在一般环境条件下使用的湿热试验要求

GB 14711—2006 中小型旋转电机安全要求

JB/T 5810—2007 电机磁极线圈及磁场绕组匝间绝缘试验规范

JB/T 5811—2007 交流低压电机成型绕组匝间绝缘试验方法及限值

JB/T 9615.1—2000 交流低压电机散嵌绕组匝间绝缘试验方法

JB/T 9615.2—2000　交流低压电机散嵌绕组匝间绝缘试验限值

JB/T 10098—2000　交流电机定子成型线圈耐冲击电压水平(idt IEC 60034-15:1995)

3　型式、基本参数及尺寸

3.1　发电机的外壳防护等级由用户与制造商按 GB/T 4942.1—2006 商定。

3.2　发电机的冷却方法由用户与制造商按 GB/T 1993—1993 商定。

3.3　发电机的结构安装型式由用户与制造商按 GB/T 997 商定。

3.4　发电机的定额是以连续工作制(S1)为基准的连续定额。

3.5　发电机的额定电压按表 1 的规定，电枢绕组为中性点有引出线或无引出线的星形接法。

表 1

额定电压/V	400	3 150	6 300	10 500
注：表中未规定的电压由用户与制造厂协商。				

3.6　发电机的额定功率因数为 0.8(滞后)。

3.7　发电机的额定频率和额定转速按表 2 的规定。

表 2

额定频率/Hz	额定转速/(r/min)							
50	3 000	1 500	1 000	750	600	500	428	375
60	3 600	1 800	1 200	900	720	600	514	450

3.8　发电机的额定功率推荐按表 3 的值，单位用 kVA 或 kW 表示。

表 3

kVA	kW	kVA	kW	kVA	kW	kVA	kW	kVA	kW	kVA	kW
3.75	3	37.5	30	250	200	625	500	1 563	1 250	5 000	4 000
6.25	5	50	40	312.5	250	(662.5)	(530)	1 750	1 400	5 625	4 500
9.38	7.5	62.5	50	350	280	700	560	2 000	1 600	6 250	5 000
(10)	(8)	80	64	(375)	(300)	(750)	(600)	2 250	1 800	7 000	5 600
12.5	10	93.75	75	400	320	787.5	630	2 500	2 000	7 875	6 300
15	12	(105)	(84)	(418.75)	(335)	887.5	710	2 800	2 240	8 875	7 100
(18.75)	(15)	112.5	90	443.75	355	1 000	800	3 125	2 500	10 000	8 000
20	16	150	120	(468.75)	375	1 125	900	3 500	2 800	11 250	9 000
25	20	187.5	150	500	400	1 250	1 000	3 938	3 150	12 500	10 000
30	24	(200)	(160)	562.5	450	1 400	1 120	4 438	3 550		
注 1：应优先采用不带括号者； 注 2：制造厂和用户协商可以生产表中额定功率推荐值以外的发电机。											

3.9　发电机的安装尺寸及其公差应符合 GB/T 4772.1—1999 或 GB/T 4772.2—1999 的规定。

3.10　发电机的轴伸键及其公差应符合 GB/T 1096—2003 的规定。

3.11　发电机功率、转速与中心高的对应关系由产品标准规定。

4 技术要求

4.1 发电机应符合本标准要求，并按照经规定程序批准的图样及技术文件制造。

4.2 在下列海拔和环境空气温度以及环境空气相对湿度条件下，发电机应能额定运行。若运行条件与下列规定不符合，则偏差按 GB 755 的规定修正。

4.2.1 海拔不超过 1 000 m。

4.2.2 环境空气最高温度随季节而变化，不超过 40 ℃。

4.2.3 最低环境空气温度为 −15 ℃，但下述电机除外，其环境空气温度应不低于 0 ℃。

a) 额定输出大于 3 300 kW(或 kVA)/1 000 r/min；

b) 带滑动轴承；

c) 以水作为初级或次级冷却介质。

4.2.4 运行地点最湿月月平均最高相对湿度为 90%，同时该月月平均最低温度不高于 25 ℃。

4.3 发电机在额定转速、额定功率因数下，当电压在额定值的 95%～105%之间变化时，应能输出额定功率。当偏离额定运行时，其性能允许与标准规定不同，但在上述电压变化达到极限而电机作连续运行时，温升限值允许超过的最大值为 10 K。

4.4 发电机的励磁系统应设置电压整定装置，该装置亦可放在配电板上，电压调整范围应在产品标准中规定。

4.5 发电机及其励磁系统应能可靠起励。

4.6 发电机空载线电压谐波电压因数(HVF)限值按 GB 755 的规定，其计算公式按式(1)：

$$HVF = \sqrt{\sum_{n=2}^{k} \frac{U_n{}^2}{n}} \quad \cdots\cdots(1)$$

式中：

U_n——n 次谐波电压的标幺值(以额定电压 U_N 为基值)；

n——谐波次数；

$k=13$。

4.7 连接于电网运行的 300 kVA 及以上的发电机，为了降低输电线与邻近回路间的干扰，其线电压总谐波畸变量(THD)应不超过 0.05，其计算公式按式(2)：

$$THD = \sqrt{\sum_{n=2}^{k} U_n{}^2} \quad \cdots\cdots(2)$$

式中：

U_n——n 次谐波电压的标幺值(以额定电压 U_N 为基值)；

n——谐波次数；

$k=100$。

4.8 发电机从空载到额定负载的所有负载，电压应能保持在($1\pm\delta_u$)倍额定电压范围内。δ_u 为发电机的稳态电压调整率，分 5%、2.5%(或 3%)、1%三种指标。稳态电压调整率(δ_u)按式(3)计算：

$$\delta_u = \frac{U_{st:max} - U_{st:min}}{2U_N} \times 100\% \quad \cdots\cdots(3)$$

式中：

$U_{st:max}$，$U_{st:min}$——负载在满载与空载之间变化时，发电机端电压(有效值)的最大值和最小值按三相平均值最大值和最小值计算，V；

U_N——发电机的额定电压，V。

稳态电压调整率是在下列条件下确定的：

a) 负载功率从零到额定功率，并且三相电流平衡。

b) 功率因数0.8(滞后)～1.0。

c) 原动机的转速变化率规定为5%（即空载时为105%额定转速，满载时为额定转速）。如原动机的转速变化率小于5%而另有规定时，则按规定的转速变化率。

d) 发电机的空载电压应接近额定电压。

4.9 发电机在空载额定电压时，加上相当于25%额定功率的三相对称负载[功率因数为0.8(滞后)]，然后在其中任一相再加25%额定相功率的电阻性负载。此时发电机线电压的最大值(或最小值)与三相线电压平均值之差应不超过三相线电压平均值的5%。

4.10 发电机及其励磁系统在额定转速和接近额定电压状态下空载运行，突加60%额定电流、功率因数不超过0.4(滞后)的恒阻抗三相对称负载。稳定后，再突卸此负载。发电机瞬态电压调整率及电压变化后恢复并保持在$(1\pm\delta_u)$倍额定电压之内所需的时间按表4规定。若受设备限制，此试验不能在制造厂进行时，经制造厂与用户取得协商后，可在安装地点装配机组后进行。

表4

稳态电压调整率 δ_u/%		5	2.5(3)	1
瞬态电压调整率	最大瞬态电压降 δ_{-dynu}/%	−30	−20	−15
	最大瞬态电压升 δ_{+dynu}/%	35	25	20
最大的电压恢复时间/s		2.5	1.5	1.5

瞬态电压调整率按式(4)和式(5)计算：

$$\delta_{+dynu}=\frac{U_{dynu\,max}-U_N}{U_N}\times 100\% \quad\cdots\cdots(4)$$

$$\delta_{-dynu}=\frac{U_{dynu\,min}-U_N}{U_N}\times 100\% \quad\cdots\cdots(5)$$

式中：

$U_{dynu\,max}$——突卸负载后最大瞬时电压(峰值)按三相平均值计算，V；

$U_{dynu\,min}$——突加负载后最小瞬时电压(峰值)按三相平均值计算，V；

U_N——额定电压(峰值)，V。

4.11 发电机的绕组应能承受短时升高电压试验而匝间绝缘不发生击穿。试验在发电机空载时进行，试验的感应电压值为130%额定电压，历时3 min。在提高至130%额定电压时，允许同时提高转速。但不应超过115%额定转速。

在发电机转速增加到115%额定转速，且励磁电流已增加至容许的限值时，如感应电压仍不能达到所规定的试验电压，则试验允许在所能达到的最高电压下进行。

4.12 发电机在空载情况下应能承受1.2倍额定转速，历时2 min而不发生损坏及有害变形。

4.13 发电机及其励磁系统在热态下，应能承受1.5倍额定电流，历时30 s，而不发生损坏及有害变形，此时端电压应尽可能维持在额定值。

4.14 发电机绝缘等级为B级、F级、H级。当海拔和环境空气温度符合4.2规定时，发电机各部分温升限值应不超过表5的规定。若试验地点的海拔和环境空气温度不符合4.2的规定时，温升限值应按GB 755的规定修正。表5中，T表示温度计法，R表示电阻法，E表示埋置检温计法。

表 5

<table>
<tr><th rowspan="3">序号</th><th rowspan="3" colspan="2">电机的部件</th><th colspan="9">热分级</th></tr>
<tr><th colspan="3">130(B)</th><th colspan="3">155(F)</th><th colspan="3">180(H)</th></tr>
<tr><th>T
K</th><th>R
K</th><th>E
K</th><th>T
K</th><th>R
K</th><th>E
K</th><th>T
K</th><th>R
K</th><th>E
K</th></tr>
<tr><td rowspan="3">1</td><td colspan="2">a) 功率为 5 000 kVA 及以上发电机交流绕组；</td><td>—</td><td>80</td><td>85[a]</td><td>—</td><td>105</td><td>110[a]</td><td>—</td><td>125</td><td>130[a]</td></tr>
<tr><td colspan="2">b) 功率大于 200 kVA 但小于 5 000 kVA 发电机交流绕组；</td><td>—</td><td>80</td><td>90[a]</td><td>—</td><td>105</td><td>115[a]</td><td>—</td><td>125</td><td>135[a]</td></tr>
<tr><td colspan="2">c) 功率为 200 kVA 及以下发电机交流绕组[b]</td><td>—</td><td>80</td><td>—</td><td>—</td><td>105</td><td>—</td><td>—</td><td>125</td><td>—</td></tr>
<tr><td>2</td><td colspan="2">用直流励磁的交流发电机磁场绕组(但除 8 项外)</td><td>70</td><td>80</td><td>—</td><td>85</td><td>105</td><td>—</td><td>105</td><td>125</td><td>—</td></tr>
<tr><td rowspan="2">3</td><td colspan="2">a) 用直流励磁绕组嵌入槽中的圆柱形转子交流发电机的磁场绕组；</td><td>—</td><td>90</td><td>—</td><td>—</td><td>110</td><td>—</td><td>—</td><td>135</td><td>—</td></tr>
<tr><td colspan="2">b) 表面裸露或仅涂清漆的单层绕组[c]</td><td>90</td><td>90</td><td>—</td><td>110</td><td>110</td><td>—</td><td>135</td><td>135</td><td>—</td></tr>
<tr><td>4</td><td colspan="2">无论与绝缘是否接触的结构件(轴承除外)、铁心和永久短路的绕组</td><td colspan="9">温升或温度应不损坏该部件本身或任何与其相邻部件的绝缘</td></tr>
<tr><td>5</td><td colspan="2">集电环、电刷及电刷机构</td><td colspan="9">温升或温度应不损坏该部件本身或任何与其相邻部件的绝缘；
集电环的温升或温度应不超过由电刷等级或集电环材质组件在运行期间能承受的电流所引起的温升或温度值</td></tr>
<tr><td rowspan="2">6</td><td rowspan="2">与外部绝缘导体相连接的接线端子</td><td>有银防蚀层</td><td colspan="9">70</td></tr>
<tr><td>有锡防蚀层</td><td colspan="9">60</td></tr>
<tr><td colspan="12">[a] GB 755 规定对高压交流绕组的修正可适用于这些项目。
[b] 对额定功率为 200 kVA 及以下或热分级低于 130(B)和 155(F)的电机绕组，如用叠加法测量时，温升值比表中用电阻法测量的温升限值高 5 K。
[c] 对多层绕组，如下面的各层都与循环的初级冷却介质接触也包括在内。</td></tr>
</table>

4.15 轴承温度限值如下(当采用 GB 755 中 8.9 的测点 A 进行测量时)：

滑动轴承为 80 ℃(出油温度不超过 65 ℃)；

滚动轴承为 95 ℃(环境温度不超过 40 ℃)。

4.16 发电机的旋转方向，当出线端标志字母顺序与端电压相序同方向时，从传动端视之，应为顺时针方向。

4.17 发电机各绕组的绝缘电阻在热态或温升试验后，应不低于由式(6)所求得的数值。

$$R = \frac{U}{1\,000 + \frac{P}{100}} \qquad \cdots\cdots(6)$$

式中：

R——发电机绕组的绝缘电阻，MΩ；

U——发电机绕组的标称电压,V;

P——发电机的额定功率,kVA。

4.18 发电机及其励磁装置的各绕组对地绝缘耐压试验应能承受表6规定的试验电压,历时1 min而不发生击穿。

表6

序号	部件名称	试验电压(有效值)
1	发电机电枢绕组及辅助绕组对机壳	1 000 V+2倍额定电压,但最低值为1 500 V
2	发电机电枢绕组对辅助绕组	1 000 V+2倍额定电压,但最低值为1 500 V
3	发电机励磁绕组及励磁装置中与励磁绕组相连部分对机壳: a) 额定励磁电压为500 V及以下 b) 额定励磁电压为500 V以上	 10倍的额定励磁电压,但最低为1 500 V 4 000 V+2倍额定励磁电压
4	与电枢绕组相连的励磁装置中的部分对机壳及各相	1 000 V+2倍额定电压,但最低值为1 500 V
5	交流励磁机	与主发电机所连接的绕组相同
6	与绕组接触的装置,如温度检测元件和热保护元件,应该和电机机壳一起被测试。在对电机进行耐电压试验时,所有和绕组有接触的装置均应和电机机壳连接在一起	1 500 V
7	防冷凝加热器对发电机机壳	1 500 V
8	成套设备	应尽量避免重复以上1~7的试验。但如对成套装置进行试验,而其中每一组件均已事先通过耐电压试验,则施加于该装置的试验电压应为装置任一组件中的最低试验电压的80%
注:半导体器件及电容器、信号灯、电池等不做此项试验,无刷发电机的旋转整流器接线拆开后进行该项试验。		

4.19 发电机及其励磁系统在热态下,应能过载10%运行1 h而不发生损坏及有害变形。此时不考核发电机温升。

4.20 发电机在额定电压下运行而各相同时短路时,短路电流的峰值应不超过额定电流峰值的15倍或有效值的21倍。发电机的短路电流峰值可通过计算或在50%额定电压或稍高电压下做试验获得。

4.21 当保护系统有要求时,在稳定短路情况下,发电机及励磁系统应保证维持不少于3倍额定电枢电流,历时2 s。

4.22 发电机的三相短路机械强度试验,仅在订货时用户提出明确要求时进行。如无其他规定,试验应在发电机空载而励磁相应于1.05倍额定电压下进行,历时3 s。试验后应不产生有害变形,且能承受耐电压试验。

4.23 发电机绕组应进行匝间绝缘冲击耐电压试验。对400 V散嵌绕组发电机,匝间绝缘试验冲击试验电压峰值按JB/T 9615.2—2000的规定;400 V成型绕组发电机的匝间绝缘试验冲击电压按JB/T 5811—2007的规定;3 150 V以上的发电机定子绕组匝间绝缘电压按JB/T 10098—2000的规定;发电机磁场绕组匝间绝缘试验电压限值按JB/T 5810—2007的规定。

4.24 对有并联要求的发电机应能稳定地并联运行,励磁系统应保证无功功率的合理分配。发电机实际承担的无功功率与按额定无功功率比例分配应在产品标准中规定。

4.25　发电机的噪声应符合 GB 10069.3 中表 1 的规定，表 1 范围以外的发电机其噪声限值应由制造厂与用户协商。

4.26　发电机的振动应符合 GB 10068 的规定。

4.27　若对发电机运行所产生的工业无线电干扰电平有要求时，则发电机的产品标准应规定允许值及测量方法。

4.28　发电机的效率指标由产品标准规定。

4.29　采用滑动轴承的发电机应采取防止较大轴电压的措施。对不加绝缘隔离的滑动轴承，其轴电压允许峰值 $U_{ms} \leqslant 500$ mV，对应的有效值 $U_s \leqslant 360$ mV。对强迫润滑的滑动轴承结构，在加设轴承绝缘的同时，还应在油管法兰处加设绝缘环，以防止轴承绝缘被油管短路。

4.30　发电机应有可靠的接地装置，并标以规定的接地符号或图形标志，接地装置的设计应满足 GB 755 的规定。采用接地螺栓接地时，接地螺栓的最小直径符合 GB 14711—2006 中表 5 的要求。接地螺栓用铜质或导电良好的耐腐蚀材料制成。

4.31　除非采取措施保证无危险外，发电机中的 3 150 V 以上出线端子与低压出线端子不能混同在一个出线盒内。

4.32　电机接线盒内的电气间隙和爬电距离的最小值应符合表 7 的规定。

表 7

电机额定电压/V	相关部件	最小间距/mm					
		不同电压的裸带电部件之间		非载流金属与裸带电部件之间		可移动的金属罩与裸带电部件之间	
		电气间隙	爬电距离	电气间隙	爬电距离	电气间隙	爬电距离
400	接线端子	9.5	9.5	9.5	9.5	9.8	9.8
	除接线端子外的其他零件，包括与这类端子连接的板和棒	6.3	9.5	6.3	9.5	9.8	9.8
3 150	接线端子	26	45	26	45	26	45
6 300		50	90	50	90	50	90
10 500		80	160	80	160	80	160

注 1：对于额定电压小于 1 000 V 的电机，其固体带电器件（例如在金属盒子中的二极管和可控硅）与支撑金属面之间的爬电距离，可以是表中规定值的一半，但不得小于 1.6 mm。

注 2：对于额定电压为 1 000 V 以上的电机，当通电时由于受机械或电气应力作用，刚性结构件的间距减少量应不大于规定值的 10%。

注 3：对于额定电压为 1 000 V 以上的电机，表格中的电气间隙值是按电机工作地点海拔不超过 1 000 m 规定的。当海拔超过 1 000 m 时，每上升 300 m，表格中的电气间隙增加 3%。

注 4：对于额定电压为 1 000 V 以上的电机，表格中的电气间隙值可能通过使用绝缘隔板的方式减小，采用这种防护的性能可以通过耐电压强度试验来验证。

4.33　应考虑发电机与内燃机成组后可能影响轴系扭振的诸因素。需要时，发电机制造厂应向内燃机制造厂提供发电机转子尺寸及转动惯量等参数，由内燃机制造厂进行核算确定。

5 检验规则和试验方法

5.1 发电机须经检验合格后才能出厂。

5.2 所有试验项目应在制造厂内进行，但对于大容量电机的某些项目如受设备限制不能在制造厂内进行时，在制造厂和用户双方取得协商后，可在安装地点装配成机组后进行试验。

5.3 发电机应进行检查试验，检查试验项目包括：

a) 机械检查(根据5.6进行)；

b) 绕组对机壳及绕组间绝缘电阻测定(检查试验时可测冷态绝缘电阻，但仍应保证热态绝缘电阻不低于4.17的规定)；

c) 绕组实际冷态下直流电阻的测定；

d) 匝间冲击耐电压试验；

e) 短时升高电压试验[已进行d)项试验，则可不进行本项试验]；

f) 发电机相序测定；

g) 冷态电压整定范围测定；

h) 冷态稳态电压调整率测定；

i) 空载特性测定(无刷发电机空载特性以励磁机励磁电流为横坐标)；

j) 稳态短路特性测定(无刷发电机短路特性以励磁机励磁电流为横坐标)；

k) 超速试验；

l) 耐电压试验。

5.4 凡遇下列情况之一者，必须进行型式试验：

a) 新产品试制完成时。

b) 当设计或工艺上的变更，足以引起某些特性和参数发生变化时。

c) 当检查试验结果和以前进行的型式试验结果发生不可容许的偏差时。

d) 成批生产的发电机定期抽试，每年抽试一次。500 kVA以上发电机可按同规格累计生产50台数抽试一次，或按相应产品标准规定进行。

型式试验每次至少一台。试验中如有一项不合格，则应从同一批发电机中另抽加倍台数对该项重试，如仍不合格，则该批发电机对该项进行逐台试验。

5.5 发电机型式试验项目如下：

a) 检查试验的全部项目；

b) 励磁机空载特性的测定；

c) 励磁机短路特性的测定；

d) 热态，空载及满载电压整定范围检查；

e) 热态稳态电压调整率测定；

f) 发电机在不对称负载工作时电压偏差程度的测定；

g) 瞬态电压调整率及恢复时间测定；

h) 温升试验及热态绝缘电阻的测定；

i) 效率测定；

j) 偶然过电流测定；

k) 过载试验；

l) 空载线电压谐波电压因数(*HVF*)的测定；

m) 线电压总谐波畸变量(*THD*)的测定(仅对300 kVA以上的发电机)；

n) 短路电流试验；

o) 三相短路机械强度试验；

p) 振动测定；

q) 噪声测定；

r) 端子无线电干扰电平的测定(仅对有此项要求的发电机)；

s) 绕组电抗及时间常数测定(仅对 500 kVA 以上发电机)；

t) 轴电压检查(仅对滑动轴承)。

注：b)、c)、r)、s)项仅在新产品试制完成时进行。

5.6 发电机的机械检查项目包括：

a) 轴承检查：发电机运行时，轴承应平稳轻快，无停滞现象。

b) 表面质量检查：发电机表面油漆应干燥完整，无污损、碰坏、裂痕等现象。发电机装配完整正确。

c) 安装尺寸及外形尺寸检查。

5.7 本标准 5.6 的 a)项和 b)项应每台检查，5.6 的 c)项可以进行抽查，抽查办法由制造厂制定。

5.8 本标准 5.3[其中 a)、d)两项除外]和 5.5 的 d)、e)、f)、h)、i)、j)、l)、m)、o)、s)、t)项的试验方法按 GB/T 1029—2005 进行。

5.9 本标准 5.3 的 d)项试验方法按本标准 4.23 所规定要求按 JB/T 9615.1—2000、JB/T 10098—2000、JB/T 5810—2007、JB/T 5811—2007 进行。

5.10 本标准 5.5 的 b)、c)、g)、k)、n)、r)项的试验方法应由发电机产品标准规定。

5.11 本标准 5.5 的 p)项按 GB 10068 的规定进行测定。当控制箱恰处在规定测点位置时，测点配置应由各发电机产品标准规定。

5.12 本标准 5.5 的 q)项按 GB 10069.1—2006 的规定进行测定。

5.13 本标准 5.6 的 c)项按 GB/T 4772.1—1999 或 GB/T 4772.2—1999 的规定进行测定。

5.14 发电机外壳防护等级的试验，40 ℃交变湿热试验可在产品结构定型和工艺有较大改变时进行，外壳防护等级的试验方法按照 GB/T 4942.1—2006 进行，40 ℃交变湿热试验按照 GB/T 12665—2008 进行。

5.15 发电机的并联运行试验在产品设计定型或设计参数、励磁系统变更时进行，亦可在与内燃机配套成机组后试验，试验方法按 GB/T 2820.6—1997 的规定或按各类产品标准规定的试验方法进行。

6 标志、包装和质量保证期

6.1 铭牌材料及铭牌上数据的刻划方法，应保证其字迹在发电机整个使用期内不易磨灭。

6.2 铭牌应牢固地固定在发电机机座的明显位置。铭牌上至少应标明的项目如下：

a) 制造厂名和出品编号、出品日期；

b) 发电机名称；

c) 相数；

d) 额定频率；

e) 额定转速；

f) 额定功率；

g) 额定电压；

h) 额定电流；

i) 接线方法；

j) 额定功率因数；

k) 额定励磁电压(或交流励磁机励磁电压)；

l) 额定励磁电流(或交流励磁机励磁电流)；

m) 绝缘等级；

n) 外壳防护等级；

o) 重量；

p) 标准编号。

6.3 发电机各绕组的出线端标志应直接刻在出线端(电缆头，接线装置)或用标号片标明，并同时刻在接线板上。应保证其字迹在发电机整个使用时期内不易磨灭，其标志按表8的规定。未作规定的出线端标志，按GB 1971—2006的规定。

表8

<table>
<tr><td>元件名称</td><td colspan="6">电枢绕组</td><td colspan="2">励磁绕组或无刷发电机励磁机的励磁绕组</td><td>谐波绕组</td><td>防冷凝加热器</td><td>温度检测元件</td><td>热保护元件</td></tr>
<tr><td rowspan="4">线端标志</td><td colspan="2"></td><td>中性点</td><td>第一相</td><td>第二相</td><td>第三相</td><td>正端</td><td>负端</td><td>首尾</td><td>—</td><td>—</td><td>—</td></tr>
<tr><td colspan="2">尾端按中性点引出</td><td>N</td><td>U</td><td>V</td><td>W</td><td rowspan="3">F1</td><td rowspan="3">F2</td><td rowspan="3">Z1,Z2</td><td rowspan="3">HE1,HE2</td><td rowspan="3">TC1,TC2,TC3</td><td rowspan="3">TB1,TB2,TB3</td></tr>
<tr><td rowspan="2">首尾都引出</td><td>首</td><td rowspan="2"></td><td>U1</td><td>V1</td><td>W1</td></tr>
<tr><td>尾</td><td>U2</td><td>V2</td><td>W2</td></tr>
</table>

6.4 发电机的轴伸平键须绑扎在轴上，轴伸、平键及凸缘的加工表面上应加防锈及保护措施。

6.5 发电机包装应能保证在正常的储运条件下不因包装不善而导致受潮与损坏。

6.6 包装箱外壁的文字和标志应清楚整齐，其内容如下：

a) 发货站及制造厂名称；

b) 收货站及收货单位名称；

c) 发电机名称、型号和出厂编号；

d) 发电机的净重及连同包装箱的毛重、出品日期；

e) 包装箱尺寸；

f) 在包装箱外的适当位置应有“小心轻放”“怕湿”等字样或图形。其图形应符合GB/T 191—2008的规定。

6.7 随机文件包括：

a) 使用维护说明书；

b) 产品合格证；

c) 用户需要的其他文件(应在合同中规定)；

d) 装箱清单。

6.8 在用户按照制造厂的使用说明书正确地使用与存放电机情况下，制造厂应保证在使用一年内，但自制造厂起运日期不超过两年的时间内(如合同中无其他规定时)能良好运行。如在此规定时间内因发电机制造质量不良而发生损坏或不正常工作时，制造厂应无偿地为用户修理、更换零件或发电机。

ICS 29.220.01
K 80

中华人民共和国国家标准

GB/T 20136—2006

内燃机电站通用试验方法

General method of test for electric power plant with internal combustion engines

2006-03-06 发布

2006-08-01 实施

中华人民共和国国家质量监督检验检疫总局
中国国家标准化管理委员会 发布

前　言

本标准的结构部分参照 MIL—STD—705C《美国军用规范　发动机驱动的发电机组试验方法》。在内容方面，本标准覆盖了所有国内相关电站标准中的全部试验项目，其中属 GB/T 2820.1～2820.6 的 17 项电气性能项目的试验方法在我国的电站标准中是首次规定。测量振动值和测量噪声级则直接分别采用 GB/T 2820.9 和 GB/T 2820.10 的方法。

本标准由中国电器工业协会提出。

本标准由兰州电源车辆研究所归口。

本标准由兰州电源车辆研究所负责起草。

本标准主要起草人：薛晨、王小平、王丰玉。

本标准为首次制定。

内燃机电站通用试验方法

1 范围

本标准规定了往复式内燃机驱动的工频(50 Hz)、中频(400 Hz)、双频(50 Hz、400 Hz)、直流、交直流发电机的内燃机电站(以下简称电站,含汽车电站、挂车电站、移动式发电机组、固定式发电机组)的试验方法。具体产品的检验项目由产品规范规定。

本标准适用于陆用和船用内燃机电站(发电机组)。

本标准不适用于航空或驱动陆上车辆和机车的电站(发电机组)。

2 规范性引用文件

下列文件中的条款通过本标准的引用而成为本标准的条款。凡是注日期的文件,其随后所有的修改单(不包括勘误的内容)或修订版均不适用于本标准,然而,鼓励根据本标准达成协议的各方研究是否可以使用这些文件的最新版本。凡是不注日期的文件,其最新版本适用于本标准。

GB/T 2423.16 电工电子产品基本环境试验 第2部分:试验J和导则:长霉(GB/T 2423.16—1999,idt IEC 60068-2-10:1988)

GB/T 2820.9—2002 往复式内燃机驱动的交流发电机组 第9部分:机械振动的测量和评价(ISO 8528-9:1995,MOD)

GB/T 2820.10—2002 往复式内燃机驱动的交流发电机组 第10部分:噪声的测量(包面法)(ISO 8528-10:1998,MOD)

JB/T 8194—2001 内燃机电站名词术语

3 术语和定义

JB/T 8194—2001 规定的术语和定义适用于本标准。

4 一般要求

试验的种类(ISO 标准功能试验和 ISO 标准验收试验)按制造厂和用户之间的书面协议。为了试验的顺利开展,这需要在产品规范中明确。对涉及到的试验项目,若制造厂和用户有协议或执行其他管理机构的指令性检查任务或有其他约定的协议时,该试验可按相应约定的内容进行。

5 详细要求

试验方法由七个系列组成:

系列 100 绝缘性能试验方法;

系列 200 构件性能试验方法;

系列 300 保护功能试验方法;

系列 400 电气性能试验方法;

系列 500 经济性能试验方法;

系列 600 环境试验方法;

系列 700 可靠性和维修性试验方法。

方法 101　测量绝缘电阻

101.1　**总则**

101.1.1　为使各独立电气回路对地及回路间的漏电最小，绝缘电阻必须尽可能高。

必须遵守安全规程，该测量中所用电压对人的生命是有危险的，与被测回路接触会引起严重的和可能致命的电击。高压线的布置要使其处于不会被人偶然接触的位置。所有的供电部分应保持整洁。在对设备进行任何机械的或电气的调节以前，应将试验电压降到零，且被测回路接地。被测回路接地时，应先将连接线接地，然后再接至回路。该测量应至少两人进行。电站的接地端子应可靠接地。

101.1.2　测量部位：各独立电气回路对地及回路间。

101.1.3　测量条件：冷态；热态。

101.2　**设备**

101.2.1　兆欧表 1 只。

101.2.2　兆欧表规格按表 101.1 选择。

表 101.1

被测回路额定电压/V	兆欧表规格/V	被测回路额定电压/V	兆欧表规格/V
低于 100	250	500～3 000	1 000
100～500	500	高于 3 000	2 500

101.3　**程序**

101.3.1　拆出被测回路(独立电气回路)。

电站的各回路呈现个性，无具体的细则在此给定。

101.3.2　从被测回路拆除或短接所有的半导体器件、电容器等。

101.3.3　测量由若干绕组构成的某一回路对地的绝缘电阻时，各绕组的引线可连接起来。

101.3.4　除被测回路外，其余的回路接地。

101.3.5　测量时回路中的各开关应处于接通位置。

101.3.6　按兆欧表使用说明书规定操作。

101.3.7　记录兆欧表指示稳定后的读数(表 101.2)。

101.3.8　对其他被测回路，重复上述程序。

101.3.9　绝缘电阻测量结束后，每个被测量的回路应对接地的机壳作电气连接使其放电。

101.4　**结果**

将结果同产品规范要求作比较。

101.5　**产品规范要求**

在产品规范(或合同)中应明确下列项目：

a)　冷态绝缘电阻值及其测量条件；

b)　热态绝缘电阻值及其测量条件；

c)　按本方法测量的回路。

表 101.2　测量绝缘电阻

兆欧表(型号)＿＿＿＿＿＿　　测量人员＿＿＿＿＿＿　　测量日期＿＿＿＿＿＿

状态	绝缘电阻/MΩ			环境温度 ℃	相对湿度 %	大气压力 kPa
	一次回路对地	二次回路对地	一、二次回路间			
冷态						
热态						

方法 102 耐电压试验

102.1 **总则**

102.1.1 各独立电气回路对地及回路间应能在规定时间内承受比正常工作电压高的试验电压而无损伤。

必须遵守安全规程，该试验中所用的电压对人的生命是有危险的，与被试引线或绕组接触会引起严重的和可能致命的电击。高压线的布置要使其处于不会被人偶然接触的位置。所有的供电部分应保持整洁。在对设备进行任何机械的或电气的调节以前，应将试验电压降到零，且被试回路接地。被试回路接地时，应先将连接线接地，然后再接至回路。该试验应由至少两人进行。电站的接地端子应可靠接地。

102.1.2 试验部位：各独立电气回路对地及回路间。

102.1.3 试验条件：出厂试验在冷态绝缘电阻测量符合要求的冷态下进行；型式试验和鉴定试验在热态绝缘电阻测量符合要求的热态下进行。

102.2 **设备**

可调交流高电压、限流的电源(耐电压试验装置)1台。

试验电源频率为 50 Hz，电压波形尽可能为实际正弦波，试验变压器的容量对每千伏试验电压不小于 1 kVA。

102.3 **程序**

102.3.1 拆出被试回路(独立电气回路)。

102.3.2 除特殊设计在产品规范中明确规定者外，将原动机的电气部分、半导体器件、电容器从回路中拆除或短接。

(适用时)将电刷从换向器和滑环处提起或拆除。

102.3.3 将耐电压试验装置可靠接地，将电站接地端子和非被试回路同点接地。

102.3.4 从耐电压试验装置连接高压引线至被试回路，使回路中的各开关处于接通位置。

进行回路对地耐电压试验时，试验电压加于被试回路与接地端子之间；进行回路间耐电压试验时，试验电压加与回路之间。

102.3.5 接通电源并以不超过试验电压全值的一半开始，然后以不超过全值的 5% 的电压值均匀地或分段地增加至全值，电压自半值增加至全值的时间不短于 10 s。

102.3.6 全值电压持续 1 min，然后开始降压，待电压降到全值的三分之一后切断电源。

102.3.7 将耐电压试验装置的高电压引线接地，使被试回路对地放电，并确信被试回路未带电。

102.3.8 拆下高电压引线，按上述程序对剩余回路进行耐电压试验，并均应确信非被试回路是可靠接地的。

102.3.9 试验过程中，若发现电压表指针摆动很大、电流表指示急剧增加、绝缘冒烟和放电声响等异常现象时，应立即降低电压，切断电源，对被试回路放电后再进行检查。

102.3.10 记录有关数据和情况(表 102.1)

102.4 **结果**

将结果同产品规范要求作比较。

102.5 **产品规范要求**

在产品规范(或合同)中应明确下列项目：

a) 试验电压值及其试验条件；

b) 按本方法试验的回路；

c) 不同于本方法的要求。

表 102.1 耐电压试验

试验人员__________ 试验日期__________

状　　态	试验电压/V			环境温度 ℃	相对湿度 %	大气压力 kPa
	一次回路对地	二次回路对地	一、二次回路间			
冷态□热态□						
试验结果						

方法201 检 查 外 观

201.1 总则

这是评定电站外观质量的重要依据。

201.2 设备

正常目力进行，不需设备。

201.3 程序

201.3.1 按表 201.1 规定内容进行，检查顺序不需规定。

201.3.2 记录有关情况(表 201.1)

201.4 结果

将结果同产品规范要求作比较。

201.5 产品规范要求

在产品规范(或合同)中应明确下列项目：

a) 合格要求；

b) 不同于本方法的要求。

表 201.1 检 查 外 观

检查人员__________ 检查日期__________

序 号	检 查 内 容	检 查 情 况	结 果	备 注
1	界限尺寸			
2	表面质量			
3	涂漆质量			
4	电镀质量			
5	铆接质量			
6	焊接质量			
7	活动部位			
8	紧固部位			
9	密封性能			
10	三漏情况			
11	电气安装			
12	技术文件			
13	备附件			
14	其他			

方法 202　检查成套性

202.1　**总则**

验收电站时一般应进行成套性的检查。

202.2　**设备**

根据协议进行，不需设备。

202.3　**程序**

202.3.1　检查整机配套是否满足要求。

202.3.2　检查备附件品种、数量是否齐全，规格是否满足要求。

202.3.3　检查随机文件种类、数量是否齐全，内容是否满足要求。

202.3.4　记录有关情况(表 202.1)

202.4　**结果**

将结果同产品规范要求作比较。

202.5　**产品规范要求**

在产品规范(或合同)中应明确下列项目：

a)　全套构件；

b)　全套备附件；

c)　全套随机文件。

表 202.1　检查成套性

检查人员________　　　　检查日期________

序　号	检　查　内　容	要　　求	结　果	备　注
1	原动机			
2	发电机			
3	控制屏			
4	备附件			
5	随机文件			
6	其他			

方法 203　检查标志和包装

203.1　总则

在进行功能试验和/或验收试验时一般应对电站进行标志和包装的检查。

203.2　设备

不需设备。

203.3　程序

203.3.1　检查定额牌是否符合规范；涉及内容是否符合要求；字符是否正确、清晰。

203.3.2　检查标志是否正确、明显。

203.3.3　检查包装是否符合要求；包装上涉及的标志是否正确、明显；字符是否正确、清晰。

203.3.4　记录有关情况（表 203.1）。

203.4　结果

将结果同产品规范要求作比较。

203.5　产品规范要求

在产品规范（或合同中）应明确下列项目：

a)　相应的产品标准对标志和包装的具体要求；

b)　不同于相应的产品标准对标志的要求；

c)　不同于相应的产品标准对包装的要求。

表 203.1　检查标志和包装

检查人员________________　　　　检查日期________________

序　号	检　查　内　容	要　　求	结　　果	备　　注
1	定额牌			
2	标志			
3	包装			

方法 204 测 量 质 量

204.1 总则

通常，电站应标明净质量，它是计算比质量(kg/kW)的依据之一。

204.2 设备

称重设备。

204.3 程序

204.3.1 电站装备齐全，电站未加燃油、机油和水(对水冷者)。

204.3.2 将电站置于称重设备上。

204.3.3 记录电站质量(kg 或 t)。

204.3.4 电站装备齐全，电站加足燃油、机油和水(对水冷者)。

204.3.5 重复 204.3.2 和 204.3.3。

204.3.6 记录有关数据和情况(表 204.1)。

204.4 结果

将结果同产品规范要求作比较。

204.5 产品规范要求

在产品规范(或合同)中应明确下列项目：

a) 电站质量；

b) 不同于本方法的要求。

表 204.1 测 量 质 量

称重设备最大量程________ kg(或 t)　　　称重设备误差________%

测量人员________________　　　测量日期________________

成套性	工　具	备附件	燃　油	机　油	冷却液	其　他
测量结果：　　kg						

方法 205　测量外形尺寸

205.1　**总则**

通常，电站应标明运输状态时的外形尺寸和工作状态时的外形尺寸，它是计算比功率（kW/m³）的依据之一。

205.2　**设备**

直尺或卷尺。

205.3　**程序**

205.3.1　电站装备齐全（对测量的外形尺寸不产生影响的构件可除外），使其处于运输状态。

205.3.2　用直尺或卷尺测量电站的外形尺寸。

205.3.3　记录有关状态及测量值（表 205.1）。

205.3.4　电站装备齐全（对测量的外形尺寸不产生影响的构件可除外），使其处于工作状态。

205.3.5　重复 205.3.2 和 205.3.3。

205.4　**结果**

将结果同产品规范要求作比较。

205.5　**产品规范要求**

在产品规范（或合同）中应明确下列项目：

a）　不同于本方法的要求；

b）　电站在运输状态时的外形尺寸和（或）工作状态时的外形尺寸。

表 205.1　测量外形尺寸

测量人员＿＿＿＿＿＿＿＿＿＿　　　　　　　　　　测量日期＿＿＿＿＿＿＿＿＿＿

序号	电站状态	要求（长×宽×高）/mm	结果（长×宽×高）/mm	备　注
1	运输状态			
2	工作状态			

方法 206　检查常温启动性能

206.1　**总则**

启动操作是否正确及启动能否成功，对电站和受电设备的安全及正常运行均有大的影响。

206.2　**设备**

206.2.1　秒表 1 只。

206.2.2　转速表 1 只或其他能测量转速的仪器。

206.3　**程序**

206.3.1　使电站处于常温冷态下。

206.3.2　选定电站配置的各种启动措施(不包括低温启动措施)中的一种。

206.3.3　按电站使用说明书的规定启动电站。

206.3.4　记录启动“成功”或“不成功”、启动成功的启动时间和启动转速(表 206.1)。

206.3.5　在确认启动“成功”或“不成功”之后，按电站使用说明书规定停机。

206.3.6　停机满 2 min 后，再按 206.3.3～206.3.5 重复 2 次。

206.4　**结果**

将结果同产品规范要求作比较。

206.5　**产品规范要求**

在产品规范(或合同)中应明确下列项目：

a)　应检查的启动方式；

b)　应启动的次数和启动成功的次数；

c)　(若需要)启动、停机的时间限值。

表 206.1　检查常温启动性能

检查人员＿＿＿＿＿＿＿＿　　　　检查日期＿＿＿＿＿＿＿＿

启动方式	启动次数(序号)	启动时间 s	启动转速 r/min	启动前机油温度 ℃	启动结果	环境温度 ℃	相对湿度 %	大气压力 kPa

方法 207 检查低温启动措施

207.1 总则

电站配置的低温启动措施(包括冷启动措施和预热启动措施)应能正常工作。

207.2 设备

不需另置设备。

207.3 程序

207.3.1 将电站置于规定的温度环境中(允许在常温下)。

207.3.2 检查低温启动装置的电路、管路、油路等是否畅通。

207.3.3 按使用说明书规定进行操作,确认低温启动措施是否正常工作。

207.3.4 记录有关数据和情况(表 207.1)

207.4 结果

将结果同产品规范要求作比较。

207.5 产品规范要求

在产品规范(或合同)中应明确下列项目:

a) 低温启动措施的具体要求;

b) 不同于本方法的要求。

表 207.1 检查低温启动措施

检查人员__________ 检查日期__________

启动措施		电 路	油 路	管 路	环境温度 ℃	相对湿度 %	大气压力 kPa	备注
冷启动								
预热启动								

方法 208 检 查 相 序

208.1 总则

三相电站输出端相序接反会造成电动机反转或过电流冲击,危及人身安全,可能导致设备损坏。

208.2 设备

相序指示器一只。

208.3 程序

208.3.1 将电站一种电压连接方式的输出端子分别与相序指示器的对应端子连接。

208.3.2 启动电站,并使其处于空载、额定电压和额定频率下。

208.3.3 接通电路断路器,观察相序指示器。

208.3.4 记录相序指示器的指示(表 208.1)。

208.3.5 对其他电压连接方式,重复 208.3.1～208.3.4。

208.4 结果

将结果同产品规范要求作比较。

208.5 产品规范要求

在产品规范(或合同)中应明确下列项目:

a) 相序;

b) 不同于本方法的要求。

表 208.1 检 查 相 序

检查人员＿＿＿＿＿＿＿＿＿＿＿ 检查日期＿＿＿＿＿＿＿＿＿＿＿

相序指示器型号	电站类别	要 求	结 果
	工频		
	中频		

方法209 检 查 照 度

209.1 总则

通常，移动电站的某些部位应保证必要的照度。

209.2 设备

209.2.1 测量负载状况和有关环境参数的设备1套。

209.2.2 照度计。

209.3 程序

209.3.1 蓄电池电源照明

209.3.1.1 电站处于停机状态，接通蓄电池做电源的所有照明装置，确认照明装置均正常工作。

209.3.1.2 用照度计测量各检查部位表面的照度。

209.3.1.3 记录有关数据和情况(表209.1)。

209.3.2 电站电源照明

209.3.2.1 启动电站，并使其处于空载、额定电压和额定频率下。

209.3.2.2 断开用蓄电池做电源的所有照明装置，接通电站做电源的所有照明装置，确认照明装置均正常工作。

209.3.2.3 重复209.3.1.2和209.3.1.3。

209.3.3 蓄电池和电站同时作为电源照明

209.3.3.1 同时接通蓄电池做电源和电站做电源的所有照明装置，确认照明装置均正常工作。

209.3.3.2 重复209.3.1.2和209.3.1.3。

209.4 结果

将结果同产品规范要求作比较。

209.5 产品规范要求

在产品规范(或合同)中应明确下列项目：

a) 要求的检查部位及照度，lx；

b) 不同于本方法的要求。

表209.1 检 查 照 度

检查仪器__________

检查人员__________ 检查日期__________

照明的供给电源	检查部位	照度要求/lx	结果/lx	备 注
蓄电池				
电站				
蓄电池和电站				

方法 210　检查控制屏各指示装置

210.1　总则

为判定电站运行正常，防止运行参数超过允许值或出现其他问题，电站控制屏各指示装置应正常工作。

210.2　设备

标准表（电流表、电压表、频率表、功率表、功率因数表）1套。

210.3　程序

210.3.1　检查控制屏仪表准确度。

210.3.1.1　确认外设标准表接线无误。

210.3.1.2　启动并调整电站在空载、额定电压和额定频率下。

210.3.1.3　同时读出控制屏仪表和外设标准表的读数。

210.3.1.4　（若有一种频率调整装置）降低频率至控制屏频率表动作范围的低限值，同时记录控制屏仪表和外设标准表的读数。

210.3.1.5　（若有一种频率调整装置）升高频率至控制屏频率表动作范围的高限值，同时记录控制屏仪表和外设标准表的读数。

210.3.1.6　使电站在额定电压、额定频率、额定功率因数、负载分别为25%、50%、75%、100%额定负载下稳定运行，重复210.3.1.3和210.3.1.4。

210.3.1.7　记录有关数据和情况（表210.1）。

210.3.2　检查其他指示装置工作情况。

210.3.2.1　按具体设置项目进行一般性检查。

210.3.2.2　逐项记录检查结果（表210.1）。

210.4　结果

210.4.1　计算控制屏仪表准确度（%）（基本误差）：

$$\text{准确度} = \frac{\text{控制屏仪表读数} - \text{外设标准表读数}}{\text{控制屏仪表满标度值}} \times 100\% \quad \cdots\cdots\cdots\cdots\cdots (210.1)$$

注：满标度值：

对单向标度尺的仪表为标度尺工作部分上量限；

对无零标度尺的仪表为标度尺工作部分上下量限差；

对双向标度尺的仪表为标度尺工作部分两上量限绝对值之和。

210.4.2　将计算结果同产品规范要求作比较。

210.4.3　将其他指示装置工作情况的检查结果同产品规范要求作比较。

210.5　产品规范要求

在产品规范（或合同）中应明确下列项目：

a）　控制屏仪表的准确度；

b）　对外设标准表的准确度要求；

c）　控制屏仪表与对外设标准表对比的电站工况；

d）　不同于本方法的要求。

表 210.1 检查控制屏各指示装置

检查人员＿＿＿＿＿＿＿＿　　　　　　　　　　　　　　　　检查日期＿＿＿＿＿＿＿＿

负载(额定负载的百分数) %	电压/V (任取一相)		电流/A (任取一相)		功率/kW		频率/Hz		各信号装置工作情况
	控制屏表满标度值		控制屏表满标度值		控制屏表满标度值		控制屏表满标度值		
	控制屏表读数	外接表读数	控制屏表读数	外接表读数	控制屏表读数	外接表读数	控制屏表读数	外接表读数	
0									
25									
50									
75									
100									
控制屏仪表准确度 %									
注：对于交流电站，电流、电压读数同取任一相的。									

方法 211　检查自动维持准备运行状态

211.1　总则

为确保自动化电站的应急带载功能，自动化电站应能自动维持准备运行状态。

211.2　设备

不需另置设备。

211.3　程序

211.3.1　检查润滑情况。

211.3.2　检查预热情况。

211.3.3　检查启动装置。

211.3.4　记录有关数据和情况(表 211.1)。

211.4　结果

将结果同产品规范要求作比较。

211.5　产品规范要求

在产品规范(或合同)中应明确下列项目：

a)　自动维持准备运行状态的具体要求；

b)　不同于本方法的要求。

表 211.1　检查自动维持准备运行状态

检查人员＿＿＿＿＿＿＿＿　　　　　　　　　　　　　　　　检查日期＿＿＿＿＿＿＿＿

序号	检查内容	要　求	结　果	备　注
1	润滑情况			
2	预热情况			
3	启动装置			

方法 212 检查自动启动成功率

212.1 总则

自动化电站具有较高的自动启动成功率。

212.2 设备

市电。

212.3 程序

212.3.1 使电站成套、完好、处于准备运行状态。

212.3.2 人为地中断市电供电，使电站自动启动。

212.3.3 自动启动成功后，按方法 410 中的 410.6 突加负载，并使电站运行 1 min。

212.3.4 人为地接通市电，使电站自动停机。

212.3.5 停机满 5 min，重复 212.3.2～212.3.4。

212.3.6 重复 212.3.1～212.3.5(共进行产品规范规定的次数)。

212.3.7 记录：进行自动启动的次数；标明自动启动"成功"或"不成功"；每次中断市电供电至电站开始供电的时间；每次自动启动的周期时间(表 212.1)。

212.4 结果

将结果同产品规范要求作比较。

212.5 产品规范要求

在产品规范(或合同)中应明确下列项目：

a) 自动启动成功率；

b) 不同于本方法的要求。

表 212.1 检查自动启动成功率

检查人员____________ 检查日期____________

程序时间 h-min	启动次数(序号)	启动结果	启动时间 s	周期时间 min	功率 kW	水温 ℃	油温 ℃	油压 kPa	环境温度 ℃	相对湿度 %	大气压力 kPa	备注

方法 213 检查自动启动供电和自动停机

213.1 **总则**

按产品规范规定进行下述之一或全部内容。

213.1.1 按自控或遥控启动指令的自启动供电。

213.1.2 市电电网中断供电时的自启动供电。

213.1.3 市电电网电压下降至规定值时的自启动供电。

214.1.4 市电电网恢复正常供电后的自动停机。

214.1.5 传递启动指令。

213.2 **设备**

市电。

213.3 **程序**

213.3.1 向自动启动机构发出自动启动指令(分别为自控或遥控启动指令:1.模拟市电电网中断供电;2.模拟市电电网电压下降至规定值),观察电站是否自动启动,升速,建压,合闸,供电。

213.3.2 在功率因数 1.0、50%额定电流下运行 1 min。

213.3.3 向自动停机机构发出停机指令(模拟市电电网恢复正常供电),观察电站是否按规定停机,并自动转换为市电电网供电。

213.3.4 再按 213.3.1～213.3.3 重复 2 次。

213.3.5 重新自动启动电站 3 次,均人为地使其失败,观察程序启动系统是否将启动指令传递给另一台备用电站。

213.3.6 记录:发出启动指令至供电的时间;停机延迟时间;传递启动指令的情况;其他有关内容(表213.1)。

213.4 **结果**

将结果同产品规范要求作比较。

213.5 **产品规范要求**

在产品规范(或合同)中应明确下列项目:

a) 启动要求;

b) 停机要求(含停机方式和停机延迟时间);

c) 传递启动指令要求;

d) 发出启动指令至供电的时间;

e) 带载运行要求;

f) 不同于本方法的要求。

表 213.1 检查自动启动供电和自动停机

检查人员____________ 检查日期____________

程序时间 h-min	启动指令(方式)	启动结果	负载(额定负载的百分数) %	功率因数	发出启动指令至供电的时间 s	运行正常否	停机指令(方式)	停机结果	停机延迟时间 s	传递启动指令情况	备注

方法 214 检查自动补充电

214.1 总则

自动化电站应能对其蓄电池自动补充电。

214.2 设备

市电。

214.3 程序

214.3.1 启动并整定电站在额定工况下稳定运行。

214.3.2 检查充电装置是否自动给匮电的蓄电池(若蓄电池电量足应先行放电)充电，当蓄电池充足电后应自动停止充电。

214.3.3 在 214.3.2 利用电站电源充电的过程中，使电站停机，检查充电装置是否能正常地切换为市电作为电源给蓄电池充电。

214.3.4 记录有关数据和情况(表 214.1)。

214.4 结果

将结果同产品规范要求作比较。

214.5 产品规范要求

在产品规范(或合同)中应明确下列项目：

a) 自动补充电的具体要求；

b) 不同于本方法的要求。

表 214.1 检查自动补充电

充电装置(型号)________ 检查人员 检查日期________

程序时间 h-min	充电方式	充电装置情况	充电情况	蓄电池电解液温度/℃				备注
				第 2 节	第 5 节	第 8 节	第 11 节	
	电站电源充电							
	市电电源充电							
	停止充电							

方法215　检查自动补充气

215.1　总则

对于采用气启动的自动化电站应能自动补充气。

215.2　设备

不需专用设备。

215.3　程序

215.3.1　启动并整定电站在额定工况下稳定运行。

215.3.2　检查充气装置是否工作正常。

215.3.3　人为给储气瓶泄气降压，当降低到某一规定的自动充气气压时，观察电站充气装置是否能自动给储气瓶补充气；当储气瓶气压达到某一规定的饱和气压时，观察电站充气装置是否能自动停止向储气瓶补充气。

215.3.4　记录有关数据和情况（表215.1）。

215.4　结果

将结果同产品规范要求作比较。

215.5　产品规范要求

在产品规范（或合同）中应明确下列项目：

a）　自动补充气的具体要求；

b）　不同于本方法的要求。

表215.1　检查自动补充气

充气装置（型号）________　　检查人员________　　检查日期________

程序时间 h-min	充气装置情况				备注
	充气前气压 kPa	充气后气压 kPa	工作前	工作后	

方法 216　检查自动补给燃油

216.1　**总则**

自动化电站应能自动补给燃油。

216.2　**设备**

不需另置设备。

216.3　**程序**

216.3.1　人为降低燃油油位。

216.3.2　检查油位低于规定值时燃油补给装置是否自动补给燃油，并且当油位达到规定的上限值时燃油补给装置能否自动结束工作。

216.3.3　记录有关数据和情况(表 216.1)。

216.4　**结果**

将结果同产品规范要求作比较。

216.5　**产品规范要求**

在产品规范(或合同)中应明确下列项目：

a)　自动补给燃油的具体要求；

b)　不同于本方法的要求。

表 216.1　检查自动补给燃油

燃油补给装置(型号)____________　　检查人员____________　　检查日期____________

程序时间 h-min	燃油补给装置状况	保证工作的任一油位	人为降低后的油位	燃油补给装置开始工作的油位规定值	燃油补给装置结束工作的油位规定值	自动补给结束后的实际油位	备　注

方法 217　检查手动控制

217.1　**总则**

对于自动化电站，应检查手动预润滑(必要时)；手动启动和停机；手动调频和调压；手动供电和停电；手动并联和解列(要求时)。

217.2　**设备**

检测仪表一套。

217.3　**程序**

按电站使用说明书规定的方法进行并作记录(表 217.1)。

217.3.1　进行手动预润滑，记录能否成功。

217.3.2　进行手动启动，记录能否成功。

217.3.3 启动成功后,手动接通供电电路,记录能否可靠供电。

217.3.4 手动断开供电电路,记录能否可靠断电。

217.3.5 手动停机,记录能否可靠停机。

217.3.6 启动并整定电站在额定工况下稳定运行,记录有关参数;将调频调压装置置于手动位置,记录稳定电压和稳定频率;减负载至50%额定负载,记录稳定电压和稳定频率;调整电压和频率,使其尽可能接近额定值,记录稳定电压和稳定频率。

217.3.7 分别启动待并联的2台电站,并分别整定至额定电压、额定频率和75%额定负载(允许功率因数为1.0),按产品规范规定的方法进行手动并联,观察有否异常现象,记录并联成功与否及有关情况。

按产品规范规定的方法进行手动解列,记录能否可靠解列及有关情况。

217.4 结果

将结果同产品规范要求作比较。

217.5 产品规范要求

在产品规范(或合同)中应明确下列项目:

a) 手动控制的项目;

b) 不同于本方法的要求。

表 217.1 检查手动控制

检查人员____________　　　　检查日期____________

序号	项　目	检 查 结 果	备　注
1	预润滑		
2	启动		
3	供电		
4	断电		
5	调频		
6	调压		
7	并联		
8	解列		
9	停机		
10	其他		

方法 218　检查行车制动性能

218.1　总则

为了保证行车安全，应检查汽车电站和挂车电站的行车制动性能，用制动距离衡量。

218.2　设备

218.2.1　平坦、干燥、清洁、坡度不大于±1%的硬路面(沥青或水泥路面)。

218.2.2　挂车电站用牵引车。

218.2.3　五轮仪或标杆(测制动距离)。

218.3　程序

218.3.1　环境温度不低于 0℃；电站装备齐全，油、水加足；车辆的调整状况符合该车辆规范规定；制动系的传动系统无任何漏泄现象；挂车电站用牵引车符合设计要求；每次制动试验前制动衬片的初始温度不高于 95℃。

218.3.2　使电站行驶(或被牵引)至规定路面的路段，电站在规定路面上以 20 km/h 或 30 km/h 的速度等速行驶(或被牵引)至测量路段起点，按试验员口令以最大减速度制动停车(气压制动系统气压不大于额定工作气压，液压制动系统踏板力小于 700 N)。

往返各 1 次。

218.3.3　记录制动初速度、制动减速度、制动距离、(挂车电站行车制动)偏离量(表 218.1)。

制动初速度在规定的±10%范围内，制动距离按下式校正：

$$L = L'\left(\frac{V}{V'}\right)^2 \qquad (218.1)$$

式中：

L——校正的制动距离，单位为米(m)；

L'——测定的制动距离，单位为米(m)；

V——规定的初速度，单位为米每秒(m/s)；

V'——测定的初速度，单位为米每秒(m/s)。

218.4　结果

将结果同产品规范要求作比较。

218.5　产品规范要求

在产品规范(或合同)中应明确下列项目：

a)　制动距离；

b)　挂车电站行车制动偏离量；

c)　挂车电站的牵引车；

d)　不同于本方法的要求。

表 218.1 检查行车制动性能

汽车电站底盘(型号)________________　　环境温度________________℃
汽车发动机(型号)________________　　相对湿度________________%
汽车电站总质量________________kg　　大气压力________________kPa
挂车电站总质量________kg　载荷分配:________　前轴________kg　后轴________kg
牵引车(型号)________　牵引车总质量________kg　使用的制动液________________
路面状况________________　　检查地点________________
检查人员________________　　检查日期________________

试验序号	行驶方向	初速度			测定的制动距离 m	校正的制动距离 m	减速度 m/s²	管路压力 kPa	制动衬片初始温度 ℃	备注
		距离 m	时间 s	测定的初速度 km/h						

方法 219 检查驻车制动性能

219.1 总则

为了保证挂车电站在规定坡道上驻车安全，应检查其驻车制动性能。

219.2 设备

219.2.1 坡度满足要求且干燥、平直的硬坡道。

219.2.2 挂车电站用牵引工具（或车）。

219.3 程序

219.3.1 环境温度不低于0℃；电站装备齐全，油、水加足；车辆的调整状况符合该车辆规范规定；制动系的传动完好；当电站与牵引工具（或车）脱离时不能制动的保安措施。

219.3.2 将电站牵引至满足要求的坡道上。

219.3.3 以不大于490 N的力将挂车电站的手制动杆拉到极限位置，然后使其脱离牵引车，观察电站5 min，判断是否移动。

使挂车电站处于上下坡方向，按此方法各进行一次。

检查单轴挂车电站的手制动性能时，牵引环所处的位置：在上坡方向允许落地，下坡方向（环杆）与坡面平行。

219.3.4 记录有关数据和情况（表219.1）。

219.4 结果

将结果同产品规范要求作比较。

219.5 产品规范要求

在产品规范（或合同）中应明确下列项目：

a) 驻车制动坡度；

b) 不同于本方法的要求。

表 219.1 检查驻车制动性能

电站总质量________ kg　　　环境温度______ ℃

载荷分配：______　　前轴______ kg　　后轴______ kg　　相对湿度______ %

牵引车（型号）______　　牵引车总质量______ kg　　大气压力______ kPa

路面状况______　　坡度______　　检查地点______

检查人员______　　　检查日期______

方　位	检　查　结　果	备　注
上坡		
下坡		

方法 301 检查绝缘监视装置

301.1 总则

通常，应检查三相移动电站的绝缘监视装置是否可靠。

301.2 设备

使绝缘水平降低的器具。

301.3 程序

301.3.1 启动并整定电站在空载、额定电压和额定频率下运行。

301.3.2 检查绝缘监视装置是否正常。

例：见图 301.1，三只氖灯（$n_1 \sim n_3$）一样亮。

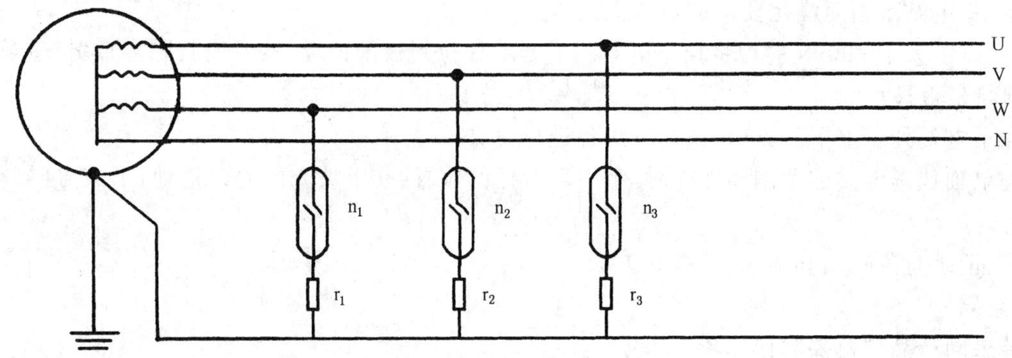

图 301.1

310.3.3 人为地使绝缘水平低于规定值。

310.3.4 记录绝缘监视装置的状况及降低的绝缘水平等有关情况（表 301.1）。

310.4 结果

将结果同产品规范要求作比较。

301.5 产品规范要求

在产品规范（或合同）中应明确下列项目：

a） 绝缘监视方式；

b） 不同于本方法的要求。

表 301.1 检查绝缘监视装置

绝缘监视方式______ 检查人员______ 检查日期______

程序时间 h-min	电流 A	电压/V			频率 Hz	绝缘监视信号（指示情况）	备注
		U_{uv}	U_{vw}	U_{wu}			

方法 302 测量接地电阻

302.1 总则

中性点绝缘的移动电站一般设有接地器，并要求接地电阻不大于 50 Ω，以保证人身安全。

302.2 设备

接地电阻测量仪一台。

302.3 程序

302.3.1 测量地段无金属管道、电缆敷设，测量时并非处于雨天或刚下过雨后的天气。

302.3.2 按接地电阻测量仪使用说明书规定的方法，正确布置与连接接地电阻测量仪，电站用接地器，辅助接地体（探针）。

例：见图 302.1

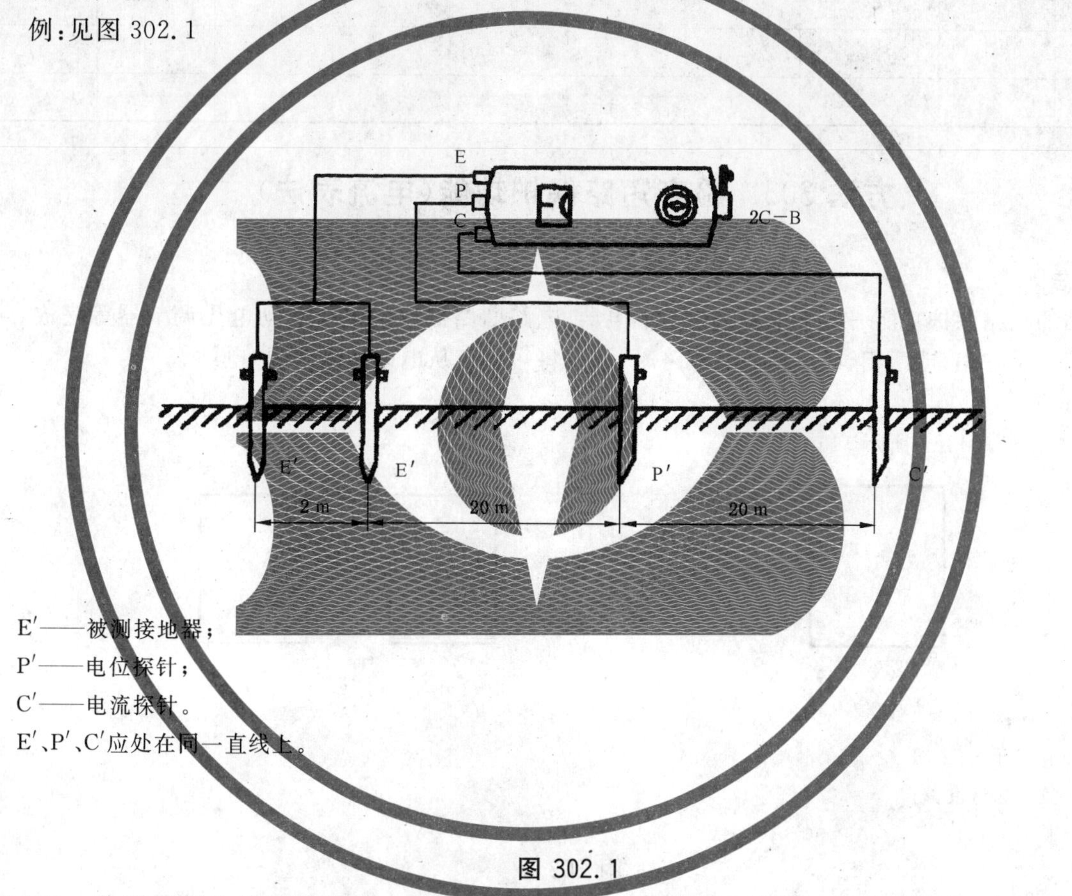

E′——被测接地器；

P′——电位探针；

C′——电流探针。

E′、P′、C′应处在同一直线上。

图 302.1

302.3.3 分别在每个接地体接地点周围浇注 20 kg 含盐量为 2% 的盐水以改善接地体与土壤间的接触。

302.3.4 按接地电阻测量仪使用说明书的规定进行操作。

302.3.5 记录接地电阻值及有关情况（表 302.1）

302.4 结果

将结果同产品规范要求作比较。

302.5 产品规范要求

在产品规范（或合同）中应明确下列项目：

a) 接地电阻值；

b) 不同于本方法的要求。

表 302.1 测量接地电阻

测量仪器(型号及名称)____________________ 测量地点____________________

测量人员____________________ 测量日期____________________

接地器			环境条件					电阻值 Ω	备注
类别	根数	每根尺寸 (直径×长) mm	土质	天气	环境温度 ℃	相对湿度 %	大气压力 kPa		

方法 303 检查短路保护功能(电流表法)

303.1 总则

电站的短路保护功能一般可用短路保护继电器、电路断路器或发电机自动电压调节器等完成。当电站外部发生三相、或两相、或单相突然短路时,应能将短路点从电站切除,保护电站。

303.2 设备

303.2.1 按图 303.1 所示。

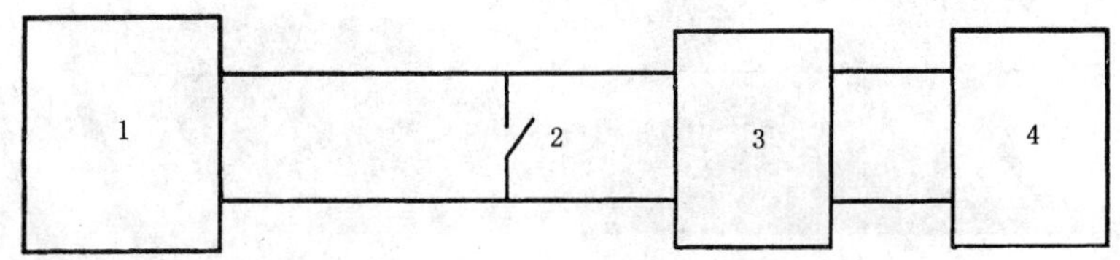

1——电站;

2——短路开关;

3——负载测量设备;

4——额定负载。

图 303.1

303.2.2 电缆:电站输出端至短路开关的电能输出电缆长度和截面积:按产品规范规定。

303.3 程序

303.3.1 检测线路无误。

303.3.2 启动并整定电站在空载、95%额定电压、额定频率下运行。

303.3.3 用钳形电流表测量短路电流,从短路开关接通开始至短路保护装置动作止的时间用秒表测量。

303.3.4 接通短路开关,进行三相突然短路。

若短路保护装置在规定的时间内未动作,应立即解除短路,并作记录。

303.3.5 重复 303.3.1~303.3.4,接通短路开关,分别进行两相突然短路和单相突然短路。

303.3.6 对于在产品规范中规定的各种电压连接方式和频率,重复 303.3.1~303.3.5。

303.3.7 记录有关数据和情况(表 303.1)。

303.4　结果

将结果同产品规范要求作比较。

303.5　产品规范要求

在产品规范(或合同)中应明确下列项目：

a）短路故障显示器要求；

b）使用本方法的电压连接方式和频率；

c）不同于本方法的要求。

表 303.1　检查短路保护功能(电流表法)

输出电缆(长度及截面积)____________　短路保护措施(型号及名称)____________

检查人员__________　检查地点__________　检查日期__________

空载电压 V	空载频率 Hz	短路方式	检 查 结 果	备 注
		单相短路		
		两相短路		
		三相短路		
		直流		

方法 304　检查短路保护功能(示波器法)

304.1　总则

电站的短路保护功能一般可用短路保护继电器、电路断路器或发电机自动电压调节器等完成。当电站外部发生三相、或两相、或单相突然短路时,应能将短路点从电站切除,保护电站。

304.2　设备

304.2.1　按图 304.1 所示。

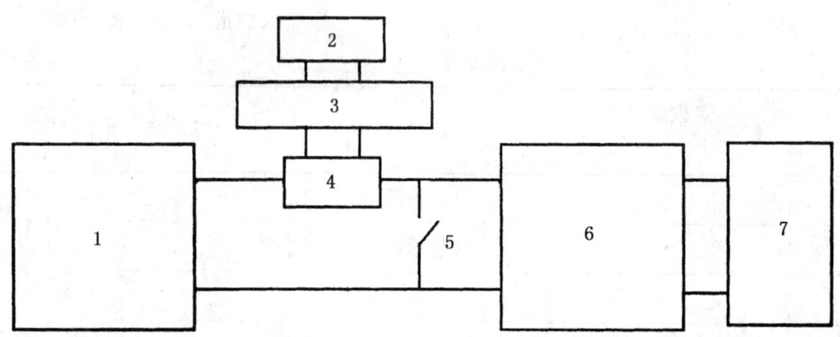

1——电站;

2——示波器;

3——检流计电路;

4——分流器;

5——短路开关;

6——负载测量设备;

7——额定负载。

图 304.1

304.2.2　电缆:电站输出端至短路开关的电能输出电缆长度和截面积:按产品规范规定。

304.3　程序

304.3.1　检测线路无误。

304.3.2　启动并整定电站在额定负载、额定电压、额定频率下运行。

304.3.3　调节峰对峰额定电流幅度到最小 12 mm。示波器时标按 50 Hz 定时迹线,记录纸速度按电流波形各峰清晰明显进行选择。

304.3.4　记录一部分作为标定的稳定负载电流;在同样的负载状况下,记录所有测量仪表的读数;用示波器拍摄记录稳态电流。

304.3.5　接通短路开关,进行三相突然短路。

若短路保护装置在规定的时间内未动作,应立即解除短路,并作记录。

304.3.6　重复 304.3.1～304.3.4,接通短路开关,分别进行两相突然短路和单相突然短路。

304.3.7　对于在产品规范中规定的各种电压连接方式和频率,重复 304.3.1～304.3.6。

304.3.8　记录有关数据和情况(表 304.1)。

304.4　结果

304.4.1　利用短路波形图(见图 304.2)确定接通短路开关至短路保护装置动作的时间。

据图 304.2 可求出电路断路器 9 个周波动作的时间为:

$$9\times\frac{1}{50}=0.18(\mathrm{s})$$

304.4.2　利用电流迹线峰对峰幅度和短路作用周期前的电流表稳定读数计算短路负载电流。

据图 304.2 可求出短路负载电流为：

$$\frac{61}{7.6} \times 52 = 417(\text{A})$$

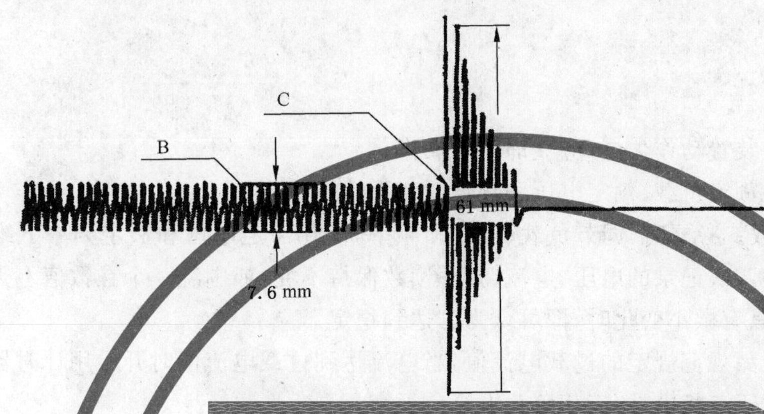

A——50 Hz 定时迹线；

B——额定负载电流 52 A；

C——进行短路。

图 304.2

304.4.3 将在各种电压连接方式和频率下的各种短路结果同产品规范要求作比较。

304.5 产品规范要求

在产品规范(或合同)中应明确下列项目：

a) 短路后，短路保护装置动作的时间；

b) 短路电流值；

c) 短路故障显示器要求和短路保护装置延时时间；

d) 使用本方法的电压连接方式和频率；

e) 不同于本方法的要求。

表 304.1 检查短路保护功能(示波器法)

输出电缆(长度及截面积)__________ 短路保护措施(型号及名称)__________

检查人员__________ 检查地点__________ 检查日期__________

电压 V	频率 Hz	短路方式	检查结果	备注
		单相短路		
		两相短路		
		三相短路		
		直流		

方法 305 检查过载保护功能

305.1 总则

过载保护装置是一种过电流保护设施，当电站持续承受过载电流(三相电站为三相平衡过载电流)时，应能按要求保护电站。

305.2 设备

负载测量设备1套。

305.3 程序

检查过程中，若过载保护装置动作失灵，应立即手动操作。

305.3.1 启动并整定电站在额定负载、额定电压和额定频率下运行。

每隔5 min记录有关读数。必要时，调节负载、电压和频率，使在额定电压和额定频率下维持额定负载，并作相应记录。当连续四次记录的电压、电流、频率读数保持不变，或围绕一个在数值上无明显的持续增大或减小的平衡状态只有微小变化时，即可认为已达到稳定。

305.3.2 增加负载电流到产品规范规定的过载电流值，当电流达到过载电流值时开始用计时器计时。

使负载电流保持不变，对于三相电站，三相负载电流应平衡。

305.3.3 观察过载保护装置是否动作。

305.3.4 记录所有负载测量仪表的读数和过载保护装置动作的时间，(若有故障显示器)检查并记录其指示(表305.1)。

305.3.5 对于在产品规范中规定的各种电压连接方式和频率，重复305.3.1～305.3.4。

305.4 结果

将结果同产品规范要求作比较。

305.5 产品规范要求

在产品规范(或合同)中应明确下列项目：

a) 过载量；

b) 允许的过载时间；

c) 过载保护装置的动作时间；

d) 过载故障显示器要求；

e) 不同于本方法的要求。

表 305.1 检查过载保护功能

过载保护装置(型号及名称)__________　　　　过载电流值__________A

检查人员__________________________　　　　检查日期______________

负载(额定负载的百分数) %	电流 A			功率 kW			电压 V			频率 Hz	功率因数	动作时间 s	故障显示器指示情况	观察
	I_1	I_2	I_3	P_1	P_2	P_3	U_{UV}	U_{VW}	U_{WU}					

方法 306　检查逆功率保护功能

306.1　**总则**

电站有可能从连接的“母线”上吸收过大的功率，为了避免这种现象的出现，应提供可正常动作的逆功率保护装置。

对要求并联运行的三相电站，应检查其逆功率保护装置的可靠性。

306.2　**设备**

306.2.1　用作“母线”的电站(可用同型号的电站)1台。

306.2.2　负载测量设备2套。

306.3　**程序**

306.3.1　启动并整定用作“母线”的电站(2号电站)在额定电压、额定频率和75%额定负载下运行15 min。

记录测量仪表的读数，并以此作为检查逆功率保护的基点。

306.3.2　启动并整定被检电站(1号电站)在额定电压、额定频率和空载下运行。

306.3.3　按电站使用说明书的规定将1号电站与2号电站并联。

306.3.4　调整1号电站的频率，直到逆功率保护装置动作。

使1号电站与2号电站解列。

记录逆功率保护装置动作瞬时的负载功率表读数。

306.3.5　(若采用)记录故障显示器的工作情况。

306.3.6　再按306.3.1～306.3.5重复2次。

306.3.7　对于在产品规范中规定的各种电压连接方式和频率，重复306.3.1～306.3.5。

注：可用模拟法试验逆功率保护功能。

306.3.8　记录有关数据和情况(表306.1)。

306.4　**结果**

306.4.1　将306.3.4中3只功率表读数的算术平均值减去306.3.1中3只功率表读数的算术平均值即为逆功率保护装置动作所必须的逆功率，取三次计算值的算术平均值作为结果。

306.4.2　将结果同产品规范要求作比较。

306.5　**产品规范要求**

在产品规范(或合同)中应明确下列项目：

a)　逆功率保护装置动作时的最大允许逆功率；

b)　(若采用)逆功率故障显示器的要求；

c)　使用本方法的电压连接方式和频率；

d)　不同于本方法的要求。

表306.1　检查逆功率保护功能

逆功率保护装置(型号及名称)________　　检查人员________　　检查日期________

电站编号	电流 A			功率 kW			电压 V			频率 Hz	功率因数	逆功率值 kW	故障显示器指示情况
	I_U	I_V	I_W	P_1	P_2	P_3	U_{UV}	U_{VW}	U_{WU}				

方法 307 检查过电压保护功能

307.1 总则

若电站出现某种过电压，电压保护电路控制电路断路器使负载脱离故障电站。

307.2 设备

307.2.1 按图 307.1 所示。

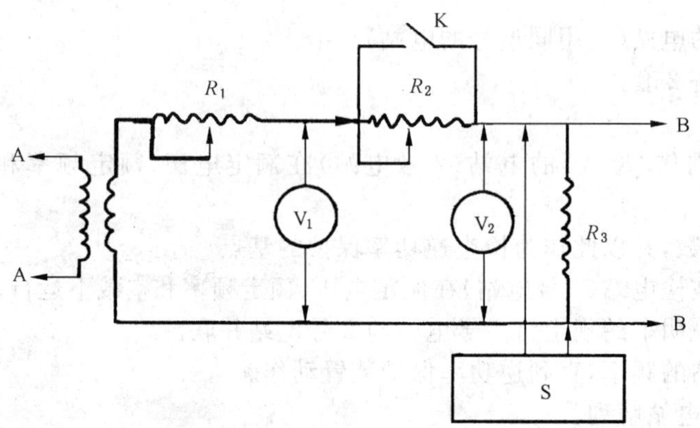

A—A——来自发动机输出端；

B—B——至电压保护器；

R_1、R_2——电阻，根据变压器的输出电压和电压保护电路的输入阻抗确定；

S——示波器。

图 307.1

307.2.2 将频率计连接至电站的输出端子。

307.3 程序

307.3.1 启动并整定电站在空载、额定频率下运行。

307.3.2 按图所示，接通开关 K，调节电阻 R_1，使电压表(V_1)读数为产品规范中规定的过电压值。

若电站有停机保护或发电机在某一过电压下失磁，应使其暂不起作用，确保电路断路器不脱扣。

307.3.3 分断开关 K，使过电压电路复位，调节电阻 R_2，直到电压表(V_2)示出额定电压为止。

307.3.4 重复 307.3.2 和 307.3.3，确信对规定过电压和额定电压的调节是正确的。

307.3.5 调定示波器记录纸速度，使各波峰清晰明显；调节 50 Hz 定时迹线峰对峰幅度至少为 25 mm。

307.3.6 在电站运行、电路断路器分断的情况下，读出并记录 V_1、V_2 的读数。

307.3.7 接通开关 K 和电路断路器，用示波器记录。

若有停机保护，应恢复使用；若有过电压故障显示器，应检查并记录其指示。

307.3.8 分断开关 K，必要时使过电压电路复位；有要求时重新启动电站并接通电路断路器。

307.3.9 再按 307.3.5～307.3.8 重复 2 次。

307.3.10 对于在产品规范中规定的各种电压连接方式和频率，重复 307.3.1～307.3.9。

307.3.11 记录有关数据和情况(表 307.1)。

307.4 结果

307.4.1 根据得到的波形图(见图 307.2)确定施加过电压至电路断路器动作的时间。

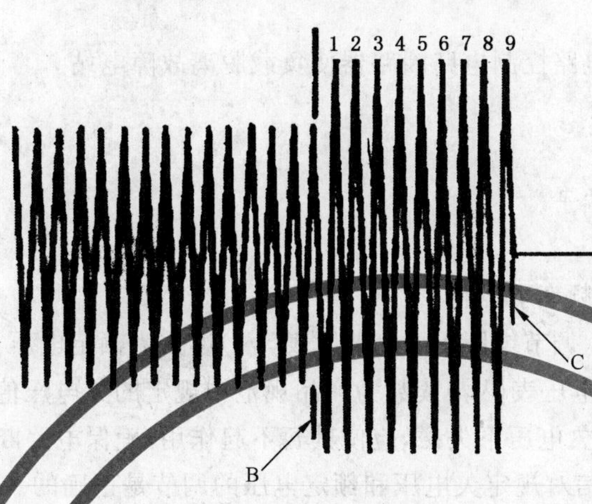

A——50 Hz 定时迹线；

B——施加过电压时刻；

C——电路断路器动作。

图 307.2

根据图 307.2 可求出电路断路器经 9 个周波动作的时间为：

$$9 \times \frac{1}{50} = 0.18(\text{s})$$

307.4.2 将在各种电压连接方式和频率下的各种检查结果同产品规范要求作比较。

307.5 产品规范要求

在产品规范（或合同）中应明确下列项目：

a) 电路断路器动作的时间；

b) 电路断路器动作的过电压值；

c) 过电压故障显示器要求；

d) （若采用）电路断路器的延时时间；

e) 使用本方法的电压连接方式和频率；

f) 不同于本方法的要求。

表 307.1 检查过电压保护功能

过电压保护装置（型号及名称）________ 检查人员________ 检查日期________

过电压保护值及延时时间要求		实 测 值		故障显示器指示情况	观 察
V	s	V	s		

方法 308　检查欠电压保护功能

308.1　总则

若电站出现某种欠电压，电压保护电路控制电路断路器使负载脱离故障电站。

308.2　设备

308.2.1　按图 307.1 所示。

308.2.2　将频率计连接至电站的输出端子。

308.3　程序

308.3.1　启动并整定电站在空载、额定频率下运行。

308.3.2　按图 307.1 所示，接通开关 K，调节电阻 R_1，使电压表(V_1)读数为额定电压。

308.3.3　分断开关 K，调节电阻 R_2，使电压表(V_2)读数为产品规范中规定的欠电压值。

若电站有停机保护或发电机在某一欠电压下失磁，应使其暂不起作用，确保电路断路器不脱扣。

308.3.4　重复 308.3.2 和 308.3.3，确信对规定欠电压和额定电压的调节是正确的。

308.3.5　调定示波器记录纸速度，使各波峰清晰明显；调节 50 Hz 定时迹线峰对峰幅度至少为 25 mm。

308.3.6　在电站运行、电路断路器分断的情况下，读出并记录 V_1、V_2 的读数。

308.3.7　接通开关 K 和电路断路器，用示波器记录。

若有停机保护，应恢复使用；若有欠电压故障显示器，应检查并记录其指示。

308.3.8　分断开关 K，必要时使欠电压电路复位；有要求时重新启动电站并接通电路断路器。

308.3.9　再按 308.3.5～308.3.8 重复 2 次。

308.3.10　对于在产品规范中规定的各种电压连接方式和频率，重复 308.3.1～308.3.9。

308.3.11　记录有关数据和情况(表 308.1)。

308.4　结果

308.4.1　根据得到的波形图，确定施加欠电压至电路断路器动作的时间。

308.4.2　将在各种电压连接方式和频率下的各种检查结果同产品规范要求作比较。

308.5　产品规范要求

在产品规范(或合同)中应明确下列项目：

a)　电路断路器动作的时间；

b)　电路断路器动作的欠电压值；

c)　欠电压故障显示器要求；

d)　(若采用)电路断路器的延时时间；

e)　使用本方法的电压连接方式和频率；

f)　不同于本方法的要求。

表 308.1　检查欠电压保护功能

欠电压保护装置(型号及名称)__________　检查人员__________　检查日期__________

欠电压保护值及延时时间要求		实测值		故障显示器指示情况	观察
V	s	V	s		

方法 309　检查过速度保护功能

309.1　总则

电站的运行速度超过允许的最高运行速度时，将可能发生“飞车”事故，应考虑设置可靠的过速度保护装置，以免造成人身设备事故。

309.2　设备

频率计或测速仪 1 只。

309.3　程序

309.3.1　(若采用)使电站的电子调速器或油门制动器不起作用。

309.3.2　启动并整定电站在空载、额定电压和额定频率(转速)下运行。

309.3.3　渐增原动机的速度达到产品规范中规定的过速度值，并同时开始计时直到过速度保护装置动作为止的时间。

309.3.4　记录：过速度保护装置动作的延时时间；(若采用)过速度故障显示器的指示；其他有关情况(表 309.1)。

309.3.5　使过速度保护装置复位。

309.3.6　再按 309.3.1～309.3.5 重复 2 次。

309.4　结果

将结果同产品规范要求作比较。

309.5　产品规范要求

在产品规范(或合同)中应明确下列项目：

a)　过速度保护装置动作时的速度限值；

b)　(若采用)过速度故障显示器要求；

c)　不同于本方法的要求。

309.6　附注

当采用模拟方式检查过速度保护功能时，可另作补充规定。

表 309.1　检查过速度保护功能

过速度保护装置(型号及名称)________　　检查人员________　　检查日期________

要求的过速度限值、频率及延时时间			延时时间实测值 s	故障显示器指示情况	观　察
转速 r/min	频率 Hz	时间 s			

方法 310 检查欠速度保护功能

310.1 总则

电站在低于设计限度的一种速度下运行，可产生过大的励磁电流，不能承担额定负载，并会损坏电动机、电动机操纵设备和变压器等对频率敏感的负载设备。为了避免这种欠速度的危害，需设欠速度保护装置以保护电站和负载。

310.2 设备

频率计或测速仪 1 台。

310.3 程序

310.3.1 (若采用)使电站的电子调速器或油门制动器不起作用。

310.3.2 启动并整定电站在空载、额定电压和额定频率(转速)下运行。

310.3.3 接通电路断路器。

310.3.4 渐降原动机速度达到产品规范中规定的欠速度值，并同时开始计时直到欠速度保护装置动作为止的时间。

310.3.5 记录：欠速度保护装置动作的延时时间；欠速度保护装置动作使电路断路器断开时的电站转速(或频率)；(若采用)欠速度故障显示器的指示；其他有关情况(表 310.1)。

310.3.6 使欠速度保护装置复位；整定电站在额定负载、额定电压和额定频率(转速)下运行。

310.3.7 渐降原动机速度直到欠速度保护装置动作使电路断路器断开为止。

310.3.8 在电站所处的该欠速度条件下，检查能否重新接通电路断路器。

310.3.9 记录：欠速度保护装置动作的延时时间；欠速度保护装置动作使电路断路器断开时的电站转速(或频率)；(若采用)欠速度故障显示器的指示；其他有关情况(表 310.1)。

310.4 结果

将结果同产品规范要求作比较。

310.5 产品规范要求

在产品规范(或合同)中应明确下列项目：

a) 欠速度保护装置动作时的速度限值；

b) 欠速度条件下，电路断路器不闭合的要求；

c) (若采用)欠速度故障显示器要求；

d) 使用本方法的频率；

e) 不同于本方法的要求。

310.6 附注

当采用模拟方式检查欠速度保护功能时，可另作补充规定。

表 310.1 检查欠速度保护功能

欠速度保护装置(型号及名称)________检查人员________检查日期________

要求的欠速度限值、频率及延时时间			延时时间实测值 s	电路断路器断开时的电站转速和频率		电路断路器工作情况	故障显示器指示情况	观察
转速 r/min	频率 Hz	时间 s		转速 r/min	频率 Hz			

方法 311 检查过热保护功能

311.1 总则

当电站一旦过热时，过热保护装置应能保护发动机。

311.2 设备

热电偶(同保护装置传感器一起测量同一温度)。

311.3 程序

311.3.1 启动并整定电站在额定负载、额定电压和额定频率下运行。

311.3.2 用任何适当的方式中断电站的冷却介质。

311.3.3 用热电偶连续监视测点的温度。

注：当温度高于在产品规范中规定的最大脱扣值时，若发动机停机失灵，应立即采取措施。

311.3.4 观察过热保护装置及其(若采用)故障显示器的工作情况。

311.3.5 记录：过热保护装置动作的温度及延时时间；(若采用)警报报警装置动作时的温度；(若采用)过热故障显示器的指示；其他有关情况(表 311.1)。

311.4 结果

将结果同产品规范要求作比较。

311.5 产品规范要求

在产品规范(或合同)中应明确下列项目：

a) 过热保护装置动作的温度范围或最高温度限值；

b) (若采用)警报报警装置动作的温度；

c) (若采用)过热故障显示器要求。

311.6 附注

当采用模拟方式检查过热保护功能时，可另作补充规定。

表 311.1 检查过热保护功能

过热保护装置(型号及名称)__________ 检查人员__________ 检查日期__________

要求的过热保护装置动作的温度范围或最高温度限值及延时时间		实测的动作温度和延时时间		警报报警装置动作情况	故障显示器指示情况	环境温度(平均值)℃
温度 ℃	延时时间 s	温度 ℃	延时时间 s			

方法 312　检查低油压保护功能

312.1　**总则**

当油压低于安全下限值时，低油压保护装置应使发动机停机。

312.2　**设备**

312.2.1　按图 312.1 所示。

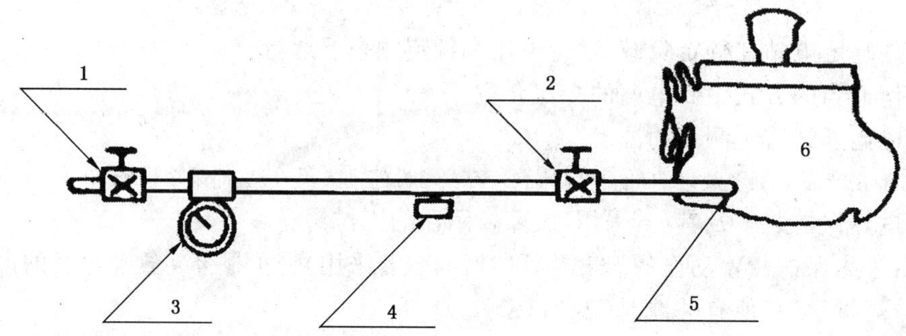

1——放油阀；
2——关断阀；
3——机油压力表；
4——低油压保护装置；
5——低油压保护装置测压分接头；
6——发动机缸体。

图 312.1

312.2.2　其他：机油软管(或铜管)。

312.2.3　低油压保护装置、机油压力表、设置在发动机上的低油压保护装置测压分接头三者在大致的同一水平面内。

312.3　**程序**

312.3.1　使电站处于可启动运行的状态。

312.3.2　关闭放油阀，打开关断阀。

312.3.3　启动并整定电站在空载、额定频率、额定电压下运行。

312.3.4　略开放油阀，为排除油路中的空气。

312.3.5　关闭放油阀，观察机油压力表指示。

312.3.6　关闭关断阀。

312.3.7　缓慢打开放油阀，直至低油压保护装置动作使发动机停转为止。

312.3.8　(若采用)观察低油压故障显示器的工作情况。

312.3.9　记录：低油压保护装置动作使发动机停转时的机油压力表读数；(若采用)低油压故障显示器的指示；其他有关情况(表 312.1)。

312.4　**结果**

将结果同产品规范要求作比较。

312.5　**产品规范要求**

在产品规范(或合同)中应明确下列项目：

a)　发动机停机时的机油压力；

b) (若采用)低油压故障显示器的要求；

c) 不同于本方法的要求。

表 312.1 检查低油压保护功能

低油压保护装置(型号及名称)______________

检查人员______________ 检查日期______________

程序时间 h-min	电压 V			频率 Hz	机油压力 kPa		警报报警装置动作情况	故障显示器指示情况	观察
	U_{UV}	U_{VW}	U_{WU}		要求值	动作值			

方法 313　检查燃油不足保护功能

313.1　**总则**

燃油不足保护装置用来防止燃油系统中原有的燃油被抽空或系统失效。

313.2　**设备**

313.2.1　秒表 1 只。

313.3.2　联锁指示装置 1 个。

313.3　**程序**

313.3.1　电站放置水平，燃油阀工作正常。

313.3.2　切断燃油箱和辅助燃油箱供油油路；旁路燃油不足保护装置；将联锁指示装置跨接到燃油不足保护装置的停机端子上。

313.3.3　启动并整定电站在额定负载、额定电压、额定频率和额定功率因数下运行，同时用秒表计时，记录燃油不足保护装置动作的延时时间。

313.3.4　使电站在额定负载、额定电压、额定频率和额定功率因数下继续运行，记录电站继续运行的时间。

313.3.5　停机后，重接燃油不足保护装置，观察并记录燃油不足故障显示器的工作情况。

313.3.6　记录有关数据和情况(表 313.1)。

313.4　**结果**

将结果同产品规范要求作比较。

313.5　**产品规范要求**

在产品规范或合同中应明确下列项目：

a)　(若采用)燃油不足保护装置动作前使用日用燃油箱运行的最短时间；

b)　燃油不足保护装置动作后电站继续运行的最短时间；

c)　(若采用)燃油不足故障显示器的要求；

d)　使用本方法的电压连接方式和频率；

e)　不同于本方法的要求。

表 313.1　检查燃油不足保护功能

燃油不足保护装置(型号及名称)________________

检查人员__________　　　　检查日期__________

额定负载	电流 A			功率 kW				电压 V			频率 Hz	功率因数	延时时间 s		故障显示器指示情况
	I_U	I_V	I_W	P_1	P_2	P_3	P	U_{UV}	U_{VW}	U_{WU}			要求值	实测值	

方法 401 测量频率降

401.1 总则

频率降:在整定频率确定的条件下,额定空载频率与标称功率时的额定频率之间的频率差用额定频率的某一百分数表示之值。

401.2 设备

测量负载状况和有关环境参数的设备一套。

401.3 程序

401.3.1 电站处于热态,启动并整定电站在额定工况下运行。

注:整定电站在额定工况下运行的频率尽可能地接近额定频率。

401.3.2 记录有关稳定读数(表 401.1)。

401.3.3 减负载至空载,并记录空载下的稳定频率(表 401.1)即额定空载频率。

401.4 结果

401.4.1 频率降 δf_{st} 按下式计算:

$$\delta f_{st} = \frac{f_{i,r} - f_r}{f_r} \times 100 \quad\cdots\cdots\cdots\cdots(401.1)$$

式中:

$f_{i,r}$——额定空载频率,单位为赫兹(Hz);

f_r——额定频率,单位为赫兹(Hz)。

401.4.2 将结果同产品规范要求作比较。

401.5 产品规范要求

在产品规范(或合同)中应明确下列项目:

a) 允许的频率降;

b) 不同于本方法的要求。

表 401.1 测量频率降

环境温度________℃

相对湿度________%　　　　测量人员________

大气压力________kPa　　　　测量日期________

功率因数	负载(额定负载的百分数) %	电流 A			功率 kW				电压 V			频率 Hz		频率降 %
		I_U	I_V	I_W	P_1	P_2	P_3	P	U_{UV}	U_{VW}	U_{WU}	f	$f_{i,r}$	δf_{st}
	100												—	
	0											—		

方法 402　测量稳态频率带

402.1　总则

稳态频率带:在恒定功率时的电站频率围绕某一平均值波动的包络线宽度用额定频率的某一百分数表示之值。

402.2　设备

动态(微机)测试仪或频压转化装置和光线示波器(或记忆示波器)。

402.3　程序

402.3.1　电站处于热态,启动并整定电站在额定工况下运行。

402.3.2　减负载至空载,从空载逐渐加载至额定负载的25%、50%、75%、100%,各级负载下的功率因数均为额定值,电压不得整定。记录各级负载下的有关稳定读数(表402.1)。

402.3.3　方法一:用微机测试仪直接测量各级负载下的稳态频率带。

402.3.4　方法二:在稳定后的各级负载下用频压转化装置将频率信号转化成电压信号,再用光线示波器或记忆示波器记录此电压信号的波形,利用电压波形计算稳态频率带。

402.3.4.1　电站在额定工况下运行时,用频压转化装置将额定频率的信号转化成电压信号,用光线示波器或记忆示波器记录此电压信号的波形(图402.1),并对其平均幅值 U_f(V)进行标定。即额定频率信号转化成电压信号波形的平均幅值 U_f(V)。

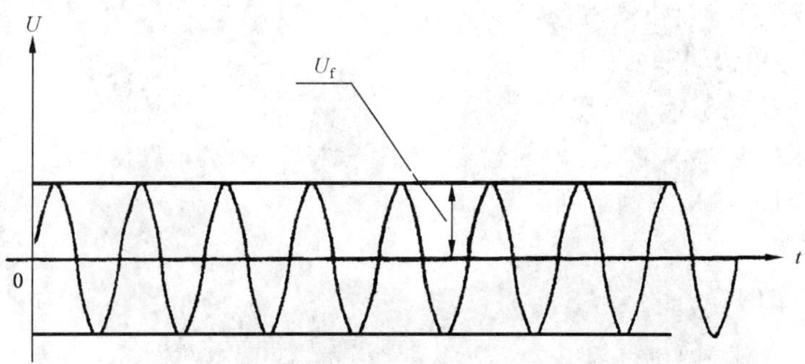

U_f——平均包络线幅值。

图 402.1

402.3.4.2　用标定后的光线示波器或记忆示波器,记录经频压转化装置将电站在各级负载下的稳定频率信号转化成电压信号的波形(图402.2)。

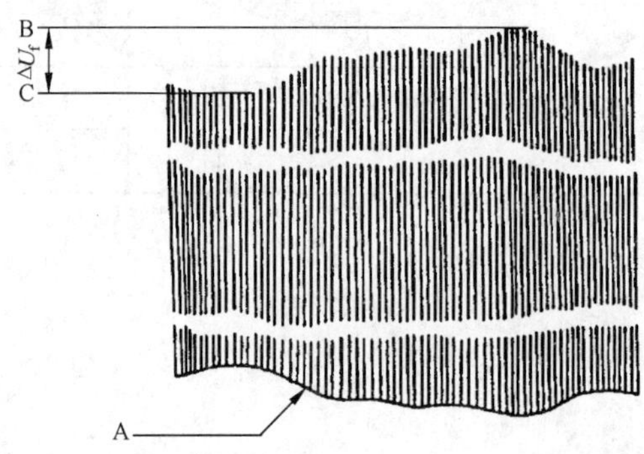

A——波形包络线;

B——最高波峰;

C——最低波谷;

ΔU_f——最高波峰与最低波谷之差。

图 402.2

402.3.4.3 测量在各级负载下稳定频率信号对应电压信号波形(图 402.2)的最高波峰与最低波谷的差值 ΔU_f。

402.4 **结果**

402.4.1 稳态频率带 β_f 按下式计算：

$$\beta_f = \frac{\Delta U_f}{U_f} \times 100\% \qquad (402.1)$$

式中：

ΔU_f——各级负载下，稳定频率信号对应电压信号波形的最高波峰与最低波谷差值的最大值，电压为伏(V)；

U_f——额定频率信号对应电压信号波形的平均幅值，电压为伏(V)。

402.4.2 将结果同产品规范要求作比较。

402.5 **产品规范要求**

在产品规范(或合同)中应明确下列项目：

a) 允许的稳态频率带；

b) 不同于本方法的要求。

表 402.1 测量稳态频率带

环境温度________℃

相对湿度________%　　　　测量人员________

大气压力________kPa　　　　测量日期________

<table>
<tr><th rowspan="2">功率因数</th><th rowspan="2">负载(额定负载的百分数)%</th><th colspan="3">电流
A</th><th colspan="4">功率
kW</th><th colspan="5">电 压
V</th><th>频率
Hz</th><th>平均幅值
V</th><th>最高波峰与最低波谷之差值
V</th><th>稳态频率带</th></tr>
<tr><th>I_U</th><th>I_V</th><th>I_W</th><th>P_1</th><th>P_2</th><th>P_3</th><th>P</th><th>U_{UV}</th><th>U_{VW}</th><th>U_{WU}</th><th>$U_{st,max}$</th><th>$U_{st,min}$</th><th>f</th><th>U_f</th><th>ΔU_f</th><th>β_f</th></tr>
<tr><td rowspan="6"></td><td>100</td><td></td><td></td><td></td><td></td><td></td><td></td><td></td><td></td><td></td><td></td><td colspan="2">—</td><td></td><td></td><td>—</td><td>—</td></tr>
<tr><td>0</td><td></td><td></td><td></td><td></td><td></td><td></td><td></td><td></td><td></td><td></td><td rowspan="5"></td><td rowspan="5"></td><td></td><td rowspan="5">—</td><td></td><td></td></tr>
<tr><td>25</td><td></td><td></td><td></td><td></td><td></td><td></td><td></td><td></td><td></td><td></td><td></td><td></td><td></td></tr>
<tr><td>50</td><td></td><td></td><td></td><td></td><td></td><td></td><td></td><td></td><td></td><td></td><td></td><td></td><td></td></tr>
<tr><td>75</td><td></td><td></td><td></td><td></td><td></td><td></td><td></td><td></td><td></td><td></td><td></td><td></td><td></td></tr>
<tr><td>100</td><td></td><td></td><td></td><td></td><td></td><td></td><td></td><td></td><td></td><td></td><td></td><td></td><td></td></tr>
</table>

方法403　测量相对的频率整定下降范围和相对的频率整定上升范围

403.1　总则

403.1.1　相对的频率整定下降范围:用额定频率的某一百分数表示的频率整定下降范围。

403.1.2　相对的频率整定上升范围:用额定频率的某一百分数表示的频率整定上升范围。

403.2　设备

测量负载状况和有关环境参数的设备一套。

403.3　程序

403.3.1　电站处于热态,启动并整定电站在额定工况下运行。

403.3.2　记录有关稳定读数(表403.1)。

403.3.3　减负载至空载,并记录空载下的稳定频率。

403.3.4　在空载下,用电站本身的频率整定装置或调速器速度整定装置整定电站,使其在最低空载频率下运行,并记录此时的稳定频率。

403.3.5　同样在空载下,用电站本身的频率整定装置或调速器速度整定装置整定电站,使其在最高空载频率下运行,并记录此时的稳定频率。

注:若电站有过频和欠频保护功能,应将该功能切除,防止整定频率的过程中保护动作,以便测量不间断进行。

403.4　结果

403.4.1　相对的频率整定下降范围$\delta f_{s,do}$(%)按下式计算:

$$\delta f_{s,do} = \frac{f_{i,r} - f_{i,min}}{f_r} \times 100\% \qquad \cdots\cdots(403.1)$$

式中:

$f_{i,r}$——额定空载频率,单位为赫兹(Hz);

$f_{i,min}$——最低可调空载频率,单位为赫兹(Hz);

f_r——额定频率,单位为赫兹(Hz)。

403.4.2　相对的频率整定上升范围$\delta f_{s,up}$(%)按下式计算:

$$\delta f_{s,up} = \frac{f_{i,max} - f_{i,r}}{f_r} \times 100\% \qquad \cdots\cdots(403.2)$$

式中:

$f_{i,max}$——最高可调空载频率,单位为赫兹(Hz);

$f_{i,r}$——额定空载频率,单位为赫兹(Hz);

f_r——额定频率,单位为赫兹(Hz)。

403.4.3　将结果同产品规范要求作比较。

403.5　产品规范要求

在产品规范(或合同)中应明确下列项目:

a)　允许的相对的频率整定下降范围;

b)　允许的相对的频率整定上升范围;

c)　不同于本方法的要求。

表 403.1 测量相对的频率整定下降范围和相对的频率整定上升范围

环境温度＿＿＿＿＿ ℃

相对湿度＿＿＿＿＿ % 测量人员＿＿＿＿＿

大气压力＿＿＿＿＿ kPa 测量日期＿＿＿＿＿

功率因数	负载(额定负载的百分数) %	电流 A			功率 kW				电压 V			频率 Hz				相对的频率整定下降范围 %	相对的频率整定上升范围 %
		I_U	I_V	I_W	P_1	P_2	P_3	P	U_{UV}	U_{VW}	U_{WU}	f	$f_{i,r}$	$f_{i,min}$	$f_{i,max}$	$\delta f_{s,do}$	$\delta f_{s,up}$
	100												—	—	—		
	0											—					

方法 404 测量频率整定变化速率

404.1 总则

404.1.1 频率整定变化速率：在远距离控制条件下，用每秒相对的频率整定范围的某一百分数表示的频率整定变化速率。

404.1.2 频率整定变化速率是表征频率响应的指标，主要是针对远程监控的自动化电站而提出的。

404.2 设备

404.2.1 测量负载状况和有关环境参数的设备一套。

404.2.2 动态(微机)测试仪或频压转化装置和光线示波器(或记忆示波器)。

404.3 程序

404.3.1 电站处于热态，启动并整定电站在额定工况下运行。记录有关稳定读数(表 404.1)。

404.3.2 减负载至空载，并记录空载下的稳定频率(表 404.1)。

404.3.3 在空载下，用电站附带的远距离频率整定装置或调速器速度整定装置整定电站，使其在最低空载频率下运行，并记录此时的稳定频率。

404.3.4 整定在最低空载频率下运行的电站，使其在最高空载频率下运行。并从整定的瞬间开始计时直到确认电站在以最高空载频率开始稳定运行为止的时间。记录该时间和电站以最高空载频率运行的稳定频率(表 404.1)。也可用动态(微机)测试仪或频压转化装置和光线示波器(或记忆示波器)记录电站从最低空载频率稳定地运行到以最高空载频率稳定地运行这一过程的频率变化迹线。

注 1：若电站有过频和欠频保护功能，应将该功能切除，防止整定频率的过程中保护动作，以便测量不间断进行。

注 2：从最低空载频率整定到最高空载频率的时间应尽量短。

404.4 结果

404.4.1 频率整定变化速率 γ_f(%)按下式计算：

$$\gamma_f = \frac{(f_{i,max} - f_{i,min})/f_r}{t} \times 100\% \qquad \cdots\cdots(404.1)$$

式中：

$f_{i,max}$——最高可调空载频率，单位为赫兹(Hz)；

$f_{i,min}$——最低可调空载频率，单位为赫兹(Hz)；

f_r——额定频率，单位为赫兹(Hz)；

t——频率响应时间，单位为秒(s)。

404.4.2 将结果同产品规范要求作比较。

404.5 **产品规范要求**

在产品规范(或合同)中应明确下列项目：

a) 允许的频率整定变化速率；

b) 不同于本方法的要求。

表 404.1 测量频率整定变化速率

环境温度________℃

相对湿度________%　　　　测量人员____________

大气压力________kPa　　　　测量日期____________

功率因数	负载(额定负载的百分数) %	电流 A			功率 kW				电压 V			频率 Hz				时间 s	频率整定变化速率 %
		I_U	I_V	I_W	P_1	P_2	P_3	P	U_{UV}	U_{VW}	U_{WU}	f	$f_{i,r}$	$f_{i,min}$	$f_{i,max}$	t	γ_f
	100												—	—	—	—	
	0											—					

方法 405 测量(对初始频率的)瞬态频率偏差和(对额定频率的)瞬态频率偏差，分别按负载增加(−)和负载减少(+)及频率恢复时间

405.1 **总则**

405.1.1 (对初始频率的)瞬态频率偏差，分别按负载增加(−)和负载减少(+)：随某一突变负载出现的调速过程中的下冲(或上冲)频率与初始频率之间的频率差用相对于额定频率的某一百分数表示之值。

405.1.2 (对额定频率的)瞬态频率偏差，分别按负载增加(−)和负载减少(+)：随某一突变负载出现的调速过程中的下冲(或上冲)频率与额定频率之间的频率差用相对于额定频率的某一百分数表示之值。

405.1.3 频率恢复时间：在规定的负载突变后，从频率离开稳态频率带至其永久地重新进入规定的稳态频率容差带之间的间隔时间。

405.2 **设备**

405.2.1 测量负载状况和有关环境参数的设备一套。

405.2.2 动态(微机)测试仪或频压转化装置和光线示波器(或记忆示波器)。

405.3 **程序**

405.3.1 电站处于热态，启动并整定电站在额定工况下稳定运行。随后减负载至空载。

405.3.2 对初始频率

注：初始频率可以在产品规范中规定，也可以是 $f_{i,r}$，或者是任一空载频率。

405.3.2.1 突加额定负载

电站在空载下整定频率为初始频率、电压为额定电压，逐渐加载至额定负载，功率因数为额定值，待运行稳定后，突减额定负载至空载，再从空载突加至额定负载，重复进行三次。

405.3.2.2 突减额定负载

整定电站在额定电压、额定负载、额定功率因数和额定频率下稳定运行，突减额定负载至空载，重复进行三次。

注：突减时负载为额定负载，频率不再是初始频率而是额定频率，因为 GB/T 2820.5—1997 中 16.6 给出的运行极

限数值仅对负载减少情况下的初始频率等于额定频率有效。

405.3.2.3　突加规定负载

电站在空载下整定频率为初始频率、电压为额定电压，逐渐加载至规定负载，功率因数为额定值，待运行稳定后，突减规定负载至空载，再从空载突加至规定负载，重复进行三次。

注：规定负载按方法 410 中的 410.6 确定。

405.3.2.4　用动态（微机）测试仪或频压转化装置和光线示波器（或记忆示波器）记录电站突加、突减负载后频率的变化迹线。

405.3.3　对额定频率

重复 405.3.2.1～405.3.2.4，只是将电站在突加负载前需整定的频率由初始频率改为额定频率。

405.3.4　记录有关数据和情况（表 405.1）。

405.4　结果

405.4.1　（对初始频率的）瞬态频率偏差 δf_{d}^{-}（%）、δf_{d}^{+}（%）分别按公式（405.1）和（405.2）计算：

负载增加（－）：

$$\delta f_{d}^{-}=\frac{f_{d,min}-f_{arb}}{f_{r}}\times 100\% \qquad (405.1)$$

负载减少（＋）：

$$\delta f_{d}^{+}=\frac{f_{d,max}-f_{arb}}{f_{r}}\times 100\% \qquad (405.2)$$

式中：

$f_{d,min}$——最小瞬时下降（或下冲）频率，单位为赫兹（Hz）；

f_{arb}——突加负载前的初始频率，单位为赫兹（Hz）；

$f_{d,max}$——最大瞬时上升（或上冲）频率，单位为赫兹（Hz）；

f_{r}——额定频率，单位为赫兹（Hz）。

注：负载减少时，公式（405.2）中的 $f_{arb}=f_{r}$。

405.4.2　（对额定频率的）瞬态频率偏差 δf_{dyn}^{-}（%）、δf_{dyn}^{+}（%）分别按公式（405.3）和（405.4）计算：

负载增加（－）：

$$\delta f_{dyn}^{-}=\frac{f_{d,min}-f_{r}}{f_{r}}\times 100\% \qquad (405.3)$$

负载减少（＋）：

$$\delta f_{dyn}^{+}=\frac{f_{d,max}-f_{r}}{f_{r}}\times 100\% \qquad (405.4)$$

式中：

$f_{d,min}$——最小瞬时下降（或下冲）频率，单位为赫兹（Hz）；

$f_{d,max}$——最大瞬时上升（或上冲）频率，单位为赫兹（Hz）；

f_{r}——额定频率，单位为赫兹（Hz）。

405.4.3　将结果同产品规范要求作比较。

405.5　产品规范要求

在产品规范（或合同）中应明确下列项目：

a）规定的负载值；

b）允许的（对初始频率的）瞬态频率偏差，分别按负载增加（－）和负载减少（＋）；

c）允许的（对额定频率的）瞬态频率偏差，分别按负载增加（－）和负载减少（＋）；

d）允许的频率恢复时间；

e）不同于本方法的要求。

表 405.1 测量(对初始频率的)瞬态频率偏差和(对额定频率的)瞬态频率偏差，分别按负载增加(−)和负载减少(+)及频率恢复时间

对初始频率(f_{arb})__________Hz　　环境温度__________℃　　测量人员__________

对额定频率(f_r)__________Hz　　相对湿度__________%

□额定负载　　□规定负载　　大气压力__________kPa　　测量日期__________

功率因数	负载(额定负载的百分数) %	电流 A			功率 kW				电压 V			频率 Hz			瞬态频率偏差 %		频率恢复时间 s	
		I_U	I_V	I_W	P_1	P_2	P_3	P	U_{UV}	U_{VW}	U_{WU}	f	$f_{d,min}$	$f_{d,max}$	δf_d^-(或)δf_{dyn}^-	δf_d^+(或)δf_{dyn}^+	$t_{f,in}$	$t_{f,de}$
	100												—		—		—	
	0																	
	0→													—		—		—
	0→																	
	0→																	
	100→0												—		—		—	
	100→0																	
	100→0																	

注：对突加负载：电流、功率记录突加负载后的稳定值；对突减负载：电流、功率记录突减负载前的稳定值。电压和频率均记录负载突变前的稳定值。

方法 406　测量稳态电压偏差

406.1　总则

稳态电压偏差：对空载与额定输出之间规定的各级负载和在规定的功率因数下，在额定频率时考虑温升影响的稳态条件下偏离整定电压的最大偏差。稳态电压偏差是用额定电压的某一百分数表示的。

406.2　设备

测量负载状况和有关环境参数的设备一套。

406.3　程序

406.3.1　电站处于热态，启动并整定电站在额定工况下稳定运行。

406.3.2　减负载至空载，从空载逐渐加载至额定负载的 25%、50%、75%、100%，再将负载按此等级由 100%逐级减至空载。各级负载下的频率和功率因数均为额定值，电压不得整定。

406.3.3　记录各级负载下的有关稳定读数(表 406.1)。

406.4　结果

406.4.1　稳态电压偏差 δU_{st}(%)按下式计算：

$$\delta U_{st} = \pm \frac{U_{st,max} - U_{st,min}}{2U_r} \times 100\% \qquad \cdots\cdots(406.1)$$

式中：

$U_{st,max}$——负载渐变后的最高稳态电压，对单相电站取各读数中的最大值，对三相电站取三相线电压的平均值的最大值，单位为伏(V)；

$U_{st,min}$——负载渐变后的最低稳态电压，对单相电站取各读数中的最小值，对三相电站取三相线电压的平均值的最小值，单位为伏(V)。

406.4.2　将结果同产品规范要求作比较。

406.5　产品规范要求

在产品规范(或合同)中应明确下列项目:

a)　允许的稳态电压偏差;

b)　不同于本方法的要求。

表 406.1　测量稳态电压偏差

环境温度＿＿＿＿＿℃

相对湿度＿＿＿＿＿%

大气压力＿＿＿＿＿kPa

测量人员＿＿＿＿＿

测量日期＿＿＿＿＿

功率因数	负载(额定负载的百分数) %	电流 A			功率 kW				电　压 V					频率 Hz	稳态电压偏差 %
		I_U	I_V	I_W	P_1	P_2	P_3	P	U_{UV}	U_{VW}	U_{WU}	$U_{st,max}$	$U_{st,min}$	f	δU_{st}
	100											—			
	0														
	25														
	50														
	75														
	100														
	75														
	50														
	25														
	0														

方法 407　测量电压不平衡度

407.1　总则

407.1.1　电压不平衡度:空载下的负序或零序电压分量对正序电压分量比值的百分数。

407.1.2　电压不平衡度是对电站用非理想发电机在空载下运行的衡量和评价。

407.2　设备

407.2.1　测量负载状况和有关环境参数的设备1套。

407.2.2　相位差计或示波器。

407.3　程序

407.3.1　电站处于热态,启动并整定电站在额定工况下稳定运行。

407.3.2　减负载至空载,整定电站的电压和频率为额定值。用电压表测量相电压 U_U、U_V 和 U_W 的值;用相位差计测量(图407.1)U相和V相之间的相位差 α;U相和W相之间的相位差 β,按表(407.1)记录有关数据和情况。

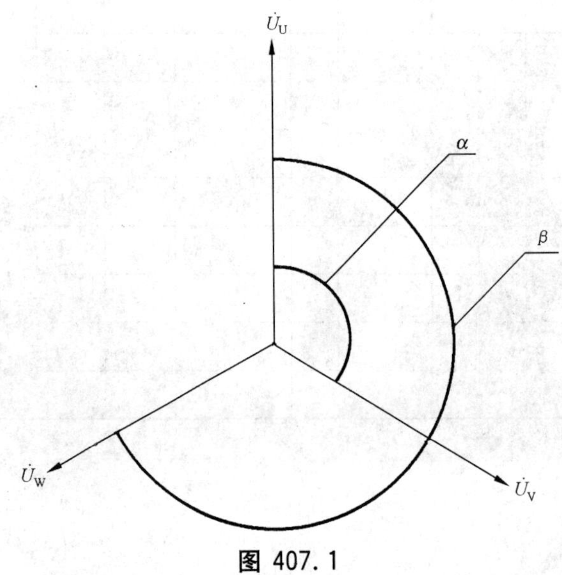

图 407.1

407.4　结果

407.4.1　电压不平衡度 $\delta U_{2,0}$ 按下式计算:

$$\delta U_{2,0} = \frac{U_2(U_0)}{U_1} \times 100\% \qquad (407.1)$$

式中:

U_2——相负序电压分量,单位为伏(V);

U_0——相零序电压分量,单位为伏(V);

U_1——相正序电压分量,单位为伏(V)。

注:用计算结果中较大的值与规范规定的值进行比较。

407.4.2　电压不平衡度计算举例:

若 $U_U = 230\ \text{V}$　　$U_V = 229\ \text{V}$　　$U_W = 231\ \text{V}$　　$\alpha = -119°$　　$\beta = -240°$

零序:$\dot{U}_0 = \frac{1}{3}(\dot{U}_U + \dot{U}_V + \dot{U}_W)$

正序:$\dot{U}_1 = \frac{1}{3}(\dot{U}_U + \alpha\dot{U}_V + \alpha^2\dot{U}_W)$

负序：$\dot{U}_2 = \frac{1}{3}(\dot{U}_U + \alpha^2\dot{U}_V + \alpha\dot{U}_W)$

$$\dot{U}_0 = \frac{1}{3}\{230\angle 0° + 229\angle -119° + 231\angle -240°\}$$

$$= \frac{1}{3}\{230 + 229[\cos(-119°) + \mathrm{j}\sin(-119°)] + 231[\cos(-240°) + \mathrm{j}\sin(-240°)]\}$$

$$= \frac{1}{3}\{230 + 229[-0.4848 - \mathrm{j}0.8746] + 231[-0.5 + \mathrm{j}0.8660]\}$$

$$= 1.1603 - \mathrm{j}0.0791$$

$$\dot{U}_1 = \frac{1}{3}[230\angle 0° + 229\angle(-119° + 120°) + 231\angle(-240° + 240°)]$$

$$= \frac{1}{3}[230 + 229(\cos 1° + \mathrm{j}\sin 1°) + 231(\cos 0° + \mathrm{j}\sin 0°)]$$

$$= \frac{1}{3}[230 + 229(0.9998 + \mathrm{j}0.017\,5) + 231]$$

$$= 229.984\,7 + \mathrm{j}1.335\,8$$

$$\dot{U}_2 = \frac{1}{3}\{230\angle 0° + 229\angle(-119° + 240°) + 231\angle(-240° + 120°)\}$$

$$= \frac{1}{3}\{230 + 229[\cos 121° + \mathrm{j}\sin 121°] + 231[\cos(-120°) + \mathrm{j}\sin(-120°)]\}$$

$$= \frac{1}{3}\{230 + 229[-0.5150 + \mathrm{j}0.8572] + 231[-0.5 - \mathrm{j}0.8660]\}$$

$$= -1.145 - \mathrm{j}1.249\,1$$

所以：$|U_0| = 1.163\,0$　　$|U_1| = 229.988\,6$　　$|U_2| = 1.694\,5$

$$\delta U_{2,0} = \frac{U_2}{U_1} \times 100\% = \frac{1.694\,5}{229.988\,6} \times 100\% = 0.74\%$$

$$\delta U_{2,0} = \frac{U_0}{U_1} \times 100\% = \frac{1.163\,0}{229.988\,6} \times 100\% = 0.51\%$$

用0.74%与规定值进行比较。

407.4.3　电压不平衡度取三相的电压不平衡度的最大值。

407.4.4　将结果同产品规范要求作比较。

407.5　产品规范要求

在产品规范(或合同)中应明确下列项目：

a)　允许的电压不平衡度；

b)　不同于本方法的要求。

表 407.1　测量电压不平衡度

环境温度________℃

相对湿度________%　　　　测量人员________

大气压力________kPa　　　　测量日期________

功率因数	负载(额定负载的百分数) %	电流 A			功率 kW				电压 V			频率 Hz	相位差 °		
		I_U	I_V	I_W	P_1	P_2	P_3	P	U_U	U_V	U_W	f	U-V	V-W	W-V
	100													—	
	0														
电压不平衡度　%		U_2/U_1：										U_0/U_1：			

方法 408 测量相对的电压整定下降范围和相对的电压整定上升范围

408.1 总则

408.1.1 电压整定下降范围：对空载与额定输出之间规定的各级负载和在商定的功率因数范围内，额定频率时在发电机端子处的额定电压与下降调节电压之间的范围。

408.1.2 相对的电压整定下降范围：用额定电压的某一百分数表示的电压整定下降范围。

408.1.3 电压整定上升范围：对空载与额定输出之间的所有负载和在商定的功率因数范围内，额定频率时在发电机端子处的上升调节电压与额定电压之间的范围。

408.1.4 相对的电压整定上升范围：用额定电压的某一百分数表示的电压整定上升范围。

408.2 设备

测量负载状况和有关环境参数的设备1套。

408.3 程序

408.3.1 启动并整定电站在额定工况下稳定运行。

408.3.2 减负载至空载，从空载逐渐加载至额定负载的25%、50%、75%、100%。各级负载下的频率和功率因数均为额定值。

408.3.3 在各级负载下，分别调节电压整定装置到两个极限位置。

注1：若电站有过电压和欠电压保护功能，应将该功能切除，防止在调节电压的过程中保护动作，以便使测量不间断进行。

注2：在调节电压整定装置到升压的极限位置时，应注意电站过载不要超出规定的要求。

408.3.4 待电站在极限位置确定后的各级负载下运行稳定后，记录两个极限位置的稳定电压值、其他有关稳定读数和情况(表408.1)。

408.4 结果

408.4.1 相对的电压整定下降范围 $\delta U_{s,do}$(%)和相对的电压整定上升范围 $\delta U_{s,up}$(%)分别按公式(408.1)和(408.2)计算：

$$\delta U_{s,do} = \frac{U_r - U_{s,do}}{U_r} \times 100\% \qquad \cdots\cdots(408.1)$$

$$\delta U_{s,up} = \frac{U_{s,up} - U_r}{U_r} \times 100\% \qquad \cdots\cdots(408.2)$$

式中：

$U_{s,do}$——下降调节电压，单位为伏(V)；

$U_{s,up}$——上升调节电压，单位为伏(V)；

U_r——额定电压，单位为伏(V)。

408.4.2 将结果同产品规范要求作比较。

408.5 产品规范要求

在产品规范(或合同)中应明确下列项目：

a) 允许的相对的电压整定下降范围；

b) 允许的相对的电压整定上升范围；

c) 不同于本方法的要求。

表 408.1 测量相对的电压整定下降范围和相对的电压整定上升范围

环境温度________℃

相对湿度________%　　　　　　　　　　　　　　　　　　　　　　　　　　测量人员________

大气压力________kPa　　　　　　　　　　　　　　　　　　　　　　　　 测量日期________

功率因数	负载(额定负载的百分数) %	电流 A			功率 kW				频率 Hz	电压 V		相对的电压整定上升范围 %	相对的电压整定下降范围 %
		I_U	I_V	I_W	P_1	P_2	P_3	P	f	$U_{s,up}$	$U_{s,do}$	$\delta U_{s,up}$	$\delta U_{s,do}$
	0												
	25												
	50												
	75												
	100												

方法 409 测量电压整定变化速率

409.1 总则

409.1.1 电压整定变化速率:在远距离控制条件下,用每秒相对的电压整定范围的某一百分数表示的电压整定变化速率。

409.1.2 电压整定变化速率是表征电压响应的指标,主要是针对远程监控的自动化电站而提出的。

409.2 设备

409.2.1 测量负载状况和有关环境参数的设备 1 套。

409.2.2 动态(微机)测试仪或示波器或记忆示波器。

409.3 程序

409.3.1 启动并整定电站在额定工况下稳定运行。

409.3.2 减负载至空载,从空载逐渐加载至额定负载的 25%、50%、75%、100%。各级负载下的频率和功率因数均为额定值。

409.3.3 在各级负载下,先调节电压整定装置到降压的极限位置。待电站运行稳定后,记录电压的稳定值、其他有关读数和情况(表 409.1)。

注:若电站有过电压和欠电压保护功能,应将该功能切除,防止在调节电压的过程中保护动作,以便使测量不间断进行。

409.3.4 电站在降压极限位置的各级负载下,调节电压整定装置从降压的极限位置到升压的极限位置,并从调节的瞬间开始计时直到确认电站的发电机端子处的电压是最大的上升调节电压为止的时间。记录该时间和最大的上升调节电压。用动态(微机)测试仪或示波器或记忆示波器记录电站从最小的下降调节电压到最大的上升调节电压这一过程的电压变化迹线。

注 1:在调节电压整定装置到升压的极限位置时,应注意电站过载不要超出规定的要求。

注 2:应尽量减少从降压的极限位置整定到升压的极限位置所需的时间。

409.4 结果

409.4.1 电压整定变化速率 γ_u(%)按下式计算:

$$\gamma_u = \frac{(U_{s,up} - U_{s,do})/U_r}{t} \times 100\% \qquad \cdots\cdots(409.1)$$

式中:

$U_{s,up}$——上升调节电压,单位为伏(V);

$U_{s,do}$——下降调节电压,单位为伏(V);

U_r——额定电压,单位为伏(V);

t——电压响应时间,单位为秒(s)。

409.4.2 将结果同产品规范要求作比较。

409.5 产品规范要求

在产品规范(或合同)中应明确下列项目:

a) 允许的电压整定变化速率;

b) 不同于本方法的要求。

表 409.1 测量电压整定变化速率

环境温度________℃

相对湿度________%　　　　测量人员________

大气压力________ kPa　　　　测量日期________

功率因数	负载(额定负载的百分数) %	电流 A			功率 kW				电压 V		电压响应时间 s	电压整定变化速率 %	频率 Hz
		I_U	I_V	I_W	P_1	P_2	P_3	P	$U_{s,up}$	$U_{s,do}$	t	γ_U	f
	0												
	25												
	50												
	75												
	100												

方法 410 测量瞬态电压偏差及电压恢复时间,分别按负载增加(－)和负载减少(＋)

410.1 总则

410.1.1 瞬态电压偏差,分别按负载增加(－)和负载减少(＋):按负载增加的瞬态电压偏差是指当发电机在正常励磁控制下被驱动在额定频率和额定电压时,接通额定(或规定)负载,用额定电压的某一百分数表示的电压降;按负载减少的瞬态电压偏差是指当发电机在正常励磁控制下被驱动在额定频率和额定电压时,突然切除额定负载,用额定电压的某一百分数表示的电压升。

410.1.2 电压恢复时间:从某一负载变化瞬时开始至当电压恢复到并保持在规定的稳态电压容差带内瞬时止的间隔时间。

410.2 设备

410.2.1 测量负载状况和有关环境参数的设备1套。

410.2.2 动态(微机)测试仪或示波器或记忆示波器。

410.3 程序

410.3.1 电站处于热态,启动并整定电站在额定工况下稳定运行。

410.3.2 突减额定负载

电站由额定工况突减至空载,重复进行三次。

410.3.3 突加额定负载

电站在空载下整定电压、频率为额定值,逐渐加载至额定负载,功率因数为额定值,待运行稳定后,突减额定负载至空载,再从空载突加至额定负载,重复进行三次。

410.3.4 突加规定负载

电站在空载下整定电压、频率为额定值,逐渐加载至规定负载,功率因数为额定值,待运行稳定后,突减规定负载至空载,再从空载突加至规定负载,重复进行三次。

410.3.5 用动态(微机)测试仪或示波器或记忆示波器记录突加、突减负载后电压的变化迹线。

410.3.6 记录有关数据和情况(表 410.1)。

410.4 结果

410.4.1 瞬态电压偏差 δU_{dyn}^{-}(%)、δU_{dyn}^{+}(%)分别按公式(410.1)和(410.2)计算:

负载增加(-):

$$\delta U_{dyn}^{-} = \frac{U_{dyn,min} - U_r}{U_r} \times 100\% \qquad (410.1)$$

负载减少(+):

$$\delta U_{dyn}^{+} = \frac{U_{dyn,max} - U_r}{U_r} \times 100\% \qquad (410.2)$$

式中:

$U_{dyn,min}$——负载增加时下降的最低瞬时电压,对三相电站,取三相线电压的平均值,单位为伏(V);

$U_{dyn,max}$——负载减少时上升的最高瞬时电压,对三相电站,取三相线电压的平均值,单位为伏(V);

U_r——额定电压,单位为伏(V)。

410.4.2 电压恢复时间 t_u($t_{u,in}$、$t_{u,de}$)(s)按下式计算:

$$t_u(t_{u,in}、t_{u,de}) = t_2 - t_1 \qquad (410.3)$$

式中:

t_1——负载开始变化的瞬时时间,单位为秒(s);

t_2——电压恢复到保持并在规定的稳态电压容差带内瞬时至的时间,单位为秒(s)。

410.4.3 将结果同产品规范要求作比较。

410.5 产品规范要求

在产品规范(或合同)中应明确下列项目:

a) 规定的负载值;

b) 允许的瞬态电压偏差,分别按负载增加(-)和负载减少(+);

c) 允许的电压恢复时间;

d) 不同于本方法的要求。

410.6 规定负载的确定

410.6.1 用自然吸气方式或通过机械驱动的压缩机增压的发动机配套的电站,突加于电站的最大允许的 1 次加载量等于电站的使用功率。

注:电站按使用的现场条件标定的功率称之为使用功率。

410.6.2 用废气涡轮增压的发动机配套的电站,突加于电站的 1 次加载量随与电站使用功率相对应的发动机的制动平均有效压力(P_{me})改变。

410.6.2.1 制动平均有效压力 P_{me}(kPa)按下式计算:

$$P_{me} = \frac{kP}{V_{st} n_r} \qquad (410.4)$$

式中:

k——四冲程发动机为 1.2×10^5,二冲程发动机为 0.6×10^5;

P——发动机标定功率,单位为千瓦(kW);

n_r——发动机标定转速,单位为转每分(r/min);

V_{st}——发动机总气缸工作容积,l。

410.6.2.2 发动机总气缸工作容积 V_{st}(l)按下式计算:

$$V_{st}=\frac{1}{4}\pi D^2 S\times10^{-6} \qquad \cdots\cdots\cdots\cdots\cdots\cdots(410.5)$$

式中：

D——气缸直径，单位为毫米(mm)；

S——活塞冲程，单位为毫米(mm)。

410.6.2.3　用废气涡轮增压的发动机配套的电站，突加的负载首先依据发动机的制动平均有效压力 P_{me} 按图 410.1 和图 410.2 第 1 功率级查得在现场条件下相对于标定功率的功率增加百分数，再用该百分数乘以电站的使用功率所得的值，即突加的规定负载。

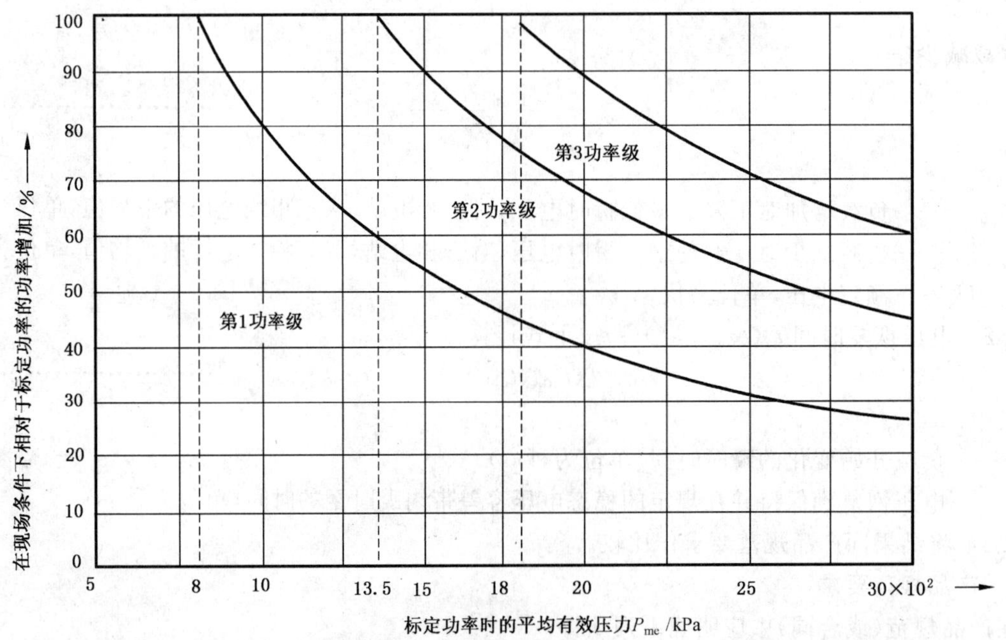

图 410.1　随标定功率时的制动平均有效压力 P_{me} 而变的最大可能突加功率的指导值(4 冲程发动机)

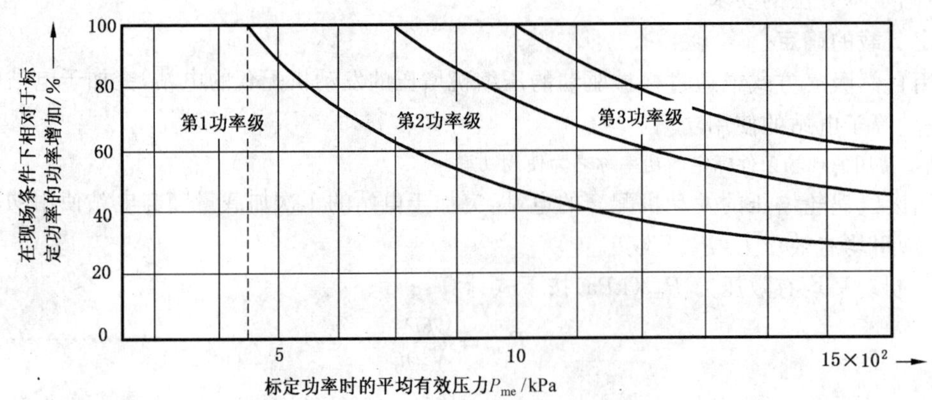

注：这些曲线仅是作典型实例的。对于进行决定的场合，应考虑所用发动机的实际功率接受工况。

图 410.2　随标定功率时的制动平均有效压力 P_{me} 而变的最大可能突加功率的指导值(2 冲程高速发动机)

表 410.1 测量瞬态电压偏差及电压恢复时间,分别按负载增加(—)和负载减少(+)

□规定负载　　环境温度________℃　　　　　　　　　　　　测量人员________

　　　　　　　相对湿度________%

□额定负载　　大气压力________kPa　　　　　　　　　　　测量日期________

功率因数	负载(额定负载的百分数)%	电流 A			功率 kW				电压 V					频率 Hz	瞬态电压偏差 %		电压恢复时间 s t_U	
		I_U	I_V	I_W	P_1	P_2	P_3	P	U_{UV}	U_{VW}	U_{WU}	$U_{dyn,max}$	$U_{dyn,min}$	f	δU_{dyn}^-	δU_{dyn}^+	$t_{U,in}$	$t_{U,de}$
	100											—			—		—	
	0																	
	0→																	
	0→											—				—		
	0→																	
	100→0																	
	100→0												—		—		—	
	100→0																	

注:对突加负载:电流、功率记录突加负载后的稳定值;对突减负载:电流、功率记录突减负载前的稳定值。电压和频率均记录负载突变前的稳定值。

方法 411　测量电压调制

411.1　总则

在某一稳态电压上下,在低于基本发电频率的有代表性的频率下,用在额定频率和恒定转速时平均峰值电压的某一百分数表示的准周期电压变化(峰对峰)。

411.2　设备

411.2.1　测量负载状况和有关环境参数的设备 1 套。

411.2.2　示波器或记忆示波器。

411.3　程序

411.3.1　电站处于热态,启动并整定电站在额定工况下稳定运行。

411.3.2　减负载至空载,从空载逐渐加载至额定负载的 25%、50%、75%、100%。各级负载下的频率和功率因数均为额定值。

411.3.3　在稳定后的各级负载下用示波器(或记忆示波器)记录各相(允许只记录接可控硅的一相)电压的波形。

411.3.4　记录有关数据和情况(表 411.1)。

411.4　结果

411.4.1　在调制包络线上求取任一秒内电压调制的最高峰值和最低峰值,电压调制 $\hat{U}_{mod,s}$(%)按下式计算:

$$\hat{U}_{mod,s} = 2 \times \frac{\hat{U}_{mod,s,max} - \hat{U}_{mod,s,min}}{\hat{U}_{mod,s,max} + \hat{U}_{mod,s,min}} \times 100\% \quad \cdots\cdots\cdots\cdots\cdots\cdots\cdots\cdots (411.1)$$

式中:

$\hat{U}_{mod,s,max}$——电压调制的最高峰值,单位为伏(V);

$\hat{U}_{mod,s,min}$——电压调制的最低峰值，单位为伏(V)。

411.4.2　将结果同产品规范要求作比较。

411.5　产品规范要求

在产品规范(或合同)中应明确下列项目：

a)　允许的电压调制；

b)　不同于本方法的要求。

表 411.1　测量电压调制

环境温度＿＿＿＿＿ ℃

相对湿度＿＿＿＿＿ %　　　　测量人员＿＿＿＿＿

大气压力＿＿＿＿＿ kPa　　　　测量日期＿＿＿＿＿

<table>
<tr><th rowspan="3">功率因数</th><th rowspan="3">负载(额定负载的百分数)
%</th><th colspan="3">电流
A</th><th colspan="4">功率
kW</th><th colspan="9">电　压
V</th><th colspan="3">电压调制
%</th><th>频率
Hz</th></tr>
<tr><th rowspan="2">I_U</th><th rowspan="2">I_V</th><th rowspan="2">I_W</th><th rowspan="2">P_1</th><th rowspan="2">P_2</th><th rowspan="2">P_3</th><th rowspan="2">P</th><th rowspan="2">U_U</th><th rowspan="2">U_V</th><th rowspan="2">U_W</th><th colspan="3">$\hat{U}_{mod,s,max}$</th><th colspan="3">$\hat{U}_{mod,s,min}$</th><th colspan="3">$\hat{U}_{mod,s}$</th><th rowspan="2">f</th></tr>
<tr><th>U 相</th><th>V 相</th><th>W 相</th><th>U 相</th><th>V 相</th><th>W 相</th><th>U 相</th><th>V 相</th><th>W 相</th></tr>
<tr><td rowspan="5"></td><td>0</td><td></td><td></td><td></td><td></td><td></td><td></td><td></td><td></td><td></td><td></td><td></td><td></td><td></td><td></td><td></td><td></td><td></td><td></td><td></td><td></td></tr>
<tr><td>25</td><td></td><td></td><td></td><td></td><td></td><td></td><td></td><td></td><td></td><td></td><td></td><td></td><td></td><td></td><td></td><td></td><td></td><td></td><td></td><td></td></tr>
<tr><td>50</td><td></td><td></td><td></td><td></td><td></td><td></td><td></td><td></td><td></td><td></td><td></td><td></td><td></td><td></td><td></td><td></td><td></td><td></td><td></td><td></td></tr>
<tr><td>75</td><td></td><td></td><td></td><td></td><td></td><td></td><td></td><td></td><td></td><td></td><td></td><td></td><td></td><td></td><td></td><td></td><td></td><td></td><td></td><td></td></tr>
<tr><td>100</td><td></td><td></td><td></td><td></td><td></td><td></td><td></td><td></td><td></td><td></td><td></td><td></td><td></td><td></td><td></td><td></td><td></td><td></td><td></td><td></td></tr>
</table>

方法 412　并联运行试验

412.1　总则

为了增加输出功率，或保证不间断供电，需要 2 台或更多台电站并联运行。

当 2 台或更多台(设计并联运行的)电站并联运行时，在任 1 台单机不过载的情况下，应具有输出功率等于各单机额定功率总和的能力；各单机间应能平稳转移负载；有功功率分配差度和无功功率分配差度应不超过规定值。

412.2　设备

412.2.1　测量负载状况和有关环境参数的设备(按与并联电站台数相等的数量配备)。

412.2.2　并联装置

412.3　程序

412.3.1　要求

412.3.1.1　可用同型号的 2 台电站进行。

412.3.1.2　对于不同品种规格的电站并联，应在本程序的基础上另外增加程序。

412.3.2　并联转移负载

412.3.2.1　启动并调整 1 号电站(运行电站)在额定工况下。

412.3.2.2　启动并调整 2 号电站(待并电站)在额定工况下。

412.3.2.3　分别减 1 号电站和 2 号电站的负载至空载。

412.3.2.4　按产品规范规定的并联方式(例如暗灯法或其他)将 2 台电站在空载下并联。

412.3.2.5　观察电站无异常现象后，加 50% 总额定功率，调节有功功率和无功功率，使 2 台电站尽量均分负载。

412.3.2.6　将 1 号电站的负载逐渐转移到 2 号电站，使 1 号电站接近空载运行 5min 后再将负载由 2

号电站逐渐转移到1号电站，2号电站接近空载运行5min后即解列。

412.3.2.7 记录各电站在各工况下的有关数据和情况（表412.1）。

412.3.3 确定并联运行指标

412.3.3.1 重复412.3.2.1～412.3.2.4。

412.3.3.2 观察电站无异常现象后加载，分别调节2台并联运行电站的输出功率，使各电站的输出功率为本电站额定功率的80%（功率因数为额定值），以此作为基调点。

此后的试验过程中不再整定电压和频率。

412.3.3.3 按下列额定功率因数下的总额定功率的百分数和程序变更总负载：80%→100%→80%→50%→20%→50%→80%，在各级负载下至少运行5 min。

412.3.3.4 按表412.1记录各有关稳定读数和情况。

412.4 结果

412.4.1 并联转移负载：整个负载过程中电站应运行平稳。

412.4.2 有功功率分配 ΔP（%）按下式计算：

$$\Delta P = \left[\frac{P_i}{P_{r,i}} - \frac{\sum_{i=1}^{n} P_i}{\sum_{i=1}^{n} P_{r,i}}\right] \times 100\% \qquad (412.1)$$

式中：

n——并联运行的电站台数；

i——在1组所有并联运行的电站内识别单台电站的标记；

P_i——第 i 台电站承担的部分有功功率，单位为千瓦（kW）；

$P_{r,i}$——第 i 台电站的额定有功功率，单位为千瓦（kW）；

$\sum P_i$——所有并联运行电站的各部分有功功率的总和，单位为千瓦（kW）；

$\sum P_{r,i}$——所有并联运行电站的各额定有功功率的总和，单位为千瓦（kW）。

412.4.3 无功功率分配 ΔQ（%）按下式计算：

$$\Delta Q = \left[\frac{Q_i}{Q_{r,i}} - \frac{\sum_{i=1}^{n} Q_i}{\sum_{i=1}^{n} Q_{r,i}}\right] \times 100\% \qquad (412.2)$$

式中：

n——并联运行的电站台数；

i——在1组所有并联运行的电站内识别单台电站的标记；

Q_i——第 i 台电站承担的部分无功功率，单位为千乏（kvar）；

$Q_{r,i}$——第 i 台电站的额定无功功率，单位为千乏（kvar）；

$\sum Q_i$——所有并联运行电站的各部分无功功率的总和，单位为千乏（kvar）；

$\sum Q_{r,i}$——所有并联运行电站的各额定无功功率的总和，单位为千乏（kvar）。

412.4.4 将结果同产品规范要求作比较。

412.5 产品规范要求

在产品规范（或合同）中应明确下列项目：

a) 并联转移负载要求；

b) 允许的有功功率分配；

c) 允许的无功功率分配；

d) 不同于本方法的要求。

表 412.1 并联运行试验

环境温度__________℃　　　相对湿度__________%　　　大气压力__________kPa

试验人员__________　　　　　　　　　　　　　　　　　　　　　　　　　　试验日期__________

<table>
<tr><th colspan="2" rowspan="2">项　目</th><th rowspan="2">电站代号</th><th rowspan="2">负载(总额定负载的百分数)
%</th><th colspan="3">电流
A</th><th colspan="4">功率
kW</th><th colspan="3">电压
V</th><th>频率
Hz</th><th rowspan="2">功率因数</th><th>无功功率
kvar</th><th>有功功率分配
%</th><th>无功功率分配
%</th></tr>
<tr><th>I_U</th><th>I_V</th><th>I_W</th><th>P_1</th><th>P_2</th><th>P_3</th><th>P</th><th>U_{UV}</th><th>U_{VW}</th><th>U_{WU}</th><th>f</th><th>Q</th><th>ΔP</th><th>ΔQ</th></tr>
<tr><td rowspan="6">并联转移负载</td><td rowspan="2">并联运行</td><td>1</td><td>25</td><td></td><td></td><td></td><td></td><td></td><td></td><td></td><td></td><td></td><td></td><td></td><td></td><td colspan="3" rowspan="6">—</td></tr>
<tr><td>2</td><td>25</td><td></td><td></td><td></td><td></td><td></td><td></td><td></td><td></td><td></td><td></td><td></td><td></td></tr>
<tr><td rowspan="4">转移负载</td><td>1</td><td>0</td><td></td><td></td><td></td><td></td><td></td><td></td><td></td><td></td><td></td><td></td><td></td><td></td></tr>
<tr><td>2</td><td>50</td><td></td><td></td><td></td><td></td><td></td><td></td><td></td><td></td><td></td><td></td><td></td><td></td></tr>
<tr><td>2</td><td>0</td><td></td><td></td><td></td><td></td><td></td><td></td><td></td><td></td><td></td><td></td><td></td><td></td></tr>
<tr><td>1</td><td>50</td><td></td><td></td><td></td><td></td><td></td><td></td><td></td><td></td><td></td><td></td><td></td><td></td></tr>
<tr><td colspan="2" rowspan="14">确定并联运行指标</td><td rowspan="7">1</td><td>80</td><td></td><td></td><td></td><td></td><td></td><td></td><td></td><td></td><td></td><td></td><td></td><td></td><td></td><td></td><td></td></tr>
<tr><td>100</td><td></td><td></td><td></td><td></td><td></td><td></td><td></td><td></td><td></td><td></td><td></td><td></td><td></td><td></td><td></td></tr>
<tr><td>80</td><td></td><td></td><td></td><td></td><td></td><td></td><td></td><td></td><td></td><td></td><td></td><td></td><td></td><td></td><td></td></tr>
<tr><td>50</td><td></td><td></td><td></td><td></td><td></td><td></td><td></td><td></td><td></td><td></td><td></td><td></td><td></td><td></td><td></td></tr>
<tr><td>20</td><td></td><td></td><td></td><td></td><td></td><td></td><td></td><td></td><td></td><td></td><td></td><td></td><td></td><td></td><td></td></tr>
<tr><td>50</td><td></td><td></td><td></td><td></td><td></td><td></td><td></td><td></td><td></td><td></td><td></td><td></td><td></td><td></td><td></td></tr>
<tr><td>80</td><td></td><td></td><td></td><td></td><td></td><td></td><td></td><td></td><td></td><td></td><td></td><td></td><td></td><td></td><td></td></tr>
<tr><td rowspan="7">2</td><td>80</td><td></td><td></td><td></td><td></td><td></td><td></td><td></td><td></td><td></td><td></td><td></td><td></td><td></td><td></td><td></td></tr>
<tr><td>100</td><td></td><td></td><td></td><td></td><td></td><td></td><td></td><td></td><td></td><td></td><td></td><td></td><td></td><td></td><td></td></tr>
<tr><td>80</td><td></td><td></td><td></td><td></td><td></td><td></td><td></td><td></td><td></td><td></td><td></td><td></td><td></td><td></td><td></td></tr>
<tr><td>50</td><td></td><td></td><td></td><td></td><td></td><td></td><td></td><td></td><td></td><td></td><td></td><td></td><td></td><td></td><td></td></tr>
<tr><td>20</td><td></td><td></td><td></td><td></td><td></td><td></td><td></td><td></td><td></td><td></td><td></td><td></td><td></td><td></td><td></td></tr>
<tr><td>50</td><td></td><td></td><td></td><td></td><td></td><td></td><td></td><td></td><td></td><td></td><td></td><td></td><td></td><td></td><td></td></tr>
<tr><td>80</td><td></td><td></td><td></td><td></td><td></td><td></td><td></td><td></td><td></td><td></td><td></td><td></td><td></td><td></td><td></td></tr>
</table>

方法 413　测量双频发电时的性能参数

413.1　总则

适用于双频(50Hz、400Hz)电站。

413.2　设备

按相关规范确定的性能检验项目准备。

413.3　程序

相关规范在确定性能检验项目的同时，适用时可引用本标准中相应项目的方法。

413.4　结果

按本标准中相应项目的结果处理方法。

413.5　产品规范要求

在产品规范(或合同)中应明确下列项目：

a)　性能检验项目及指标的确定；

b)　不同于本方法的要求。

方法 414　测量变频发电时中频机的各项性能指标

414.1　总则

双频(50 Hz、400 Hz)电站应能以标准市电为原动力输出满足要求的双频电能。

414.2　设备

按相关规范确定的性能检验项目准备。

414.3　程序

相关规范在确定性能检验项目的同时，适用时可引用本标准中相应项目的方法。

414.4　结果

按本标准中相应项目的结果处理方法。

414.5　产品规范要求

在产品规范(或合同)中应明确下列项目：

a)　性能检验项目及指标的确定；

b)　不同于本方法的要求。

方法 415　测量加模拟电动机负载时的瞬态电压偏差

415.1　总则

适用于额定功率不大于 250 kW 的三相移动电站。

模拟电动机负载：指功率因数不超过 0.4（滞后）、2 倍额定电流负载阻抗值的负载，可用突加该负载来评价启动电动机的能力。

415.2　设备

415.2.1　测量负载状况和有关环境参数的设备 1 套。

415.2.2　动态（微机）测试仪或示波器或记忆示波器。

415.3　程序

415.3.1　电站处于热态，启动并整定电站在额定工况下运行，随后减负载至空载。

415.3.2　突加负载

电站在空载下整定电压和频率为额定值，并逐渐加载至模拟电动机负载，待电站运行稳定后，突减电站负载为空载，再从空载突加至模拟电动机负载，重复进行 3 次。

415.3.3　突减负载

逐渐加载至模拟电动机负载，整定电站的电压和频率为额定值，待电站运行稳定后，突减电站负载为空载，重复进行 3 次。

415.3.4　用动态（微机）测试仪或示波器或记忆示波器记录突加、突减负载后电压的变化迹线。

415.3.5　记录有关负载和情况（表 415.1）。

415.4　结果

415.4.1　按方法 410 中公式 410.1 和 410.2 计算。

415.4.2　将结果同产品规范要求做比较。

415.5　产品规范要求

在产品规范（或合同）中应明确下列项目：

a）　允许的瞬态电压偏差；

b）　不同于本方法的要求。

表 415.1　测量加模拟电动机负载时的瞬态电压偏差，分别按负载增加（－）和负载减少（＋）

环境温度＿＿＿＿℃　　　　测量人员＿＿＿＿

相对湿度＿＿＿＿%

大气压力＿＿＿＿kPa　　　　测量日期＿＿＿＿

<table>
<tr><th rowspan="2">电站
工况</th><th colspan="3">电流
A</th><th colspan="4">功率
kW</th><th colspan="5">电　压
V</th><th>频率
Hz</th><th colspan="2">瞬态电压偏差
%</th></tr>
<tr><th>I_U</th><th>I_V</th><th>I_W</th><th>P_1</th><th>P_2</th><th>P_3</th><th>P</th><th>U_{UV}</th><th>U_{VW}</th><th>U_{WU}</th><th>$U_{dyn,max}$</th><th>$U_{dyn,min}$</th><th>f</th><th>δU_{dyn}^{-}</th><th>δU_{dyn}^{+}</th></tr>
<tr><td>100</td><td></td><td></td><td></td><td></td><td></td><td></td><td></td><td></td><td></td><td></td><td colspan="2" rowspan="2">—</td><td></td><td colspan="2" rowspan="2">—</td></tr>
<tr><td>0</td><td></td><td></td><td></td><td></td><td></td><td></td><td></td><td></td><td></td><td></td><td></td></tr>
<tr><td>$0\rightarrow 2I_r$</td><td></td><td></td><td></td><td></td><td></td><td></td><td></td><td></td><td></td><td></td><td rowspan="3">—</td><td></td><td></td><td></td><td rowspan="3">—</td></tr>
<tr><td>$0\rightarrow 2I_r$</td><td></td><td></td><td></td><td></td><td></td><td></td><td></td><td></td><td></td><td></td><td></td><td></td><td></td></tr>
<tr><td>$0\rightarrow 2I_r$</td><td></td><td></td><td></td><td></td><td></td><td></td><td></td><td></td><td></td><td></td><td></td><td></td><td></td></tr>
<tr><td>$2I_r\rightarrow 0$</td><td></td><td></td><td></td><td></td><td></td><td></td><td></td><td></td><td></td><td></td><td></td><td rowspan="3">—</td><td></td><td rowspan="3">—</td><td></td></tr>
<tr><td>$2I_r\rightarrow 0$</td><td></td><td></td><td></td><td></td><td></td><td></td><td></td><td></td><td></td><td></td><td></td><td></td><td></td></tr>
<tr><td>$2I_r\rightarrow 0$</td><td></td><td></td><td></td><td></td><td></td><td></td><td></td><td></td><td></td><td></td><td></td><td></td><td></td></tr>
</table>

注：对突加负载：电流、功率记录突加负载后的稳定值；对突减负载：电流、功率记录突减负载前的稳定值。电压和频率均记录负载突变前的稳定值。

方法 416　测量交流瞬态特性

416.1　总则

交流瞬态特性指交流瞬态浪涌电压范围和瞬态频率范围。

416.2　设备

416.2.1　测量负载状况和有关环境参数的设备1套。

416.2.2　动态(微机)测试仪或示波器或其他等效的仪器、频压转化装置。

416.3　程序

416.3.1　电站处于冷态，启动并整定电站在额定工况下运行。

416.3.1.1　减负载至空载，功率因数为1.0，从空载突加80%额定电流的负载，再突减该负载至空载，重复进行3次。

注：当配套电站的发动机为废气涡轮增压发动机时，突加、突减的负载按方法410中410.6确定。

416.3.1.2　在功率因数为0.6时，从空载突加150%额定电流的负载，再突减该负载至空载，重复进行3次。

416.3.1.3　用动态(微机)测试仪或示波器或记忆示波器记录突加、突减负载后各相电压和频率的变化迹线。

416.3.2　电站处于热态，启动并整定电站在额定工况下运行。重复416.3.1.1～416.3.1.3。

注：当电站为静态电源时，电站所处的状态、突变的负载及功率因数按产品规范要求。

416.3.3　记录有关数据和情况(表416.1)。

416.4　结果

416.4.1　绘制电压变化最大相的瞬态浪涌电压包络线，将此瞬态浪涌电压波形包络线变换成等值阶跃函数(电压极限曲线)。

416.4.1.1　等值阶跃函数是指为把电气系统上实际记录的瞬态浪涌电压与标准要求进行比较所提供的一个确定的数学函数基准。

416.4.1.2　瞬态浪涌电压波形包络线变换成等值阶跃函数的方法在产品规范中明确。

416.4.1.3　瞬态浪涌电压波形包络线变换成等值阶跃函数的参考方法。

416.4.1.3.1　等值阶跃函数是瞬态浪涌电压的合理的有效值当量。

416.4.1.3.2　等值阶跃函数曲线给出了与实际瞬态浪涌电压峰值影响相同的等值阶跃电压的持续时间。

416.4.1.3.3　图416.1为与瞬态浪涌电压峰值影响相同的等值阶跃函数的典型例子。

瞬态轨迹(瞬态浪涌电压波形包络线)：瞬态下电压轨迹上相继的峰值点所形成的包络线。

电压标尺：实际的电压峰值×0.707。

换算：基于超出正常伏秒的部分。

416.4.2　绘制瞬态频率波形包络线。

416.4.3　将结果同产品规范要求作比较。

416.5　产品规范要求

在产品规范(或合同)中应明确下列项目：

a)　交流浪涌等值阶跃电压极限曲线；

b)　瞬态频率极限曲线；

c)　瞬态浪涌电压波形包络线变换成等值阶跃函数的方法；

d)　不同于本方法的要求。

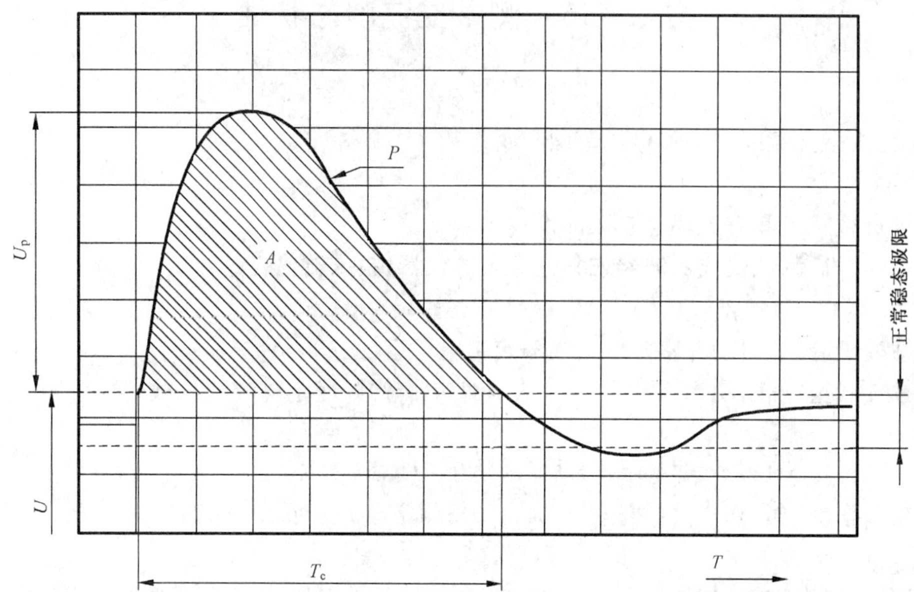

P——瞬态轨迹；

U——电压,V；

U_p——偏离正常稳态极限的最高电压值,V；

A——处在正常稳态极限外之轨迹部分的伏秒面积；

T——时间,s；

T_e——电压超出正常稳态极限范围的时间,s；

T_s——在最高电压时的阶跃函数的持续时间,s,等于 A/U_p。

图 416.1

表 416.1 测量交流瞬态特性

环境温度_________ ℃

相对湿度_________ %

大气压力_________ kPa

测量人员_________

测量日期_________

功率因数	负载(额定负载的百分数) %	电流 A			功率 kW				电压 V			频率 Hz	电压波形照片(编号)	频率波形照片(编号)	结果
		I_U	I_V	I_W	P_1	P_2	P_3	P	U_{UV}	U_{VW}	U_{WU}				

方法 417　检查直接启动电动机的能力

417.1　总则

三相电站应具有能直接成功启动一定型式及容量的电动机的能力。

417.2　设备

417.2.1　满足要求的电动机 1 台或数台。

417.2.2　三相电路断路器或其他开关 1 只。

417.3　程序

417.3.1　直接启动电动机的电路无误。

417.3.2　电站处于热态或冷态，启动并整定电站在空载、额定电压和额定频率下运行。

417.3.3　接通在电站电能输出电缆末端与被启动的电动机之间所连接的电路断路器或其他开关。

417.3.4　观察电动机是否启动成功。

417.3.5　记录有关数据和情况(表 417.1)。

417.4　结果

将结果同产品规范要求作比较。

417.5　产品规范要求

在产品规范(或合同)中应明确下列项目。

a)　被启动电动机的额定功率；

b)　不同于本方法的要求。

表 417.1　检查直接启动电动机的能力

检查人员＿＿＿＿＿＿＿＿＿＿　　　　检查日期＿＿＿＿＿＿＿＿＿＿

序号	电动机(型号及编号)	电压 V	频率 Hz	电动机容量 kW	结果	备注

方法 418　检查冷热态电压变化

418.1　总则

冷热态电压变化:电站在额定工况下从冷态到热态的电压变化,用额定电压的百分数表示。

该检查可在连续运行试验中插入进行。

418.2　设备

测量负载状况和有关环境参数的设备 1 套。

418.3　程序

418.3.1　电站处于冷态,启动并整定电站在额定工况下运行。

418.3.2　运行稳定后,记录功率、电压、电流、功率因数、频率、冷却发动机的出水(或风)温度及机油温度(从装在仪表板上的温度表读取)、环境温度、空气相对湿度、大气压力。

418.3.3　此后,每隔 30 min 记录 1 次 418.3.2 中所列内容(表 418.1)。

418.3.4　使电站连续运行至热态。

418.3.4.1　在连续运行至热态的过程中,只允许调整负载以保持电流和功率因数为额定值。

418.3.4.2　当环境温度的增加值对电压变化有明显影响时,允许采取措施降温,但不能影响热状态的稳定性。

418.4　结果

418.4.1　冷热态电压变化 ΔU_d(%)按下式计算:

$$\Delta U_d = \frac{U_r - U}{U_r} \times 100\% \qquad (418.1)$$

式中:

U_r——额定电压,单位为伏(V);

U——热态时的电压,取三相线电压的平均值,单位为伏(V)。

418.4.2　将结果同产品规范要求作比较。

418.5　产品规范要求

在产品规范(或合同)中应明确下列项目:

a)　允许的冷热态电压变化;

b)　不同于本方法的要求。

表 418.1 检查冷热态电压变化

检查人员________ 检查日期________

序号	程序时间 h-min	电流 A			功率 kW				电压 V			频率 Hz	功率因数	水温 ℃	油温 ℃	环境温度 ℃				冷却介质温度 ℃		相对湿度 %	大气压力 kPa	电压变化 %
		I_U	I_V	I_W	P_1	P_2	P_3	P	U_{UV}	U_{VW}	U_{WU}					1	2	3	4	1	2			ΔU_d

方法 419 测量在不对称负载下的线电压偏差

419.1 总则

当施加一种不对称负载至三相电站时，电站必须有维持一种合理的各三相线电压间平衡的能力。线对线电压的不平衡，对于多相电动机负载有严重影响，负序电压将导致绕组发热，产生损耗。

419.2 设备

419.2.1 测量负载状况和有关环境参数的设备1套。

419.2.2 用1只准确度为0.5级的电压表测量电压。

419.3 程序

419.3.1 使电压调节器处于起作用的状态。

419.3.2 电站处于冷态或热态，启动并整定电站在额定工况下运行，随后减负载至空载。

419.3.3 在三线端子间施加规定的对称负载，功率因数为0.8，并整定电站的电压和频率为额定值，记录有关稳定读数(表419.1)。

419.3.4 在任一相(对采用可控硅直接励磁者为接可控硅的一相)上再加规定的电阻性负载(使三相负载不对称的负载)，该相的总负载电流不超过额定值，电压、频率和功率因数不得整定，记录有关稳定读数(表419.1)。

419.3.5 对规定的其他电压连接方式和频率，重复419.3.1～419.3.5。

419.4 结果

419.4.1 线电压偏差δU_c(%)按下式计算：

$$\delta U_c = \frac{U_c - U_{cp}}{U_{cp}} \times 100\% \qquad \cdots\cdots(419.1)$$

式中：

U_c——不对称负载下的线电压，取各读数中的最大(或最小)值，单位为伏(V)；

U_{cp}——不对称负载下的三相线电压的平均值，单位为伏(V)。

419.4.2 将产品同产品规范要求作比较。

419.5 产品规范要求

在产品规范(或合同)中应明确下列项目。

a) 允许的线电压偏差；

b) 施加的对称负载和不对称负载；

c) 使用本方法的电压连接方式和频率；

d) 不同于本方法的要求。

表419.1 测量在不对称负载下的线电压偏差

测量人员________________ 测量日期________________

功率因数	负载	电流 A			功率 kW				电压 V			频率 Hz	线电压偏差 %
		I_U	I_V	I_W	P_1	P_2	P_3	P	U_{UV}	U_{VW}	U_{WU}		δU_c
	对称												
	不对称												

方法 420　测量三相电压不平衡值

420.1　**总则**

当施加一种不对称负载至三相电站时，电站必须有维持一种合理的各三相相电压间平衡的能力。

420.2　**设备**

420.2.1　测量负载状况和有关环境参数的设备1套。

420.2.2　用1只准确度为0.5级的电压表测量电压。

420.3　**程序**

420.3.1　使电压调节器处于起作用的状态。

420.3.2　电站处于热态或冷态，启动并整定电站在额定工况下运行，随后减负载至空载。

420.3.3　在三线端子间施加25%额定功率的三相对称负载，功率因数为0.8，并整定电站的电压和频率为额定值，记录有关稳定读数。（表420.1）。

420.3.4　在任一相（对采用可控硅直接励磁者为接可控硅的一相）上再加15%额定相功率的电阻性负载，该相的总负载电流不超过额定值，电压、频率和功率因数不得整定，记录各相的相电压及有关稳定读数（表420.1）。

注：若对空载电站直接加不对称负载，可免去程序420.3.3。

420.3.5　对规定的其他电压连接方式和频率，重复420.3.1～420.3.5。

420.4　**结果**

420.4.1　三相电压不平衡值 ΔU（V）按下式计算：

$$\Delta U = U_{max} - U_{min} \quad\cdots\cdots\cdots\cdots(420.1)$$

式中：

U_{max}——不平衡负载下的相电压最高值，单位为伏（V）；

U_{min}——不平衡负载下的相电压最低值，单位为伏（V）。

420.4.2　将结果同产品规范作比较。

420.5　**产品规范要求**

在产品规范（或合同）中应明确下列项目。

a）　允许的相电压偏差；

b）　使用本方法的电压连接方式和频率；

c）　不同于本方法的要求。

表420.1　测量三相电压不平衡值

测量人员＿＿＿＿＿＿＿＿　　　　测量日期＿＿＿＿＿＿＿＿

功率因数	负载	电流 A			功率 kW				电压 V			频率 Hz	相电压不平衡值 V
		I_U	I_V	I_W	P_1	P_2	P_3	P	U_U	U_V	U_W		ΔU
	对称												
	不对称												

方法 421　测量相电压波峰系数

421.1　**总则**

通常某些电站(例如机场用电站)的相电压波峰系数在 1.31 至 1.51 之间才能满足使用要求。

允许只测接可控硅的一相。

421.2　**设备**

421.2.1　测量负载状况和有关环境参数的设备 1 套。

421.2.2　示波器或记忆示波器。

421.3　**程序**

421.3.1　按示波器或记忆示波器使用说明书规定连接负载和测量仪器的线路无误(或按产品规范规定的测量线路无误)。

421.3.2　启动并整定电站在额定工况下运行,稳定后减负载至空载,然后整定电压和频率为额定值。

421.3.3　用示波器或记忆示波器记录(接可控硅相)相电压波形图。

421.3.4　根据相电压波形图确定相电压峰值和相电压有效值。

也可按产品规范规定的其他方法(例如三值电压表)确定相电压峰值和相电压有效值。

421.3.5　记录有关数据和情况(表 421.1)。

421.4　**结果**

421.4.1　电压波峰系数 Ψ(%)按下式计算:

$$\Psi = \frac{U_f}{U_x} \times 100\% \qquad \cdots\cdots(421.1)$$

式中:

U_f——相电压峰值,单位为伏(V);

U_x——相电压有效值,单位为伏(V)。

421.4.2　将结果同产品规范要求作比较。

421.5　**产品规范要求**

在产品规范(或合同)中应明确下列项目。

a)　允许的电压波峰系数;

b)　不同于本方法的要求。

表 421.1　测量相电压波峰系数

测量人员＿＿＿＿＿＿＿＿　　　　测量日期＿＿＿＿＿＿＿＿

电　压 V			频率 Hz	相电压波峰系数 % Ψ		
U_U	U_V	U_W		U 相	V 相	W 相

方法 422　测量三相电压相移

422.1　总则

当施加一种对称负载或规定的不对称负载至三相电站时，电站必须有维持一种合理的三相电压波形对应的零点间的相移在规定范围的能力。

422.2　设备

422.2.1　测量负载状况和有关环境参数的设备 1 套。

422.2.2　相位差计。

422.3　程序

422.3.1　电站处于热态或冷态，启动并整定电站在额定工况下运行，稳定后减负载至空载。

422.3.1.1　对称负载，功率因数分别为 0.8 和 1.0。

422.3.1.2　从空载逐渐加载至额定负载的 25％、50％、75％、100％，各级负载下的频率为额定值。

422.3.1.3　在稳定后的各级负载下用相位差计测量各相电压波形过零点的相位差。

422.3.1.4　记录其他有关参数(表 422.1)。

422.3.2　不对称负载，功率因数分别为 0.8 和 1.0。

422.3.2.1　在三线端子间施加 25％额定功率的三相对称负载，功率因数为 0.8，电压和频率为额定值。

422.3.2.2　在任一相(对采用可控硅励磁者为接可控硅的一相)上再加 15％额定相功率的电阻性负载，电压和频率不得整定。

422.3.2.3　稳定后用相位差计测量各相电压波形过零点的相位差。

422.3.2.4　记录其他有关参数(表 422.1)。

422.4　结果

将结果同产品规范要求作比较。

422.5　产品规范要求

在产品规范(或合同)中应明确下列项目：

a)　允许的三相电压相移，(°)；

b)　不同于本方法的要求。

表 422.1 测量三相电压相移

励磁方式________________ 功率因数________________

测量人员________________ 测量日期________________

<table>
<tr><th colspan="2" rowspan="2">负载(额定负载的百分数)
%</th><th colspan="3">电流
A</th><th colspan="4">功率
kW</th><th colspan="3">电压
V</th><th rowspan="2">频率
Hz</th><th colspan="3">相移
(°)</th><th rowspan="2">备注</th></tr>
<tr><th>I_U</th><th>I_V</th><th>I_W</th><th>P_1</th><th>P_2</th><th>P_3</th><th>P</th><th>U_U</th><th>U_V</th><th>U_W</th><th>U对V</th><th>V对W</th><th>W对U</th></tr>
<tr><td rowspan="5">对称</td><td>0</td><td></td><td></td><td></td><td></td><td></td><td></td><td></td><td></td><td></td><td></td><td></td><td></td><td></td><td></td><td rowspan="7"></td></tr>
<tr><td>25</td><td></td><td></td><td></td><td></td><td></td><td></td><td></td><td></td><td></td><td></td><td></td><td></td><td></td><td></td></tr>
<tr><td>50</td><td></td><td></td><td></td><td></td><td></td><td></td><td></td><td></td><td></td><td></td><td></td><td></td><td></td><td></td></tr>
<tr><td>75</td><td></td><td></td><td></td><td></td><td></td><td></td><td></td><td></td><td></td><td></td><td></td><td></td><td></td><td></td></tr>
<tr><td>100</td><td></td><td></td><td></td><td></td><td></td><td></td><td></td><td></td><td></td><td></td><td></td><td></td><td></td><td></td></tr>
<tr><td rowspan="2">不对称</td><td>对称</td><td></td><td></td><td></td><td></td><td></td><td></td><td></td><td></td><td></td><td></td><td></td><td colspan="3">—</td></tr>
<tr><td>不对称</td><td></td><td></td><td></td><td></td><td></td><td></td><td></td><td></td><td></td><td></td><td></td><td></td><td></td><td></td></tr>
</table>

方法 423 测量线电压波形正弦性畸变率

423.1 总则

线电压波形正弦性畸变率是指线电压波形中除基波外的所有各次谐波有效值平方和的平方根值与该波形基波有效值的百分比。

423.2 设备

423.2.1 测量负载状况和有关环境参数的设备 1 套。

423.2.2 波形畸变率测量仪或动态微机测试仪或谐波分析仪或示波器(或记忆示波器)。

423.3 程序

423.3.1 测量线路无误。

423.3.2 电站处于冷态或热态,启动并整定电站在额定工况下运行,稳定后减负载至空载,然后调整电压和频率为额定值。

423.3.3 用波形畸变率测量仪或动态微机测试仪测量可直接读出线电压波形正弦性畸变率。

或用谐波分析仪测量各次谐波 U_1、U_2、U_3、U_4……的数值。

或用示波器拍摄可用数学分析法确定各次谐波的线电压波形。

423.3.4 记录有关数据和情况(表 423.1)。

423.3.5 对于不同的电压连接方式和频率,重复 423.3.1～423.3.4。

423.3.6 (要求时)在额定工况下重复 423.3.3～423.3.5。

423.4 结果

423.4.1 用谐波分析仪测量时,线电压波形正弦性畸变率 δ_ε(%)按下式计算:

$$\delta_\varepsilon = \frac{\sqrt{U_2^2 + U_3^2 + U_4^2 + \cdots\cdots}}{U_1} \times 100\% \qquad \cdots\cdots(423.1)$$

式中：

U_2、U_3、U_4……——各次谐波有效值，单位为伏(V)；

U_1——基波有效值，单位为伏(V)。

423.4.2 用示波器测量时，根据拍摄的线电压波形用数学分析法确定基波和各次谐波的值，然后按(423.1)式计算。

423.4.3 将结果同产品规范要求作比较。

423.5 产品规范要求

在产品规范(或合同)中应明确下列项目：

a) 允许的线电压波形正弦性畸变率；

b) 电压连接方式和频率；

c) 不同于本方法的要求。

表 423.1 测量线电压波形正弦性畸变率

励磁方式＿＿＿＿＿＿＿＿＿＿ 测量仪器(型号及名称)＿＿＿＿＿＿＿＿

测量人员＿＿＿＿＿＿＿＿＿＿ 测量日期＿＿＿＿＿＿＿＿

测量方法	电压 V			频率 Hz	畸变率 % δ_u			备注
	U_{UV}	U_{VW}	U_{WU}		U_{UV}	U_{VW}	U_{WU}	

方法 424　测量相电压总谐波含量

424.1　总则

对一般电站，习惯上只考核电压波形正弦性畸变率，要求较高者，应考核相电压总谐波含量。

总谐波含量的定义与畸变率定义相同。

允许只测接可控硅的一相。

424.2　设备

424.2.1　测量负载状况和有关环境参数的设备 1 套。

424.2.2　波形失真度测量仪 1 台。

424.3　程序

424.3.1　电站处于冷态或热态，启动并整定电站在额定工况下运行，稳定后减负载至空载，然后整定电压和频率为额定值。

424.3.2　用波形失真度测量仪测量相(可取接可控硅的一相)电压总谐波含量。

424.3.3　记录有关数据和情况(表 424.1)。

424.3.4　对不同的电压连接方式和频率，重复 424.3.1～424.3.3。

424.4　结果

将结果同产品规范要求作比较。

424.5　产品规范要求

在产品规范(或合同)中应明确下列项目：

a)　允许的相电压总谐波含量；

b)　电压连接方式和频率；

c)　不同于本方法的要求。

表 424.1　测量相电压总谐波含量

励磁方式＿＿＿＿＿＿＿＿　　谐波测量仪器(型号及名称)＿＿＿＿＿＿＿＿

测量人员＿＿＿＿＿＿＿＿　　测量日期＿＿＿＿＿＿＿＿

测量方法	电　压 V			频率 Hz	总谐波含量 %			备　注
	U_U	U_V	U_W		U 相	V 相	W 相	

方法 425 测量电压单个谐波含量

425.1 **总则**

某些用电设备对电站的电压单个谐波含量有较高的要求。

电压单个谐波含量是指电压单个谐波值对于电压基波有效值的百分比。

425.2 **设备**

425.2.1 测量负载状况和有关环境参数的设备1套。

425.2.2 谐波分析仪或其他等效的仪器。

425.3 **程序**

425.3.1 电站处于冷态或热态，启动并整定电站在额定工况下运行，稳定后减负载至空载，然后整定电压和频率为额定值。

425.3.2 用谐波分析仪测量基波和各次谐波 U_2、U_3、U_4……的数值。

425.3.3 记录有关数据和情况(表425.1)。

425.3.4 对于不同的电压连接方式和频率，重复425.3.1～425.3.3。

425.4 **结果**

425.4.1 电压单个谐波含量 ΔU_d(%)按下式计算：

$$\Delta U_d = \frac{U_2(\text{或}U_3\text{、或}U_4\cdots\cdots)}{U_1} \times 100\% \qquad \cdots\cdots(425.1)$$

式中：

U_2(或U_3、或U_4……)——单个谐波值，取各次谐波值中的最大值，单位为伏(V)；

U_1——基波有效值，单位为伏(V)。

425.4.2 将结果同产品规范要求作比较。

425.5 **产品规范要求**

在产品规范(或合同)中应明确下列项目：

a) 允许的电压单个谐波含量；

b) 不同于本方法的要求。

表425.1 测量电压单个谐波含量

励磁方式__________　　谐波测量仪器(型号及名称)__________

测量人员__________　　测量日期__________

电压连接方式	电压 V	频率 Hz	谐波 %										
			ΔU_d										
			基波	2次	3次	4次	5次	6次	7次	8次	9次	10次	11次
U-V													
V-W													
W-U													
U-N													
V-N													
W-N													

方法 426　测量电压偏离系数

426.1　总则

电压波形是电压数值随时间的函数，电压波形的曲线图可用示波器测得。

通常，市电的电压波形近似正弦波，然而对于各种发电机，由于设计的改变，电压波形亦变化，或有不同的偏差。若电站的电压波形偏离实际正弦波很多，则由该电站供电的某些设备会不正常地运行。要求电压偏离系数保持在实用限度内是重要的。

电压偏离系数是指电压波形中任一瞬时值与同一纵坐标上基波（或等值正弦波）瞬时值之差与基波峰值的百分比。

允许只测接可控硅的一相。

426.2　设备

426.2.1　测量负载状况和有关环境参数的设备 1 套。

426.2.2　示波器或记忆示波器。

426.3　程序

426.3.1　按示波器使用说明书规定连接负载和测量仪器的线路无误。

426.3.2　电站处于冷态或热态，启动并整定电站在额定工况下运行，稳定后减负载至空载，然后整定电压和频率为额定值。

426.3.3　调节相电压迹线的峰对峰幅度至少约为 10cm。

426.3.4　按相电压迹线的每周波时间基线约为 10cm 调节示波器的记录纸速度。

426.3.5　拍摄相电压波形的一张波形图。

426.3.6　记录有关数据和情况（表 426.1）。

426.3.7　对于其他电压连接方式和频率，重复 426.3.2～426.3.6。

426.4　结果

426.4.1　确定等值正弦波（见图 426.1，表 426.1）。

426.4.1.1　绘制相电压迹线的零电位于正峰和负峰的中间，注意采用迹线宽度的中心。

426.4.1.2　用一完整的周波迹线，在与零电位线交叉的开始和结束之间分零电位线至少 36 等分。

426.4.1.3　经由 426.4.1.2 中确定的零电位线上的各点绘制与零电位线垂直的线（纵坐标）。

426.4.1.4　量度从零电位线至迹线的各纵坐标的长度（精确到毫米）。

426.4.1.5　将各纵坐标长度平方，用该平方值相加后的总数值除以 426.4.1.2 确定的等分数，然后将其商平方根再乘以 2 的平方根。

例：按表 426.2。

$$\text{等值正弦波的峰值} = \sqrt{\frac{49\ 374}{36}} \times \sqrt{2} = 52(\text{mm})$$

426.4.1.6　将 426.4.1.5 得到的最后结果（例 52 mm）作为等值正弦波的峰值。

426.4.1.7　利用电气角度数的正弦计算等值正弦波各纵坐标的长度。

按表 426.2。

标号 1 纵坐标长度 $=\sin 10^\circ \times 52 = 0.174 \times 52 = 9(\text{mm})$

426.4.1.8　在一张单独的纸上绘制等值正弦波，其完整周波的时间基线与 426.4.1.2 中的相等。

426.4.2　波形图的比较

426.4.2.1　用 426.4.1.2 中的完整周波重叠在 426.4.1.8 中绘制的等值正弦波上，使两迹线间的最大垂直差数尽可能小，保持两迹线零电位线重叠。

426.4.2.2　确定两迹线间的最大垂直差数（精确到 0.25 mm）。

426.4.2.3 用 426.4.2.2 的结果除以 426.4.1.6 确定的峰值，然后乘以 100%，即得用百分数表示的电压偏离系数。

426.4.2.4 上述方法可用下列简化式计算：

相电压周波有效值 a 按下式计算：

$$a=\sqrt{\frac{a_1^2+a_2^2+a_3^2+\cdots\cdots a_{36}^2}{36}} \qquad (426.1)$$

式中：

a_1、a_2、a_3……a_{36}——36 等分点的波形纵坐标瞬时值。

相电压周波的等值正弦波幅值 A 按下式计算：

$$A=\sqrt{2}a \qquad (426.2)$$

电压偏离系数 δ(%)按下式计算：

$$\delta=\frac{d}{A}\times 100\% \qquad (426.3)$$

式中：

d——被测波与等值正弦波按在纵坐标上的差值最小重叠后的最大差值。

426.4.2.5 将结果同产品规范要求作比较。

426.5 产品规范要求

在产品规范(或合同)中应明确下列项目：

a) 允许的偏离系数；

b) 电压连接方式和频率；

c) 不同于本方法的要求。

表 426.1 测量电压偏离系数

励磁方式＿＿＿＿＿＿＿＿ 示波器(型号及名称)＿＿＿＿＿＿＿＿

测量人员＿＿＿＿＿＿＿＿ 测量日期＿＿＿＿＿＿＿＿

电压连接方式	电压 V	频率 Hz	照片	电压偏离系数 % δ	备注
U-V			1		
V-W			2		
W-U			3		
U-N			4		
V-N			5		
W-N			6		

表 426.2

纵坐标号	纵坐标长度 mm	纵坐标长度平方 mm^2	电气角度 (°)	角度的正弦	等值正弦波的纵坐标长度
0	0	0	0	0	0
1	10	100	10	0.174	9
2	20	400	20	0.342	18
3	29	841	30	0.500	26

表 426.2(续)

纵坐标号	纵坐标长度 mm	纵坐标长度平方 mm^2	电气角度 (°)	角度的正弦	等值正弦波 的纵坐标长度
4	35	1 225	40	0.643	34
5	41	1 681	50	0.766	40
6	45	2 025	60	0.866	45
7	49	2 401	70	0.940	45
8	51	2 601	80	0.985	51.5
9	52	2 704	90	1.000	52
10	51	2 601	100	0.985	51.5
11	50	2 500	110	0.940	49
12	46	2 116	120	0.866	45
13	42	1 764	130	0.766	40
14	37	1 369	140	0.643	34
15	30	900	150	0.500	26
16	23	529	160	0.342	18
17	15	225	170	0.174	9
18	6	36	180	0	0
19	−2	4	190	−0.174	−9
20	−12	144	200	−0.342	−18
21	−21	441	210	−0.500	−26
22	−31	961	220	−0.643	−34
23	−37	1 369	230	−0.766	−40
24	−42	1 764	240	−0.866	−45
25	−47	2 209	250	−0.940	−49
26	−50	2 500	260	−0.985	−51.5
27	−52	2 704	270	−1.000	−52
28	−51	2 601	280	−0.985	−51.5
29	−50	2 500	290	−0.940	−49
30	−46	2 116	300	−0.866	−45
31	−41	1 681	310	−0.766	−40
32	−35	1 225	320	−0.643	−34
33	−26	676	330	−0.500	−26
34	−19	361	340	−0.342	−18
35	−10	100	350	−0.174	−9
36	0	0	360	0	0
总计 49 374					

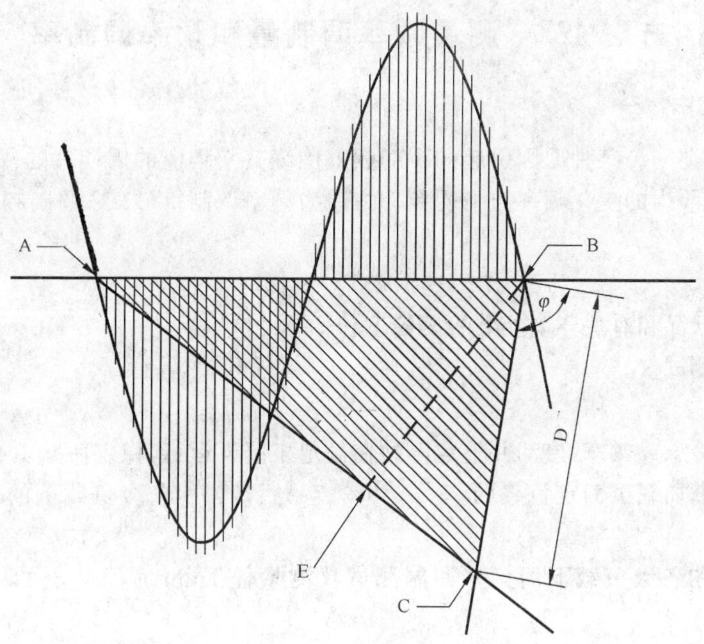

A——零电位线同电压迹线的交叉点，应是完整周波的起点；

B——从A算起的零电位线同电压迹线的另一个交叉点，应是完整周波的终点；

C——从B开始沿任一线的36等距终点；

D——易分为36等分的任一距离；

AC——分零电位线为36等分的36条平行线的方位线，这些线从36等分的BC线的各点开始。

图426.1

方法 427　测量频率调制量和频率调制率

427.1　总则

电站在稳态工作期间。某种原因引起的瞬时频率围绕其平均值的周期性的或随机的或二者兼有的变化。在规定时间间隔内的变化频率与平均频率之差为频率调制量(Hz);调制频率随时间的变化率为频率调制率(Hz/s)。

427.2　设备

427.2.1　测量负载状况和有关环境参数的设备 1 套。

427.2.2　频率调制测试仪。

427.3　程序

427.3.1　电站处于冷态或热态,启动并整定电站在额定工况下运行,稳定后减负载至空载。

427.3.2　从空载逐渐加载至额定负载的 25%、50%、75%、100%,各级负载下的功率因数和电压为额定值。

427.3.3　在稳定后的各级负载下用频率调制测试仪测量任 1min 时间间隔的频率调制量和频率调制率。

427.3.4　记录有关数据和情况(表 427.1)。

427.3.5　电站在 1.0 功率因数下,重复 427.3.2～427.3.4。

427.4　结果

将结果同产品规范要求作比较。

427.5　产品规范要求

在产品规范(或合同)中应明确下列项目:

a)　允许的频率调制量,Hz;

b)　允许的频率调制率,Hz/s;

c)　不同于本方法的要求。

表 427.1　测量频率调制量和频率调制率

调速方式__________________　　　　调制测量仪(型号及名称)________________

测量人员__________________　　　　测量日期________________

<table>
<tr><th rowspan="2">功率因数</th><th rowspan="2">负载(额定负载的百分数)%</th><th colspan="3">电　流
A</th><th colspan="4">功　率
kW</th><th colspan="3">电　压
V</th><th rowspan="2">频率
Hz</th><th rowspan="2">调制量
Hz</th><th rowspan="2">调制率
Hz/s</th></tr>
<tr><th>I_U</th><th>I_V</th><th>I_W</th><th>P_1</th><th>P_2</th><th>P_3</th><th>P</th><th>U_{UV}</th><th>U_{VW}</th><th>U_{WU}</th></tr>
<tr><td rowspan="5"></td><td>0</td><td></td><td></td><td></td><td></td><td></td><td></td><td></td><td></td><td></td><td></td><td></td><td></td><td></td></tr>
<tr><td>25</td><td></td><td></td><td></td><td></td><td></td><td></td><td></td><td></td><td></td><td></td><td></td><td></td><td></td></tr>
<tr><td>50</td><td></td><td></td><td></td><td></td><td></td><td></td><td></td><td></td><td></td><td></td><td></td><td></td><td></td></tr>
<tr><td>75</td><td></td><td></td><td></td><td></td><td></td><td></td><td></td><td></td><td></td><td></td><td></td><td></td><td></td></tr>
<tr><td>100</td><td></td><td></td><td></td><td></td><td></td><td></td><td></td><td></td><td></td><td></td><td></td><td></td><td></td></tr>
</table>

方法 428　测量频率漂移量和频率漂移率

428.1　总则

频率漂移量是受控频率在稳态范围内随机的缓慢变化量(Hz),频率漂移率是漂移频率随时间的变化率(Hz/min)。

该测量可在连续运行试验中插入进行。

428.2　设备

测量负载状况和有关环境参数的设备1套。

428.3　程序

428.3.1　电站处于冷态,启动并整定电站在额定工况下运行。

428.3.2　稳定后,记录频率、电压、电流、功率、功率因数、冷却发动机的出水(或风)温度和机油温度(从装在仪表板上的温度表读取)及机油压力、环境温度、空气相对湿度、大气压力(表428.1)。

428.3.3　此后,每隔30min记录1次428.3.2所列内容(表428.1)

428.3.4　从第1次记录有关读数开始,在额定工况下连续运行至热态停机。

试验过程中只允许调整负载保持电流和功率因数为额定值。

428.4　结果

428.4.1　确定频率漂移量和频率漂移率。

428.4.2　将结果同产品规范要求作比较。

428.5　产品规范要求

在产品规范(或合同)中应明确下列项目:

a)　允许的频率漂移量,单位为赫兹(Hz);

b)　允许的频率漂移率,单位为赫兹每分(Hz/min);

c)　不同于本方法的要求。

表428.1　测量频率漂移量和频率漂移率

测量人员＿＿＿＿　　　　测量日期＿＿＿＿

序号	程序时间 h-min	电流 A			功率 kW				电压 V			频率 Hz	功率因数	水温 ℃	油温 ℃	油压 kPa	环境温度 ℃		冷却介质温度 ℃		相对湿度 %	大气压力 kPa	频率漂移量 Hz	频率漂移率 Hz/min
		I_U	I_V	I_W	P_1	P_2	P_3	P	U_{UV}	U_{VW}	U_{WU}						1	2	1	2				

方法 429 连续运行试验

429.1 总则

电站应能在规定时间内按规定工况可靠地连续运行。

429.2 设备

测量负载状况和有关环境参数的设备1套。

429.3 程序

429.3.1 电站处于冷态，启动并整定电站在额定工况下运行。

429.3.2 运行稳定后，记录功率、电压、电流、功率因数、频率、冷却发动机的出水（或风）温度及机油温度（从装在仪表板上的温度表读取）、添加燃油时间、环境温度、空气相对湿度、大气压力（表429.1）。

429.3.3 此后，每隔30min记录1次429.3.2所列内容（表429.1）。

429.3.4 在规定的连续运行结束前的1h进行过载运行。

试验过程中只允许调整负载保持电流和功率因数为额定值。

429.3.5 观察试验过程中是否出现漏油、漏水、漏气等不正常现象；其他有关情况；记录观察结果（表429.1）。

429.4 结果

将结果同产品规范要求作比较。

429.5 产品规范要求

在产品规范（或合同）中应明确下列项目：

a) 连续运行时间；

b) 过载值及过载时间；

c) 允许的冷却发动机的出水（或风）温度及机油温度；

d) 要求的燃油添加时间；

e) （适用时）使电站持续运行的油箱最小容积；

f) 不同于本方法的要求。

表 429.1 连续运行试验

试验地点＿＿＿＿＿＿　　试验人员＿＿＿＿＿＿　　试验日期＿＿＿＿＿＿

序号	程序时间 h-min	电流 A			功率 kW				电压 V			频率 Hz	功率因数	水温 ℃	油温 ℃	油压 kPa	环境温度 ℃				冷却介质温度 ℃		相对湿度 %	大气压力 kPa	添加燃油时间 h-min
		I_U	I_V	I_W	P_1	P_2	P_3	P	U_{UV}	U_{VW}	U_{WU}						1	2	3	4	1	2			

方法 430 测 量 温 升

430.1 **总则**

430.1.1 这是作为对制造过程和成品的一种检验，需要根据测得的温升以便确定各有关构件能否保证在其额定温度范围内良好地运行。

430.1.2 测量部位包括：发电机各绕组；产品规范规定的其他部位。

430.1.3 发电机各绕组温升的测量方法：电阻法、埋置检温计法和温度计法。通常测量发电机绕组温度采用电阻法，本方法也以电阻法为主进行介绍。

430.1.3.1 对额定输出为 600 W(或 VA)及以下的交流发电机，当绕组为非均布或因必要的接线而过分复杂时，可用温度计法。

430.1.3.2 对额定输出为 200 kW(或 VA)及以下的交流发电机，除非另有规定，选用电阻法。

430.1.3.3 对额定输出为 5 000 kW(或 VA)以下但在 200 kW 以上的交流发电机，除非另有规定，选用电阻法或埋置检温计法。

430.1.3.4 对额定输出为 5 000 kW(或 VA)及以上交流发电机的定子绕组，选用埋置检温计法。

检温计(例如电阻检温计、热电偶或半导体负温度系数检温计)在发电机制造过程中埋置于发电机制成后触及不到的部位。

电阻法是利用绕组直流电阻随温度升高而相应增大来确定绕组温升的。

430.1.4 该测量可在连续运行试验中插入进行。

430.2 **设备**

430.2.1 测量负载状况和有关环境参数的设备 1 套。

430.2.2 测量绕组直流电阻的仪器。

430.2.3 温度计。

430.2.4 检温计。

430.3 **程序**

430.3.1 电站处于冷态，用温度计测量被测绕组初始电阻时的冷态温度(θ_1)，用测量绕组直流电阻的仪器测量被测绕组的冷态电阻值(R_1)，然后启动并整定电站在额定工况下运行。

430.3.2 运行稳定后，每隔 30 min 记录 1 次功率、电压、电流、功率因数、频率、冷却发动机的出水(或风)温度及机油温度(从装在仪表板上的温度表读取)、环境温度、空气相对湿度、大气压力、冷却介质温度、产品规范规定的其他部位的温度(表 429.1)。

430.3.2.1 环境温度：用距机组 1 m 的 3～4 支温度计均布于电站周围测量，温度计的球部位于电站高度之半，数值取各温度计读数的算术平均值，各温度计读数差应不大于 3℃。

430.3.2.2 冷却介质温度：取距发电机两侧进风口 100～200 mm 处的 2 支温度计测得的进风区温度的平均值。(必要时)在距发电机两侧出风口 100～200 mm 处放置 2 支温度计测量出风温度。

430.3.2.3 热试验结束时的冷却介质温度(θ_a)：采用试验过程中最后 1 h 内几个相等时间间隔的冷却介质温度的平均值。

430.3.3 使电站连续运行至热态。

注：电站是否已达到热态，可通过观察发电机的进风温度在 1h 内的变化不超过 1℃或插入发电机吊环孔中的温度计所示温度的变化情况来确定。

430.3.4 停机测量热试验结束时的绕组电阻(R_2)[或温度(θ_2)]及其他温度，记录有关读数(表 430.3)。

430.3.4.1 停机(例如用电桥)测得绕组直流电阻(或温度)时，测量直流电阻(或温度)的电桥、或仪器、或装置不应与即将停机仍带电的电路连接。

430.3.4.2 停机应迅速，测量应尽快进行，第 1 个读数如能在表 430.1 规定的时间间隔内测得电阻初始读数，则用该读数作为计算温升的数据。

表 430.1

发电机额定输出 P_N/kW(或 kVA)	切断电源后的时间间隔/s
$P_N \leqslant 50$	30
$50 < P_N \leqslant 200$	90
$200 < P_N \leqslant 5\,000$	120
$P_N > 5\,000$	按协议

430.3.4.3 外推停机时间

若在表 430.1 规定的时间间隔内读不出电阻的最初读数，应尽快地在表 430.1 规定的时间间隔的 2 倍时间内读出读数，以后大约每隔 1 min 读取另外的电阻读数，直到这些读数已从最大值明显地下降为止。应把这些读数作为时间的函数(推荐采用半对数坐标，绕组电阻标在对数坐标轴上)绘制成曲线，并将曲线外推到表 430.1 中与发电机额定输出相对应的时间间隔。此时所得的电阻值即为热试验结束时的绕组电阻值(R_2)。如在停机后测得的电阻值在连续上升，则应取测得的最大值作为热试验结束时的绕组电阻值(R_2)。

430.4 结果

430.4.1 绕组的温升($\theta_2-\theta_a$)(℃)按下式计算：

$$\theta_2-\theta_a=\frac{R_2-R_1}{R_1}(k+\theta_1)+\theta_1-\theta_a \qquad \cdots\cdots(430.1)$$

式中：

R_2——热试验结束时的绕组电阻，单位为欧姆(Ω)；

R_1——温度为 θ_1(冷态)时的绕组电阻，单位为欧姆(Ω)；

θ_1——测量绕组(冷态)初始电阻时的温度，单位为摄氏度(℃)；

θ_2——热试验结束时的绕组温度，单位为摄氏度(℃)；

θ_a——热试验结束时的冷却介质温度，单位为摄氏度(℃)；

k——对铜绕组为 235，对铝绕组除另有规定外应采用 225。

430.4.2 对其他构件的温升△θ(℃)按下式计算：

$$\Delta\theta=\theta_3-\theta_a \qquad \cdots\cdots(430.2)$$

式中：

θ_a——试验结束时的冷却介质温度，单位为摄氏度(℃)；

θ_3——试验过程中构件达到的最高温度，单位为摄氏度(℃)。

430.4.3 将结果同产品规范要求作比较。

430.5 产品规范要求

在产品规范(或合同)中应明确下列项目：

a) 允许的绕组温升和绝缘等级；

b) 允许的其他构件温升；

c) 使用本方法的环境温度要求；

d) 不同于本方法的要求。

430.6 温升限值

430.6.1 用电阻法和埋置检温计法测量空气间接冷却绕组的温升限值(表 430.2)。

表 430.2

发电机部件	热分级									
	A		E		B		F		H	
	R	ETD	R	ETD	R	ETD	R	ETD	R	ETD
	K									
输出 5 000 kW(或 kVA)及以上发电机的交流绕组	60	65	—	—	80	85	100	105	125	130
输出 200 kW(或 kVA)以上但小于 5 000 kW(或 kVA)发电机的交流绕组	60	65	75	—	80	90	105	110	125	130
输出为 200kW(或 kVA)及以下发电机的交流绕组	60	—	75	—	80	—	105	—	125	—
输出小于 600W(或 VA)发电机的交流绕组	65	—	75	—	85	—	110	—	130	—
注：R 为电阻法；ETD 为埋置检温计法。										

430.6.2 用温度计法测量空气间接冷却绕组的温升时，温升限值应按协议但不能超过：

65K 对热分级为 A 级绝缘结构绕组；

80K 对热分级为 E 级绝缘结构绕组；

90K 对热分级为 B 级绝缘结构绕组；

115K 对热分级为 F 级绝缘结构绕组；

140K 对热分级为 H 级绝缘结构绕组。

表 430.3 测 量 温 升

励磁方式________________ 发电机绝缘等级________________

测量人员________________ 测量日期________________

测量部位	实测直流电阻							校正值 Ω	测量绕组(冷态)初始电阻时的温度 ℃	热试验结束时的冷却介质温度 ℃	温升 ℃
									θ_1	θ_a	$\theta_2-\theta_a$
	冷态	电阻 R_1(Ω)									
	热态	时间 min-s									
		电阻 R_2(Ω)									
	冷态	电阻 R_1(Ω)									
	热态	时间 min-s									
		电阻 R_2(Ω)									

方法431 并联运行试验(自动化电站)

431.1 总则

为了增加输出功率,或保证不间断供电,需要2台或更多电站并联运行。

当2台或更多台(设计并联运行的)电站并联运行时,在任1台单机不过载的情况下,应具有输出功率等于各单机额定功率总和的能力;各单机间应能平稳转移负载;有功功率分配差度和无功功率分配差度应不超过规定值。

431.2 设备

431.2.1 测量负载状况和有关环境参数的设备(按与并联电站台数相等的数量配置)。

431.2.2 并联装置。

431.3 程序

431.3.1 要求

431.3.1.1 可用同型号的2台电站进行。

431.3.1.2 对于不同品种规格的电站并联,应在本程序的基础上另增程序。

431.3.1.3 未并联运行前,不可接通任何负载开关或电路断路器,以免损坏装置和试验仪器。

431.3.2 检查自动启动与并联

431.3.2.1 在1号电站(运行电站)自启动系统不起作用的状态下,启动并整定1号电站在额定工况下运行。

431.3.2.2 减1号电站的负载至空载。

431.3.2.3 在1号电站自启动系统起作用的状态下,将功率因数为0.8(滞后)的三相对称负载渐加于1号电站。

431.3.2.4 观察当负载加至规定上限值时,2号电站(待并电站)是否自动启动。

431.3.2.5 观察自动启动成功后是否按要求实现自动投入并联运行。

431.3.2.6 记录有关数据和情况(表431.1)。

431.3.3 确定并联运行指标

431.3.3.1 在1号电站(运行电站)自启动系统不起作用的状态下,启动并整定1号电站在额定工况下运行。

431.3.3.2 减1号电站的负载至空载。

431.3.3.3 在1号电站自启动系统起作用的状态下,将功率因数为0.8(滞后)的三相对称负载渐加于1号电站。

431.3.3.4 待负载加至规定上限值,2号电站自动启动成功且自动投入并联运行后,按下列额定功率因数下的总额定功率的百分数和程序变更总负载:80%→100%→80%→50%→80%。

在各级负载下至少运行5min。

431.3.3.5 记录各电站在各工况下的电压、电流、频率、有功功率、无功功率、功率因数、总电流、总有功功率和总无功功率以及有关情况。

431.3.3.6 对于不同的电压连接方式和频率,重复431.3.3.1~431.3.3.5。

431.3.3.7 记录有关数据和情况(表431.1)。

431.3.4 检查自动解列和自动停机

431.3.4.1 2台电站已在总额定功率下稳定并联运行。

431.3.4.2 渐减总输出功率至总额定功率的40%。

431.3.4.3 观察2台电站中的1台是否自动转载、解列和自动停机。

431.3.4.4 记录有关数据和情况(表431.1)。

431.3.5 检查对第3台电站的控制能力

431.3.5.1 1号电站稳定运行在额定工况下。

431.3.5.2 使2号电站自动投入并联运行。

431.3.5.3 调整总输出功率为总额定功率的55%。

431.3.5.4 人为给1号电站或2号电站制造1级故障或模拟事故状态(例如水温高、油压低等等)使保护装置动作。

注：1级故障指电站发生故障后仍允许该电站运行一段时间(备用电站投入运行所需的时间)的故障。

431.3.5.5 观察第3台电站是否自动启动,自动投入并联运行并正常供电,故障电站是否自动解列和自动停机。

431.3.5.6 重复431.3.5.1～431.3.5.3。

431.3.5.7 人为给1号电站或2号电站制造2级故障或模拟事故状态使保护装置动作。

注：2级故障指电站发生故障后须立即停机的故障。

431.3.5.8 观察故障电站是否自动解列和自动停机；是否自动切断一部分负载(通常是次要负载),继续运行的电站是否会出现不允许的过载；第3台电站是否自动启动,自动投入并联运行并正常供电。

431.3.5.9 重复431.3.5.1～431.3.5.3。

431.3.5.10 操纵停机机构,人为地使1号电站或2号电站停机。

431.3.5.11 2台电站中的任1台电站停机后,观察另1台电站是否会出现不允许的过载；第3台电站是否自动启动,自动投入并联运行并自动正常供电。

431.3.5.12 记录有关数据和情况(表431.1)。

431.4 结果

431.4.1 电站应能自动启动与自动并联运行。

431.4.2 有功功率分配 ΔP(%)按下式计算：

$$\Delta P=\left[\frac{P_i}{P_{r,i}}-\frac{\sum_{i=1}^{n}P_i}{\sum_{i=1}^{n}P_{r,i}}\right]\times 100\% \quad \cdots\cdots(431.1)$$

式中：

n——并联运行的电站台数；

i——在1组所有并联运行的电站内识别单台电站的标记；

P_i——第 i 台电站承担的部分有功功率,单位为千瓦(kW)；

$P_{r,i}$——第 i 台电站的额定有功功率,单位为千瓦(kW)；

ΣP_i——所有并联运行电站的各部分有功功率的总和,单位为千瓦(kW)；

$\Sigma P_{r,i}$——所有并联运行电站的各额定有功功率的总和,单位为千瓦(kW)。

431.4.3 无功功率分配 ΔQ(%)按下式计算：

$$\Delta Q=\left[\frac{Q_i}{Q_{r,i}}-\frac{\sum_{i=1}^{n}Q_i}{\sum_{i=1}^{n}Q_{r,i}}\right]\times 100\% \quad \cdots\cdots(431.2)$$

式中：

n——并联运行的电站台数；

i——在1组所有并联运行的电站内识别单台电站的标记；

Q_i——第 i 台电站承担的部分无功功率,单位为千乏(kvar)；

$Q_{r,i}$——第 i 台电站的额定无功功率,单位为千乏(kvar)；

ΣQ_i——所有并联运行电站的各部分无功功率的总和,单位为千乏(kvar)；

$\Sigma Q_{r,i}$——所有并联运行电站的各额定无功功率的总和，单位为千乏(kvar)。

431.4.4　自控或遥控装置应能控制电站自动并联与解列。

431.4.5　自控或遥控装置应有控制第3台电站的能力。

431.4.6　将结果同产品规范要求作比较。

431.5　产品规范要求

在产品规范(或合同)中应明确下列项目：

a)　自动启动并联、并联运行、解列与停机要求；

b)　并联转移负载要求；

c)　允许的有功功率分配；

d)　允许的无功功率分配；

e)　自控与遥控装置对第3台电站的控制能力；

f)　电站连接方式和频率；

g)　不同于本方法的要求。

表431.1　并联运行试验(自动化电站)

环境温度______℃　　相对湿度______%　　大气压力______ kPa

试验人员____________________　　试验日期________________

项目	电站代号	负载(总额定负载的百分数) %	电流 A			功率 kW				电压 V			频率 Hz	功率因数	无功功率 kvar	有功功率分配 %	无功功率分配 %	观察
			I_U	I_V	I_W	P_1	P_2	P_3	P	U_{UV}	U_{VW}	U_{WU}	f		Q	ΔP	ΔQ	
启动与并联	1	规定上限值													—			
	2																	
确定并联运行指标	1	80																
		100																
		80																
		50																
		80																
	2	80																
		100																
		80																
		50																
		80																
解列与自动停机	1	100													—			
	2	100																
	1	40																
	2	40																
控制第3台	1														—			
	2																	
	3																	

方法 432　测量稳流精度

432.1　**总则**

适用于内燃机驱动的交流发电机经整流装置供电的直流电站。

432.2　**设备**

测量负载状况和有关环境参数的设备1套。

432.3　**程序**

432.3.1　电站处于冷态。

432.3.2　使稳流装置稳流，在输入额定交流电压和输出额定直流电压下。

432.3.3　确定负载电流整定值为稳流范围内的中值。

注：稳流范围内的中值、上限值和下限值为必测点。

432.3.4　调交流电压为上限值，测量对应的输出电流值。

432.3.5　调交流电压为下限值，测量对应的输出电流值。

432.3.6　调交流电压为额定值，直流电压为上限值，再调交流电压为上限值，测量对应的输出电流值。

432.3.7　调交流电压为额定值，直流电压为上限值，再调交流电压为下限值，测量对应的输出电流值。

432.3.8　调交流电压为额定值，直流电压为下限值，再调交流电压为上限值，测量对应的输出电流值。

432.3.9　调交流电压为额定值，直流电压为下限值，再调交流电压为下限值，测量对应的输出电流值。

432.3.10　记录各有关数据和情况(表432.1)。

432.3.11　在稳流装置稳流、输入额定交流电压和输出额定直流电压条件下，确定负载电流整定值为稳定范围内的上限值，重复432.3.4～432.3.10。

432.3.12　在稳流装置稳流、输入额定交流电压和输出额定直流电压条件下，确定负载电流整定值为稳流范围内的下限值，重复432.3.4～432.3.10。

432.3.13　电站处于热态，重复432.3.2～432.3.12。

432.4　**结果**

432.4.1　稳流精度δI_W(%)按下式计算：

$$\delta I_W = \frac{I_1 - I}{I} \times 100\% \qquad (432.1)$$

式中：

I——负载电流整定值，单位为安(A)；

I_1——交流电压和直流电压在允许范围内变化时，负载电流的极限值，单位为安(A)。

432.4.2　将结果同产品规范要求作比较。

432.5　**产品规范要求**

在产品规范(或合同)中应明确下列项目：

a)　允许的稳流精度；

b)　允许的交流输入电压上、下限值；

c)　允许的直流输出电流上、下限值；

d)　不同于本方法的要求。

表 432.1 测量稳流精度

电站状态(冷态/热态)__________________ 稳流装置(型号)______________

测量人员__________________ 测量日期______________

<table>
<tr><td>输入交流</td><td colspan="3">输出直流</td><td>稳流精度
%</td><td rowspan="3">备注</td></tr>
<tr><td rowspan="2">电压
V</td><td colspan="2">电流
A</td><td rowspan="2">电压
V</td><td rowspan="2">δI_W</td></tr>
<tr><td>整定值 I</td><td>极限值 I_1</td></tr>
<tr><td></td><td></td><td></td><td></td><td></td><td></td></tr>
<tr><td></td><td></td><td></td><td></td><td></td><td></td></tr>
<tr><td></td><td></td><td></td><td></td><td></td><td></td></tr>
<tr><td></td><td></td><td></td><td></td><td></td><td></td></tr>
<tr><td></td><td></td><td></td><td></td><td></td><td></td></tr>
<tr><td></td><td></td><td></td><td></td><td></td><td></td></tr>
<tr><td></td><td></td><td></td><td></td><td></td><td></td></tr>
</table>

方法 433 测量稳压精度

433.1 总则

适用于内燃机驱动的交流发电机经整流装置供电的直流电站。

433.2 设备

测量负载状况和有关环境参数的设备 1 套。

433.3 程序

433.3.1 电站处于冷态。

433.3.2 使稳压装置在额定输入交流电压和 50%额定输出电流下工作。

433.3.3 确定输出直流电压整定值为稳压范围内的中值。

注:稳压范围内的中值、上限值和下限值为必测点。

433.3.4 调交流电压为上限值,测量对应的输出电压值。

433.3.5 调交流电压为下限值,测量对应的输出电压值。

433.3.6 调交流电压和直流电流为额定值,再调交流电压为上限值,测量对应的输出电压值。

433.3.7 调交流电压和直流电流为额定值,再调交流电压为下限值,测量对应的输出电压值。

433.3.8 调交流电压为额定值,直流电流为上限值,再调交流电压为下限值,测量对应的输出电压值。

433.3.9 调交流电压为额定值,直流电流为下限值,再调交流电压为上限值,测量对应的输出电压值。

433.3.10 记录各有关数据和情况(表 433.1)。

433.3.11 在稳压装置额定输入交流电压和 50%额定输出电流的条件下,确定输出直流电压整定值为稳压范围内的上限值,重复 433.3.4～433.3.10。

433.3.12 在稳压装置额定输入交流电压和 50%额定输出电流的条件下,确定输出直流电压整定值为稳压范围内的下限值。重复 433.3.4～433.3.10。

433.3.13 电站处于热态,重复 433.3.2～433.3.12。

433.4 结果

433.4.1 稳压精度 δU_W(%)按下式计算:

$$\delta U_W = \frac{U_1 - U}{U} \times 100\% \qquad (433.1)$$

式中：

U——输出直流电压整定值，单位为伏(V)；

U_1——交流电压和负载电流在允许范围内变化时，输出直流电压波动的极限值，单位为伏(V)。

433.4.2 将结果同产品规范要求作比较。

433.5 产品规范要求

在产品规范(或合同)中应明确下列项目：

a) 允许的稳压精度；

b) 允许的交流输入电压上、下限值；

c) 允许的直流输出电压上、下限值；

b) 不同于本方法的要求。

表 433.1 测量稳压精度

电站状态(冷态/热态)＿＿＿＿＿＿＿＿ 稳压装置(型号)＿＿＿＿＿＿

测量人员＿＿＿＿＿＿＿＿ 测量日期＿＿＿＿＿＿

输入交流	输出直流			稳压精度 %	备注
电压 V	电压 V		电流 A		
	整定值 U	极限值 U_1		δU_W	

方法434　测量脉动电压

434.1　总则

直流电站的脉动电压峰值与平均电压的最大偏差、脉动电压频率特性应在规定范围内。

测量直流脉动电压实际上是测量叠加于直流平均电压的交流分量的峰值及该交流分量各次频率分量的电压值。

434.2　设备

434.2.1　测量负载状况和有关环境参数的设备1套。

434.2.2　峰值电压表或宽频带示波器。

434.2.3　谐波分析仪和频谱分析仪。

434.3　程序

434.3.1　测量“偏差”

434.3.1.1　测量线路无误。

注：参考线路见图434.1。

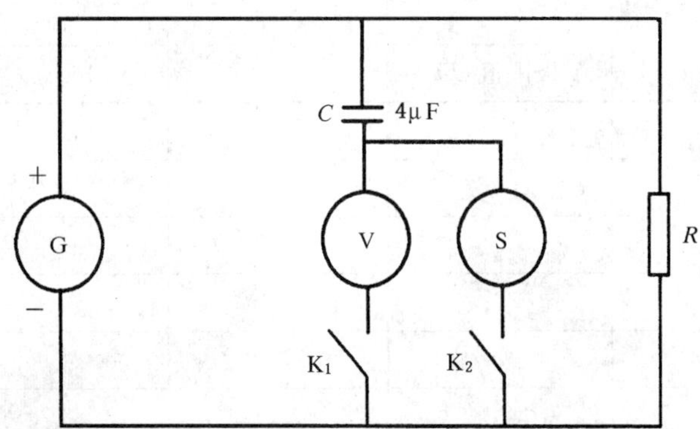

G——直流电源，为直流发电机或变压整流器；

R——直流负载；

C——电容，4 μF；

K_1、K_2——开关；

V——峰值电压表；

S——谐波分析仪。

图434.1

434.3.1.2　电站处于冷态，启动并整定电站在额定工况下运行，稳定后减负载至空载，整定电压为额定值，使电站处于空载稳定运行状态。

434.3.1.3　接通测量线路（峰值电压表正负极性各反接1次），读取正峰值与负峰值（图434.2）。

434.3.1.4　记录有关数据和情况（表434.1）。

注：可按图434.1示，在R两端接宽频带示波器拍摄示波图分析求出。

434.3.2　测量频率特性

434.3.2.1　测量线路无误。

参考线路见图434.1。

434.3.2.2　电站处于冷态，启动并整定电站在额定工况下运行，稳定后减负载至空载，整定电压为额定值，使电站处于空载稳定运行状态。

434.3.2.3　接通测量线路，用谐波分析仪测量周期性变化的脉动分量电压的各次谐波有效值。

注：可按图434.1示，在R两端接宽频带示波器拍摄示波图分析求出。

若脉动电压的变化是随机的，则需要频谱分析仪对其波形进行分析，求出其连续频谱。

434.3.2.4 记录有关数据和情况(表 434.1)。

434.4 结果

434.4.1 比较图 434.2 中的正、负峰值,取大者。

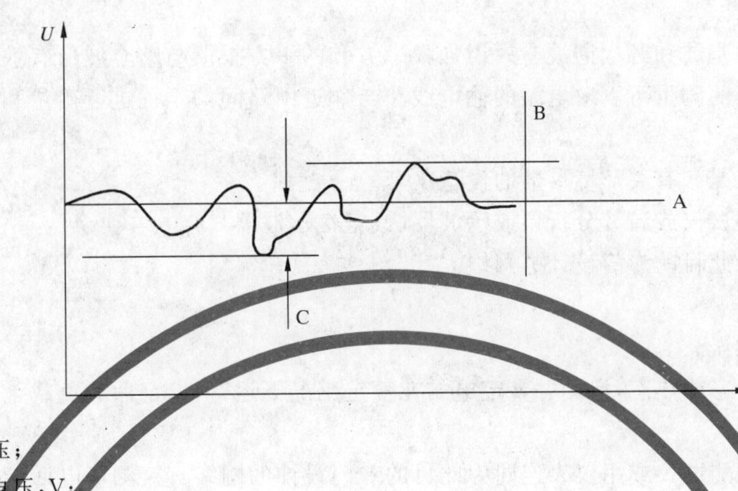

A——平均电压;

B——正峰值电压,V;

C——负峰值电压,V。

图 434.2

434.4.2 绘制脉动电压频率特性。

434.4.3 将结果同产品规范要求作比较。

434.5 产品规范要求

在产品规范(或合同)中应明确下列项目:

a) 允许的脉动电压峰值与平均电压的最大偏差;

b) 要求的脉动电压频率特性;

c) 不同于本方法的要求。

表 434.1 测量脉动电压

测量仪器(型号及名称)

测量人员＿＿＿＿＿＿＿＿ 测量日期＿＿＿＿＿＿＿＿

电 流 A	功 率 kW	电 压 V	转 速 r/min	脉动电压 V	频率特性	备 注

方法435 测量电话谐波因数

435.1 总则

435.1.1 电压波形中基波和各次谐波有效值加权平方和的平方根值与整个波形有效值的百分比。

435.1.2 通过该项目的测量可以对电站的输电线路与邻近回路间的干扰进行衡量和评价。

435.2 设备

435.2.1 测量负载状况和有关环境参数的设备1套。

435.2.2 动态微机测试仪或谐波分析仪或示波器(或记忆示波器)。

435.2.3 仪表连同为此目的专门设计的网络。

435.3 程序

435.3.1 测量线路无误。

435.3.2 电站处于冷态或热态,启动并整定电站在额定工况下运行,稳定后减负载至空载,然后调整电压和频率为额定值。

435.3.3 用动态微机测试仪或用仪表连同为此目的专门设计的网络直接测量电话谐波因数。

或用谐波分析仪测量在频率测量范围从额定频率至5 000 Hz内的全部谐波。

435.3.4 记录有关数据和情况(表435.1)。

435.3.5 对于不同的电压连接方式和频率,重复435.3.1～435.3.4。

423.3.6 (要求时)在额定工况下重复435.3.3～435.3.5。

435.4 结果

435.4.1 用谐波分析仪测量时,电话谐波因数 THF(%)按下式计算:

$$THF = \frac{100}{U}\sqrt{U_1^2\lambda_1^2 + U_2^2\lambda_2^2 + U_3^2\lambda_3^2 + \cdots\cdots U_n^2\lambda_n^2} \times 100\% \qquad \cdots\cdots\cdots(435.1)$$

式中:

U——线电压的有效值,单位为伏(V);

U_n——n次谐波线电压的有效值,单位为伏(V);

λ_n——相应于n次谐波频率的加权系数。

表435.2为不同频率的加权系数,图435.1的曲线可用于求取插入值。

435.4.2 将结果同产品规范要求作比较

435.5 产品规范要求

在产品规范(或合同)中应明确下列项目:

a) 允许的电话谐波因数;

b) 电压连接方式和频率;

c) 不同于本方法的要求。

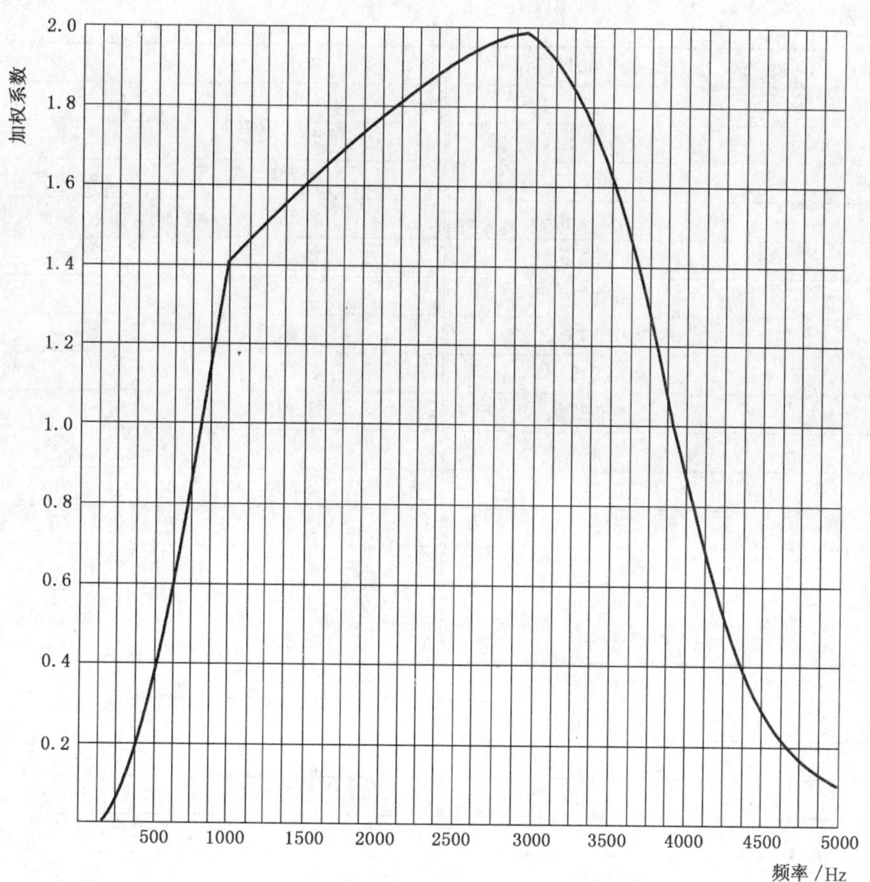

图 435.1 计算 *THF* 值的加权曲线

表 435.1 测量电话谐波因数

励磁方式____________ 测量仪器(型号及名称)____________

测量人员____________ 测量日期____________

测量方法	电压 V			频率 Hz	电话谐波因数 % *THF*			备注
	U_{UV}	U_{VW}	U_{WU}		U_{UV}	U_{VW}	U_{WU}	

表 435.2 加权系数

频 率 Hz	加权系数(λ_n)	频 率 Hz	加权系数(λ_n)
16.66	0.000 001 17	2 050	1.79
50	0.000 044 4	2 100	1.81
100	0.001 12	2 150	1.82
150	0.006 65	2 200	1.84
200	0.023 3	2 250	1.86
250	0.055 6	2 300	1.87
300	0.111	2 350	1.89
350	0.165	2 400	1.90
400	0.242	2 450	1.91
450	0.327	2 500	1.93
500	0.414	2 550	1.93
550	0.505	2 600	1.94
600	0.595	2 650	1.95
650	0.691	2 700	1.96
700	0.790	2 750	1.96
750	0.895	2 800	1.97
800	1.000		
850	1.10	2 850	1.97
900	1.21	2 900	1.97
950	1.32	2 950	1.97
1 000	1.40	3 000	1.97
1 050	1.46	3 100	1.94
1 100	1.47	3 200	1.89
1 150	1.49	3 300	1.83
1 200	1.50	3 400	1.75
1 250	1.53	3 500	1.65
1 300	1.55	3 600	1.51
1 350	1.57	3 700	1.35
1 400	1.58	3 800	1.19
1 450	1.60	3 900	1.04
1 500	1.61	4 000	0.890
1 550	1.63	4 100	0.740
1 600	1.65	4 200	0.610
1 650	1.66	4 300	0.496
1 700	1.68	4 400	0.398
1 750	1.70	4 500	0.316
1 800	1.71	4 600	0.252
1 850	1.72	4 700	0.199
1 900	1.74	4 800	0.158
1 950	1.75	4 900	0.125
2 000	1.77	5 000	0.100

方法 436　测量稳态电压范围

436.1　总则

稳态电压范围是指电站在空载至额定负载之间运行时允许的最低电压限值和最高电压限值之间的范围。

436.2　设备

测量负载状况和有关环境参数的设备 1 套。

436.3　程序

436.3.1　直流稳态电压范围

436.3.1.1　电站分别处于冷态和热态,启动并整定电站在额定工况下运行。记录有关稳定读数。

436.3.1.2　减负载至空载,从空载逐级加载至额定负载的 25%、50%、75%、100%,再将负载按此等级由 100%逐级减至空载,记录各负载下的有关稳定读数(表 436.1)。

436.3.2　交流稳态电压范围

436.3.2.1　对称负载

436.3.2.1.1　电站分别处于冷态和热态,启动并整定电站在额定工况下运行。记录有关稳定读数。

436.3.2.1.2　减负载至空载,功率因数分别为 1.0 和 0.8,从空载逐级加载至额定负载的 25%、50%、75%、100%,再将负载按此等级由 100%逐级减至空载,记录各负载下的有关稳定读数(表 436.1)。

436.3.2.2　不对称负载

436.3.2.2.1　电站分别处于冷态和热态,启动并整定电站在额定工况下运行。记录有关稳定读数。

436.3.2.2.2　在三线端子间施加 25%额定功率的三相对称负载,功率因数为 0.8,并整定电站的电压和频率为额定值,记录有关稳定读数(表 436.1)。

436.3.2.2.3　在任一相(对采用可控硅直接励磁者为接可控硅的一相)上再加 15%额定相功率的电阻性负载,该相的总负载电流不超过额定值,电压、频率和功率因数不得整定,记录各相的相电压及有关稳定读数(表 436.1)。

注 1:若对空载电站直接加不对称负载,可免去程序 420.3.3。

注 2:若电站有电压整定装置,在测量稳态电压范围期间不得对电压进行整定。

436.4　结果

将结果同产品规范要求作比较。

436.5　产品规范要求

在产品规范(或合同)中应明确下列项目:

a)　允许的稳态电压范围;

b)　不同于本方法的要求。

表 436.1 测量稳态电压范围

环境温度________℃　　相对湿度________%　　大气压力________kPa

分流器名称(型号)________　　测量人员________　　测量日期________

功率因数	负载状态	负载(额定负载的百分数)%		电流 A			功率 kW				电压 V			备注
				I_U	I_V	I_W	P_1	P_2	P_3	P	U_{UV}	U_{VW}	U_{WU}	
—	对称负载	100												
		0												
		25												
		50												
		75												
		100												
		75												
		50												
		25												
		0												
—	不对称负载	1												
		2												

方法 437　测量直流瞬态特性

437.1　总则

直流瞬态特性指直流瞬态浪涌电压范围。

437.2　设备

437.2.1　测量负载状况和有关环境参数的设备1套。

437.2.2　动态(微机)测试仪或示波器或其他等效的仪器。

437.3　程序

437.3.1　电站处于冷态,启动并整定电站在额定工况下运行。记录有关稳定读数。

437.3.2　减负载至空载,使电站的负载从额定负载的5%突变至85%,再从85%突变至5%,该过程重复进行3次,用动态(微机)测试仪或示波器或其他等效的仪器记录负载突变后的电压变化迹线。

437.3.3　记录有关读数和情况(表437.1)。

437.4　结果

结果的处理同416.4。

437.5　产品规范要求

在产品规范(或合同)中应明确下列项目:

a)　直流浪涌等值阶跃电压极限曲线;

b)　不同于本方法的要求。

表437.1　测量直流瞬态特性

环境温度__________℃　　相对湿度__________%　　大气压力__________kPa

分流器名称(型号)__________　　测量人员__________　　测量日期__________

负载(额定负载的百分数)%	电　流 A	电压(负载突变时的最大或最小) V	备　注
100			
5			
80			
85			
5→85			
85→5			
5→85			
85→5			
5→85			
85→5			

方法 501　测量燃油消耗率

501.1　总则

燃油消耗指标是电站运行经济性的重要指标。

用质量法测量。

该测量允许在连续运行试验中插入进行。

501.2　设备

501.2.1　测量负载状况和有关环境参数的设备 1 套。

501.2.2　专用装置 1 套。专用装置包括：

天平秤、或台秤、或流量计(根据选用的设备确定相应的备用燃油供给量)；

辅助燃油箱：按要求的测量时间考虑油量(表 501.1)；

表 501.1

电站额定功率 kW	燃油消耗量测量时间 h
≤3	2
>3～12	4
>12	6

辅助燃油导管(用流量计时，在启动电站前将流量计连接在燃油供给管路中)；

秒表；

精确测量燃油箱容量的装置；

测量燃油比重的装置。

501.3　程序

501.3.1　启动并整定电站在额定工况下运行。

501.3.2　稳定后，记录功率、电压、电流、功率因数、频率、冷却发动机的出水(或风)温度及机油温度(从装在仪表板上的温度表读取)、环境温度、空气相对湿度、大气压力。按表 429.1 记录有关数据和情况。

试验过程中只允许调整负载保持电流和功率因数为额定值。

501.3.3　用辅助燃油箱供油。

501.3.4　每间隔 5min，记录燃油消耗量及相应的耗油时间，以及 501.3.2 所列内容(表 501.2)。

501.3.5　用辅助燃油箱供油进行试验的时间达表 501.1 规定的时间后即可停止试验。

501.4　结果

501.4.1　燃油消耗率 g_e[g/(kW·h)]按下式计算：

$$g_e = \frac{1\,000 G_e}{P} \qquad \cdots\cdots (501.1)$$

式中：

g_e——燃油消耗率，单位为克每千瓦时(g/(kW·h))；

G_e——燃油消耗量，单位为千克每小时(kg/h)；

P——电站额定功率，单位为千瓦(kW)。

501.4.2　燃油消耗量 G_e(kg/h)按下式计算；

$$G_e = \frac{m}{t_e} \qquad \cdots\cdots (501.2)$$

式中：

m——消耗的燃油量，单位为千克(kg)；

t_e——m 的消耗时间，单位为每小时(h)。

501.4.3 将结果同产品规范要求作比较。

501.5 **产品规范要求**

在产品规范(或合同)中应明确下列项目：

a) 允许的燃油消耗率；

b) 燃油牌号；

c) 不同于本方法的要求。

表 501.2 测量燃油消耗率

测量仪器＿＿＿＿＿＿ 测量人员＿＿＿＿＿＿ 测量日期＿＿＿＿＿＿

测试方法	电流 A			功率 kW				电压 V			频率 Hz	功率因数	测量次数	时间 s	消耗量 g	燃油消耗率 g/(kW·h)		大气压力 kPa	相对湿度 %	环境温度 ℃	燃油消耗率修正值 g/(kW·h)
	I_U	I_V	I_W	P_1	P_2	P_3	P	U_{UV}	U_{VW}	U_{WU}						测定值	平均值				
													1								
													2								
													3								

方法 502 测量机油消耗率

502.1 **总则**

机油消耗指标是电站运行经济性的重要指标。

该测量在电站额定工况下用质量法进行。

该测量允许与连续运行试验时结合进行。

502.2 **设备**

502.2.1 测量负载状况和有关环境参数的设备 1 套。

502.2.2 测量机油质量的装置。

502.3 **程序**

502.3.1 按产品规范规定条件(例如连续运行后机油温度达到某一规定值停机)，使第 1 缸活塞处于上止点位置后再按飞轮工作旋转方向转动曲轴 3 圈，然后放尽机油(或放油一定时间)。

502.3.2 加入规定量的机油 m_1。

502.3.3 电站在额定工况下运行一定时间(例如 12 h)后停机。

502.3.4 待机油温度与 502.3.1 中明确的机油温度相同。

502.3.5 按同样顺序操作并同等程度地放尽机油(或放油一定时间)，测量放出的机油质量 m_2。

502.3.6 记录有关数据和情况(表 502.1)。

502.4 **结果**

502.4.1 机油消耗率 g_j[g/(kW·h)]按下式计算：

$$g_j = \frac{1\,000 G_j}{P} \qquad \cdots\cdots(502.1)$$

式中：

g_j——机油消耗率，单位为克每千瓦时(g/(kW·h))；

G_j——机油消耗量，单位为千克每小时(kg/h)；

P——电站额定功率，单位为千瓦(kW)。

502.4.2　机油消耗量 G_j(kg/h)按下式计算：

$$G_j = \frac{m_1 - m_2}{t_j} \qquad (502.2)$$

式中：

m_1——加入的机油量，单位为千克(kg)；

m_2——放出的机油量，单位为千克(kg)；

t_j——测量时间，单位为小时(h)。

502.4.3　将结果同产品规范要求作比较。

502.5　产品规范要求

在产品规范(或合同)中应明确下列项目：

a)　允许的机油消耗率；

b)　机油牌号；

c)　不同于本方法的要求。

表 502.1　测量机油消耗率

测量人员＿＿＿＿＿＿＿＿＿＿　　　　　　　　　　　　测量日期＿＿＿＿＿＿＿＿

<table>
<tr><th rowspan="2">测试方法</th><th colspan="3">电流
A</th><th colspan="4">功率
kW</th><th colspan="3">电压
V</th><th rowspan="2">频率
Hz</th><th rowspan="2">功率因数</th><th rowspan="2">测量次数</th><th rowspan="2">时间
s</th><th rowspan="2">加油量
g</th><th rowspan="2">放油量
g</th><th colspan="2">机油消耗率
g/(kW·h)</th><th rowspan="2">大气压力
kPa</th><th rowspan="2">相对湿度
%</th><th rowspan="2">环境温度
℃</th></tr>
<tr><th>I_U</th><th>I_V</th><th>I_W</th><th>P_1</th><th>P_2</th><th>P_3</th><th>P</th><th>U_{UV}</th><th>U_{VW}</th><th>U_{WU}</th><th>测定值</th><th>平均值</th></tr>
<tr><td rowspan="3"></td><td></td><td></td><td></td><td></td><td></td><td></td><td></td><td></td><td></td><td></td><td></td><td></td><td>1</td><td></td><td></td><td></td><td></td><td rowspan="3"></td><td></td><td></td><td></td></tr>
<tr><td></td><td></td><td></td><td></td><td></td><td></td><td></td><td></td><td></td><td></td><td></td><td></td><td>2</td><td></td><td></td><td></td><td></td><td></td><td></td><td></td></tr>
<tr><td></td><td></td><td></td><td></td><td></td><td></td><td></td><td></td><td></td><td></td><td></td><td></td><td>3</td><td></td><td></td><td></td><td></td><td></td><td></td><td></td></tr>
</table>

方法 601 测量振动值

601.1 总则

601.1.1 为了确保内燃机电站可靠运行，需要对其振动情况进行测量和评估。

601.1.2 内燃机电站的振动频率范围较宽，通常要测量振动的加速度、速度和位移三个参量。

601.2 设备

测量负载状况、环境参数及振动参量的设备。

601.3 程序

601.3.1 按 GB/T 2820.9 规定的方法进行测量。

601.3.2 记录有关数据(表 601.1)和测点布置图。

601.4 结果

601.4.1 按 GB/T 2820.9 规定的方法进行评价。

601.4.2 将结果同产品规范要求作比较。

601.5 产品规范要求

在产品规范(或合同)中应明确下列项目：

a) 允许的振动值(包括位移、速度和加速度)；

b) 测量部位及方向；

c) 特殊测点的特殊方向上的振动值(包括位移、速度和加速度)；

d) 测量振动时电站的工作状态(包括频率、负载和功率因数)；

e) 不同于本方法的要求。

表 601.1 测量振动值

连接方式________________ 环境温度________________℃ 燃油牌号____________

发电机轴承支撑方式及数量 □整体轴承 □托架轴承____个

测量人员______________________ 测量日期____________

<table>
<tr><td colspan="14">安装型式</td></tr>
<tr><td colspan="3">发动机</td><td colspan="3">发电机</td><td colspan="3">基础</td><td colspan="3">底架</td><td colspan="2">法兰盘</td></tr>
<tr><td colspan="3">□刚性</td><td colspan="3">□刚性</td><td colspan="3">□刚性</td><td colspan="3">□刚性</td><td colspan="2">□刚性</td></tr>
<tr><td colspan="3">□弹性</td><td colspan="3">□弹性</td><td colspan="3">□弹性</td><td colspan="3">□弹性</td><td colspan="2">□弹性</td></tr>
<tr><td colspan="14">传感器与被测物体连接方式</td></tr>
<tr><td colspan="4">□螺纹</td><td colspan="4">□手持</td><td colspan="3">□胶贴</td><td colspan="3">□磁性吸附</td></tr>
<tr><td rowspan="3">负载</td><td rowspan="3">电压
V</td><td rowspan="3">频率
Hz</td><td rowspan="3">测点编号</td><td colspan="9">测量方向</td><td rowspan="3">结果</td></tr>
<tr><td colspan="3">(X)轴向</td><td colspan="3">(Y)轴向</td><td colspan="3">(Z)轴向</td></tr>
<tr><td>s
mm</td><td>v
mm/s</td><td>a
m/s²</td><td>s
mm</td><td>v
mm/s</td><td>a
m/s²</td><td>s
mm</td><td>v
mm/s</td><td>a
m/s²</td></tr>
<tr><td rowspan="8"></td><td rowspan="8"></td><td rowspan="8"></td><td>1</td><td></td><td></td><td></td><td></td><td></td><td></td><td></td><td></td><td></td><td rowspan="8"></td></tr>
<tr><td>2</td><td></td><td></td><td></td><td></td><td></td><td></td><td></td><td></td><td></td></tr>
<tr><td>3</td><td></td><td></td><td></td><td></td><td></td><td></td><td></td><td></td><td></td></tr>
<tr><td>4</td><td></td><td></td><td></td><td></td><td></td><td></td><td></td><td></td><td></td></tr>
<tr><td>5</td><td></td><td></td><td></td><td></td><td></td><td></td><td></td><td></td><td></td></tr>
<tr><td>6</td><td></td><td></td><td></td><td></td><td></td><td></td><td></td><td></td><td></td></tr>
<tr><td>7</td><td></td><td></td><td></td><td></td><td></td><td></td><td></td><td></td><td></td></tr>
<tr><td>8</td><td></td><td></td><td></td><td></td><td></td><td></td><td></td><td></td><td></td></tr>
<tr><td rowspan="8"></td><td rowspan="8"></td><td rowspan="8"></td><td>1</td><td></td><td></td><td></td><td></td><td></td><td></td><td></td><td></td><td></td><td rowspan="8"></td></tr>
<tr><td>2</td><td></td><td></td><td></td><td></td><td></td><td></td><td></td><td></td><td></td></tr>
<tr><td>3</td><td></td><td></td><td></td><td></td><td></td><td></td><td></td><td></td><td></td></tr>
<tr><td>4</td><td></td><td></td><td></td><td></td><td></td><td></td><td></td><td></td><td></td></tr>
<tr><td>5</td><td></td><td></td><td></td><td></td><td></td><td></td><td></td><td></td><td></td></tr>
<tr><td>6</td><td></td><td></td><td></td><td></td><td></td><td></td><td></td><td></td><td></td></tr>
<tr><td>7</td><td></td><td></td><td></td><td></td><td></td><td></td><td></td><td></td><td></td></tr>
<tr><td>8</td><td></td><td></td><td></td><td></td><td></td><td></td><td></td><td></td><td></td></tr>
<tr><td rowspan="8"></td><td rowspan="8"></td><td rowspan="8"></td><td>1</td><td></td><td></td><td></td><td></td><td></td><td></td><td></td><td></td><td></td><td rowspan="8"></td></tr>
<tr><td>2</td><td></td><td></td><td></td><td></td><td></td><td></td><td></td><td></td><td></td></tr>
<tr><td>3</td><td></td><td></td><td></td><td></td><td></td><td></td><td></td><td></td><td></td></tr>
<tr><td>4</td><td></td><td></td><td></td><td></td><td></td><td></td><td></td><td></td><td></td></tr>
<tr><td>5</td><td></td><td></td><td></td><td></td><td></td><td></td><td></td><td></td><td></td></tr>
<tr><td>6</td><td></td><td></td><td></td><td></td><td></td><td></td><td></td><td></td><td></td></tr>
<tr><td>7</td><td></td><td></td><td></td><td></td><td></td><td></td><td></td><td></td><td></td></tr>
<tr><td>8</td><td></td><td></td><td></td><td></td><td></td><td></td><td></td><td></td><td></td></tr>
</table>

方法 602 测量噪声级

602.1 **总则**

该测量的目的是确定电站在某一规定的环境中和规定的测量面上测得的噪声级是否符合规定。

602.2 **设备**

测量负载状况、环境参数及噪声参量的设备。

602.3 **程序**

602.3.1 按 GB/T 2820.10 规定的方法进行测量。

602.3.2 记录有关数据(表 602.1)和测点布置图。

602.3.2.1 测量环境:环境温度、发动机进气温度不高于 320 K,在室外测量时最大风速应不超过 6 m/s;在室内测量时,从声源到与之相邻的试验室墙壁的距离应为声源到测点距离的两倍。

602.3.2.2 测量面上的测点,如果因缺少空间或其他原因不能使用,则可以沿其测量面移动,并使其离原测点位置的距离尽可能小。并在记录的测点布置图上标明变化了的测点位置。

602.3.2.3 若环境条件对测头有影响,可通过选择测头和/或确定测头在测量时的适当位置来避免干扰的影响(例如较强的电场或磁场、被测电站周围的空气运动及过高或过低的温度),测头应以正确的角度对准测量面,但是在拐角处,测头应对准参考框架的相应角。

602.3.2.4 为减少人为因素对测量结果产生的影响,测头最好固定安装。测量人员与测头的距离应保持不小于 1.5 m。

602.3.2.5 在测量倍频程或三分之一倍频程声压级时,可只在满足中心频率为 63 Hz～8 000 Hz 的每个测点处测量,不必对所有测点进行测量。必要时,还应对更低的频率测点进行测量,确保有效的低频部分也包括在内。

602.3.2.6 在每个测点处的测量时间不应少于 10 s。

602.3.2.7 测量噪声级的电站工况为:电站在 75%额定功率(功率因数为 0.8、电压和频率为额定值)下稳定运行。

602.4 **结果**

602.4.1 平均 A 计权声压级 $\overline{L}_{PA}$(dB)按下式计算:

$$\overline{L}_{PA} = 10\lg\left[\frac{1}{n}\sum_{i=1}^{n}10^{0.1(L_{PAi}-K_{1A})}\right]-K_{2A} \quad \cdots\cdots(602.1)$$

式中:

n——测点总数,大于 5;

i——表示具体测点的下标;

L_{PAi}——在第 i 个测点处的 A 计权声压级,单位为分贝(dB);

K_{1A}——本底噪声修正系数;

K_{2A}——环境修正系数。

602.4.2 平均倍频程或三分之一倍频程声压级 $\overline{L}_{P}$(dB)按下式计算:

$$\overline{L}_{P} = 10\lg\left[\frac{1}{n}\sum_{i=1}^{n}10^{0.1(L_{Pi}-K_{1A})}\right]-K_{2} \quad \cdots\cdots(602.2)$$

式中:

n——测点总数,大于 5;

i——表示具体测点的下标;

L_{Pi}——在第 i 个测点处的倍频程或三分之一倍频程声压级,单位为分贝(dB);

K_{1A}——本底噪声修正系数;

K_2——环境修正系数。

注：式 602.1 和 602.2 中的 K_{1A}、K_{2A} 或 K_2 按 GB/T 2820.10 中的相关条款确定。

602.4.3　A 计权声功率级 L_{WA}(dB)或倍频程声功率级 L_{Woct}(dB)或三分之一倍频程声功率级 $L_{W1/3oct}$(dB)按 GB/T 2820.10 中的相关条款确定。

602.4.4　将结果同产品规范要求作比较。

602.5　产品规范要求

在产品规范(或合同)中应明确下列项目：

a)　允许评定噪声的声级类别(包括平均 A 计权声压级、平均倍频程或三分之一倍频程声压级、A 计权声功率级或倍频程声功率级或三分之一倍频程声功率级)；

b)　允许评定的声级类别噪声值；

c)　测点布置图；

d)　测量噪声时电站的运行工况(包括频率、电压、负载和功率因数)；

e)　不同于本方法的要求。

表 602.1　测量噪声级

测试仪器(型号及编号)________　消声措施________　电站安装基础________

□室内测量□室外测量　风速______ m/s　发动机转速______ r/min　燃油牌号______　十六烷值______

环境温度______℃　相对湿度______%　大气压力______ kPa

测量人员________　测量日期________

<table>
<tr><td colspan="13">本底噪声：　(dB)</td><td colspan="13">环境修正系数 K_{1A}：</td><td rowspan="6">在考虑了本底噪声和环境条件后进行修正的计算结果 dB</td></tr>
<tr><td colspan="26">未包含的噪声：□发动机表面　□发电机表面　□进气　□排气
□发动机冷却系统　□发电机风扇　□底架　□机械连接　□其他</td></tr>
<tr><td colspan="26">采用评定噪声的声级类别：
□平均 A 计权声压级 $\bar{L}_{PA}$(dB)　□平均倍频程或三分之一倍频程声压级 $\bar{L}_P$(dB)
□A 计权声功率级 L_{WA}(dB)　□倍频程声功率级 L_{Woct}(dB)或三分之一倍频程声功率级 $L_{W1/3oct}$(dB)</td></tr>
<tr><td rowspan="3">负载</td><td rowspan="3">电压 V</td><td rowspan="3">频率 Hz</td><td rowspan="3">功率 kW</td><td rowspan="3">功率因数</td><td colspan="21">各测点的噪声值　dB</td></tr>
<tr><td colspan="3">1</td><td colspan="3">2</td><td colspan="3">3</td><td colspan="3">4</td><td colspan="3">5</td><td colspan="3">6</td><td colspan="3">7</td></tr>
<tr><td>次数</td><td>噪声</td><td>平均</td><td>次数</td><td>噪声</td><td>平均</td><td>次数</td><td>噪声</td><td>平均</td><td>次数</td><td>噪声</td><td>平均</td><td>次数</td><td>噪声</td><td>平均</td><td>次数</td><td>噪声</td><td>平均</td><td>次数</td><td>噪声</td><td>平均</td></tr>
<tr><td rowspan="3"></td><td rowspan="3"></td><td rowspan="3"></td><td rowspan="3"></td><td rowspan="3"></td><td>1</td><td></td><td rowspan="3"></td><td>1</td><td></td><td rowspan="3"></td><td>1</td><td></td><td rowspan="3"></td><td>1</td><td></td><td rowspan="3"></td><td>1</td><td></td><td rowspan="3"></td><td>1</td><td></td><td rowspan="3"></td><td>1</td><td></td><td rowspan="3"></td><td rowspan="3"></td></tr>
<tr><td>2</td><td></td><td>2</td><td></td><td>2</td><td></td><td>2</td><td></td><td>2</td><td></td><td>2</td><td></td><td>2</td><td></td></tr>
<tr><td>3</td><td></td><td>3</td><td></td><td>3</td><td></td><td>3</td><td></td><td>3</td><td></td><td>3</td><td></td><td>3</td><td></td></tr>
<tr><td rowspan="3"></td><td rowspan="3"></td><td rowspan="3"></td><td rowspan="3"></td><td rowspan="3"></td><td>1</td><td></td><td rowspan="3"></td><td>1</td><td></td><td rowspan="3"></td><td>1</td><td></td><td rowspan="3"></td><td>1</td><td></td><td rowspan="3"></td><td>1</td><td></td><td rowspan="3"></td><td>1</td><td></td><td rowspan="3"></td><td>1</td><td></td><td rowspan="3"></td><td rowspan="3"></td></tr>
<tr><td>2</td><td></td><td>2</td><td></td><td>2</td><td></td><td>2</td><td></td><td>2</td><td></td><td>2</td><td></td><td>2</td><td></td></tr>
<tr><td>3</td><td></td><td>3</td><td></td><td>3</td><td></td><td>3</td><td></td><td>3</td><td></td><td>3</td><td></td><td>3</td><td></td></tr>
<tr><td rowspan="3"></td><td rowspan="3"></td><td rowspan="3"></td><td rowspan="3"></td><td rowspan="3"></td><td>1</td><td></td><td rowspan="3"></td><td>1</td><td></td><td rowspan="3"></td><td>1</td><td></td><td rowspan="3"></td><td>1</td><td></td><td rowspan="3"></td><td>1</td><td></td><td rowspan="3"></td><td>1</td><td></td><td rowspan="3"></td><td>1</td><td></td><td rowspan="3"></td><td rowspan="3"></td></tr>
<tr><td>2</td><td></td><td>2</td><td></td><td>2</td><td></td><td>2</td><td></td><td>2</td><td></td><td>2</td><td></td><td>2</td><td></td></tr>
<tr><td>3</td><td></td><td>3</td><td></td><td>3</td><td></td><td>3</td><td></td><td>3</td><td></td><td>3</td><td></td><td>3</td><td></td></tr>
</table>

方法603　测量传导干扰

603.1　**总则**

无线电干扰影响着某些设备(例如通讯设备)的正常工作。

电站的无线电干扰分为传导干扰和辐射干扰。

该测量仪测电站的传导干扰电压(dB或μV)。

注：1 μV为0 dB。

603.2　**设备**

603.2.1　测量负载状况和有关环境参数的设备1套。

603.2.2　准峰值检波的干扰测量仪。

603.2.3　人工电源网络。

603.2.4　同轴电缆(连接干扰测量仪和人工电源网络)。

603.2.5　试验室或测量场地。

603.3　**程序**

603.3.1　测量环境满足要求。

603.3.1.1　试验室内测量时，室内空气温度为10℃～40℃，空气相对湿度不大于85%。

603.3.1.2　室外测量时，测量场地为一个无电磁反射的圆形平面，其最小半径为30 m，圆心为被测电站与天线之间的中点。

603.3.1.3　避免在雨、雪天或出现凝露的潮湿环境下测量。

603.3.2　电站满足出厂合格品的要求。

603.3.3　将电站置于满足要求的测量环境中。

603.3.4　按要求布置电站和天线。

电站与人工电源网络间距为80 cm；

人工电源网络与干扰测量仪之间用同轴电缆连接。

603.3.5　重新测量1次外界干扰，确信其符合规定。

603.3.5.1　测量地点的外界干扰在各频点所造成的干扰电压应比电站相应各允许最大干扰电压至少低10dB。

603.3.5.2　测量频点按产品规范规定。

603.3.6　启动并整定电站在额定工况下运行，室外测量时允许功率因数为1.0。

603.3.7　在每个测量频点上，测量观察时间至少15s。若干扰仪指示值瞬间变动较大，则观察时间应适当延长。

603.3.8　记录有关数据和情况(表603.1)。

603.3.9　整定电站在半载、额定功率因数、额定电压和额定频率下，重复603.3.7和603.3.8室外测量时允许功率因数为1.0。

603.3.10　整定电站在空载、额定电压和额定频率下，重复603.3.7和603.3.8。

603.4　**结果**

603.4.1　将测得的最大值作为电站的传导干扰电压值。

603.4.2　将结果同产品规范要求作比较。

603.5　**产品规范要求**

在产品规范(或合同)中应明确下列项目：

a)　允许的传导干扰电压；

b)　测量频点(MHz)；

c) 要求的人工电源网络；

d) 不同于本方法的要求。

表 603.1 测量传导干扰

测量仪器(型号及编号)__________ 测量地点__________

测量人员__________ 测量日期__________

抑制措施	负载 \ 规定频率		频率 MHz														备注
	空载	外界															
		电站															
	半载	外界															
		电站															
	满载	外界															
		电站															

方法 604 测量辐射干扰

604.1 总则

无线电干扰影响着某些设备(例如通讯设备)的正常工作。

电站的无线电干扰分为传导干扰和辐射干扰。

该测量仅测电站的辐射干扰场强(dB 或 μV/m)。

注：1 μV/m 为 0 dB。

604.2 设备

604.2.1 测量负载状况和有关环境参数的设备 1 套。

604.2.2 准峰值检波的干扰测量仪。

604.2.3 测量场地。

604.3 程序

604.3.1 测量场地和天气满足要求。

604.3.1.1 一个无电磁反射的圆形平面，其最小半径为 30m，圆心为被测电站与天线之间的中点。

604.3.1.2 避免在雨、雪天或出现凝露的潮湿环境下测量。

604.3.2 电站满足出厂合格品的要求。

604.3.3 将电站置于满足要求的测量场地。

604.3.4 按要求布置电站和天线。

604.3.4.1 天线为对称偶极子天线。

604.3.4.2 天线至电站外限轮廓的水平距离为 10 m±0.2 m。

604.3.4.3 天线中心高于地面 3 m±0.05 m。

604.3.5 一切人员已定位并远离电站和测量仪天线。

604.3.5.1 与测量无关的人员和设备不得进入试验场，以免影响测量结果。

604.3.5.2 测量人员和设备，以及装有这种设备的运载工具在圆形场地内，但与天线的水平距离大于 3 m，且应位于对测量无影响的方位。

604.3.6 重新测量 1 次外界干扰，确信其符合规定，当测量频点上存在外来干扰时，允许偏离规定的频点(偏离量:对<30 MHz 者为相应频点的±20%,对≥30 MHz 者为±5 MHz)进行测量。

604.3.6.1　测量地点的外界干扰在各频点所造成的干扰场强应比电站相应各允许最大干扰场强值至少低于 10 dB。

604.3.6.2　测量频点按产品规范规定。

604.3.7　启动并整定电站在额定工况下运行。允许功率因数为 1.0。

604.3.8　将电站绕垂直轴方向转动(或用干扰场强测量仪绕电站一周)寻找干扰最大方向。

604.3.9　在每个测量频点上,测量观察时间至少 15s。

若干扰仪指示值瞬间变动较大,则观察时间应适当延长。

604.3.10　记录有关数据和情况(表 604.1)。

604.3.11　整定电站在半载、额定功率因数、额定电压和额定频率下,重复 604.3.6、604.3.8～604.3.10。允许功率因数为 1.0。

604.3.12　整定电站在空载、额定电压和额定频率下,重复 604.3.6、604.3.8～604.3.10。

604.4　结果

604.4.1　将测得的最大值作为电站的辐射干扰场强值。

604.4.2　将结果同产品规范要求作比较。

604.5　产品规范要求

在产品规范(或合同)中应明确下列项目:

a)　允许的辐射干扰场强;

b)　测量频点(MHz);

c)　不同于本方法的要求。

表 604.1　测量辐射干扰

测量仪器(型号及编号)＿＿＿＿＿＿＿＿　　　　测量地点＿＿＿＿＿＿＿＿

测量人员＿＿＿＿＿＿＿＿　　　　测量日期＿＿＿＿＿＿＿＿

抑制措施			频率 MHz														备注
	负载＼规定频率																
	空载	外界															
		电站															
	半载	外界															
		电站															
	满载	外界															
		电站															

方法 605 测量有害物质的浓度

605.1 **总则**

电站运行时会排出各种有害于人体健康的物质(例如一氧化碳和废气、氧化氮、燃油蒸汽、硫酸雾等等)。为使工作人员免受这些有害物质的过重影响,应对其加以限制,需要进行考核。

605.2 **设备**

605.2.1 测量负载状况和有关环境参数的设备 1 套。

605.2.2 采气样的仪器或玻璃吸量管。

605.2.3 气体分析器(测量误差不超过±10%)。

605.3 **程序**

605.3.1 将电站置于一般性能试验室内。

605.3.2 启动并整定电站在额定工况下运行。

605.3.3 电站连续运行 30 min 后,在工作人员操作处的嘴、鼻附近用仪器或玻璃吸量管取气样。

605.3.4 停机。

605.3.5 在不长于 24 h 的时间内用气体分析器对气样进行分析。

605.3.6 记录有关数据和情况(表 605.1)。

605.4 **结果**

将结果同产品规范作比较。

605.5 **产品规范要求**

在产品规范(或合同)中应明确下列项目:

a) 允许的有害物质浓度;

b) 不同于本方法的要求。

表 605.1 测量有害物质的浓度

气体分析器(型号及编号)________________

采样器具________________ 测量地点________________

测量人员________________ 测量日期________________

采样点	要　求	结　果	备　注

方法606 测 量 烟 度

606.1 总则

606.1.1 该测量可用所配发动机的测量代替。

606.1.2 烟度的测量在额定工况下进行，用波许单位度量。

606.1.3 测量原理：利用一种适当的采样装置，从发动机排气总管中抽取定量容积的排出气体，使其碳粒存留在一张白色滤纸上，滤纸染黑而带烟痕，该烟痕的浓淡程度可用光电测量装置测定的吸光率表示，这吸光率规定为发动机排气烟度的标定参量，用0～10波许单位表示。

606.1.4 白色滤纸的吸光率为0波许单位，全黑滤纸的吸光率为10波许单位。

606.2 设备

606.2.1 测量负载状况和有关环境参数的设备1套。

606.2.2 滤纸式烟度计1只。

606.3 程序

606.3.1 烟度计采样探头安装无误。

606.3.1.1 采样探头应沿排气管路中心轴线逆气流安装，且宜位于离排气管直管段的上游入口截面至少6D(D为排气管直管直径)和离直管段的下游出口截面至少3D的区段内。

606.3.1.2 采样点应设在排烟均匀分布的部位。

606.3.2 下列方面无误：

发动机所带附件符合规定；

燃油牌号符合规定；

采样探头附近无任何干扰排气流的设施(例如测量传感器)。

606.3.3 启动并整定电站在额定工况下运行。试验条件比标准规定恶劣时，发动机输出功率按产品规范规定。

606.3.4 电站已稳定运行；冷却水温度和机油温度达到正常值，电站输出无异常现象。

606.3.5 用符合规定的滤纸进行采样。采样前，应对滤纸进行零点校正。不能采用被水或油沾污、折皱以及其他物质弄脏的滤纸。采用快速定性化学分析滤纸，纸质应符合“定性滤纸”的相关规范。

606.3.6 采样后立即读数。不采用烟痕不均的滤纸。

606.3.7 测量3次，其间隔时间为30 s。3次测量值相差超过0.3波许单位应重测。

606.3.8 按烟度计使用说明书规定操作。

606.3.9 记录有关数据和情况(表606.1)。

606.4 结果

606.4.1 计算3次测量读数的算术平均值，取该值作为测量结果。

606.4.2 将结果同产品规范要求作比较。

606.5 产品规范要求

在产品规范(或合同)中应明确下列项目：

a) 允许的排气烟度极限(波许单位)；

b) 不同于本方法的要求。

表 606.1 测 量 烟 度

烟度计(型号及编号)____________________ 测量地点________________

测量人员____________________ 测量日期________________

采样点	要 求	结 果	备 注

方法607 高 温 试 验

607.1 **总则**

电站应能在规定的高温环境下正常工作。

该试验在高温试验室内或满足高温要求的自然条件下进行。

607.2 **设备**

607.2.1 测量负载状况和有关环境参数的设备1套。

607.2.2 高温试验室(或满足高温要求的自然条件)。

607.2.2.1 (必要时)安装合适的测温装置(例如热电偶)测量下列项目的温度：

发动机进出冷却液；

发电机进出冷却空气；

发电机励磁装置(对旋转励磁装置为定子机座,对静止励磁装置为变压器)；

发电机电压调节器(内部环境空气)；

发电机定子骨架(外侧上部和下部)；

控制屏(内部环境空气)；

操纵箱(内部环境空气)；

蓄电池电解液(1只热电偶置于蓄电池栅格的一个固定中心)。

607.2.2.2 (必要时)安装合适的压力测量仪表测量下列压力：

(空气滤清器和导管之间)进气管的压力；

(封闭机组内部)燃烧进气附近的压力；

(排管或涡轮尾管中混合排气的)排气压力。

607.3 **程序**

607.3.1 将电站静置于高温试验室(或满足高温要求的自然条件),使高温试验室升温,直到温度条件(例如40℃)满足产品规范要求。从初始的温度升到满足要求的温度的时间和每小时的升温量按产品规范要求。详细记录升温过程并绘制升温曲线。

607.3.2 当高温试验室的温度达到产品规范规定的温度时,对静置于高温条件下的电站开始计时,直到达规定的时间或规定的状态。

607.3.2.1 状态,一般以热稳定衡量。

607.3.2.2 若无其他规定,静止时间按6h。

607.3.3 电站已满足静置要求。

607.3.4 启动并整定电站在规定负载、额定功率因数、额定电压和额定频率下运行。每隔30 min记录一次表429.1所列内容。

607.3.5　电站已运行至热态。

607.3.6　如需在高温条件下对电站实施性能检验，则按产品规范规定的项目和要求，适用时可按本标准中相应项目的方法检验。

607.3.7　在电站连续运行规定的时间后，紧接着按产品规范规定的过载量和时间进行过载运行。每隔15 min记录一次表429.1所列内容。

607.3.8　记录有关数据和情况(表607.1)。

607.4　结果

将结果同产品规范要求作比较。

607.5　产品规范要求

在产品规范(或合同)中应明确下列项目：

a)　要求的最高环境温度；

b)　从初始的温度升到满足要求的温度的时间和每小时的升温量；

c)　要求静置的时间或对达到热稳定的界定；

e)　高温环境中电站连续运行所带的规定负载及运行时间；

f)　高温环境中需测量的电站性能指标；

g)　连续运行后需过载运行的过载量及过载运行时间；

h)　不同于本方法的要求。

表607.1　高　温　试　验

试验地点______

试验人员______　　　　试验日期______

项　　目		内　　容
高温温度		℃
燃油牌号		
机油牌号		
发动机冷却方式		
静置时间		h
电站静置开始时间		年　月　日　h　min
电站静置结束时间		年　月　日　h　min
电站连续运行的规定负载及时间		kW　h
连续运行开始时间		年　月　日　h　min
连续运行结束时间		年　月　日　h　min
过载量及过载运行时间		kW　h
过载运行开始时间		
过载运行结束时间		
电站运行过程中的密封情况	漏油	
	漏水	
	漏气	
	其他	

方法608 低 温 试 验

608.1 **总则**

电站应能在规定的低温下可靠地启动和运行。

该试验在低温试验室内或满足低温要求的自然条件下进行。

608.2 **设备**

608.2.1 测量负载状况和有关环境参数的设备1套。

608.2.2 低温试验室(或满足低温要求的自然条件)。

(必要时)安装合适的测温装置测量下列项目的温度：

发动机进出冷却液；

发动机进出冷却空气；

控制屏(内部环境空气)；

蓄电池电解液。

608.3 **程序**

608.3.1 电站已加满低温用燃油、机油、防冻冷却液(对水冷者)、配备好容量充裕的低温蓄电池(对电启动者)。

608.3.2 将电站静置于低温试验室(或满足低温要求的自然条件),使低温试验室降温,直到温度条件(例如－40℃)满足产品规范要求。从初始的温度降到满足要求的温度的时间和每小时的降温量按产品规范要求。详细记录降温过程并绘制降温曲线。

608.3.3 当低温试验室的温度达到产品规范规定的温度时,对静置于低温条件下的电站开始计时,直到达规定的时间或规定的状态。

608.3.3.1 状态,一般以热稳定衡量。

608.3.3.2 若无其他规定,其静止时间按:对额定功率小于12 kW者为6 h;对额定功率不小于12 kW者为12 h。

608.3.4 电站已满足静置要求。

608.3.5 按方法101规定测量各独立电气回路对地及回路间的冷态绝缘电阻,确认其满足要求。

608.3.6 启动电站的预热装置,按电站使用说明书的规定,当冷却液和机油温度值达允许启动发动机的情况下启动电站。

608.3.7 电站启动成功后,使电站在空载、额定电压和额定频率下运行,直到冷却液和机油温度值达到允许带额定负载为止。

对于要求具有应急加载能力的电站,启动成功后,应在规定时间内使电站带规定负载运行。

每隔15 min记录一次表429.1所列内容。运行时间由产品规范规定。

608.3.8 如需在低温条件下对电站实施性能检验,则按产品规范规定的项目和要求,适用时可按本标准中相应项目的方法检验。

608.3.9 检查塑料件、橡胶件、金属件,观察有否断裂现象。

608.3.10 记录有关数据和情况(表608.1)

608.4 **结果**

将结果同产品规范要求作比较。

608.5 **产品规范要求**

在产品规范(或合同)中应明确下列项目：

a) 要求的最低环境温度；

b) 从初始的温度降到满足要求的温度的时间和每小时的降温量；

c) 要求静置的时间或对达到热稳定的界定；

d) 开始启动(包括预热装置、其他启动辅助装置启动)至电站启动成功所需的时间；

e) 要求的冷态绝缘电阻值；

f) 低温环境中应急电站从启动成功到带规定负载的时间、规定负载；

g) 低温环境中电站带载连续运行的时间；

h) 低温环境中需测量的电站性能指标；

i) 使用的燃油、机油、冷却液牌号；

j) 不同于本方法的要求。

表 608.1 低 温 试 验

试验地点____________试验人员____________ 试验日期____________

项　目		内　容
低温温度		℃
燃油牌号		
机油牌号		
低温蓄电池型号		
发动机冷却方式		
冷却液牌号		
静置时间		h
电站静置开始时间		年　月　日　min
电站静置结束时间		年　月　日　h　min
预热开始时间		年　月　日　h　min
预热结束时间		年　月　日　h　min
启动开始时间		年　月　日　h　min
启动结束时间		年　月　日　h　min
启动结果		□成功　□失败
应急电站带规定负载的规定时间及规定负载		min　kW
电站带载连续运行的时间		h
带载运行开始时间		年　月　日　h　min
带载运行结束时间		年　月　日　h　min
静置结束后电站的外观情况	塑料件	
	橡胶件	
	金属件	
	其他	

方法609　湿　热　试　验

609.1　总则

电站暴露于热带或炎热沼泽地区的潮湿大气中应能保证正常工作。

609.2　设备

609.2.1　测量负载状况和有关环境参数的设备1套。

609.2.2　满足要求的湿热室。

609.3　程序

609.3.1　电站满足出厂合格品的要求。

609.3.2　将电站置于满足图609.1要求的湿热室内经受规定温度和周期的交变湿热作用。

609.3.3　规定周期作用期满，将电站从湿热室内移出。

609.3.4　在电站从湿热室中移出的30 min内，在不去湿的条件下，按方法101测量电站各独立电气回路对地及回路间的绝缘电阻。

609.3.5　在绝缘电阻符合产品规范的规定后，立即启动并整定电站在额定工况下连续运行30 min。

609.3.6　检查电站因试验引起的腐蚀或其他物理破坏情况。

609.3.7　记录有关数据和情况(表609.1)。

609.4　结果

将结果同产品规范要求作比较。

609.5　产品规范要求

在产品规范(或合同)中应明确下列项目：

a)　湿热试验后允许的最低绝缘电阻值；

b)　不允许出现的现象(例如因试验引起的腐蚀或破坏)；

c)　不同于本方法的要求。

表609.1　湿　热　试　验

试验地点＿＿＿＿＿＿＿＿

试验按(标准号)＿＿＿＿＿＿＿＿进行＿＿＿＿＿＿＿＿℃＿＿＿＿＿＿＿＿周期交变试验

试验人员＿＿＿＿＿＿＿＿　　　　试验日期＿＿＿＿＿＿＿＿

项　　目		内　　容
湿热试验后的外观情况(腐蚀或其他物理破坏)	塑料件	
	橡胶件	
	金属件	
	其他	

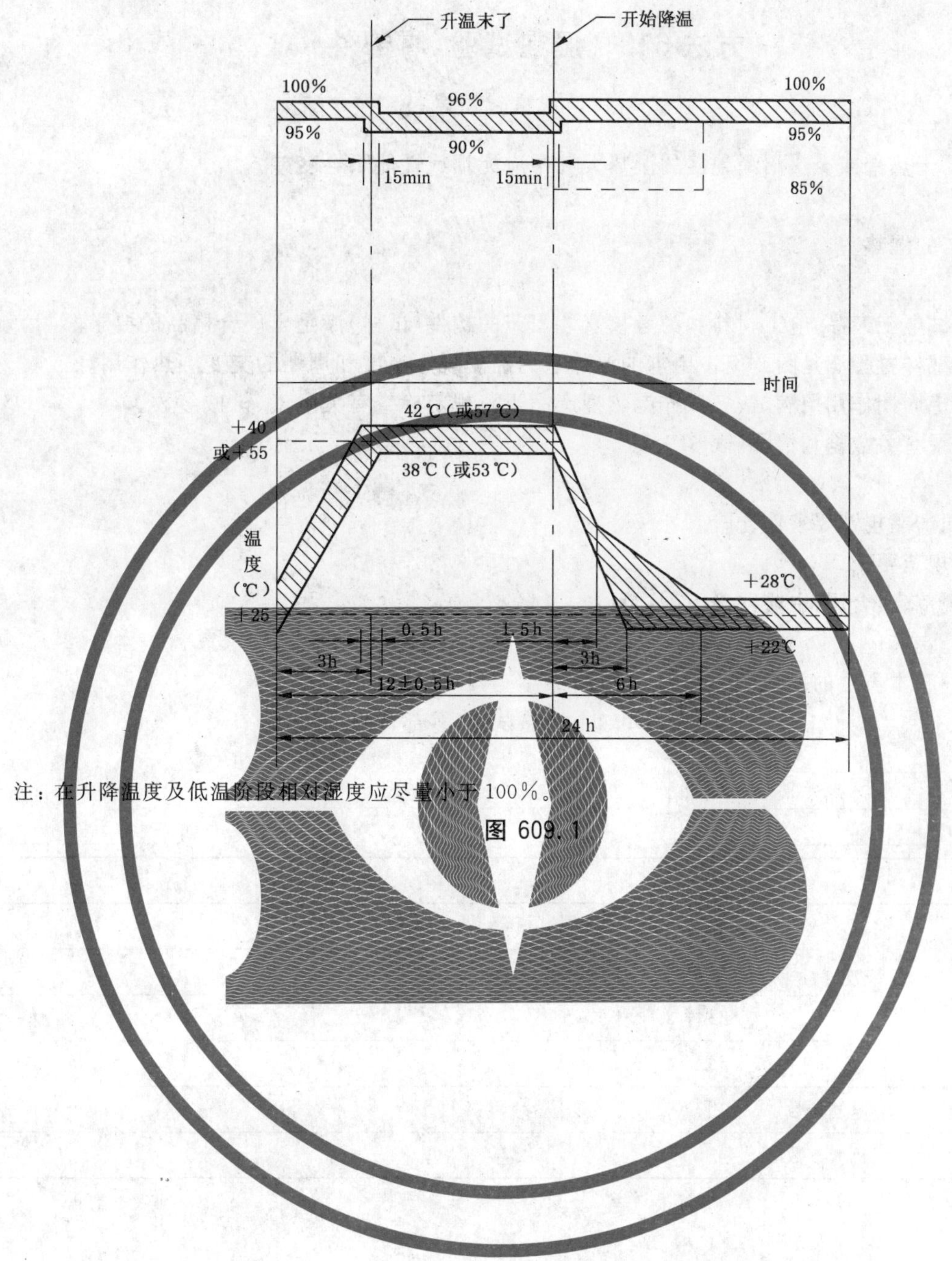

注：在升降温度及低温阶段相对湿度应尽量小于100%。

图 609.1

方法610　湿热试验(零部件)

610.1　**总则**

电站暴露于热带或炎热沼泽地区的湿热大气中应无损或性能不会变差。

610.2　**设备**

满足要求的湿热室。

610.3　**程序**

610.3.1　被试电工产品、电工材料和为考核安装工艺的构件(试样)满足出厂合格品的要求。

610.3.2　将试样置于满足图609.1要求的湿热室内经受规定温度和周期的交变湿热作用。

610.3.3　规定周期作用期满，按各试样湿热型产品规范规定检查有关电气、机械参数。

610.3.4　记录有关数据和情况(表610.1)。

610.4　**结果**

将结果同产品规范要求作比较。

610.5　**产品规范要求**

在产品规范(或合同)中应明确下列项目：

a)　检查要求；

b)　不同于本方法的要求。

表610.1　湿热试验(零部件)

试验地点____________________

试验按(标准号)______________________进行______________________℃______________________周期交变试验

试验人员____________________　　　　试验日期________________

项　　目		内　　容
湿热试验后的外观情况(腐蚀或其他物理破坏)	试样1	
	试样2	
	试样3	
	试样4	
电气参数		
机械参数		

方法611 长 霉 试 验

611.1 总则

电站上不希望有霉菌生长。

611.2 设备

霉菌室。

611.3 程序

611.3.1 电站满足出厂合格品的要求。

611.3.2 将电站置于按 GB/T 2423.16 规定的试验条件(或霉菌室)内经受 28 d 暴露作用。

611.3.3 28d 暴露作用期满,将电站从试验条件(或霉菌室)内移出,检查霉菌生长情况。

611.3.4 记录有关数据和情况(表 611.1)。

611.4 结果

将结果同产品规范要求作比较。

611.5 产品规范要求

在产品规范(或合同)中应明确下列项目:

a) 长霉等级要求;

b) 不同于本方法的要求。

表 611.1 长 霉 试 验

试验地点____________________ 防霉措施________________

按(标准号)____________进行____________ d 暴露试验

试验人员____________________ 试验日期________________

试 样	试 验 结 果	备 注

方法 612 长霉试验(零部件)

612.1 **总则**

电站不希望有霉菌生长。

612.2 **设备**

霉菌室。

612.3 **程序**

612.3.1 被试电工产品、电工材料和为考核安装工艺的构件(试样)满足出厂合格品的要求。

612.3.2 将试样置于按 GB/T 2423.16 规定的试验条件(或霉菌室)内经受 28d 暴露作用。

612.3.3 28d 暴露作用期满,将试样从试验条件(或霉菌室)内移出,检查霉菌生长情况。

612.3.4 记录有关数据和情况(表 612.1)。

612.4 **结果**

将结果同产品规范要求作比较。

612.5 **产品规范要求**

在产品规范(或合同)中应明确下列项目:

a) 长霉等级要求;

b) 不同于本方法的要求。

表 612.1 长霉试验(零部件)

试验地点＿＿＿＿＿＿＿＿　　防霉措施＿＿＿＿＿＿＿＿

按(标准号)＿＿＿＿＿＿进行＿＿＿＿＿＿d 暴露试验

试验人员＿＿＿＿＿＿＿＿　　试验日期＿＿＿＿＿＿＿＿

(试品须符合产品规范规定)

试　样	试验结果	备　注

方法613 雨 淋 试 验

613.1 **总则**

某些电站(例如汽车电站、挂车电站、罩式发电机组)基本上是为在野外条件下运行设计的,即使在降大雨的持续过程中也应正常运行。

该试验主要考核电站防雨构件的密封性能;(要求时)电站在雨淋下的运行情况。

该试验一般在环境温度10℃~35℃、空气相对湿度20%~80%、大气压力100 kPa~60 kPa的条件下进行。

613.2 **设备**

613.2.1 测量负载状况和有关环境参数的设备1套。

613.2.2 雨淋试验装置:喷头与电站间的距离可调;可产生要求的雨淋强度;各点雨淋强度基本均匀,相对误差不大于50%;喷头产生的水滴直径为0.6 mm~4.0 mm,平均2.5 mm。

雨淋强度误差δQ(%)按下式计算:

$$\delta Q=\left|\frac{Q_{\max}(\text{或}\ Q_{\min})-Q_{\text{ave}}}{Q_{\text{ave}}}\right|\times 100\% \quad\cdots\cdots\cdots\cdots(613.1)$$

式中:

Q_{ave}——雨量器测得的雨淋强度平均值,单位为毫米每分(mm/min);

$Q_{\max}$(或$Q_{\min}$)——雨量器测得的雨淋强度的最大值或最小值,单位为毫米每分(mm/min)。

613.2.3 雨量器(标准型)。

613.2.4 温度计。

613.2.5 气压表。

613.2.6 秒表。

613.2.7 鼓风装置:当有雨淋吹风要求时,雨淋试验装置应设鼓风装置,鼓风装置应能产生15 m/s、20 m/s的水平风速。

613.2.8 试验用水:当地水源,能循环使用,为便于确定水滴渗入到电站的部位和进行渗漏分析,可在试验水源中加入适当水溶性染料,例如在1 000 L水中加60 g荧光素。

613.3 **程序**

613.3.1 密封性

613.3.1.1 试验环境、雨淋装置满足要求。

613.3.1.2 电站满足出厂合格品要求。

613.3.1.3 将电站置于雨淋试验场地,使雨淋试验装置的喷嘴距电站外廓0.6 m~1.2 m,保证水滴能喷射到电站前后左右顶部。

613.3.1.4 启动雨淋试验装置、(要求时)鼓风装置及秒表,使水滴方向与铅垂方向成30°~45°,(风力水平吹向电站垂直平面)。

613.3.1.5 满30 min,关闭雨淋试验装置及(要求时)鼓风装置。

613.3.1.6 擦净电站外部水迹。

613.3.1.7 检查水滴渗漏情况。

613.3.1.8 记录:试验环境条件;雨淋强度(mm/min);(要求时)风速(m/s);雨淋强度相对误差(%);水滴温度(℃);雨淋时间(min);检查结果(表613.1)。

613.3.2 运行情况

613.3.2.1 满足613.3.1.1~613.3.1.4要求。

613.3.2.2 电站承受连续雨淋2 h后,保持该雨淋条件,启动并整定电站在额定工况下运行1 h。每隔

15 min 记录一次表 429.1 所列内容。

若电站设有防护措施，应使其处于使用说明书规定的状态。

613.3.2.3 关闭雨淋试验装置及(要求时)鼓风装置。

613.3.2.4 检查电站有否水渗透的痕迹或破坏，电站运行是否正常。

613.3.2.5 记录：试验环境条件；雨淋强度(mm/min)；(要求时)风速(m/s)；雨淋强度相对误差(%)；水滴温度(℃)；雨淋时间(min)；检查结果，电站运行时间；运行情况(表 613.1)。

613.4 结果

将结果同产品规范要求作比较。

613.5 产品规范要求

在产品规范(或合同)中应明确下列项目：

a) 雨淋强度，mm/min；

b) 试验时间，min；

c) (要求时)风速，m/s。

表 613.1 雨淋试验(密封性)

试验地点________________

车厢型式及生产厂________________________________

车罩型式及生产厂________________________________

试验人员________________ 试验日期____________

项　　目	结　　果
以与汽车电站(或挂车电站)车厢(或罩)侧壁(前、后、左、右、上)成____°角的____ mm/10 min 的人工降雨持续____ min	
雨淋强度	mm/min
风速	m/s
雨淋强度相对误差	%
水滴温度	℃
雨淋时间	min
环境温度	℃
相对湿度	%
大气压力	kPa

方法 614 倾斜运行试验

614.1 **总则**

移动电站在规定的倾斜条件下应能满意地运行。

614.2 **设备**

614.2.1 测量负载状况和有关环境参数的设备 1 套。

614.2.2 倾斜角度满足要求的粗糙混凝土斜面。

614.3 **程序**

614.3.1 倾斜场地满足要求。

614.3.2 电站满足出厂合格品的要求。

614.3.3 把电站放置在符合规定倾斜面上的 4 个不同位置,各个位置绕垂直轴线依次间隔 90°。

614.3.4 在每个位置上,电站在空载和额定工况下各运行 15min。按表 429.1 记录所列内容。

614.3.5 在每个位置上,如需对电站实施性能检验,则按产品规范规定的项目和要求,适用时可按本标准中相应项目的方法检验。

614.3.6 检查有否漏油、漏水、漏气,燃油溢出现象、电站的位置变化量等。

614.3.7 记录有关数据和情况(表 614.1)。

614.4 **结果**

将结果同产品规范要求作比较。

614.5 **产品规范要求**

在产品规范(或合同)中应明确下列项目:

a) 要求的倾斜角度;

b) 不允许出现的现象(例如漏油、漏水、漏气、燃油溢出现象);

c) 电站的位置变化量;

d) 倾斜条件下需测量的电站性能指标;

e) 不同于本方法的要求。

表 614.1 倾斜运行试验

试验地点________ 倾斜角度________°

环境温度________℃ 相对湿度________% 大气压力________kPa

试验人员________ 试验日期________

项目	电站位置				备注
	前倾	后倾	左倾	右倾	
漏油					
漏水					
漏气					
燃油溢出					
位置变化量/mm					
倾翻					
其他					

方法 615 运 输 试 验

615.1 总则

电站经公路运输应无损。

615.2 设备

615.2.1 测量负载状况和有关环境参数的设备 1 套。

615.2.2 满足要求的运输车辆。

615.3 程序

615.3.1 电站满足出厂合格品的要求。

615.3.2 在额定工况下连续运行 1 h,无异常现象。

615.3.3 将电站固定在满足要求的运输车辆上。

615.3.4 按产品规范要求的里程、路面和速度运输。

当产品规范未明确时可按下列规定:

615.3.4.1 里程:对移动式电站为 1 000 km;对固定式电站为 500 km。

615.3.4.2 路面:不平整的土路及坎坷不平的碎石路面为试验里程的 60%;柏油(或水泥)路面为试验里程的 40%。

615.3.4.3 速度:在不平整的土路及坎坷不平的碎石路面上为 20 km/h～30 km/h;在柏油(或水泥)路面上为 30 km/h～40 km/h。

615.3.5 运输中应进行分段停车检查,停车检查里程段:第一段为 100 km,第二段起每段分别为 200 km。

615.3.6 检查:电站各组件、零部件是否因强度不够造成损伤;紧固件、焊缝、铆钉是否松动、开焊、损坏;油、水是否渗漏;工具、备附件是否损坏;电器器件连接是否松动。

615.3.7 运输里程驶毕后需对电站的某些检验项目进行复试,复试项目按产品规范规定,适用时可按本标准中相应项目的方法检验。

615.3.8 记录有关数据和情况(表 615.1)。

615.3.9 运输过程发生的故障,若能用随机工具排除时,或虽不能用随机工具排除,但确属不影响电站正常使用且回厂可立即排除时,试验可继续进行,否则重新进行试验。

615.4 结果

将结果同产品规范要求作比较。

615.5 产品规范要求

在产品规范(或合同)中应明确下列项目:

a) 运输里程、路面和速度;

b) 运输车辆;

c) 复试的检验项目;

d) 不同于本方法的要求。

表 615.1 运 输 试 验

试验类别________________　　　　　　　　试验里程______________km

运输区间______________________________

天气情况________________　　　　　　　　气温(最高/最低)______/______℃

试验人员________________　　　　　　　　试验日期________________

运输车辆(型号及名称)________________

电站质量____________kg　　　　　　　　运输车辆质量______________kg

里程 km	路面	速度 km/h	停车检查情况	备　注

方法616 行 驶 试 验

616.1 **总则**

汽车电站和挂车电站按规定里程、路面和速度行驶应无损。

616.2 **设备**

616.2.1 测量负载状况和有关环境参数的设备1套。

616.2.2 其他辅助设施。

616.3 **程序**

616.3.1 电站质心满足要求。

注：电站质心测量方法见616.6附注。

616.3.2 电站在额定工况下连续运行1 h，无异常现象。

616.3.3 车厢的调整状况符合该车规范规定；挂车电站的牵引车符合设计要求。

616.3.4 电站装备齐全，油、水加足。

616.3.5 按产品规范要求的里程、路面和速度行驶。

当产品规范未明确时可按下列规定：

616.3.5.1 里程：鉴定试验和型式试验1 500 km；出厂试验50 km。

616.3.5.2 路面：对机场用电站为柏油（或水泥）路面；对其他电站，不平整的土路及坎坷不平的碎石路面为试验里程的60%；柏油（或水泥）路面为试验里程的40%。

616.3.5.3 速度：在不平整的土路及坎坷不平的碎石路面上为20 km/h～30 km/h；在柏油（或水泥）路面上为30 km/h～40 km/h。

616.3.6 行驶中应进行分段停车检查，停车检查里程段：第一段为100 km，第二段起每段分别为200 km。出厂试验可在50 km跑完后进行检查。

616.3.7 检查：电站各组件、零部件是否因强度不够造成损伤；紧固件、焊缝、铆钉是否松动，开焊，损坏；油、水是否渗漏；工具、备附件是否损坏；电器器件连接是否松脱；厢体（外罩）内是否明显进尘。

616.3.8 行驶里程驶毕：

出厂试验时：电站在额定工况下连续工作1 h。

鉴定试验和型式试验时：需对电站的某些检验项目进行复试，复试项目按产品规范规定，适用时可按本标准中相应项目的方法检验。

616.3.9 记录有关数据和情况（表616.1）。

616.3.10 行驶过程中发生的故障，若能用随机工具排除，或虽不能用随机工具排除，但确属不影响电站正常使用且回厂可立即排除，试验可继续进行；否则重新进行试验。

616.4 **结果**

将结果同产品规范要求作比较。

616.5 **产品规范要求**

在产品规范（或合同）中应明确下列项目：

a） 行驶里程、路面和速度；

b） （挂车电站的）牵引车；

c） 复试的检验项目；

d） 不同于本方法的要求。

表 616.1 行 驶 试 验

试验类别________ 试验里程________km

行驶区间________

天气情况________ 气温(最高/最低)____/____℃

试验人员________ 试验日期________

牵引车(型号及名称)________

里程 km	路面	速度 km/h	停车检查情况	备注

616.6 附注:电站质心测量方法

616.6.1 各参数代号(图 616.1)

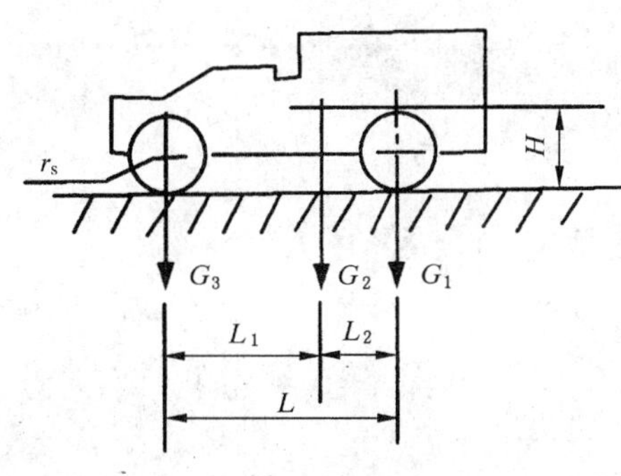

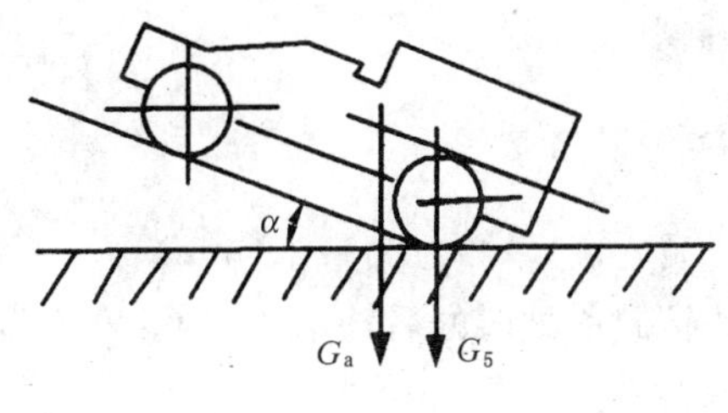

图 616.1

616.6.2 测量设备

磅秤或车轮负荷计:准确度为±0.1%;秤台面积应能安放整台电站,秤台出入口台面应与地面在同一水平面上;磅秤量程应适当;测前应经校验合格。

616.6.3 电站质心位置

616.6.3.1 横向位置

应位于横向中心线上,按下式计算:

$$b_1 = \frac{G_2}{G_a} \cdot b \qquad \cdots\cdots(616.1)$$

$$b_2 = \frac{G_1}{G_a} \cdot b \qquad \cdots\cdots(616.2)$$

式中:

b_1——质心到左侧(设面向车体前端)车轮中心的水平距离,单位为毫米(mm);

b_2——质心到右侧车轮中心的水平距离,单位为毫米(mm);

b——轮距，单位为毫米(mm)；

G_1——电站左侧承载质量，单位为千克(kg)或吨(t)；

G_2——电站右侧承载质量，单位为千克(kg)或吨(t)；

G_a——电站总质量，指装备齐全，油、水加足时的总质量，单位为千克(kg)或吨(t)。

616.6.3.2 纵向位置

按下式计算：

$$L_1=\frac{G_4}{G_a}\cdot L \qquad \cdots\cdots(616.3)$$

$$L_2=\frac{G_3}{G_a}\cdot L \qquad \cdots\cdots(616.4)$$

式中：

L_1——质心到前轴中心线的水平距离，单位为毫米(mm)；

L_2——质心到后轴中心线的水平距离，单位为毫米(mm)；

L——轴距，单位为毫米(mm)；

G_3——电站前轴承载质量，单位为千克(kg)或吨(t)；

G_4——电站后轴承载质量，单位为千克(kg)或吨(t)；

G_a——电站总质量，指装备齐全，油、水加足时的总质量，单位为千克(kg)或吨(t)。

616.6.3.3 质心高度

电站处于水平状态时，将悬架弹簧锁死，然后将后轴车轮置于秤台上。抬起前轴，使纵向倾角分别为8°、10°、12°，测量每次抬高前轴时的后轴承载质量。

按下式计算：

$$H=\left(\frac{G_5}{G_a}\cdot L-L_1\right)\mathrm{ctg}\alpha+r_s \qquad \cdots\cdots(616.5)$$

式中：

H——质心高度，单位为毫米(mm)；

G_5——抬起前轴时的后轴承载质量，单位为千克(kg)或吨(t)；

α——抬高角度，(°)；

r_s——车轮静力半径，单位为毫米(mm)；

L——轴距，单位为毫米(mm)；

L_1——质心到前轴中心线的水平距离，单位为毫米(mm)；

G_a——电站总质量，指装备齐全，油、水加足时的总质量，单位为千克(kg)或吨(t)。

取三个不同倾角时测量计算值的平均值，各次测量计算值之间的相对误差应不大于5%。

616.6.3.4 结果

质心位置满足下式，电站不发生纵向横向倾复：

$$\frac{L_2}{H}>\Phi \qquad \cdots\cdots(616.6)$$

$$\frac{b}{2h}>\Phi \qquad \cdots\cdots(616.7)$$

式中：

Φ——附着系数，取$\Phi=0.5\sim0.6$；

H——质心高度，单位为毫米(mm)；

b——轮距，单位为毫米(mm)；

L_2——质心到后轴中心线的水平距离，单位为毫米(mm)。

方法 701　可靠性和维修性试验(恒定负载)

701.1　总则

试验目的:检查电站的平均故障间隔时间和平均修复时间;其他。

平均故障间隔时间和平均修复时间是可靠性和维修性的重要指标。

首次故障前平均工作时间是指电站发生首次致命故障、严重故障或一般故障的平均工作时间。

平均故障间隔时间是指电站的工作时间与在此工作时间内故障次数之比。

平均修复时间是指电站故障的总修复时间与其故障次数之比,即恢复工作能力的平均时间。

701.2　设备

701.2.1　测量负载状况和有关环境参数的设备1套。

701.2.2　计时器。

701.3　程序

701.3.1　电站满足出厂合格品的要求。

701.3.2　将电站置于一般性能试验室内或其他场地。

701.3.3　启动电站。

701.3.4　启动成功后开始计时,并对电站实施性能检验,所检项目按产品规范规定,适用时可按本标准中相应项目的方法检验。

701.3.5　整定电站在额定工况(输出功率按产品规范规定)下运行。

701.3.6　稳定后,记录功率、电压、电流、功率因数、频率、冷却发动机的出水(或风)温度及机油温度(从装在仪表板上的温度表读取)、环境温度、空气相对湿度、大气压力,以及有关情况。

必要时,调节负载、电压和频率,使电站维持额定工况。

701.3.7　按产品使用说明书规定进行维护保养和(故障后的)修理。

701.3.8　每次维护保养(二级)后,重复701.3.4。

701.3.9　试验结束前的6 h内重复701.3.4。

701.3.10　连续运行中,每隔1h记录1次701.3.6所列内容;每次维修(护)保养前后分别记录1次701.3.6所列内容;记录有关数据和情况(表701.1)。

701.4　结果

701.4.1　首次故障前平均工作时间$MTTFF$(h)按下式计算:

$$MTTFF=\frac{1}{s}\left(\sum_{i=1}^{s}t_i+\sum_{j=1}^{n-s}t_j\right) \qquad (701.1)$$

式中:

n——被试电站台数;

s——被试电站发生首次故障(不计轻度故障)的台数;

t_i——第i台电站出现首次故障时的累计工作时间,单位为小时(h);

t_j——试验期间未发生故障的第j台电站的累计工作时间,单位为小时(h)。

注:当$s=0$时,即未出现故障(轻度故障除外),首次故障前平均工作时间以$MTTFF\geqslant\sum_{j=1}^{n}t_j$表示。

701.4.2　平均故障间隔时间$MTBF$(h)按下式计算:

$$MTBF=\frac{\sum_{i=1}^{n}t_i}{\sum_{i=1}^{n}r_i} \qquad (701.2)$$

式中：

n——被试电站台数；

t_i——第 i 台电站累计运行时间，单位为小时(h)；

r_i——第 i 台电站的故障次数(不计轻度故障)。

注：当 $\sum_{i=1}^{n} r_i \leqslant n$ 时，按 $\sum_{i=1}^{n} r_i = n$ 计算。

701.4.3　无故障性综合评分值 Q(分)按下式计算：

$$Q = 100 - \frac{(MTBF)_0}{nT_0} \sum_{i=1}^{r_0} (K_i \cdot E_i) \tag{701.3}$$

式中：

$(MTBF)_0$——相关的电站产品质量分等标准中规定的优等品的 $MTBF$ 值，单位为小时(h)；

T_0——规定的定时截尾试验时间，单位为小时(h)；

r_0——在规定的定时截尾试验时间内，被试电站出现的各类故障总数；

K_i——第 i 个故障的危害度系数；

各类故障的危害度系数规定如下：

Ⅱ类　严重故障　40

Ⅲ类　一般故障　10

Ⅳ类　轻度故障　5

n——被试电站台数；

E_i——第 i 个故障的故障发生时间系数。

注：E_i 按下式计算：

$$E_i = \sqrt{\frac{2T_0}{T_0 + T_i}} \tag{701.4}$$

式中：

T_i——被试电站出现第 i 个故障时，该电站的累计工作时间，单位为小时(h)。

当 $Q<0$ 时，规定以 0 分计。

701.4.4　平均修复时间 T_X(h)按下式计算：

$$T_X = \frac{\sum_{i=1}^{n} T_{Xi}}{\sum_{i=1}^{n} r_i} \tag{701.5}$$

式中：

n——被试电站台数；

T_{Xi}——第 i 台电站故障的修复时间，单位为小时(h)；

r_i——第 i 台电站的故障次数(不计轻度故障)。

注：当 $\sum_{i=1}^{n} r_i \leqslant n$ 时，按 $\sum_{i=1}^{n} r_i = n$ 计算。

701.4.5　将结果同产品规范要求作比较。

701.5　产品规范要求

在产品规范(或合同)中应明确下列项目：

a)　要求的首次故障前平均工作时间；

b)　要求的平均故障间隔时间；

c)　要求的无故障性综合评分值；

d) 要求的平均修复时间；

e) 要求的定时截尾试验时间；

f) 被试电站台数；

g) 不同于本方法的要求。

注：未尽事宜按 JB/T 50054—1999 中的相关规定。

表 701.1 可靠性和维修性试验(恒定负载)

试验地点＿＿＿＿＿＿＿＿ 试验人员＿＿＿＿＿＿＿＿ 试验日期＿＿＿＿＿＿＿＿

序号	程序时间 h-min	电流 A			功率 kW				电压 V			频率 Hz	功率因数	水温 ℃	油温 ℃	油压 kPa	环境温度 ℃				冷却介质温度 ℃		相对湿度 %	大气压力 kPa	添加燃油时间 h-min
		I_U	I_V	I_W	P_1	P_2	P_3	P	U_{UV}	U_{VW}	U_{WU}						1	2	3	4	1	2			

方法 702　可靠性和维修性试验(交变负载)

702.1　**总则**

试验目的:检查电站的平均故障间隔时间和平均修复时间;其他。

首次故障前平均工作时间是指电站发生首次致命故障、严重故障或一般故障的平均工作时间。

平均故障间隔时间是指电站的工作时间与在此工作时间内故障次数之比。

平均修复时间是指电站故障的总修复时间与其故障次数之比,即恢复工作能力的平均时间。

702.2　**设备**

702.2.1　测量负载状况和有关环境参数的设备1套。

702.2.2　计时器。

702.3　**程序**

702.3.1　电站满足出厂合格品的要求。

702.3.2　将电站置于一般性能试验室内或其他场地。

703.3.3　启动电站。

702.3.4　启动成功后开始计时,并对电站实施性能检验,所检项目按产品规范规定,适用时可按本标准中相应项目的方法检验。

702.3.5　整定电站的运行工况为:额定电压、额定频率、额定功率因数、规定负载(表702.1)。

表702.1　交　变　负　载

序　　号	交变负载 (额定负载的百分数) %	在各负载下的运行时间 h
1	50	24
2	0	4
3	75	24
4	25	24
5	100	24

702.3.6　使电站分别在各工况下连续运行,必要时,整定负载、电压和频率(转速),使电站维持规定工况。

702.3.7　按产品使用说明书规定进行维护保养和(故障后的)修理。

702.3.8　每次维护保养(二级)和修理后重复702.3.4。

702.3.9　试验结束前的6 h内重复702.3.4。

702.3.10　记录:分别记录各负载变化前后、每次维修保养前后、正常情况下每隔1h稳定后的功率、电压、电流、功率因数、频率、冷却发动机的出水(或风)温度及及机油温度(从装在仪表板上的温度表读取)、环境温度、空气相对湿度、大气压力、以及有关情况(表702.1)。

702.4　**结果**

702.4.1　首次故障前平均工作时间$MTTFF$(h)按(701.1)式计算。

702.4.2　平均故障间隔时间$MTBF$(h)按(701.2)式计算。

702.4.3　无故障性综合评分值Q(分)按(701.3)式计算。

702.4.4　平均修复时间T_X(h)按(701.5)式计算。

702.4.5　将结果同产品规范要求作比较。

702.5 **产品规范要求**

在产品规范(或合同)中应明确下列项目:

a) 要求的首次故障前平均工作时间;

b) 要求的平均故障间隔时间;

c) 要求的无故障性综合评分值;

d) 要求的平均修复时间;

e) 要求的定时截尾试验时间;

f) 被试电站台数;

g) 不同于本方法的要求。

注:未尽事宜按 JB/T 50054—1999 中的相关规定。

表 702.1 可靠性和维修性试验(交变负载)

试验地点________ 试验人员________ 试验日期________

序号	程序时间 h-min	电流 A			功率 kW				电压 V			频率 Hz	功率因数	水温 ℃	油温 ℃	油压 kPa	环境温度 ℃				冷却介质温度 ℃		相对湿度 %	大气压力 kPa	添加燃油时间 h-min
		I_U	I_V	I_W	P_1	P_2	P_3	P	U_{UV}	U_{VW}	U_{WU}						1	2	3	4	1	2			

方法 703 可靠性和维修性试验(现场使用)

703.1 **总则**

试验目的:检查电站的平均故障间隔时间和平均修复时间;其他。

首次故障前平均工作时间是指电站发生首次致命故障、严重故障或一般故障的平均工作时间。

平均故障间隔时间是指电站的工作时间与在此工作时间内故障次数之比。

平均修复时间是指电站故障的总修复时间与其故障次数之比,既恢复工作能力的平均时间。

703.2 **设备**

703.2.1 测量负载状况和有关环境参数的设备1套。允许用控制屏监测仪表。

703.2.2 计时器。

703.3 **程序**

703.3.1 电站满足出厂合格品的要求。

703.3.2 将电站置于合适的使用场地。

703.3.3 每次使用电站,至少应在电站运行始末、(必要时)调整前后,记录功率、电压、电流、功率因数、频率(转速)、冷却发动机的出水(或风)温度及机油温度(从装在仪表板上的温度表读取)、环境温度、空气相对湿度、大气压力、总运行时间以及有关情况(表 703.1)。

703.3.4 搜集并记录尽可能多的现场使用数据和情况。

703.4 **结果**

703.4.1 首次故障前平均工作时间 $MTTFF$(h)按(701.1)式计算。

703.4.2 平均故障间隔时间 $MTBF$(h)按(701.2)式计算。

703.4.3 无故障性综合评分值 Q(分)按(701.3)式计算。

703.4.4 平均修复时间 T_X(h)按(701.5)式计算。

703.4.5 将结果同产品规范要求作比较。

703.5 **产品规范要求**

在产品规范(或合同)中应明确下列项目:

a) 要求的首次故障前平均工作时间;

b) 要求的平均故障间隔时间;

c) 要求的无故障性综合评分值;

d) 要求的平均修复时间;

e) 要求的定时截尾试验时间;

f) 现场使用的最低负载值;

g) 不同于本方法的要求。

注:未尽事宜按 JB/T 50054—1999 中的相关规定。

表 703.1　可靠性和维修性试验(现场使用)

使用地点________________　　试验人员________________　　试验日期________________

序号	程序时间 h-min	电流 A			功率 kW				电压 V			频率 Hz	功率因数	水温 ℃	油温 ℃	油压 kPa	环境温度 ℃		相对湿度 %	大气压力 kPa	添加燃油时间 h-min	备注
		I_U	I_V	I_W	P_1	P_2	P_3	P	U_{UV}	U_{VW}	U_{WU}						1	2				

方法 704　检查无人值守时间

704.1　总则

无人值守时间是自动化电站的重要指标。

该指标的考核可结合连续运行试验或在检查平均故障间隔时间时进行。

704.2　设备

704.2.1　测量负载状况和有关环境参数的设备 1 套。

704.2.2　计时器。

704.3　程序

704.3.1　电站满足出厂合格品的要求。

704.3.2　在自控系统起作用的条件下启动电站。

704.3.3　启动成功后开始计时。

704.3.4　整定电站在额定工况下运行。

704.3.5　稳定后，记录功率、电压、电流、功率因数、频率、电压、频率、发动机排气温度、冷却发动机的出水(或风)温度、发动机机油温度和机油压力(从装在仪表板上的温度表读取)、环境温度、空气相对湿度、大气压力，以及其他(从装在仪表板上的温度表读取)有关情况例如有否漏油、漏水、漏气现象(表 704.1)。

704.3.6　此后，每隔 1h 记录 1 次 704.3.5 所列内容。

704.3.7　试验期满，记录 704.3.5 所列内容。

注：试验期按产品规范规定的无人值守时间。

704.4　结果

将结果同产品规范要求作比较。

704.5　产品规范要求

在产品规范(或合同)中应明确下列项目：

a)　要求的无人值守时间；

b)　不允许出现的现象，例如漏油、漏水、漏气现象，冷热态电压变化不满足要求等。

c)　不同于本方法的要求。

表 704.1 检查无人值守时间

自动化等级____________ 产品规范规定的无人值守时间____________

试验地点____________ 试验人员____________ 试验日期____________

序号	程序时间 h-min	电流 A			功率 kW				电压 V			频率 Hz	功率因数	水温 ℃	油温 ℃	油压 kPa	环境温度 ℃				冷却介质温度 ℃		相对湿度 %	大气压力 kPa	添加燃油时间 h-min
		I_U	I_V	I_W	P_1	P_2	P_3	P	U_{UV}	U_{VW}	U_{WU}						1	2	3	4	1	2			

ICS 27.020;29.160.40
K 52

中华人民共和国国家标准

GB/T 21425—2008

低噪声内燃机电站噪声指标要求及测量方法

Noise indicated requirements and test methods for low-noise electric power plant with internal combustion engine

2008-01-22 发布　　　　2008-09-01 实施

中华人民共和国国家质量监督检验检疫总局
中国国家标准化管理委员会　发布

前　言

本标准是参考GB/T 2820.10—2002《往复式内燃机驱动的交流发电机组　第10部分：噪声的测量(包面法)(MOD ISO 8528-10：1998)》、GB/T 3768—1996《声学　声压法测定噪声源　声功率级反射面上方采用包络测量表面的简易法(eqv ISO 3746：1995)》并结合GB/T 2819—1995《移动电站通用技术条件》、GJB 235A—1997《军用移动电站通用规范》、MIL-P-53132、ГОСТ21670的技术内容编写的。

本标准在技术内容上主要有以下特点：

a) 就各类内燃机电站而言，都有其相应的国家标准、国家军用标准和行业标准。所以本标准只规定了噪声指标、原则性的降噪措施；对主要关心的噪声测量、计算、评价和考核方法用大量的篇幅作了规定。对噪声以外的其他技术内容并未涉及。

b) 就电站而言，噪声的高低决定着对环境的污染程度。为了评价电站对环境的污染程度，本标准对电站之间的噪声比较作出了规定。

本标准的附录A为规范性附录。

本标准由中国电器工业协会提出并归口。

本标准起草单位：兰州电源车辆研究所。

本标准主要起草人：薛晨。

本标准为首次制定。

低噪声内燃机电站噪声指标要求及测量方法

1 范围

本标准规定了低噪声内燃机电站(以下简称电站)的噪声指标、原则性的降噪措施和测量噪声的方法。至于电站的其他性能指标,应符合相应国家标准、国家军用标准和行业标准的规定。

本标准适用于由往复式内燃机(RIC)驱动的工频(50 Hz/60 Hz)、中频(400 Hz)、双频(50 Hz/400 Hz)、直流、交直流陆用和船用电站。不适用于航空或驱动陆用车辆和机车的低噪声电站。对于本标准中规定的测量、评价和考核噪声的方法,除了适用于本标准中规定的电站外,也适用于其他任何内燃机电站。

2 规范性引用文件

下列文件中的条款通过本标准的引用而成为本标准的条款。凡是注日期的引用文件,其随后所有的修改单(不包含勘误的内容)或修订版均不适用于本标准,然而,鼓励根据本标准达成协议的各方研究是否可使用这些文件的最新版本。凡是不注日期的引用文件,其最新版本适用于本标准。

GB/T 2820.10—2002　往复式内燃机驱动的交流发电机组　第10部分:噪声的测量(包面法)(MOD ISO 8528-10:1998)

GB/T 3767—1996　声学　声压法测定噪声源声功率级　反射面上方近似自由场的工程法(eqv ISO 3744:1994)

GB/T 3768—1996　声学　声压法测定噪声源声功率级　反射面上方采用包络测量表面的简易法(eqv ISO 3746:1995)

GB/T 4129—2003　声学　噪声源声功率级测定的标准声源的性能与校准要求(IDT ISO 6926:1999)

JB/T 8194—2001　内燃机电站名词术语

ISO 9614-1:1993　声学　用声强法确定噪声源的声功率级　第1部分:离散点测量

ISO 9614-2:1996　声学　用声强法确定噪声源的声功率级　第2部分:扫描测量

IEC 60804:1985　积分式平均声压级仪表

3 术语和定义

GB/T 2820.10—2002、GB/T 3768—1996和JB/T 8194—2001确立的以及下列术语和定义适用于本标准。

3.1

低噪声内燃机电站　low-noise electric power plant

噪声指标满足本标准要求的内燃机电站。

3.2

声学自由场　acoustic non-existent site

除了地面是唯一反射物外再无其他反射物的区域。

3.3

表面声压级　surface sound pressure level

$\overline{L}_{pA}$

测量表面所有测点上时间平均声压级的能量平均加上背景噪声修正 K_{1A} 和环境修正 K_{2A},单位为分贝(dB)。

3.4

测量表面　measurement surface

包络电站,面积为 S,测点位于其上的一个几何表面。对于测量的电站,测量表面终止于一个反射面上。

3.5

基准体　reference box

恰好包络电站且终止于一个反射面上的最小矩形平行六面体假想表面。

3.6

测量距离　measurement distanced

基准体与矩形平行六面体测量表面之间的垂直距离。

3.7

背景噪声　background noise

来自被测电站以外所有的其他声源的噪声。

注:背景噪声包括空气声、结构传导的振动、仪器的电噪声等。

3.8

背景噪声修正系数　background noise correction

K_1

由背景噪声对表面声压级的影响而引入的一个修正项,单位为分贝(dB)。K_1 与频率有关,在 A 计权情况下用 K_{1A} 表示。

3.9

环境修正系数　environmenta correction

K_2

由声反射或声吸收对表面声压级的影响而引入的一个修正项,单位为分贝(dB)。K_2 与频率有关,在 A 计权情况下用 K_{2A} 表示。

4　符号和缩略语

4.1　符号

下列符号适用于本标准。

i——表示具体测点的下标;

K_{1A}——A 计权情况下背景噪声修正系数;

K_{2A}——A 计权情况下环境修正系数;

L'_{pAi}——在第 i 个测点上测得的 A 计权声压级,单位为分贝(dB);

L''_{pAi}——在第 i 个测点上测得的背景噪声 A 计权声压级,单位为分贝(dB);

$\overline{L'}_{pA}$——电站运行期间测量表面的平均 A 计权声压级,单位为分贝(dB);

$\overline{L''}_{pA}$——测量表面的平均背景噪声 A 计权声压级,单位为分贝(dB);

$\overline{L}_{pA}$——在对背景噪声和环境修正后的表面平均 A 计权声压级,单位为分贝(dB);

n——传声器位置(以下简称测点)数目;

L_{WA}——A 计权声功率级,单位为分贝(dB);

S——测量表面的面积,单位为平方米(m^2);

S_0——1 m^2。

4.2　缩略语

下列缩略语适用于本标准。

RIC——Reciprocating Internal Combustion，往复式内燃；

PRP——Prime Power，基本功率。

5 要求

5.1 在距电站外限轮廓 1 m 处的矩形平行六面体表面上测量的平均 A 计权声压级应不超过表 1 的规定。制造厂可根据用户使用环境对电站噪声的要求，按表 1 的规定选择一种作为电站噪声的限值。

表 1 在不同场所使用的电站的表面平均 A 计权声压级

序号	声压级 dB	建议使用场所
1	83	不要求经常进行人与人之间的直接对话，但可能偶尔需要在 0.6 m 处进行喊叫式对话
2	78	偶尔需要使用电话或无线电进行通话，或偶尔需要在最远相距 1.5 m 处进行对话
3	73	经常需要使用电话或无线电进行通话，或经常需要在最远相距 1.5 m 处进行对话
4	68	经常需要使用电话或无线电进行通话，或经常需要在最远相距 1.5 m 处进行对话，且人员的工作时间可能长于 8 h
5	65	
注：该表中的距离均为人与人之间的对话距离。		

5.2 对设置有隔室操作间的电站，在操作间内，距控制屏正面中心 0.5 m，高 1.5 m 处的 A 计权声压级应不超过 75 dB 或 80 dB。

5.3 当电站工作时，若有距电站规定距离处的噪声应与电站未工作时该处的背景噪声相同的要求时，可由用户和制造厂协商，在合同和产品技术条件中明确。

6 原则性降噪措施

6.1 研制和选用消声器，有效降低排气噪声。

6.2 合理选择散热器风扇的技术参数，降低风扇的噪声。

6.3 设置隔声舱，降低除排气噪声外的其他噪声。

7 测量准备

7.1 测量对象

本标准规定对排气系统、冷却系统等电站运行时所产生的综合噪声进行测量。当排气和冷却介质通过管道输送到较远的地方时，它们所产生的噪声并不包括在综合噪声之中；如果还有电站所产生的其他噪声也未包含在测量中，该两种情况均应在表 3 中予以记录。

7.2 测量仪器

测量设备应满足 GB/T 3767—1996 和 GB/T 3768—1996 的有关规定。

7.2.1 用声压级仪表测量

选用声压级仪表的“慢档”加权特性进行测量。如果 A 计权声压数值的偏差在±1 dB 范围之内，则认为噪声值是稳定的，测量结果为最大值和最小值的平均值。如果 A 计权声压数值的偏差大于±1 dB，则认为噪声值是不稳定的，可考虑重测或建议用积分式仪表测量。

7.2.2 用积分式声压级仪表测量

当使用符合 IEC 60804：1985 规定的积分式声压级仪表进行测量时，有必要使积分时间等于测量时间。

7.2.3 校准

声校准器和测量系统应当每年经计量检定合格。

7.2.4 传声器风罩

在室外测量时，建议使用风罩以保证仪器的测量准确度不受风的影响。

7.3 电站放置

电站应置于典型的反射噪声的混凝土或无孔沥青地面上。从电站到与之相邻的反射物之间的距离应不小于电站到测点距离的两倍。

7.4 电站的运行工况

7.4.1 在进行测量时，环境温度和进气温度应不高于 320 K(47 ℃)。

7.4.2 电站在额定电压、额定频率及额定功率因数下以 75%额定功率(此处的额定功率按铭牌上所标功率中较大的计)运行。

7.5 测量环境及精度分级

7.5.1 满足 2 级精度的测量环境

若测量区域在整个反射面上是真正的声学自由场(环境修正系数 $K_{2A} \leqslant 2$ dB)，背景噪声级可以忽略不计(背景噪声修正系数 $K_{1A} \leqslant 1.3$ dB)，满足该条件的测量结果的精度为 2 级。

本标准 2 级精度的噪声测量按下列方式表示：

GB/T 2820.10 噪声测量 2 级精度

7.5.2 满足 3 级精度的测量环境

在许多情况下，测量区域在整个反射面上并非是真正的声学自由场。可测量区域只要是满足环境修正系数 $K_{2A} \leqslant 7$ dB、背景噪声修正系数 $K_{1A} \leqslant 3$ dB 这两个条件，则测量结果的精度就可视为达到了 3 级精度。

本标准 3 级精度的噪声测量按下列方式表示：

GB/T 2820.10 噪声测量 3 级精度

8 声压级的测量

8.1 准则

8.1.1 环境条件对测量传声器有影响时(例如强电、磁场、风、电站空气放电的冲击、高温或低温)，应当适当选择或定位传声器加以避免。测量仪器使用说明书中注明的不利环境条件亦应注意。

8.1.2 传声器应以正确角度对准测量表面，但是在拐角处，传声器应对准基准体的相应角(见图 1)，并保证传声器取向与其校准时声波入射角相同。

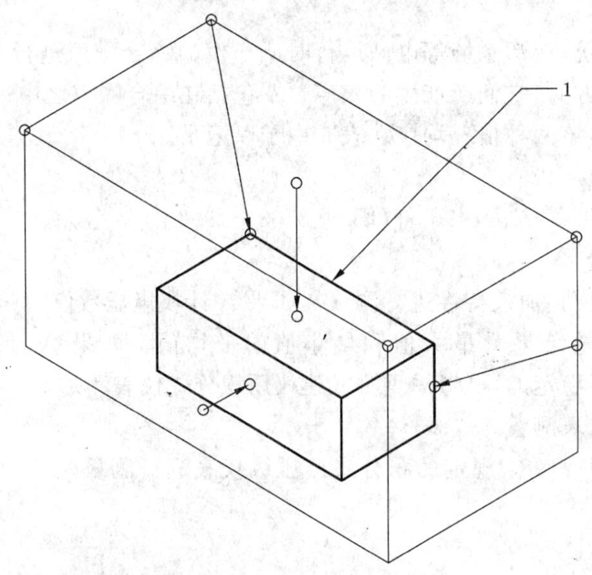

1——基准体。

图 1 传声器的方向(见 GB/T 2820.10—2002 中图 5)

8.1.3 如果条件允许，在测量过程中，为了尽量减少由于人员的存在会对测量的结果产生影响，第一，传声器最好固定安装；第二，测量人员与传声器的距离应保持不小于 1.5 m。

8.1.4 在每个测点处每一次的测量时间应不少于 10 s，在室外测量时，最大风速应不超过 6 m/s。

8.2 测量表面、测量距离和测点数目的确定及布置

8.2.1 测量表面和测量距离

为了确定测点，把电站设定为一个基准体。设定基准体时，从电站凸出但不辐射重要声能量的部件可不予考虑。测点所在的测量表面，是一个面积为 S，包络电站，各边平行于基准体的边，与基准体的距离 d 为 1 m(测量距离)的一个假想表面。此假想表面就是一个矩形平行六面体的表面。矩形平行六面体测量表面上的测点位置见图 2～图 5。根据图 2～图 5，测量表面的面积按公式(1)计算：

$$S = 4(ab + ac + bc) \quad \cdots\cdots(1)$$

图中：l_1、l_2、l_3 分别为基准体(电站)的长、宽、高。

8.2.2 测点的数目及布置

8.2.2.1 原则上测点应沿测量表面等距离布置。测点的数目取决于电站的外形尺寸和噪声场的均匀性。每个测量表面上的测点数目及布置取决于电站的外形尺寸：长(l_1)×宽(l_2)×高(l_3)，见图 2～图 5。建议根据电站实际外形尺寸：长(l_1)×宽(l_2)×高(l_3)，采用图 2～图 5 中的一种进行测量。当电站的外形尺寸：$l_1 \leqslant d$，$l_2 \leqslant d$，$l_3 \leqslant 2d$ 时，可以按图 2 中的 5 个测点(测点 1，2，3，4 和 9)进行测量。确定采用的测量图应予以记录(见表 3)。

8.2.2.2 当按 8.2.2.1 确定的测点测量时，如果在各测点上测得的 A 计权声压级数值的范围(最高和最低声压级的 dB 差)超过测点数目的 2 倍，那么测点的数目及布置应重新确定，原则上按图 2～图 5 依次递进。

8.2.2.3 2 级精度和 3 级精度的测点布置不应有区别。

8.2.2.4 在布置进气口和排气口附近的测点时，不应使传声器正对气流。

注：为了安全起见，电站顶部的测点可以省略。并在相应的产品技术条件或规范中加以明确。

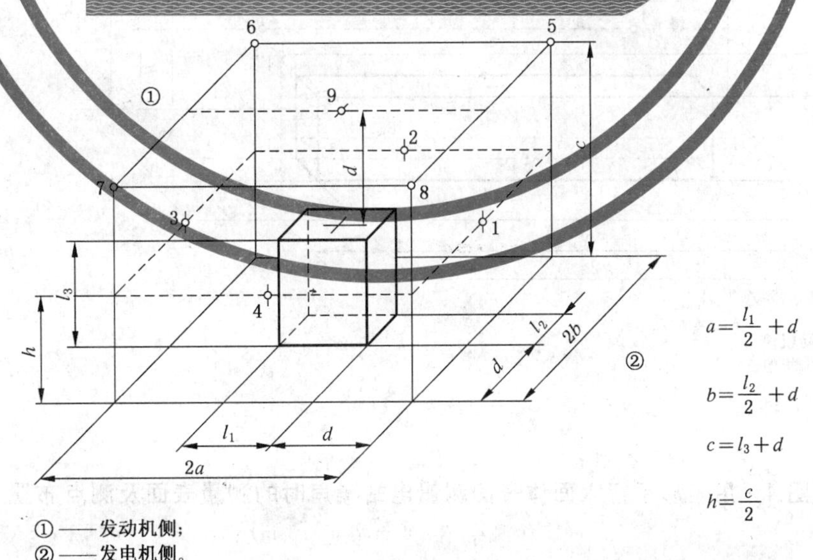

①——发动机侧；
②——发电机侧。

图 2 用矩形平行六面体表面测量电站噪声时的测量表面及测点布置

(9 个测点：$l_1<2$ m，$l_2<2$ m，$l_3<2.5$ m)

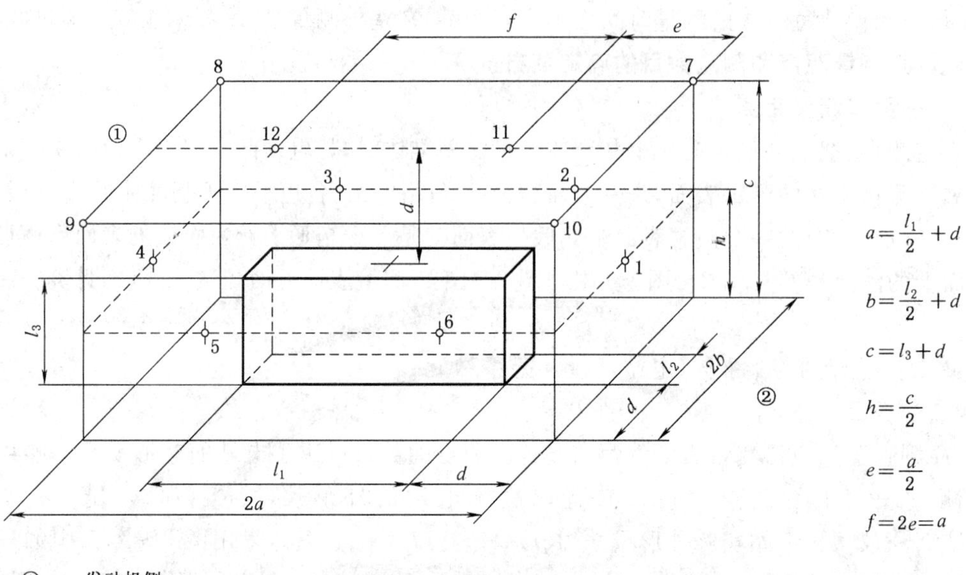

①——发动机侧；
②——发电机侧。

图 3　用矩形平行六面体表面测量电站噪声时的测量表面及测点布置

（12 个测点：2 m＜l_2＜4 m，l_3＜2.5 m）

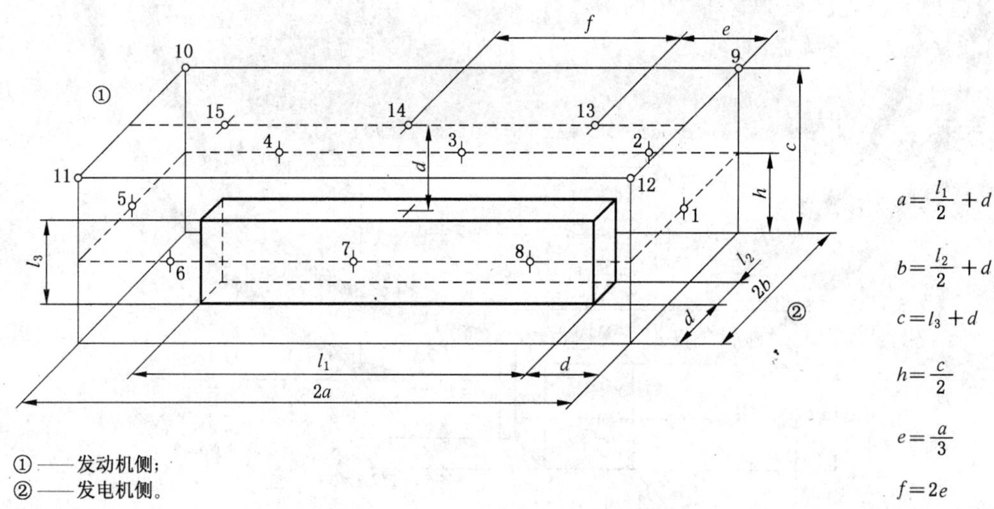

①——发动机侧；
②——发电机侧。

图 4　用矩形平行六面体表面测量电站噪声时的测量表面及测点布置

（15 个测点：l_1＞4 m，l_3≤2.5 m）

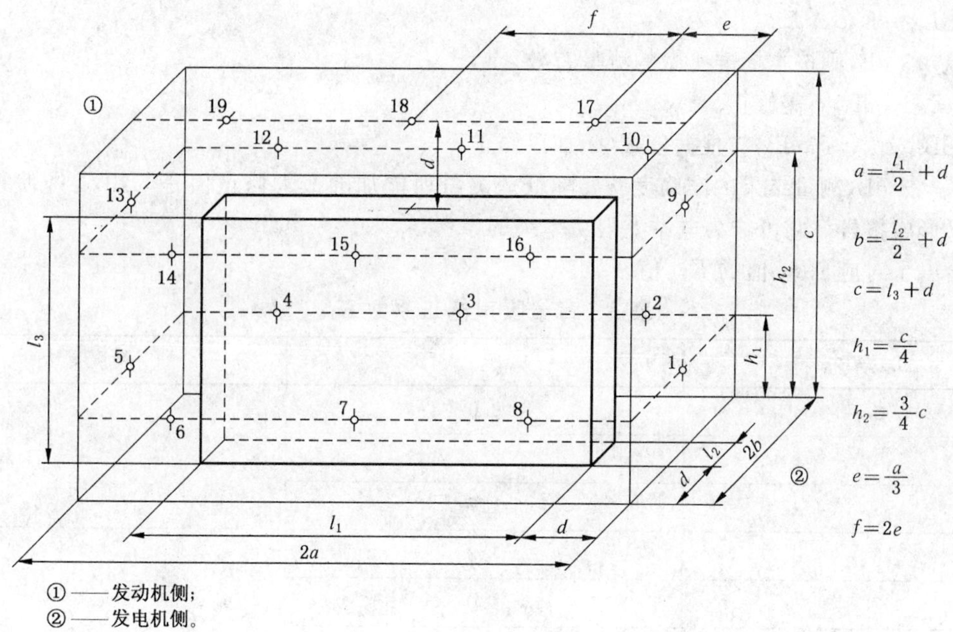

图 5　用矩形平行六面体表面测量电站噪声时的测量表面及测点布置

（19 个测点：$l_1>4$ m 和/或 $l_3>2.5$ m）

8.3　测量背景噪声

在电站未运行之前，按照确定的测量图在各测点对背景噪声的 A 计权声压级 L''_{pAi}(dB)进行测量，记录按表 3。

8.4　测量电站噪声

在电站稳定运行期间，按照确定的测量图，对每个测点的 A 计权声压级 L'_{pAi}(dB)进行 3 次测量，记录按表 3。

注 1：对每个点进行 3 次测量，是指对所有测点测量完一次后，再依次进行剩余两次的测量。

注 2：每个点每两次之间测量的结果之差应不大于 2 dB，否则重测。

9　A 计权表面声压级的计算

9.1　测量表面平均 A 计权声压级的计算

电站测量表面的平均 A 计权声压级$\overline{L'}_{pA}$(dB)和测量表面的平均背景噪声 A 计权声压级$\overline{L''}_{pA}$(dB)分别用公式(2)和公式(3)计算：

$$\overline{L'}_{pA}(\mathrm{dB}) = 10\ \lg\left[\frac{1}{n}\sum_{i=1}^{n}10^{0.1L'_{pAi}}\right] \qquad \cdots\cdots(2)$$

$$\overline{L''}_{pA}(\mathrm{dB}) = 10\ \lg\left[\frac{1}{n}\sum_{i=1}^{n}10^{0.1L''_{pAi}}\right] \qquad \cdots\cdots(3)$$

将计算结果记录于表 3。

注：公式(2)和公式(3)的平均方法基于测量表面上测点均匀分布这一前提。

9.2　背景噪声修正

修正值 K_{1A}用公式(4)计算：

$$K_{1A} = -10\ \lg(1-10^{-0.1\Delta L_A}) \qquad \cdots\cdots(4)$$

式中：$\Delta L_A = \overline{L'}_{pA} - \overline{L''}_{pA}$，

当 $\Delta L_A \geqslant 3$ dB，则按本标准所做的测量有效。

若 $\Delta L_A > 10$ dB，不需修正。

若 10 dB$< \Delta L_A \leqslant 3$ dB，应根据公式(4)加以修正。

若 $\Delta L_A < 3$ dB，测量结果的准确度就要降低。测量所能加的最大修正值是 3 dB。即使这样，测量结果也可以形成报告。它可作为电站上限功率级的参考。

表 2 给出了对应 ΔL_A 值的 K_{1A}值。

表 2　背景噪声修正系数 K_{1A}

ΔL_A/dB	K_{1A}	精度等级
3	3.0	2
4	2.2	
5	1.7	
6	1.3	3
7	1.0	
8	0.7	
9	0.6	
10	0.5	
>10	0.0	

将计算结果记录于表 3。

9.3　测试环境修正

环境修正 K_{2A}按附录 A 给出的方法之一测定，并按表 3 记录。当 $K_{2A} \leqslant 7$ dB 时，则按本标准所做的测量有效。

9.4　表面平均 A 计权声压级$\overline{L}_{pA}$(dB)的计算

在考虑了背景噪声修正和测试环境修正后，表面平均 A 计权声压级$\overline{L}_{pA}$(dB)按公式(5)计算：

$$\overline{L}_{pA} = \overline{L'}_{pA} - K_{1A} - K_{2A} \quad \cdots\cdots(5)$$

将计算结果记录于表 3。

10　评价和考核

所测结果应满足按表 1 确定的电站噪声的限值。并根据 K_{1A}和 K_{2A}，按 7.5 对测量结果$\overline{L}_{pA}$进行精度等级确定，在表 3 中予以记录。

11　其他

11.1　本标准测量电站噪声的方法是针对 A 计权声压级，并且允许直接从测得的 A 计权声压级确定 A 计权声功率级。必要时，如果需要测量电站的倍频程或三分之一倍频程声压级，首先经用户和制造厂协商同意，再按本标准及 GB/T 2820.10—2002、GB/T 3767—1996 和 GB/T 3768—1996 的相应规定，在要求的频率范围内，在每个测点处测量电站的倍频程或三分之一倍频程声压级。倍频程或三分之一倍频程声压级的中心频率应为 63 Hz～8 000 Hz。必要时，还应对更低的频率进行测量，确保有效的低频部分也包括在内。

11.2　特殊情况下，如果不能按 2 级精度测量，而又认为 3 级精度比较低，可又需要提高测量结果的精度，那么经用户和制造厂协商同意后，按 ISO 9614-1:1993 和 ISO 9614-2:1996 规定的声强测量法测量电站噪声，以提高测量精度。

11.3　测量方法的精度和测量结果的不确定度的规定按 GB/T 2820.10—2002 中第 15 章。

11.4　涉及与本标准相关的测量记录的项目和内容按 GB/T 2820.10—2002 中第 16 章。

11.5　涉及与本标准相关的测量报告的内容按 GB/T 2820.10—2002 中第 17 章。

表 3　测量电站噪声的平均 A 计权声压级

测试仪器(型号及编号)________　消声措施________　电站型号________

□室内测量　□室外测量　风速______m/s　发动机转速______r/min

环境温度______℃　相对湿度______%　大气压力______kPa

测量人员________　测量地点________　测量日期________

背景噪声修正系数 K_{1A}:______

环境修正系数 K_{2A}:______

精度等级:GB/T 2820.10—2002　噪声测量______级精度

未包含的噪声:□发动机表面　□发电机表面　□进气　□排气　□发动机冷却系统　□发电机风扇　□底架　□机械连接　□其他

□隔室操作间　操作间内的 A 计权声压级:______dB

电站运行参数:电压:______V　频率:______Hz　功率:______kW　功率因数:______

测点	L''_{pAi}/dB(A)	$\overline{L''}_{pA}$/dB(A)	L'_{pAi}/dB(A) 第 1 次	第 2 次	第 3 次	平均	$\overline{L'}_{pA}$/dB(A)	$\overline{L}_{pA}$/dB(A)
1								
2								
3								
4								
5								
6								
7								
8								
9								
10								
11								
12								
13								
14								
15								
16								
17								
18								
19								

测量图:

附　录　A
（规范性附录）
声学环境鉴定方法

A.1　总则

如果能满足本附录规定的要求，则室外或普通房间可作为合适的测试环境。除反射面外，其他反射体应尽量远离被测机器。测试场所应能提供这样一个测量表面，它位于：

a）几乎不受附近物体和房间边界（墙、地板、天花板等）反射干扰的声场内；

b）被测声源的近场之外。

如果到被测声源的测量距离等于或大于 0.15 m，就简易法而言，则认为测量表面位于近场区域之外。

对室外测量，应满足 A.2 规定的条件。对室内测量，要按 A.3 规定的两种鉴定方法之一判定，否则测量不符合本标准的要求。

注：也可用 GB/T 3767—1996 中两种环境鉴定方法替代本附录。

A.2　环境条件

A.2.1　反射平面的类型

室外测量允许使用的反射面包括坚实的土地面、混凝土或沥青地面；室内测量反射面通常是地板。必须保证反射面不会由于振动而有明显的声辐射。

A.2.1.1　形状和尺寸

反射面应大于测量表面在其上的投影。

A.2.1.2　吸声系数

反射平面的吸声系数在所测试的频率范围内应小于 0.1。室外测量，混凝土、沥青或砂石地面可满足要求。吸声系数较高的反射面，如草地或雪地，则测量距离不应大于 1 m。室内测量允许使用木地板或砖地板。

A.2.2　反射体

凡不属于被测声源的反射体，均应在测量表面之外。

A.2.3　室外测量注意事项

测量期间应避免不利的气象条件的影响。例如：温度梯度、风速梯度、降雨和高湿。

任何时候，都应当遵守仪器使用说明书给出的注意事项。

A.3　测试场所的鉴定方法

A.3.1　使用标准声源的测试方法

环境修正 K_{2A} 可根据标准声源测得的声功率得到（见 GB/T 4129—1995），该标准声源需预先在一个反射面上方的自由场中校准。K_{2A} 由公式（A.1）给出：

$$K_{2A} = L'_{WAr} - L_{WAr} \qquad \text{(A.1)}$$

式中：

L'_{WAr}——按第 7 章和第 8 章对标准声源进行测定但不需环境修正（按公式（5）计算时，令 $K_{2A}=0$）的 A 计权声功率级；

L_{WAr}——标准声源校准的 A 计权声功率级。

注：有关标准声源在测试环境中定位的原则，参看 GB/T 3767—1996 附录 A。

A.3.2 其他方法

9.4 中公式(5)的环境修正 K_{2A}，来自于房间边界(墙、地板、天花板)或被测声源附近反射物反射的影响。其大小主要由测量表面面积 S 和测试房间吸声面积 A 之比决定，与声源在测试房间内所处的位置没有重要关系。

在本标准中，环境修正值 K_{2A} 由公式(A.2)给出：

$$K_{2A}(\mathrm{dB}) = 10\lg[1 + 4(S/A)] \qquad \cdots\cdots(\mathrm{A.2})$$

式中：

A——1 kHz 频率上房间的等效吸声面积，单位为平方米(m^2)。

环境修正作为 A/S 的函数如图 A.1 所示。

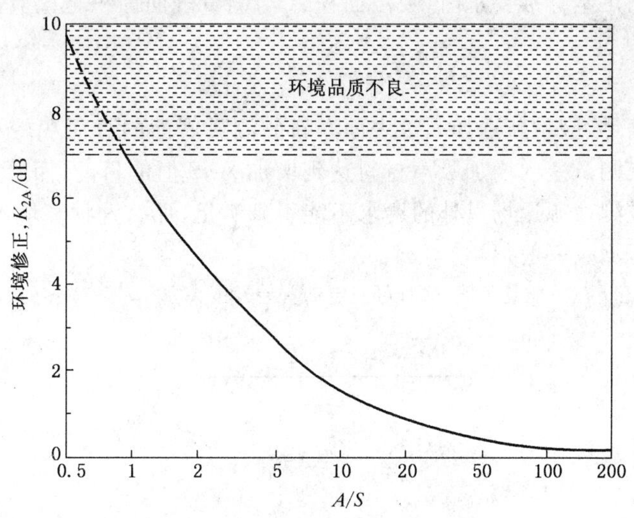

图 A.1 环境修正 K_{2A}

A.3.2.1 和 A.3.2.2 给出了两种确定测试房间吸声量的方法。

A.3.2.1 近似法

房间表面的平均吸声系数按表 A.1 估算。A 的值(m^2)由公式(A.3)给出：

$$A = \alpha \cdot S_{\mathrm{v}} \qquad \cdots\cdots(\mathrm{A.3})$$

式中：

α——表 A.1 给出的 A 计权平均吸声系数；

S_{v}——测试房间边界总面积(墙、天花板、地板)，单位为平方米(m^2)。

表 A.1 平均吸声系数 α 的近似值

平均吸声系数 α	房 间 特 征
0.05	房间几乎全空，墙壁平滑坚硬，材料为混凝土、砖、灰泥面或瓷砖贴面
0.1	房间部分空，墙壁平滑
0.15	带家具的房间；矩形机器间；矩形工业厂房
0.2	带家具的不规则形状的房间，不规则形状的机器间或工业厂房
0.25	带装饰性家具的房间，天花板或墙面装有少量吸声材料的机器间或工业厂房(例如局部吸声的天花板)
0.35	房间的天花板和墙壁均装有吸声材料
0.5	房间的天花板和墙壁装有大量的吸声材料

A.3.2.2 混响法

本方法需要测量房间的混响时间以确定吸声量。混响时间测量使用宽带噪声或接收系统中带有A计权的脉冲声作为激励信号。A的值(m^2)由公式(A.4)给出：

$$A = 0.16(V/T) \quad \cdots\cdots(A.4)$$

式中：

V——测试房间的体积，单位为立方米(m^3)；

T——测试房间的混响时间，单位为秒(s)。

注：对于直接从A计权测量确定K_{2A}，建议使用中心频率1 kHz的频带混响时间。

A.3.3 测试房间的鉴定要求

测试室中测量表面满足本标准要求时，吸声面积A与测量表面面积之比应当大于1，即：

$$A/S \geqslant 1 \quad \cdots\cdots(A.5)$$

A/S越大越好。

如果上述要求不能满足，应重新选择测量表面。新的测量表面的总面积较小但仍应位于近场以外(见A.1)。也可以利用在测试室内增加吸声材料达到增加A/S值的目的，而后重新测定A/S。

如果测量表面位于被测声源近场以外的要求不能得到满足，那么这种环境不能用于本标准的测量。室外测试场所的环境修正K_{2A}一般很小。

注：某些情况下环境修正K_{2A}可能是负值，这时可假定$K_{2A}=0$。

ICS 27.020;29.160.40
K 52

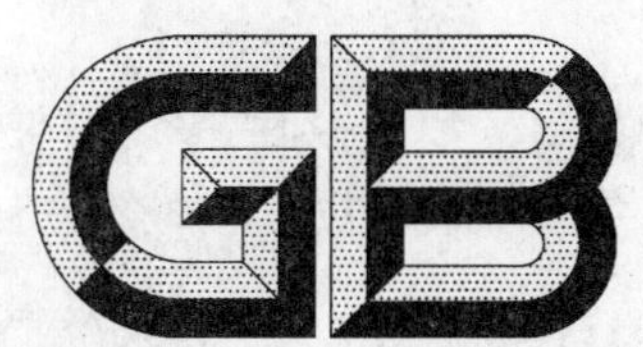

中华人民共和国国家标准

GB/T 21426—2008

特殊环境条件 高原对内燃机电站的要求

Special environmental condition—Requirements for electric powerplant with internal combustion engines on plateau

2008-01-22 发布　　2008-09-01 实施

中华人民共和国国家质量监督检验检疫总局
中国国家标准化管理委员会　发布

前　言

本标准是为适应我国西部大开发的形势而制定的第一个高原型内燃机电站标准。针对高原特殊环境条件，提出高原型内燃机电站的环境条件、性能要求、应采取的技术措施和检验认证原则。为用户选型提供依据。

本标准的附录A为资料性附录。

本标准由中国电器工业协会提出。

本标准由中国电器工业协会归口。

本标准由兰州电源车辆研究所和西宁高原工程机械研究所负责起草。

本标准主要起草人：张洪战、张聚波、王丰玉、冯辉生。

特殊环境条件
高原对内燃机电站的要求

1 范围

本标准规定了在海拔 2 000 m 以上高原地区使用的高原型内燃机电站的环境条件、性能要求、应采取的技术措施和检验认证原则。

本标准适用于各类(工频(50 Hz)、中频(400 Hz)、双频(50/400 Hz)、直流)内燃机电站。

2 规范性引用文件

下列文件中的条款通过本标准的引用而成为本标准的条款。凡是注日期的引用文件，其随后所有的修改单(不包括勘误的内容)或修订版均不适用于本标准，然而，鼓励根据本标准达成协议的各方研究是否可使用这些文件的最新版本。凡是不注日期的引用文件，其最新版本适用于本标准。

GB/T 2819—1995 移动电站通用技术条件

GB/T 2820.5—1997 往复式内燃机驱动的交流发电机组 第 5 部分：发电机组(eqv ISO 8528-5:1993)

GB/T 2820.9—2002 往复式内燃机驱动的交流发电机组 第 9 部分：机械振动的测量和评价(ISO 8528-9:1997,MOD)

GB/T 13306 标牌

GJB 674A—1999 军用直流移动电站通用规范

GJB 1910—1994 飞机地面电源车通用规范

JB/T 6776—1993 工频汽油发电机组额定功率、电压及转速

JB/T 7605—1994 移动电站额定功率、电压及转速

JB/T 8186—1999 工频柴油发电机组额定功率、电压及转速

JB/T 8194—2001 内燃机电站名词术语

JB 8587—1997 内燃机电站安全要求

JB/T 9583.1—1999 气体燃料发电机组通用技术条件

JB/T 9583.2—1999 气体燃料发电机组额定功率、电压及转速

ISO 8528-1 往复式内燃机驱动的交流发电机组 第 1 部分：用途、定额和性能

3 术语和定义

本标准使用了下列术语和 JB/T 8194—2001 中的有关术语。

3.1

高原型内燃机电站 electric power plant with internal combustion engine on plateau

满足本标准要求，可在海拔 2 000 m 以上高原地区正常可靠运行的内燃机电站。

3.2

标准基准环境条件 standard reference conditions

按 ISO 8528-1 规定。

4 要求

4.1 总则

4.1.1 高原型内燃机电站(以下简称电站)的额定参数(额定功率、额定电压、额定电流、额定频率、额定转速、相数、额定功率因数等)及基本性能应符合相关标准的规定。在此基础上对产品的设计和结构进行必要的改进和调整,以满足高原地区的使用要求。

4.1.2 电站应符合本标准的规定,并经过规定的检验认证。

4.2 环境条件

4.2.1 输出规定功率的条件

电站在下列环境条件下应能输出规定功率并可靠工作:

a) 海拔高度不小于 2 000 m,环境温度 35℃、相对湿度 60%;

b) 海拔高度不小于 3 000 m,环境温度 30℃、相对湿度 60%;

c) 海拔高度不小于 4 000 m,环境温度 25℃、相对湿度 30%。

4.2.2 环境温度限值

下限值:—40℃、—25℃、—10℃、5℃;

上限值:35℃。

4.3 参数

电站的额定功率、额定电压、额定电流、额定频率、额定转速、相数、额定功率因数(仅对交流电站)应符合下列规定:

a) 工频柴油发电机组按 JB/T 8186—1999;

b) 移动电站按 JB/T 7605—1994;

c) 气体燃料发电机组按 JB/T 9583.2—1999;

d) 直流电站按 GJB 674A—1999;

e) 工频汽油发电机组按 JB/T 6776—1993;

f) 三相交流电站的功率因数为 0.8(滞后),单相电站的功率因数为 0.9(滞后/超前)和 1.0。

4.4 额定功率种类及标定

电站的额定功率应为 ISO 8528-1 所规定的下列几种或其中一种:

a) 持续功率(COP);

b) 基本功率(PRP);

c) 限时运行功率(LTP);

d) 应急备用功率(ESP)。

电站的额定功率应在 ISO 8528-1 规定的标准基准条件下或本标准规定的其他条件进行标定。

4.5 结构和设计

4.5.1 电站的燃油系统、润滑系统、电气系统和相关运动(传动)系统应有防尘措施,有效防止沙尘的进入。

4.5.2 电站的电气间隙、爬电距离和绝缘性能应符合 JB 8587—1997 的规定。

4.5.3 增压

4.5.3.1 电站应采用适用于高原环境的增压型内燃机。

4.5.3.2 额定功率大于 75 kW、增压比大于 2 的电站应有中冷器。

4.5.4 冷却系统

4.5.4.1 应根据使用地区的具体环境特点,适当增大电站冷却系统的风扇直径、增加散热面积。

4.5.4.2 应根据海拔高度选择开阀压力为 50 kPa 或 70 kPa 的水散热器阀。

4.5.4.3 电站应合理配备下列低温启动措施,保证电站在高原地区的低温启动性能满足相关标准要求：

a) 启动液喷注；

b) 预热启动装置；

c) 电热塞；

d) 使用低温润滑油、低温启动蓄电池、大功率启动电机。

4.5.5 改进进气系统，增设粗滤装置，增大滤芯面积，降低进气阻力。空气滤清器的保养周期应不小于50 h。

4.5.6 电气系统应有可靠的防击穿和灭弧措施。

4.6 机械稳定性

4.6.1 小功率电站放置在沿任一方向倾斜15°的斜面上后，电站不得倾翻或溢出燃油。带有盖板和门的电站，应在盖板和门分别处于开启和关闭两种状态下进行试验。

4.6.2 小功率电站放置在倾斜4°的粗糙混凝土斜面上的4个不同位置，各个位置绕垂直轴线依次间隔90°。电站在空载和规定功率下运行30 min后，其位置变化量应不超过10 mm。

4.7 机械安全性

4.7.1 电站及其附件应无锐边、尖角、毛刺等在正常使用时会对人员造成伤害的缺陷。

4.7.2 运动件的布置及防护应确保正常使用时不会对人员造成伤害。防护罩、防护屏等应有足够的强度，且只有用工具才能拆除。

4.8 对高温件的防护

4.8.1 在15℃～30℃的环境温度下，电站上所有操作控制装置及其邻近的任何部件的温升应不超过：

——30℃(30 K) 金属表面；

——60℃(60 K) 低导热率表面。

4.8.2 防护架上的零部件(4.8.1规定的除外)的温度应不超过90℃。此规定不适用于安装在防护架轮廓线以内的零部件。

4.8.3 温度可高达150℃以上的零部件，不得凸出防护架轮廓进入人员操作区域。

4.8.4 可能引起烫伤的零部件应做出标志或进行防护。

4.9 启动要求

4.9.1 常温启动

电站在常温下：柴油电站不低于5℃，增压柴油电站不低于10℃，汽油电站不低于－10℃时经3次启动应能成功。

4.9.2 低温启动

电站应有低温启动措施；在环境温度为－40℃或－25℃时，额定功率不大于250 kW的柴油电站应能在30 min、汽油电站应能在20 min内顺利启动，且均能在启动成功后3 min内带规定负载工作。功率大于250 kW的电站在低温下的启动时间和可带规定负载的时间由产品技术条件规定。

4.10 温升

电站各部件温度或温升应符合各自产品规范的规定，允许汽车电站和挂车电站的发电机各绕组的稳定工作温度或温升超过本身规范规定值5℃。

4.11 振动

当按GB/T 2820.9—2002规定的方法进行测量时，电站的各振动参量一般参考表1所列数值进行考核。

4.12 噪声

电站应有抑制噪声的措施，使距电站外限轮廓1 m处的平均声压级不超过下列数值：

——非低噪声电站：102、96、90、85 dB(A)；

——对低噪声电站：83、78、73、68、65 dB(A)。

电站应满足的具体噪声指标按产品类型和使用场所的不同在产品技术条件和协议中规定。电站其他部位的噪声按 GB/T 2819—1995 的规定。

4.13 绝缘系统

三相移动电站采用中性点绝缘系统，应有绝缘监视装置。应有良好的接地装置，其接地电阻应不大于 50 Ω。

表 1

内燃机的额定转速 n/(r/min)	电站额定功率 P/kW	振动位移有效值/mm			振动速度有效值/(mm/s)			振动加速度有效值/(m/s^2)		
		内燃机	发电机		内燃机	发电机		内燃机	发电机	
			数值1	数值2		数值1	数值2		数值1	数值2
2 000≤n≤3 600	P≤12（单缸机）	—	1.11	1.27	—	70	80	—	44	50
	P≤40	—	0.8	0.95	—	50	60	—	31	38
	P>40	—	0.64	0.8	—	40	50	—	25	31
1 300≤n<2 000	P≤8	—	—	—	—	—	—	—	—	—
	8<P≤40	—	0.64	—	—	40	—	—	25	—
	40<P≤100	—	0.4	0.48	—	25	30	—	16	19
	100<P≤200	0.72	0.4	0.48	45	25	30	28	16	19
	P>200	0.72	0.32	0.45	45	20	28	28	13	18
720<n<1 300	200≤P≤1 000	0.72	0.32	0.39	45	20	24	28	13	15
	P>1 000	0.72	0.29	0.35	45	18	22	28	11	14
n≤720	P>1 000	0.72	0.24 (0.16)	0.32 (0.24)	45	15 (10)	20 (15)	28	9.5 (6.5)	13 (9.5)

注 1：额定功率大于 100 kW 的电站，其内燃机的振动位移有确定的数值，而额定功率小于 100 kW 的电站无代表性数值。

注 2：括号内的数值适用于安装在混凝土基础上的电站。

4.14 绝缘电阻

各独立电器回路对地及回路间的绝缘电阻应不低于表 2 规定，冷态绝缘电阻只供参考，不作考核。

4.15 耐电压

电站各独立电器回路对地及回路间应能承受试验电压数值为表 3 规定、频率为 50 Hz、波形尽可能为实际正弦波、历时 1 min 的绝缘介电强度试验而无击穿或闪络现象。

表 2

单位为兆欧

条件		回路额定电压/V			
		交流电站			直流电站
		≤230	400	630	≤100
冷态绝缘电阻	环境温度为15℃～35℃，空气相对湿度为45%～75%	2	2	按产品技术条件规定	1
	环境温度为25℃，空气相对湿度为95%	0.3	0.4	6.3	0.3
热态绝缘电阻		0.3	0.4	6.3	0.3

表 3

单位为伏

部位	电站类别	回路额定电压	试验电压
一次回路对地、一次回路对二次回路	交流电站	>100	(1 000＋2倍额定电压)×0.8，最低1 200
	直流电站	>36	1 125
		≤36	500
二次回路对地	交流电站	<100	750
	直流电站	>36	750
		≤36	500

4.16 电气指标

4.16.1 交流电站的主要电气指标应满足表4的规定。

表 4

序号	参数或项目		单位	指标值			
				*G*1	*G*2	*G*3	*G*4
1	频率降		%	≤8	≤5	≤3	AMC[a]
2	稳态频率带		%	≤2.5	≤1.5[b]	≤0.5	AMC
3	相对的频率整定下降范围		%	≥2.5＋频率降			AMC
4	相对的频率整定上升范围		%	≥2.5[c]			AMC
5	频率整定变化速率		%/s	0.2～1			AMC
6	（对初始频率的）瞬态频率偏差	100%突减功率	%	≤＋18	≤＋12	≤＋10	AMC
		突加功率[d,e]		≥－(15＋频率降)[d]	≥－(10＋频率降)[d]	≥－(7＋频率降)[d]	
7	（对额定频率的）瞬态频率偏差	100%突减功率	%	≤＋18	≤＋12	≤＋10	AMC
		突加功率[d,e]		≥－15[d] ≥－25[e]	≥－10[d] ≥－20[e]	≥－7[d] ≥－15[e]	
8	频率恢复时间	负载增加	s	≤10[f]	≤5[f]	≤3[f]	AMC
		负载减少		≤10[d]	≤5[d]	≤3[d]	
9	相对的频率容差带		%	3.5	2	2	AMC

表 4(续)

<table>
<tr><th rowspan="2">序号</th><th rowspan="2" colspan="2">参数或项目</th><th rowspan="2">单位</th><th colspan="4">指标值</th></tr>
<tr><th>G1</th><th>G2</th><th>G3</th><th>G4</th></tr>
<tr><td>10</td><td colspan="2">稳态电压偏差</td><td>%</td><td>≤±5
≤±10[g]</td><td>≤±2.5
≤±1</td><td>≤±1</td><td>AMC</td></tr>
<tr><td>11</td><td colspan="2">相对的电压整定范围</td><td>%</td><td>±5</td><td>±5</td><td>±5</td><td>AMC</td></tr>
<tr><td>12</td><td colspan="2">电压整定变化速率</td><td>%/s</td><td>0.2～1</td><td>0.2～1</td><td>0.2～1</td><td>AMC</td></tr>
<tr><td rowspan="2">13</td><td rowspan="2">瞬态电压偏差</td><td>100%突减功率</td><td rowspan="2">%</td><td>≤+35</td><td>≤+25</td><td>≤+20</td><td rowspan="2">AMC</td></tr>
<tr><td>突加功率[d,e]</td><td>≥−25[d]</td><td>≥−20[d]</td><td>≥−15[d]</td></tr>
<tr><td rowspan="2">14</td><td rowspan="2">电压恢复时间</td><td>负载增加</td><td rowspan="2">s</td><td rowspan="2">≤10
≤10[d]</td><td rowspan="2">≤6
≤6[d]</td><td rowspan="2">≤4
≤4[d]</td><td rowspan="2">AMC</td></tr>
<tr><td>负载减少</td></tr>
<tr><td>15</td><td colspan="2">电压调制</td><td>%</td><td>AMC</td><td>0.3</td><td>0.3</td><td>AMC</td></tr>
<tr><td rowspan="2">16</td><td rowspan="2">有功功率分配</td><td>80%和100%标定功率之间</td><td rowspan="2">%</td><td rowspan="2">——</td><td>≤±5</td><td>≤±5</td><td rowspan="2">AMC</td></tr>
<tr><td>20%和80%标定功率之间</td><td>≤±10</td><td>≤±10</td></tr>
<tr><td>17</td><td>无功功率分配</td><td>20%和100%标定功率之间</td><td>%</td><td>——</td><td>≤±10</td><td>≤±10</td><td>AMC</td></tr>
<tr><td colspan="8">a AMC 为按制造厂和用户之间的协议。
b 使用单缸机和两缸机时该值可为 2.5。
c 当不需并联时,转速和电压的整定不变是允许的。
d 对涡轮增压电站,这些数据适用于按 GB/T 2820.5—1997 中图 6 和图 7 增加最大功率。
e 对火花点火气体发动机。
f 该值仅是当卸去 100%负载时的常用值。
g 对于不大于 10 kVA 的小型电站。</td></tr>
</table>

4.16.2 直流电站的性能指标应满足 GJB 674A—1999 的规定。

4.16.3 气体燃料发电机组的性能指标应满足 JB/T 9583.1—1999 的规定。

4.16.4 双频电站的性能指标应满足 GJB 1910—1994 的规定。

4.16.5 电站在高原环境使用时允许变化的指标应满足表 5 规定。

表 5

海拔高度	2 000 m	3 000 m	4 000 m	5 000 m
标定功率下降	≤3%	≤6%	≤10%	≤12%
燃油消耗率上升	≤2%	≤4%	≤6%	≤8%

5 检验和认证

5.1 基本原则

由国家有关部门对电站在高原环境条件下的主要性能指标进行全面综合评价和认证,为用户选型提供依据。

5.2 主要测量参数

测量的主要参数有：功率、电压、电流、功率因数、绝缘电阻、噪声、振幅、油耗、环境状态参数、温升等。

6 标志、包装和贮运

6.1 电站的标牌应固定在明显位置，其尺寸和要求按 GB/T 13306 的规定。

6.2 电站的标牌应包括下列内容：

a) 本标准的编号；

b) 制造厂名；

c) 产品型号；

d) 产品编号；

e) 制造和出厂日期；

f) 相数；

g) 额定功率：按 ISO 8528-1 中的有关内容加词头 COP、PRP 、LTP 或 ESP；

h) 额定频率；

i) 额定电压；

j) 额定电流；

k) 额定功率因数；

l) 海拔高度；

m) 最高环境温度；

n) 质量；

o) 外形尺寸。

6.3 电站及其备附件在包装前，凡未经涂敷的裸露金属，应采取临时防锈措施。

6.4 电站的包装应能防雨，牢固可靠，有明显、正确、不易脱落的识别标志。

附 录 A
（资料性附录）
随海拔高度变化的有关参数

A.1 表 A.1 给出了海拔高度与大气压力、最高环境温度、水的沸点的对应关系。

表 A.1

海拔高度/m	0	2 000	3 000	4 000	5 000
大气压力/kPa	101.3	79.4	70.1	61.6	54.0
最高环境温度/℃	—	35	30	25	20
水的沸点/℃	100	93.8	91.2	88.6	86.7

A.2 表 A.2 给出了海拔高度、总气压、水蒸气分压及干空气分压比等参数。

表 A.2

海拔高度/m	总气压/kPa	干空气分压比													
		水蒸气分压/kPa													
		0	1	2	3	4	5	6	7	8	9	10	11	12	13
0	101.3	1.02	1.01	1.00	0.99	0.98	0.97	0.96	0.95	0.94	0.93	0.92	0.91	0.90	0.89
100	100.0	1.01	1.00	0.98	0.97	0.96	0.95	0.94	0.93	0.92	0.91	0.90	0.89	0.88	0.87
200	98.9	0.99	0.98	0.97	0.96	0.95	0.94	0.93	0.92	0.91	0.90	0.89	0.88	0.87	0.86
400	96.7	0.97	0.96	0.95	0.94	0.93	0.92	0.91	0.90	0.89	0.88	0.87	0.86	0.85	0.84
600	94.4	0.95	0.94	0.93	0.92	0.91	0.90	0.89	0.88	0.87	0.86	0.85	0.84	0.83	0.82
800	92.1	0.93	0.92	0.91	0.90	0.88	0.87	0.86	0.85	0.84	0.83	0.82	0.81	0.80	0.79
1 000	89.9	0.90	0.89	0.88	0.87	0.86	0.85	0.84	0.83	0.82	0.81	0.80	0.79	0.78	0.77
1 200	87.7	0.88	0.87	0.86	0.85	0.84	0.83	0.82	0.81	0.80	0.79	0.78	0.77	0.76	0.75
1 400	85.6	0.86	0.85	0.84	0.83	0.82	0.81	0.80	0.79	0.78	0.77	0.76	0.75	0.74	0.73
1 600	83.5	0.84	0.83	0.82	0.81	0.80	0.79	0.78	0.77	0.76	0.75	0.74	0.73	0.72	0.71
1 800	81.5	0.82	0.81	0.80	0.79	0.78	0.77	0.76	0.75	0.74	0.73	0.72	0.71	0.70	0.69
2 000	79.5	0.80	0.79	0.78	0.77	0.76	0.75	0.74	0.73	0.72	0.71	0.70	0.69	0.68	0.67
2 200	77.6	0.78	0.77	0.76	0.75	0.74	0.73	0.72	0.71	0.70	0.69	0.68	0.67	0.66	0.65
2 400	75.6	0.76	0.75	0.74	0.73	0.72	0.71	0.70	0.69	0.68	0.67	0.66	0.65	0.64	0.63
2 600	73.7	0.74	0.73	0.72	0.71	0.70	0.69	0.68	0.67	0.66	0.65	0.64	0.63	0.62	0.61
2 800	71.9	0.72	0.71	0.70	0.69	0.68	0.67	0.66	0.65	0.64	0.63	0.62	0.61	0.60	0.59
3 000	70.1	0.70	0.69	0.68	0.67	0.66	0.65	0.64	0.63	0.62	0.61	0.60	0.59	0.58	0.57
3 200	68.4	0.69	0.68	0.67	0.66	0.65	0.64	0.63	0.62	0.61	0.60	0.58	0.57	0.56	0.55
3 400	66.7	0.67	0.66	0.65	0.64	0.63	0.62	0.61	0.60	0.59	0.58	0.57	0.56	0.55	0.54
3 600	64.9	0.65	0.64	0.63	0.62	0.61	0.60	0.59	0.58	0.57	0.56	0.55	0.54	0.53	0.52
3 800	63.2	0.63	0.62	0.61	0.60	0.59	0.58	0.57	0.56	0.55	0.54	0.53	0.52	0.51	0.50
4 000	61.5	0.62	0.61	0.60	0.59	0.58	0.57	0.56	0.55	0.54	0.53	0.52	0.51	0.50	0.48
4 200	60.1	0.60	0.59	0.58	0.57	0.56	0.55	0.54	0.53	0.52	0.51	0.50	0.49	0.48	0.47
4 400	58.5	0.59	0.58	0.57	0.56	0.55	0.54	0.53	0.52	0.51	0.50	0.48	0.47	0.46	0.45
4 600	56.9	0.57	0.56	0.55	0.54	0.53	0.52	0.51	0.50	0.49	0.48	0.47	0.46	0.45	0.44
4 800	55.3	0.55	0.54	0.53	0.52	0.51	0.50	0.49	0.48	0.47	0.46	0.45	0.44	0.43	0.42
5 000	54.1	0.54	0.53	0.52	0.51	0.50	0.49	0.48	0.47	0.46	0.45	0.44	0.43	0.42	0.41

ICS 27.020;27.100
K 52

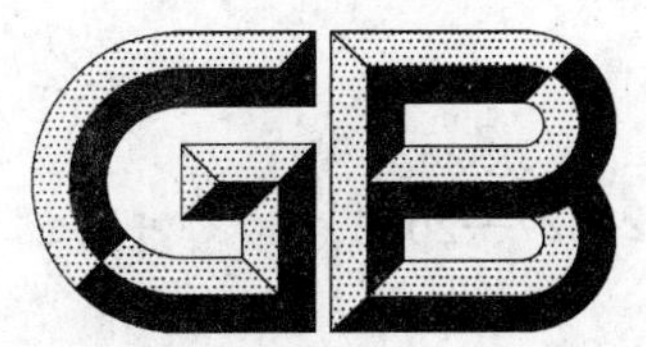

中华人民共和国国家标准

GB/T 21427—2008

特殊环境条件　干热沙漠对内燃机电站系统的技术要求及试验方法

Special environmental condition—Requirements and test methods for electric powerplant with internal combustion engines in dry heat-desert

2008-01-22 发布　　2008-09-01 实施

中华人民共和国国家质量监督检验检疫总局
中国国家标准化管理委员会　发布

前 言

本标准针对干热沙漠气候环境的特点及其对内燃机电站系统的危害，规定了内燃机电站系统的技术要求及试验方法。

本标准的附录A为资料性附录。

本标准由中国电器工业协会提出。

本标准由中国电器工业协会归口。

本标准由兰州电源车辆研究所起草。

本标准主要起草人：张聚波、张洪战、王丰玉。

本标准首次制定。

特殊环境条件　干热沙漠对内燃机电站系统的技术要求及试验方法

1　范围

本标准规定了干热沙漠环境条件对内燃机电站的技术要求及试验方法。

本标准适用于干热沙漠气候条件下使用的各类内燃机电站。

2　规范性引用文件

下列文件中的条款通过本标准的引用而成为本标准的条款。凡是注日期的引用文件，其随后所有的修改单(不包括勘误的内容)或修订版均不适用于本标准，然而，鼓励根据本标准达成协议的各方研究是否可使用这些文件的最新版本。凡是不注日期的引用文件，其最新版本适用于本标准。

GB/T 2819—1995　移动电站通用技术条件

GB/T 2820.5—1997　往复式内燃机驱动的交流发电机组　第5部分：发电机组(eqv ISO 8528-5：1993)

GB/T 2820.9—2002　往复式内燃机驱动的交流发电机组　第9部分：机械振动的测量和评价(ISO 8528-9：1997，MOD)

GB/T 4942.2　外壳防护等级(GB/T 4942.2—1993，eqv IEC 60947-1：1988)

GB/T 6072.1—2000　往复式内燃机　性能　第1部分：标准基准状况，功率、燃料消耗和机油消耗的标定及试验方法(idt ISO 3046-1：1995)

GB/T 13306　标牌

GB/T 20136—2006　内燃机电站通用试验方法

GB/T 20625—2006　特殊环境条件　术语

GB/T 20644.1—2006　特殊环境条件　选用导则　第1部分：金属表面的防护

GB/T 20644.2—2006　特殊环境条件　选用导则　第2部分：高分子材料

GJB 95.5—1986　军用通讯设备环境试验方法　太阳辐射试验

GJB 95.8—1986　军用通讯设备环境试验方法　沙尘试验

GJB 674A—1999　用直流移动电站通用规范

GJB 1910—1994　机地面电源车通用规范

JB/T 8194—2001　内燃机电站名词术语

JB 8587—1997　内燃机电站安全要求

ISO 7000　设备使用的图形符号　索引和摘要

ISO 8528-1：2005　往复式内燃机驱动的交流发电机组　第1部分：用途、定额和性能

3　术语和定义

GB/T 20625—2006 和 JB/T 8194—2001 中的术语和定义适用于本标准。

4　基本要求

4.1　总则

干热沙漠地区使用的内燃机电站首先应符合基本型产品标准的要求，然后根据使用的实际条件按

本标准的要求设计或选型。

4.2 环境条件

4.2.1 干热沙漠地区环境条件(见表 1)

表 1

环境参数	无气候防护场所
年最高气温/℃	50
年最低气温/℃	−30
最大日温差/℃	40
最低相对湿度/%	5
太阳辐射强度/(W/m^2)	1 120
地表最高沙土温度/℃	80
凝露	有
最大风速/(m/s)	30
最大沙浓度/(mg/m^3)	4 000
最大尘浓度(漂浮)/(mg/m^3)	20
最大尘沉积密度(沉降)/[$mg/(m^2 \cdot h)$]	80

4.2.2 输出额定功率的条件

电站输出额定功率的条件应为下列规定中的一种,并应在产品技术条件中明确。

a) 绝对大气压力 100 kPa(或海拔高度 0 m),环境温度 25℃,相对湿度 30%;

b) 绝对大气压力 89.9 kPa(或海拔高度 1 000 m),环境温度 40℃,相对湿度 50%。

4.2.3 输出规定功率(允许修正)的条件

电站在下列条件下应能输出规定功率并可靠地工作,其条件应在产品技术条件中明确。

a) 海拔高度

不超过 4 000 m。

b) 环境温度(℃)

上限值:40、45、50;

下限值:−30、−25、−10(汽油电站)、5。

4.2.4 功率修正

电站的实际工作条件或试验条件比输出额定功率的条件恶劣时,其输出的规定功率应不低于如下修正后之值。

a) 对原动机为 RIC 内燃机的电站,其功率为按 GB/T 6072.1—2000 的规定换算出试验条件下的内燃机功率后再折算成的电功率,但此电功率最大不得超过发电机的额定功率。

b) 对采用其他内燃机的电站,其功率的折算按产品技术条件或协议的规定。

4.2.5 环境温度的修正

当海拔高度超过 1 000 m(但不超过 4 000 m)时,环境温度的上限值按海拔高度每增加 100 m 降低 0.5℃修正。

4.3 功率种类

电站的额定功率应为 ISO 8528-1:2005 第 13 章规定的下列几种或一种:

a) 持续功率(COP);

b) 基本功率(PRP);

c) 限时运行功率(LTP);

d) 应急备用功率(ESP)。

4.4 启动要求

4.4.1 电站在常温(非增压电站不低于5℃,增压电站不低于10℃)下经3次启动应成功。

4.4.2 电站应有低温启动措施。在环境温度30℃(或－25 ℃)时,功率不大于250 kW的柴油电站应能在30 min内顺利启动,汽油电站应能在20 min内顺利启动,且均应有在启动成功后3 min内带规定负载工作的能力。功率大于250 kW的电站的低温启动时间及带载时间按产品技术条件或协议的规定。

4.5 电气指标

交流电站应符合GB/T 2820.5—1997的要求,直流电站应符合GJB 674A—1999的要求,双频电站应符合GB/T 2819—1995的要求。

4.6 密封性

4.6.1 电站应无漏油、漏水、漏气现象。

4.6.2 电站的厢体密封应能防雨、防尘。

4.7 安全性

4.7.1 绝缘系统

三相移动电站应采用中性点绝缘系统,应有绝缘监视装置,应有良好的接地装置,其接地电阻应不大于50 Ω。

4.7.2 绝缘电阻

电站的绝缘电阻应符合表2的规定。

表2

项目	部位	条件		绝缘电阻/MΩ	
				交流发电机组	直流发电机组
冷态绝缘电阻	机组各独立电气回路对地及回路间	冷态	环境温度15℃～35℃ 相对湿度45%～75%	≥2	≥1
			环境温度25℃ 相对湿度95%	≥U/1000[a]	≥0.33
热态		热态		≥0.5	≥0.33

注:冷态绝缘电阻只供参考,不做考核。

[a] 该式计算值低于0.33 MΩ时按0.33 MΩ,式中U为电机绕组额定电压,V。

4.7.3 耐电压

电站各独立电气回路对地及回路间应能承受试验电压数值为表3规定、频率为50 Hz、波形尽可能为实际正弦波,历时1 min的绝缘介电强度试验而无击穿或闪络现象。

表3

部位	机组类别	回路额定电压/V	试验电压/V
一次回路对地,一次回路对二次回路	交流电站	≥100	(1 000+2倍额定电压)×80%,最低1 200
	直流电站	>36	1 125
		≤36	500
二次回路对地	交流电站	≥100	(1 000+2倍额定电压)×80%,最低1 200
		<100	750
	直流电站	>36	750
		≤36	500

注:内燃机的电气部分、半导体器件及电容器等不做此项试验。

4.7.4 相序

三相电站的相序应符合产品技术条件的规定。

4.7.5 消防

电站消声器的结构应避免聚火的可能性;车厢内应设置必要的消防器材。

4.7.6 电气保护装置

电站应有下列电气保护装置:

a) 过电压保护装置;

b) 欠电压保护装置;

c) 过载保护装置;

d) 短路保护装置;

e) 交流电站还应包括:过频率保护装置、欠频率保护装置、相序保护装置(三相电站);

f) 直流电站还应包括:反极性保护装置和反流保护装置。

4.7.7 机械保护装置

电站应有下列机械保护装置:

a) 机油压力保护装置;

b) 过热保护装置;

c) 直流电站还应包括过速度、欠速度保护装置。

4.8 结构与设计

4.8.1 电站的燃油系统、润滑系统、电气系统和相关运动(传动)系统应有良好的密封防尘性能。

4.8.2 电站应根据要求采用适用于沙漠环境的增压型内燃机。

4.8.3 额定功率大于 75 kW、增压比大于 2 的电站应采用中冷技术措施。

4.8.4 加大风扇直径提高散热面积,提高散热能力;水箱限压阀压力应有 0.05 MPa～0.07 MPa 的预压力,以保证冷却水的沸点温度不低于 100℃。

4.8.5 必要时可采用带冷却水的双层油底壳结构,降低润滑油温度。

4.8.6 改进进气系统,采用多级滤芯结构,有要求时,在空滤器上安装灰尘指示器装置,空气滤清器在沙漠环境条件下应有使用 50 h 不需要保养的最小周期。发动机进、排气口不得在同一方向。

4.8.7 电站的电气间隙、爬电距离和绝缘性能应符合 JB 8587—1997 的规定。

4.8.8 电气系统的触头、软连接、导电螺钉及绕组绝缘线圈应选择耐高温的材料。

4.8.9 应选用耐高温的电气元器件。

4.8.10 电站的输出电缆应选用耐候、耐油、耐寒、柔软且可承受较大机械外力的重型橡胶套电缆,满足高、低温环境条件下的使用要求。选择计算时应留有足够的温度欲度,需经常移动使用的电线电缆应满足低温条件下最小弯曲半径不大于电缆外径的 6 倍以上折叠搬迁的要求。

4.8.11 电站照明灯和指示灯应能在高、低温环境条件下正常工作,必要时加装防护罩或密封。

4.8.12 电站出线盒、插头(座)等部位应有良好的密封防沙尘措施,如无条件密封,外壳防护等级应不低于 GB/T 4942.2 中的 IP54 的要求。

4.8.13 在户外直接使用的电站表面的防护要求,参照 GB/T 20644.1—2006 中干热湿热沙漠环境条件下的选用导则。

4.8.14 电站中的高分子材料,包括塑料、橡胶、涂料的选用原则参照 GB/T 20644.2—2006 中干热湿热沙漠环境条件下的选用导则。

4.8.15 电站上所有操作控制装置及其邻近的任何部件的温升应不超过:金属表面 30℃(30 K),低导热率表面 60℃(60 K)。防护架上的零部件的温度应不超过 90℃。温度高达 150℃以上的零部件,不得突出防护架轮廓进入人员操作区域。可能引起烫伤的零部件应作出标志或进行防护。

4.8.16 机械稳定性:移动电站和小功率电站沿任一方向放置在倾斜 15°的斜面上,电站不得倾翻或溢出燃油;把电站放置在4°的粗糙混凝土斜面上的4个不同位置,各个位置绕垂直轴线依次间隔90°,电站在空载和规定负载下运行30 min后,其位置变化量不超过10 mm。

4.8.17 机械安全性:电站及其附件应无锐边、尖角、毛刺等正常使用时会对人员造成伤害的缺陷;运动件的布置及防护应确保正常使用时不会对人员造成伤害。防护罩、防护屏等应有足够的强度,且只有用工具才能拆除。

4.9 温升

电站各部件温度或温升应符合各自产品规范的规定,允许挂车电站和汽车电站的发电机各绕组的稳定工作温度或温升超过本身规范值5℃。

4.10 振动

电站应设置减振装置,电站运行时的各振动参量值应符合GB/T 2820.9—2002的规定。

4.11 噪声

电站应有抑制噪声的措施,使距电站外限轮廓1 m处的平均声压级不超过下列数值:

非低噪声电站:102、96、90、85 dB(A);

对低噪声电站:83、78、73、68、65 dB(A)。

电站应满足的具体噪声指标按产品类型和使用场所的不同在产品技术条件和协议中规定。电站其他部位的噪声按GB/T 2819—1995的规定。

4.12 外观质量

应符合GB/T 2819—1995的规定。

4.13 成套性

应符合GB/T 2819—1995的规定。同时增加干热沙漠条件下维护保养所需的工具设备及备附件。在技术资料中应标明其所增加的有关干热沙漠环境的技术指标、使用维护方法和注意事项等特殊信息。

4.14 标志

4.14.1 电站标牌应固定在明显位置,其尺寸和要求按GB/T 13306的规定。

4.14.2 电站的铭牌应包括以下内容:

a) 电站名称;

b) 电站型号;

c) 相数;

d) 额定转速,r/min;

e) 额定频率,Hz;

f) 额定功率,kW,按ISO 8528-1:2005中的第13章加词头COP、PRP、LTP或ESP;

g) 额定电压,V;

h) 额定电流,A;

i) 功率因数,$\cos\phi$;

j) 最高的海拔高度,m;

k) 最高的环境温度,℃;

l) 质量,kg;

m) 外形尺寸:$l$mm×$b$mm×$h$mm;

n) 生产厂名;

o) 出厂编号;

p) 出厂日期;

q) 标准代号及编号。

4.14.3 安全和信息标志

标志的符号应根据ISO 7000的规定。

按本标准生产的任何电站系统，必须有一个永久性的标签，且应对用户说明下列情况：

a) 请阅读使用说明书。

b) 排放烟气有毒，电站请勿在不通风的房间内工作。

c) 电站在运行时请勿加注燃油(汽油机电站)。

可能引起燃烧的部件应给予适当的标识或予以防护。

控制功能应有清楚的说明。根据电站型号的不同和地方当局的要求，也可有附加的标志。

5 质量保证

5.1 内燃机电站系统及应用材料的环境试验基本要求

干热沙漠地区环境条件下使用的内燃机电站系统及应用材料的环境试验基本要求见表4(未包括腐蚀、生物试验)，具体的技术要求应在产品的环境技术要求中进一步明确规定。

表4

产品使用环境	环境试验项目	环境试验方法	技术要求
户外	太阳辐射	氙灯/淋雨、紫外线/冷凝	涂料、塑料、橡胶等高分子材料构件经试验后必须符合一定的技术要求
	外壳防护	电工产品外壳防护等级试验	外壳防护等级≥IP54、IP55
	喷沙(碎石撞击)	碎石撞击试验	外裸零件的表面涂层
户内、户外及棚下条件	温度变化	温度变化试验	电站功能应正常
	滤尘	按产品基本技术要求规定试验	内燃机空气滤尘应符合一定的技术要求而且不影响电站的正常功能
	内燃机功能	按有关标准进行自然环境功率特性试验	应确保电站功率输出正常

5.2 试验项目

按表5的规定。具体试验项目可根据使用的实际条件和需要，由生产厂和用户协商确定。

5.3 试验方法

5.3.1 除本标准5.3.2～5.3.3规定外，其他项目的试验方法按GB/T 20136—2006的规定进行。

5.3.2 太阳辐射试验

按照GJB 95.5—1986的方法进行试验后，电站应无机械、电气损坏。

5.3.3 沙尘试验

按照GJB 95.8—1986的方法进行试验后，电站应无机械、电气损坏。

6 交货准备

电站及其备附件在包装前，凡未经涂漆或电镀保护的裸露金属，应采用临时性防锈保护措施。产品备件、附件应备齐，并适当包装。

所有车门、栏板、孔口门、箱门应可靠锁闭并按要求铅封。

电站应根据需要不包装能水路运输、空中运输和铁路运输，公路运输时，应按规定对底盘进行维护。

表 5

序号	检查项目名称	鉴定检验	型式检验	出厂检验	检验方法章条号	
					本标准	GB/T 20136—2006
1	绝缘电阻	●	●	●		101
2	耐电压试验	●	●	●		102
3	外观	●	●	●		201
4	标志和包装	●	●	●		203
5	成套性	●	●	●		202
6	质量	●	—	—		204
7	外形尺寸	●	—	—		205
8	常温启动性能	●	●	●		206
9	低温启动措施	●	●	●		207
10	相序	●	●	●		208
11	照度	●	—	—		209
12	控制屏各指示装置	●	●	●		210
13	行车制动性能	●	●	●		218
14	驻车制动性能	●	●	—		219
15	绝缘监视装置	●	●	—		301
16	接地电阻	●	●	—		302
17	短路保护功能	●	●	—		303、304
18	过载保护功能	●	●	—		305
19	过电压保护功能	●	●	—		307
20	欠电压保护功能	●	●	—		308
21	过频率保护功能	●	●	—		309
22	欠频率保护功能	●	●	—		310
23	过热保护功能	●	●	—		311
24	低油压保护功能	●	●	—		312
25	频率降	●	●	●		401
26	稳态频率带	●	●	●		402
27	(对初始频率的)瞬态频率偏差和(对额定频率的)瞬态频率偏差,分别按负载增加(—)和负载减少(+)及频率恢复时间	●	●	●		405
28	稳态电压偏差	●	●	●		406
29	电压不平衡度	●	●	—		407
30	相对的电压整定下降范围和相对的电压整定上升范围	●	●	●		408
31	瞬态电压偏差及电压恢复时间,分别按负载增加(—)和负载减少(+)	●	●	●		410

表 5（续）

序号	检查项目名称	鉴定检验	型式检验	出厂检验	检验方法章条号	
					本标准	GB/T 20136—2006
32	电压调制	●	●	—		411
33	瞬态特性	●	●	—		416、437
34	直接启动电动机的能力	●	●	—		417
35	冷热态电压变化	●	●	—		418
36	在不对称负载下的线电压偏差	●	—	—		419
37	三相电压相移	●	●	—		422
38	线电压波形正弦性畸变率	●	●	—		423
39	相电压总谐波含量	●	●	—		424
40	电压偏离系数	●	●	—		426
41	频率调制量和频率调制率	●	●	—		427
42	频率漂移量和频率漂移率	●	●	—		428
43	连续运行试验	●	●	—		429
44	温升	●	—	—		430
45	稳流精度	●	●	—		432
46	稳压精度	●	●	—		433
47	脉动电压	●	●	—		434
48	燃油消耗率	●	—	—		501
49	振动值	●	—	—		601
50	噪声级	●	—	—		602
51	传导干扰	●	—	—		603
52	辐射干扰	●	—	—		604
53	有害物质浓度	●	—	—		605
54	烟度	●	—	—		606
55	高温试验	●	—	—		607
56	低温试验	●	—	—		608
57	湿热试验	●	—	—		609、610
58	雨淋试验	●	—	—		613
59	行驶试验	●	●	●		616
60	可靠性和维修性	●	—	—		701、702、703
61	太阳辐射试验	●	—	—	5.3.2	
62	沙尘试验	●	—	—	5.3.3	

注：●为必检项目，—为不检项目。

附录 A
（资料性附录）
干热沙漠气候环境特征及对内燃机电站系统的危害

A.1　干热沙漠地区气候条件的严酷等级(见表 A.1)。

表 A.1

环境参数		单位	严酷等级		
			3K6H	4K4DF	4K4DH
高温	极端最高[a]	℃	50	55	55
	年最高[b]	℃	45	50	50
	最热月平均最高[c]	℃	40	40	40
低温		℃	−30	−30	−30
最大日温差		℃	35	40	40
温度变化率		℃/min	0.5	0.5	0.5
低相对湿度		%	10	5	5
平均相对湿度		%	50	30	30
气压		kPa	90	90	90
太阳辐射强度		W/m²	700	1 120	1 120
凝露		—	有	有	有
降水(包括雨、雪、雹)		—	无	有	有
地表最高沙尘温度		℃	40	75	80
地表最低沙尘温度		℃	−25	−35	−35
注：3K6H 表示沙漠地区户内条件；4K4DF 表示沙漠边缘地区户外条件；4K4DH 表示沙漠腹地户外条件。					

[a] 极端最高温度是指几十年出现一次的最高空气温度，持续约 10 min。

[b] 年最高温度是指每年出现的最高温度的多年平均值。

[c] 最热月平均温度是指夏季最热月中每天出现最高温度的月平均值。

A.2　干热沙漠气候环境特征

A.2.1　干热

干热气候的典型特征是白天炎热，昼夜温差大，湿度低，太阳辐射强，能见度高(沙尘天气除外)。在较热季节，温度常常超过 38℃，多数情况下，日平均气温在 38℃以上。在较凉的季节，温度则大大降低，最低可达−30℃；湿度相对较低约 10%；风速一般为(6～11) km/h，有时强风会刮起沙尘，形成研磨和侵蚀性大气。

A.2.2　沙尘

沙和尘是地壳表层的矿物质经过各种气象过程发生破坏并旋转摩擦成的微小颗粒。这些微小颗粒因行驶的机动设备(快速行驶的地面车辆、旋翼直升机)、强风以及可以产生微粒排放的工业活动等而悬浮在空气中。

A.3 干热沙漠对内燃机电站的危害

A.3.1 高温

由于气温高,使内燃机的充气系数下降、燃烧不正常、润滑油易变质、供油系统易产生气阻、蓄电池电解液蒸发较快,极板易损坏、点火系统因线圈发热电火花减弱、非金属制品(橡胶、塑料及纤维等)易变质和损坏,高温还使内燃机的排气污染加重。

A.3.2 太阳辐射的危害

干热地区的太阳辐射较强。较强的太阳辐射将使内燃机电站的材料因光老化效应而退化、设备产生过热、以及人员灼伤。某些塑料、橡胶制品因辐射褪色、变脆、强度降低、电气性能下降、绝缘材料脆裂。

A.3.3 沙尘的危害

A.3.3.1 剥蚀

高速运动的沙尘会剥蚀表面的物质,使光洁的表面遭到破坏,也会剥蚀油漆,严重时会由于剥蚀,结构支撑件结构强度降低,内燃机电站的散热器、风扇叶片等部件最容易受到沙尘的损坏。

A.3.3.2 磨损

沙尘落入齿轮中、旋转轴或其他紧密配合的运动件之间时坚硬的沙粒会很快使零部件磨损。另外沙尘还会随空气进入汽缸和润滑油路,造成曲轴、活塞等的磨损。

A.3.3.3 腐蚀效应

虽然沙尘一般不起化学反应,不对材料构成直接腐蚀,但沙尘长时间存在于零件表面会由于吸收和滞留生成腐蚀酸的化学反应所需的腐蚀性气体和水分而加速腐蚀。

A.3.3.4 飞弧

在高温条件下,高压绝缘子上累积的尘埃会提供导电路径。积聚于尘埃层上的水分会溶解,从而提供导电所需的离子化合物。在高压情况下,这种导电通路就可能产生持续的电弧,必须去掉所施加的电压才能熄灭。

A.3.3.5 绝热

在内燃机电站系统上积累的尘埃提供了一个绝热层,它会降低下面零部件的散热能力。易受损坏的设备包括发电机、变压器、电子设备和负载电阻。

A.3.3.6 沾染油漆

沙尘落在正在干燥的油漆上的尘埃会通过油漆为腐蚀酸提供“油芯”通路,因而使油漆失去保护作用。

A.3.3.7 电气绝缘

大多数沙尘微粒是不导电的。但这些沙尘微粒聚落在继电器或开关触点上会防碍触点间的电连续性,导致设备误动作。

ICS 27.020;29.160.40
K 52

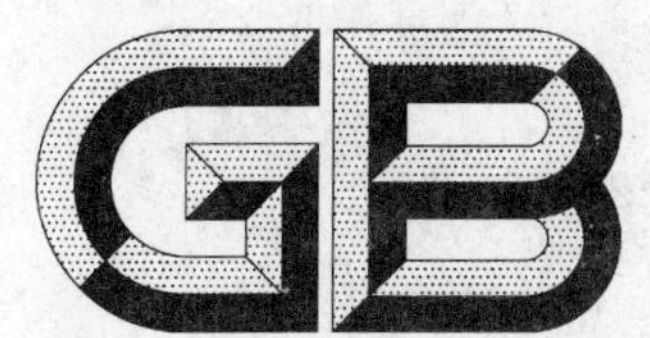

中华人民共和国国家标准

GB/T 21428—2008

往复式内燃机驱动的发电机组 安全性

Reciprocating internal combustion engine driven generating sets—safety

(EN 12601:2001,MOD)

2008-01-22 发布 2008-09-01 实施

中华人民共和国国家质量监督检验检疫总局
中国国家标准化管理委员会 发布

前　言

本标准修改采用EN 12601:2001,主要侧重于保护操作使用人员安全,把操作使用人员可能遇到的危险进行了分类,并针对每种危险提出了有关操作设计、标志、试验验证等方面的要求。

本标准的附录A、附录B均为资料性附录。

本标准由中国电器工业协会提出。

本标准由中国电器工业协会归口。

本标准由兰州电源车辆研究所起草。

本标准主要起草人:张洪战、王丰玉。

往复式内燃机驱动的发电机组　安全性

1　范围

本标准规定了由往复式(RIC)内燃机、交流(a.c.)发电机以及工作所需的控制装置、开关装置和辅助设备等组成的、电压不超过1 000 V的发电机组的安全性要求。

本标准适用于陆用和船用发电机组。不适用于远洋航行的厢式船用发电机组、近海车用发电机组以及航空、驱动陆上车辆和机车的发电机组。用于潜在爆炸性环境时的特殊要求本标准未作规定。

与往复式(RIC)内燃机驱动的发电机组有关的危害列于附录A。

本标准根据EN 292-1：1991和EN 292-2：1991＋A1：1995的通用要求，规定了由往复式(RIC)内燃机驱动的发电机组的专项安全性要求。

2　规范性引用文件

下列文件中的条款通过本标准的引用而成为本标准的条款。凡是注日期的引用文件，其随后所有的修改单(不包括勘误的内容)或修订版均不适用于本标准，然而，鼓励根据本标准达成协议的各方研究是否可使用这些文件的最新版本。凡是不注日期的引用文件，其最新版本适用于本标准。

GB/T 2820.7—2002　往复式内燃机驱动的交流发电机组　第7部分：用于技术条件和设计的技术说明 (eqv ISO 8528-7：1994)

GB/T 2820.8—2002　往复式内燃机驱动的交流发电机组　第8部分：对小功率发电机组的要求和试验 (ISO 8528-8：1995，MOD)

GB/T 2820.9—2002　往复式内燃机驱动的交流发电机组　第9部分：机械振动的测量和评价(ISO 8528-9：1995，MOD)

GB/T 2820.10—2002　往复式内燃机驱动的交流发电机组　第10部分：噪声的测量(包面法)(ISO 8528-10：1998，MOD)

GB 4556—2001　往复式内燃机　防火 (idt ISO 6826：1997)

GB/T 6072.1—2000　往复式内燃机　性能　第1部分：标准环境状况，功率、燃油消耗和机油消耗的标定及试验方法 (idt ISO 3046-1：1995)

GB/T 6072.6—2000　往复式内燃机　性能　第6部分：超速保护 (idt ISO 3046-6：1990)

GB/T 6072.7—2000　往复式内燃机　性能　第7部分：发动机功率代号 (idt ISO 3046-7：1995)

GB/T 6809.1—2003　往复式内燃机　内燃机零部件名词和定义　第1部分：固定件和外部罩盖(ISO 7967-1：1987，IDT)

GB/T 6809.2—1988　往复式内燃机　零部件术语　气门组件、凸轮轴传动及驱动机构(eqv ISO 7967-3：1986)

GB/T 6809.3—1989　往复式内燃机　零部件术语　主要运动件 (neq ISO 7967-2：1987)

GB/T 6809.4—1989　往复式内燃机　零部件术语　增压及进排气管系统 (neq ISO 7967-4：1983)

GB/T 6809.8—2000　往复式内燃机　零部件和系统术语　第8部分：起动系统 (idt ISO 7967-8：1994)

GB/T 8190.1—1999　往复式内燃机　排放测量　第1部分：气体和颗粒排放物的台架测量(idt ISO 8178-1：1996)

GB/T 8190.2—1999　往复式内燃机　排放测量　第2部分：气体和颗粒排放物的现场测量(idt ISO 8178-2：1996)

GB/T 8190.4—1999 往复式内燃机 排放测量 第4部分:不同用途发动机的试验循环(idt ISO 8178-4:1996)

GB/T 8190.7—2003 往复式内燃机 排放测量 第7部分:发动机系族的确定(ISO 8178-7:1996,IDT)

GB/T 8190.8—2003 往复式内燃机 排放测量 第8部分:发动机系组的确定(ISO 8178-8:1996,IDT)

ISO 2710-1 往复式内燃机 术语 第1部分:发动机设计和工作术语

ISO 2710-2 往复式内燃机 术语 第2部分:发动机维修性术语

ISO 7967-9 往复式内燃机 部件和系统术语 第9部分:控制和监测系统

ISO 8178-3 往复式内燃机 排放测量 第3部分:稳态条件下废气烟度的定义及测量方法

ISO 8528-1:2005 往复式内燃机驱动的交流发电机组 第1部分:用途、定额和性能

ISO 8528-2:2005 往复式内燃机驱动的交流发电机组 第2部分:发动机

ISO 8528-3:2005 往复式内燃机驱动的交流发电机组 第3部分:发电机

ISO 8528-4:2005 往复式内燃机驱动的交流发电机组 第4部分:控制装置和开关装置

ISO 8528-5:2005 往复式内燃机驱动的交流发电机组 第5部分:发电机组

ISO 8528-6:2005 往复式内燃机驱动的交流发电机组 第6部分:试验方法

EN 292-1:1991 机器的安全性 设计的基本概念和一般原理 第1部分:基本术语、方法论

EN 292-2:1991+A1:1995 机器的安全性 设计的基本概念和一般原理 第2部分:技术原理和规范

EN 294:1992 机器的安全性 防止上肢触及危险区域的安全距离

EN 418 机器的安全性 应急停机设备功能 设计原理

EN 547-2:1996 机器的安全性 人体尺寸 第2部分:确定可接近孔口尺寸的原理

EN 563:1994 机器的安全性 接触表面的温度 建立热表面温度限值的人机工程数据

EN 811 机器的安全性 防止下肢触及危险区域的安全距离

EN 981 机器的安全性 听觉与视觉危险及信息信号系统

EN 1088 机器的安全性 防护联锁装置 设计和选择原理

EN 1679-1:1998 往复式内燃机 安全性 第1部分:压燃式发动机

EN 60204-1:1997 机器的安全性 机器中的电气设备 第1部分:通用要求

prEN 61310-1:1992 机器的安全性 指示、标志和刺激 第1部分:对视觉、听觉和触觉信号的要求

prEN 12437-2:1996 机器的安全性 接近机器和工业设备的永久措施 第2部分:工作台和通道

EN ISO 4871 声学 机器和设备噪声辐射值的声明与验证(ISO 4871:1996)

EN ISO 8178-5 往复式内燃机 排放测量 第5部分:试验燃油规范

EN ISO 8178-6 往复式内燃机 废气排放测量 第6部分:测量结果和试验报告

3 术语和定义

本标准采用了 GB/T 2820.7～2820.10—2002、GB/T 6072.1—2000、GB/T 6072.6—2000、GB/T 6072.7—2000、GB/T 6809.1—2003、GB/T 6809.2—1988、GB/T 6809.3—1989、GB/T 6809.4—1989、GB/T 6809.8—2000、ISO 2710-1、ISO 2710-2、ISO 7967-9、ISO 8528-1～8528-6:2005 中的有关术语和定义,同时采用了下列术语。

3.1

小功率发电机组

见 GB/T 2820.8—2002 第1章。

4 总则

如果发电机组需要进行附加安装才能投入使用，那么，希望与这些安全要求相一致的程度取决于具体的应用场合，并且应得到发电机组制造商和安装者的认可。尤其是当有可能涉及到发电机组自身及充分使用过程中的危害时，安装者应负责选择最合适的解决方案。

5 危害

为了防止人员受到伤害，与 RIC 发动机驱动的发电机组有关且必须考虑的危害列于附录 A。

6 安全要求

6.1 启动系统

启动系统应能进行手动或自动操作。

电启动系统通常以 24 V 或更低的电压下工作，因此不存在危险。本标准不涉及 24 V 以上的电启动系统。发动机的安装应确保发动机与发电机连接后的安全运行。

采用压缩空气启动的发动机，启动空气系统应满足有关标准的要求。

曲柄启动系统应满足 EN 1679-1：1998 中 6.1 的要求。

6.2 正常停机

所有的发电机组均应有正常停机装置，该装置应能进行手动或自动操作。操作后，停机控制装置应保持在停机位置。应通过切断燃油或点火（对火花点燃式发动机）来实现停机。停机装置也可以包括切断空气供应的功能。

6.3 紧急停机

遥控型发电机组及带有人员能接近的外壳的发电机组应有紧急停机装置。小功率发电机组可以没有应急停机装置。

紧急停机装置应能进行手动或自动操作。应通过切断燃油或点火（对火花点燃式发动机）来实现紧急停机。紧急停机装置可以包括切断空气供应的功能。

6.3.1 手动操作

如果手动紧急停机装置较正常停机装置的动作更为迅速，则发电机组应配备手动紧急停机装置。根据 EN 418 的规定，停机功能的重置不应引起重新启动或任何危险状态。

手动操作紧急停机装置应满足 EN 418 第 0 类的要求。

当发电机组在室内使用时，则应在房间内外分别设置人员容易接近的手动紧急停机装置。

6.3.2 自动操作

当在发电机组周围工作的人员不能接近正常停机控制装置时，则应为发电机组配备自动操作紧急停机装置。

该装置监测发电机组的一个或多个参数信号，如果这些信号超出允许范围，该装置应能自动触发停机。

可用来自动驱动停机的主要信号有：

a） RIC 发动机

——超速（见 GB/T 6072.6—2000）；

——润滑油压力低；

——冷却液温度高；

——冷却液液面低。

b） 发电机

——过电压；

——接地故障电流。

究竟规定哪些参数取决于具体应用场合。

6.4 控制装置

6.4.1 设计、安全性和机械强度

设计的手动控制装置应能承受1.2倍表1中所列的最大驱动力。

表1 控制装置间的间隙和最大操作力

操作方式		间距/mm	最大操作力/N
指尖		10	10
手指抓	套柄	20	20
	旋钮	20	20
手	向上	50	400
	前、后	50	300
脚		50	700

控制装置动作应准确、平稳，无延迟和不期望的动作。

在发动机运行期间必须进行手动操作的控制装置，当接触时间为10 s时，其表面的温度应在EN 563:1994规定的限值之内。

应去除控制装置上或其邻近处的锐边、尖角，锐边至少应有0.5 mm的圆角。

EN 60204-1:1997附录B.10适用于该标准10.1和10.2规定的电气设备控制装置的例外情况。

6.4.2 识别

应按控制装置所执行的功能对其进行标志，或在操作手册中对其功能进行说明。发动机控制装置上的标志在发动机的寿命期内应清晰易认。

采用有关标准规定的符号进行标志，如果没有合适的符号，则应在控制装置上或其邻近位置采用文字进行标志。

应遵循prEN 61310-1:1992所规定的设计、布置或标志原理。

为了与其他控制装置有所区别，紧急切断(停机)手柄或按钮应具有显著的形状或置于显著的位置，其颜色最好采用红色。

EN 60204-1:1997附录B.10适用于该标准10.1和10.2规定的电气设备控制装置的例外情况。

6.4.3 可达性

控制装置最好集中布置。

控制装置应布置在操作人员能够触及的地方。应按EN 547-2:1996提供接近通路(方法)。

控制装置之间应有足够的空间允许正常操作，并不会无意驱动相邻的控制装置。表1给出了控制装置间的最小间隙和最大操作力。

6.5 监测装置

6.5.1 仪表标志

应采用相关标准所规定的符号对监视仪表或在其邻近位置进行标志，或者对其所监视的系统进行文字说明。

6.5.2 仪表的可见度

监视仪表应使操作者易于观察。当在夜间或室内工作时，监视仪表应被照亮，以便在使用的操作位置能够进行观察。

6.5.3 仪表的色码

监视仪表和监视系统最好采用有关标准规定的颜色，推荐用红色表示故障或不安全状态；绿色表示良好状态或系统正在运行。

电气设备上的监测装置应符合EN 60204-1:1997 10.3的规定。

6.6 报警装置

报警装置、信号、标志及颜色应满足EN 61310-1:1992和EN 981的要求。

6.7 防护

应对人员进行防护，以免在EN 294:1992和EN 811所规定的安全距离以内遭遇危险。安全距离

取决于发电机组的安装。对于固定安装的发电机组，考虑到要对操作和例行维护的人员进行防护，必要的防护应得到发电机组制造商和安装者的认可。

由于不可能对固定安装的各种情况提出相应的要求，因此，本标准将不涉及此类具体情况。下列条款针对特定危险给出了相应要求及任何安装应遵循的防护原理。

6.7.1 **机械危险防护**

发电机组中的运动件如风扇、皮带、链条等应进行恰当的排列和防护，以免在正常使用时被人员不经意地直接靠近。

6.7.2 **热表面防护**

对人员可能接触到的热表面所存在的危险，取决于该表面的温度及所在的位置。对发动机任何废气排放部件均应提供防护，以免人员在正常操作时意外接触。

任何 10 cm^2 以下的表面不必进行防护。

为了确定是否有必要采取措施，应以 EN 563:1994 为指导来评估热表面的温度限值。采用防护措施后，在正常工作状态，即以 ISO 8528-1:2005 规定的持续功率运转时，热表面的温度不应超过 EN 563:1994规定的允许温度值。要确定一个热表面是否需要防护，应采用下面所描述的试验程序：

——发电机组以额定转速运行直至温度保持稳定。试验应在阴凉处进行。如果在进行试验时，环境温度超出 20℃±3℃的常温范围，则应对测得的热表面温度进行修正：即加上 20℃与实际环境温度之差。若被确定的热区域与最近的控制装置之间的距离超过 100 mm，则应采用图 1 所示的锥面 A。若该距离小于 100 mm，则应采用图 1 所示的锥面 B。对于锥面 A，在其轴线与水平面夹角为 0°～180°的范围内，使锥面顶点向下靠近水平面，移动圆锥接近热表面，锥面不应向上移动。移动圆锥，确定锥体的顶点或锥面是否与热表面接触。圆锥 B 可沿任何方向移动。

单位为毫米

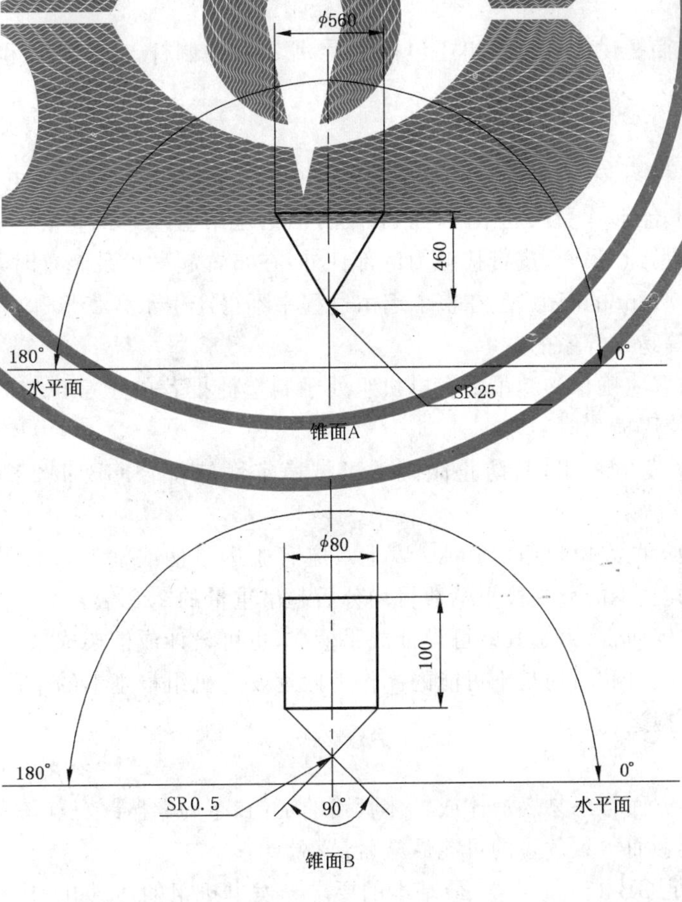

图 1

锥体不能达到的任何表面，可以认为操作者也不会触及。

小功率发电机组按 GB/T 2820.8—2002 的 6.4 规定。

6.7.3 电击防护外壳

应满足 EN 60204-1:1997 的 6.2.2 的要求。

6.8 防护设计

防护装置(若提供时)应能防止人员进入危险区域，并应满足有关标准的要求。

应对防护装置(若提供时)进行可靠的紧固。应有能对被防护部件进行维护和调整的措施。在设计包含可能出现故障的部件(如断裂皮带或皮带轮)的防护装置时，应在运动件和防护装置之间有一定的空间，如断裂的皮带应能通过防护装置和皮带轮。

对人员可能踩踏或跌落到上面的防护装置，在 75 mm×150 mm 区域内应能承受 1 200 N 的垂直载荷而无永久变形。

对人员可能会推及或跌落在其上的防护装置，在 75 mm×150 mm 区域内应能承受 500 N 的载荷。

防护装置可用实心材料或网孔材料制成。

防护装置的外面应无毛刺、尖角或锐边。

若防护板是用网孔材料制成，开孔尺寸应符合下列规定：

a) 小于 100 mm 的防护板用 12 mm 探针试验时，应满足有关标准的要求。

b) 大于等于 100 mm 的防护板用 12 mm 探针试验时，应满足 EN 294:1992 表 4 的开口要求。

用来防护抛甩部件的防护板应无相应颗粒尺寸的孔口。

固定式防护装置只能用工具才能拆除(见 GB/T 2820.8—2002 的 6.3.2)。移动式防护装置应按 EN 1088 进行互锁。

6.9 照明

如果发电机组制造商提供的发电机组还包括照明，那么在控制杆、监视装置和相应通道周围的照度至少应为 20 lx。

6.10 搬运

发电机组应有起吊栓系装置，以便栓系起吊装置并按制造商的说明起吊发电机组或其部件。设计起吊栓系装置时，应使其能够承受按起吊附件数目均分后的起吊重量的 1.5 倍。

除设计用来承受与吊绳、吊索、皮带接触力的部件外，在布置起吊栓系装置时，应使吊绳、吊索、皮带与发动机之间至少有 20 mm 的间隙，且在整个起吊过程中不得产生永久变形和损坏。

应使用吊钩、吊环等易于栓系的装置。

起吊栓系装置的布置应确保当起吊的发电机组处于制造商推荐的正常位置时，吊绳、吊索、皮带会聚于其重心上方(当未使用横梁时)。

移动使用的小功率发电机组，其防止倾翻的机械稳定性应符合 GB/T 2820.8—2002 的 6.2 的规定。

打算借助人力来搬运的发电机组(140 kg 以下)，应有搬运手柄或框架，以便按制造商说明进行搬运。设计手柄时，应使其至少能承受按手柄数目均分后起吊重量的 2.5 倍。

对于具体的发电机组而言，由于其既可设计成手柄式，也可设计成框架式来进行搬运，因此，要规定出手柄(或框架)的准确数目和布局是不可能的。作为搬运发电机组最基本的手段，应考虑 140 kg 的机组应能用 4 个人来进行搬运。

6.11 防火

设计时必须从以下方面考虑易燃液体或气体管路的走向、布局、容器放置、渗漏、溢出和排泄所发生的危险。应把与能源接触而导致危险的可能性减至最小。

对于发动机，应满足 GB 4556—2001 最基本的要求。发电机组的通气孔和溢出装置应满足该标准 6.2 的要求，易燃液体管路应满足 6.1 的要求，排泄阀应满足 6.3 的要求。

对于燃油箱，还应满足下列附加的要求。

——应确保燃油箱在正常工作状态时无渗漏。

——在往复式内燃机启动和工作过程中，只要保证不会引起着火的危险，燃油从油箱通气孔中溢出是允许的。

——油箱加油口的设计和布置应确保带嘴的加油桶能直接插入加油口内，无燃油与灼热部件接触。

——油箱应能承受正常的搬运。

——油箱应有足够的强度以承受正常搬运时的冲击或予以防护免受冲击。

对小功率发电机组，当按 GB/T 2820.8—2002 的 6.1.1 试验时应满足最后两条规定。小功率发电机组还应满足下列要求：

发电机组中直接与水平支撑表面直接接触的任何部件的温度应不超过 90℃。

6.12 RIC 发动机的软管、管路和电气套管

软管、管路和电气套管及其接头的设计和选用的材料应能承受预期的压力、电压、温度、磨损、腐蚀等。应避免过长的软管或电缆，以防被误用或造成其他妨碍。

软管和电气套管应具有并保持这样的状态：不会被无意地当成拉手或踏板。

软管和电气套管应与维修点的可达性互不干涉。

应对有可能向热表面渗漏易燃液体或气体的软管和管路总成进行维护或确保其能承受 2 倍的工作压力。对于燃油管路，1.2 倍的工作压力已足够。

6.13 电气设备

6.13.1 发电机

发电机应满足 ISO 8528-3：2005 的要求。小功率发电机组中的发电机应满足 GB/T 2820.8—2002 6.6.2 的要求。发电机的防护 IP 等级应与对工作条件的要求相适应。

小功率发电机组工作时至少应满足防护等级 IP23 的要求。小功率发电机组的温升在正常工作状态时应符合 GB/T 2820.8—2002 的 6.8 的规定，在过载状态下应符合 6.10 的规定。

当发电机为机组辅助设备供电时，发电机应按照 EN 60204-1：1997 的 4.3.1 规定进行设计，并由发电机组制造商和安装者进行协商。

6.13.2 其他电气设备

用于操作发电机组的电气设备应满足附录 B 的要求。

6.14 噪声

6.14.1 设计阶段的降噪

在发电机组的设计阶段，应根据有用的信息和技术措施来控制声源的噪声，发电机组中空气传播的主要声源包括：

——发动机；

——冷却系统风扇（若提供时）；

——排气系统。

6.14.2 噪声的测量和声明

应按 GB/T 2820.10—2002 对空气传播噪声进行测量。测量时，发电机组以（PRP）额定功率的 75％运行。声功率级按该标准第 13 章确定，声压级按该标准第 14 章确定。

6.15 可接近系统（如操作台、通道等）

有要求时，可接近系统（如操作台、通道等）的表面应能防滑，以便在预期的使用中将滑倒的可能性减至最小。

可接近系统应平整，无障碍物和凸出物，以防伤害人员。其结构应坚固、稳定，能够承受预期的载荷而不会产生不正常的变形。

有要求时，应按 EN 12437-2：1996 来设计可接近系统。

6.16 接近维护点

当运动件和面积大于10 cm^2 的热表面距维护点的距离小于300 mm时，若必须在发电机组工作时进行维护，则应对操作者通过的路径进行防护。

用来维护的孔口应符合EN 547-2:1996的规定。

6.17 气体和颗粒排放物

废气应向离开发电机组控制屏的方向排出。

有要求时，应按GB/T 8190.1—1999、GB/T 8190.2—1999、GB/T 8190.4—1999、EN ISO 8178-5、EN ISO 8178-6和ISO 8178-3、GB/T 8190.7—2003、GB/T 8190.8—2003来确定废气排放物。

6.18 排放

应采取措施使燃油、冷却液和润滑油无溢溅地顺利排放出去。应通过以下方式达到上述目的：

——在收集点永久性安装管道。

——提供能够接近排放点的容器以便直接排放。

——不必去除防护装置而能接近排放塞。

7 操作和维护说明

操作和维护说明应符合EN 292-2:1991的第5章的要求，并应提供充足的信息使操作人员能够安全操作，同时应给出与安装、使用和维护有关的明确意见。

广泛使用的情况应制成照片或简图。操作和维护说明应包括，但不限于以下内容：

a) 一般描述，尤其是发电机组铭牌的描述及不许更改调整点的解释；

b) 与废气、燃油、润滑油具有毒性相关的一般说明；

c) 当周围环境会有较大的着火风险时，应对环境限制进行说明；

d) 添加燃油和润滑油；

e) 启动和停机；

f) 蓄电池的正确使用；

g) 热表面及其最终防护的说明；

h) 周期维护说明；

i) 残留液体的正确处置；

j) 关于安装和主要维修工作应由受过专门培训的人员进行的说明；

k) 安装防护方面的信息，如排气系统、进气系统、冷却系统、排泄、燃油、电气联接、噪声及可接近系统等；

l) 有关人员防护设备的建议，如众所周知的听力防护；

m) 应按本标准6.14.2的要求对空气传播噪声进行测量，并按EN 292-2:1991+A1:1995对噪声进行声明。进行噪声声明的同时，还应伴随下列有关陈述：所用的测量方法、试验时发电机组的工作状态、测量值的不确定度。应采用EN ISO 4871所描述的双参数方式来表示。

例如：某噪声的声功率级 L_{wA} = 98 dB(测量值)。按GB/T 2820.10—2002进行测量时的不确定度 $K=X$ dB。

若要对声明的噪声值的准确性进行验证，则应采用相同的测量方法，相同的工作状态和相同的测头布置。

在声明噪声时，还应伴随下列陈述：

“所陈述的数据是辐射噪声级，并不是必要的安全工作噪声级。虽然辐射噪声级与暴露噪声级有一定关系，但这并不能用来确定是否要采取进一步的防护。影响实际作用的暴露噪声级的因素很多。如工作间的特性、其他声源等。例如机器数目或其他相关的过程，操作者在噪声环境暴露时间的长短。允许暴露的噪声级因国家的不同而不同。然而，这些信息将能使机组的使用者对危险或风险进行评估。”

当发电机组是由 GB/T 2820.8—2002 中 3.1 所定义的非专业人员使用时,提供的说明还应满足该标准 8.2 和第 9 章的要求。

注:由于操作者没有必要守在操作台边,因此,对发电机组操作台未作限定。

8 特殊要求

某些场所可能要求设计的发电机组要满足特殊要求,发电机组的用户应规定(提出)必须满足的这类要求(见 GB/T 2820.7—2002)。

9 标志

应按 GB/T 2820.8—2002 或 ISO 8528-5:2005 对发电机组做出清晰和持久的标志。

10 安全要求或措施的验证

应根据制造商提供的文件在发电机组整机或根据零部件对安全性措施或要求进行验证。

——目视检查有关安全性措施;

——安全装置的功能试验;

——按 EN 60204-1:1997 中 19.3 或 19.4 进行绝缘电阻试验或耐电压试验;

——按照 EN 60204-1:1997 19.2 规定检查保护接地电路;

——防止间接接触保护功能验证(通过计算或试验)。

附 录 A
（资料性附录）
危 险 清 单

表 A.1 危险分类清单

序号	危 险	本标准中的相应条款
1	机械危险	
1.1	挤压危险	6.7.1
1.2	剪切危险	6.7.1
1.3	切割危险	6.7.1
1.4	卷入危险	6.7.1
1.5	撕拉危险	6.7.1
1.6	撞击危险	6.7.1
1.7	刺戳危险	6.7.1
1.8	擦磨危险	6.7.1
1.9	高压流体喷射危险	6.12,6.18
1.10	部件抛甩危险（如断裂的皮带）	6.3,6.7
1.11	失稳（机器或机器部件）	6.10
1.12	与机器有关（由其机械因素引起）的滑倒、绊倒、跌落危险	6.15
2	电气危险	
2.1	电气接触（直接或间接）	6.13
2.2	静电现象	N.A
2.3	热辐射或其他现象，如：熔融物体的抛射、短路和过载引起的化学反应等	6.13
2.4	电气设备上的外部干扰，如启动蓄电池过度充电	6.13
2.5	交流发电机自动电压调节器出现故障	6.3.2
3	导致的各种热危险	
3.1	人员与火焰、高温热源接触造成烧伤或烫伤	6.7.2
3.2	在过冷或过热的环境下工作而导致健康损害	N.A
4	噪声产生的危险	
4.1	听力损伤（聋哑），其他生理失调（如平衡感、意识的丧失等）	6.14
4.2	语言交流、听觉信号的干扰	6.14
5	由振动引起的危险（导致神经和心血管功能紊乱）	N.A
6	辐射引起的危险，尤其是：	
6.1	电弧	6.13
6.2	激光	N.A
6.3	电离辐射源	N.A

表 A.1(续)

序号	危　　险	本标准中的相应条款
6.4	机器在高频电磁场中使用	N.A
7	由机器处理使用和排放的物质引起的危险	
7.1	接触或吸入下列有害物质所引起的危险:液体、气体、雾、烟气和沙尘	6.12,6.17,7
7.2	着火危险	6.11
7.3	生物和微生物(细菌)危险	N.A
8	在设计机器时忽视人机工程原理的危险(机器与人的特性和技能的错配)	
8.1	不健康的姿态或过度的效应	6.4.3,6.10
8.2	对人手臂或腿脚骨骼考虑不充分	6.4.3,6.10
8.3	忽视人员防护设备	6.14,7
8.4	照明不充分	6.9
8.5	精神过度紧张	N.A
8.6	人为错误(失误)	6.4.2,6.5,7
9	并网的危险	N.A
10	能量提供、机器零部件损坏或其他功能失调引起的危险	
10.1	能量供给(能量和/或控制电路)失效	6.3
10.2	机器零部件或液体不希望的抛射	6.3,6.7,6.12,6.18
10.3	控制系统误动作、失效,(不希望的启动,不期望的超速)	6.3
10.4	起吊失误	7
10.5	倾翻、不希望的失稳	6.10
11	由与安全措施有关的各种错误或不正确的定位(暂时)引起的危险	
11.1	各种防护装置	6.7,7
11.2	各种安全性保护装置	6.7,7
11.3	启动和停机装置	6.1,6.2,6.3
11.4	安全标志和信号	7
11.5	各种信息或报警装置	6.5,6.6,7
11.6	能量供给切断装置	N.A
11.7	应急装置	6.3
11.8	工件的进给或去除	N.A
11.9	安全调整和保养所必须的设备及附件	7
11.10	设备气体排放	6.17

附　录　B
（资料性附录）
EN 60204-1:1997 在发电机组上的应用

在定义机器的指令中，发电机组被看作是机器。因此，电气设备应执行 EN 60204-1:1997 这个基础标准。在制定产品标准时，需要应用标准引言中提到的参考文献。下面所提到的 EN 60204-1:1997 的有关条款或者是不适用于发电机组，或者有必要进行补充。不同于 EN 60204-1:1997 规定且必须满足的那些要求也在下面列出。在这种情况下，下面未提到的 EN 60204-1:1997 中的相关条款是适用的，而且必须满足。

1　范围

由下列要求和 EN 60204-1:1997 相关要求所覆盖的设备，对于发电机组应从发电机输出端子处考核。如果发电机组是作为电网的备用电源或者与电网并联，而且发电机组中的设备由电网提供电能，则应按这些要求在发电机组与电网的连接处考核。

4　一般要求

4.3　与 EN 60204-1:1997 恰恰相反，下列要求适用于发电机组：

发电机组上的电气设备若由发电机组自身的发电机提供电能，则其在 ISO 8528-1:2005 中第 7 章和 ISO 8528-5:2005 中第 16 章规定发电机组且在额定工况下应能无故障工作。

小功率发电机组按 GB/T 2820.8—2002 中第 7 章规定。

若机器上的电气设备不是由发电机组的发电机提供电能，当无其他协议时，应符合 EN 60204-1:1997 中 4.3 的规定。

当由发电机组向机器上的电气设备供电时，其供电要求应符合 EN 60204-1:1997 中 4.3.1 的规定。这些要求应得到用户和制造商的认可，特别是载荷变化时的瞬态特性。

4.4.4　作为代替 EN 60204-1:1997 给定值的情况，发电机组应满足 ISO 8528-5:2005 的第 10 章和第 11 章的要求。

小功率发电机组应满足 GB/T 2820.8—2002 中第 7 章所给出的限值。对这些限值的偏离应得到制造商和用户的认可。

5　输出端子与切断装置(断电)

5.1　发电机组上的输出端子

与 EN 60204-1:1997 对发电机组的要求相反，根据所要求的保护措施的不同，应在中线与保护接地电路之间有电气连接。

如果发电机组用作电网的备用电源，应设置安全连锁装置，以避免并联运行(见 ISO 8528-4:2005)。如果发电机组将与电网并联或与其他发电机组并联，则应有保证同步和保护的附加设备(见 ISO 8528-4:2005)。

5.2　发电机组应有一个接线端子，用来连接外部保护导体和/或相关一相导体端子附近或在发电机组骨架的合适位置的功能地线。应按 EN 60204-1:1997 中 5.2 对该端子提出要求。如果在交付发电机组时用户不了解该端子的用途，则该端子交付时必须按 417-IEC-5019 规定的符号进行标志。

5.3　与 EN 60204-1:1997 规定相反，下列要求适用于发电机组：

对于单台使用的发电机组，它通过插头插座装置向各种电气设备提供电能。若通过插头插座进行电气分断时的电流达到 32 A，或使用额定电流超过 32 A 的保护开关，此时手动操作是允许的。单台运行的发电机组,若要作为电网的备用电源或与电网并联运行,则应符合 ISO 8528-4:2005 中 5.1 的规定。

发电机组运行所必需的电器设备,若不仅仅是由发电机组供电,则应配备一个分断装置。

注:作为备用发电机组工作时,为辅助机器提供一个分断装置也是必要的。

5.4 用于保护不期望的启动的分断装置

当机组有遥控启动装置或自动启动装置,且有不希望的启动危险时,有必要设置该装置。紧急停机按钮可用作该装置。

6 电击防护

6.3 直接接触防护

补充:小功率发电机组应采用 GB/T 2820.8—2002 中 6.7.2 所规定的专用防护措施。

6.3.3 补充

若需要用过电流脱扣器进行自动分断,则应考虑过电流保护装置的规格、发电机的阻抗和发电机组的短路特性。

接地故障保护装置应符合 ISO 8528-4:2005 中 7.2.7 的要求。

6.4 不适用。

7 设备的防护

7.2 过电流防护

补充:根据 GB/T 2820.8—2002 规定对于小功率发电机组,如果在最坏情况下,电流不超过任何部件的额定值或导体传输电流的容量,则可没有过流保护。

7.2.1 不适用。

7.5 不适用。

7.6 不适用。

8.3.2 不适用

9 控制电路和控制功能

9.1 不适用。

9.2 不适用。

9.3 不适用。

9.4.3 不适用。

10 操作界面和机器上安装的控制装置

10.1.3 操作界面和机器上安装的控制装置应能承受制造商所声明的预期使用应力。最小防护等级 IP33。

10.1.4 不适用。

10.6 不适用。

10.7 仅适用提供紧急停机装置的情况。

10.8 不适用。

12 电子设备

12.3.4 不适用。

13 控制装置:定位、安装和外壳

13.3 操作界面和机器上安装的控制装置应能承受制造商所声明的预期使用应力。最小防护等级IP23已足够。对于电气操作区域的控制和开关装置IP41级足够。

15 导线特性

15.3 防火电缆导管一般不需要。

15.5.1 根据有关标准规定,一般不要求导管的防护等级>IP33级。

17 附件和照明

不适用。

18 报警信号和指定内容

参见GB/T 2820.8—2002第9a条。

19 技术文件

不适用(见第7章)

20 试验

适用于本标准第10章的要求。

ICS 75.180.10
E 92

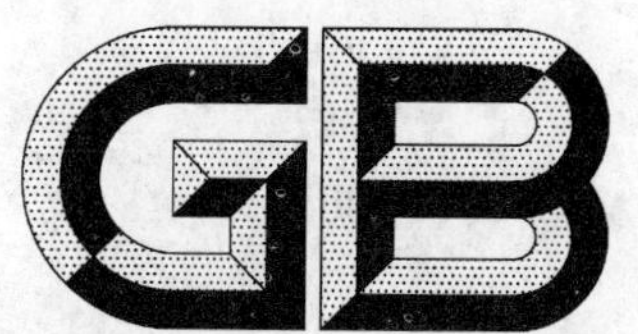

中华人民共和国国家标准

GB/T 22343—2008

石油工业用天然气内燃发电机组

Natural gas generating set for the petroleum industry

2008-08-28 发布　　　　2009-03-01 实施

中华人民共和国国家质量监督检验检疫总局
中国国家标准化管理委员会　发布

前 言

本标准由全国石油钻采设备和工具标准化技术委员会(SAC/TC 96)提出并归口。

本标准由济南柴油机股份有限公司负责起草，山东济柴绿色能源动力装备有限公司、新疆石油管理局钻井公司参加起草。

本标准主要起草人：曲玉玲、李树生、王安忠、王志刚、孙洁、刘云香、许传国、吴志方、刘金才、郝利华、张鹤远、胡志峰、曾志伟。

石油工业用天然气内燃发电机组

1 范围

本标准规定了石油工业用天然气发电机组(以下简称“机组”)的要求、试验、检验规则、标志与包装及贮运要求等。

本标准适用于3 kW～3 150 kW、额定频率为50 Hz、以天然气为燃料的往复式内燃发动机、交流发电机、控制装置和辅助设备组成的发电机组。

以其他可燃气体为燃料的发电机组或频率为60 Hz的机组可参照执行。

2 规范性引用文件

下列文件中的条款通过本标准的引用而成为本标准的条款。凡是注日期的引用文件,其随后所有的修改单(不包括勘误的内容)或修订版均不适用于本标准,然而,鼓励根据本标准达成协议的各方研究是否可使用这些文件的最新版本。凡是不注日期的引用文件,其最新版本适用于本标准。

GB 146.1 标准轨距铁路机车车辆界限

GB 146.2 标准轨距铁路机车建筑界限

GB/T 191 包装储运图示标志(GB/T 191—2008, ISO 780:1997, MOD)

GB/T 2820.3 往复式内燃机驱动的交流发电机组 第3部分:发电机组用交流发电机(GB/T 2820.3—1997, eqv ISO 8528-3:1993)

GB/T 2820.4 往复式内燃机驱动的交流发电机组 第4部分:控制装置和开关装置(GB/T 2820.4—1997, eqv ISO 8528-4:1993)

GB/T 2820.5—1997 往复式内燃机驱动的交流发电机组 第5部分:发电机组(eqv ISO 8528-5:1993)

GB/T 2820.9 往复式内燃机驱动的交流发电机组 第9部分:机械振动的测量和评价(GB/T 2820.9—2002, ISO 8528-9:1997, MOD)

GB/T 2820.10 往复式内燃机驱动的交流发电机组 第10部分:噪声的测量(包面法)(GB/T 2820.10—2002, ISO 8528-10:1998, MOD)

GB 4556 往复式内燃机 防火(GB 4556—2001, idt ISO 6826:1997)

GB/T 6072.1—2000 往复式内燃机 性能 第1部分:标准基准状况,功率、燃料消耗和机油消耗的标定及试验方法(idt ISO 3046-1:1995)

GB/T 13306 标牌

GB/T 20136—2006 内燃机电站通用试验方法

GB 20891—2007 非道路移动机械用柴油机排气污染物排放限值及测量方法(中国Ⅰ、Ⅱ阶段)

JB/T 7606 内燃机电站总装技术条件

ISO 8528-1:2005 往复式内燃机驱动的交流发电机组——第1部分:用途、定额和性能

3 要求

3.1 总则

3.1.1 机组的总装应符合JB/T 7606的规定。

3.1.2 天然气质量要求如下:

a) 低热值不低于27 MJ/m³;

b） 甲烷含量不低于76%(体积分数)；

c） 总硫(以硫计)含量不大于460 mg/m³；

d） 硫化氢含量不大于20 mg/m³；

e） 天然气应经处理，达到无液态成分，天然气中的杂质粒度应小于5 μm，含量不大于0.03 g/m³；

f） 天然气温度不应低于0℃，不应高于60℃，否则应备有加热或冷却装置。

注：天然气体积的标准参比条件是101.3 kPa，20 ℃。

3.1.3 机组供气压力按发动机技术条件规定。

3.2 参数

3.2.1 机组包装后的外形尺寸应符合GB 146.1、GB 146.2的规定。

3.2.2 机组的重量应符合图样要求。

3.3 监测仪表

3.3.1 机组的电气仪表应至少配装1只交流电压表和1只交流电流表。对于并联运行，附加的仪表按GB/T 2820.4的规定给出。

对于输出功率大于100 kW的机组应配装1只频率表和运行小时计数器。对于3相机组，应能测量所有相的电压和电流。

3.3.2 机组控制屏各监测仪表(发动机仪表除外)的准确度等级：频率表应不低于0.5级；功率因数表应不低于2.5级；其他不应低于1.5级。

3.3.3 控制屏应配置音响、信号等指示装置。

3.4 标准基准条件

3.4.1 机组在下列条件下应能输出额定功率：

a） 绝对大气压力：$p_r=100$ kPa；

b） 环境温度：$T_r=298$ K(25 ℃)；

c） 空气相对湿度：$\phi_r=30\%$；

d） 增压中冷介质温度：$T_{cr}=298$ K(25 ℃)。

3.4.2 机组的实际工作条件比以上规定恶劣时，其输出功率应按GB/T 6072.1—2000规定换算出试验条件下的发动机功率后再折算成电功率，此电功率不应超过发电机的额定功率。

3.5 机组输出功率种类与运行方式

3.5.1 持续功率（COP）

在商定的运行条件下并按制造商的规定进行维护保养，机组以恒定负载持续运行，且每年运行时间不受限制的最大功率，见ISO 8528-1:2005图1。

3.5.2 基本功率（PRP）

在商定的运行条件下并按制造商的规定进行维护保养，机组以可变负载持续运行，且每年运行时间不受限制的最大功率。24 h运行周期内允许的平均功率输出(P_{pp})应不超出PRP的70%。

注：在要求允许的平均功率输出(P_{PP})较规定值高的应用场合，应使用持续功率。

在确定某一可变功率序列的实际平均功率输出(P_{pa})时，功率小于30% PRP时按30%计，停机时间不包括在内，见ISO 8528-1:2005图2。

3.5.3 限时运行功率（LTP）

在商定的运行条件下并按制造商的规定进行维护保养，机组每年运行时间可达500 h的最大功率，见ISO 8528-1:2005图3。

注：按100%限时运行功率每年运行的最长时间为500 h。

3.5.4 应急备用功率（ESP）

在商定的运行条件下并按制造商的规定进行维护保养，在市电一旦中断或在试验条件下，机组以可变负载运行且每年运行时间可达200 h的最大功率。24 h运行周期内允许的平均功率输出(P_{pp})应不超出 70%ESP。

实际平均功率输出(P_{pa})应不大于按 ESP 定义的允许平均功率输出(P_{pp})。

在确定某一可变功率序列的实际平均功率输出(P_{pa})时,功率小于 30% ESP 时按 30%计,停机时间不包括在内。见 ISO 8528-1:2005 图 4。

3.5.5 运行方式

输出功率为持续功率(COP)的机组,在 3.4.1 规定条件下,应能按额定工况正常地连续运行 12 h,机组应无漏油、漏水、漏气等现象。

其他输出功率种类的机组,其连续运行的时间由供需双方协议确定。

3.6 输出规定功率的条件

3.6.1 机组在下列条件下应能可靠工作(允许修正功率),具体条件(或比以下条件恶劣时)应在供需双方协议中说明。

a) 海拔高度不超过 4 000 m。

b) 环境温度:

——下限值分别为 5 ℃,−15 ℃,−25 ℃,−45 ℃;

——上限值分别为 40 ℃,45 ℃,50 ℃。

c) 最高温度条件下空气相对湿度:月平均最大相对湿度不大于 90%(25 ℃)。

3.6.2 机组运行的现场条件应由用户明确确定,且应对任何危险条件(如易燃、易爆环境)加以说明。

3.6.3 当试验海拔高度超过 1 000 m(但不超过 4 000 m)时,环境温度的上限值按海拔高度每增加 100 m,降低 0.5 ℃修正。

3.7 启动要求

在环境温度不低于 5 ℃时,机组应能顺利启动,启动时间不超过 10 s;当环境温度在−45 ℃~5 ℃范围内时,采取预热措施后,机组应能顺利启动。

3.8 性能等级

3.8.1 性能 G1 级

适用于一般用途(照明和其他简单的电气负载),只需规定电压和频率的基本参数的连续负载。

3.8.2 性能 G2 级

适用于对其电压特性与公用电力系统有相同要求的负载。如用于照明系统;泵、风机和卷扬机。当负载变化时,允许有暂时的电压和频率的偏差。

3.9 电气性能

3.9.1 电压整定范围

机组在空载与额定输出之间的所有负载(或规定负载)和在商定的功率因数范围内,额定频率时在发电机端子处的上升和下降调节电压的最大可能范围不应小于±5%额定电压。

3.9.2 电压和频率性能等级

电压和频率性能等级的运行极限值按表 1 的规定,有特殊要求的机组按供需双方协议。

3.9.3 冷热态电压变化

机组在额定工况下从冷态到热态的电压变化:对采用可控励磁装置发电机的机组应不超过±2%额定电压;对采用不可控励磁装置发电机的机组应不超过±5%额定电压。

3.9.4 畸变率

机组在空载额定电压时的线电压波形正弦性畸变率应不大于下列规定值:

额定功率 3 kW~250 kW 的三相机组为 10%;

额定功率大于 250 kW 的机组为 5%。

3.9.5 不对称负载要求

额定功率不大于 250 kW 的三相机组在一定的三相对称负载下,在其中任一相上再加 25% 额定相功率的电阻性负载，当该相的总负载电流不超过额定值时，应能正常工作，线电压的最大(或最小)值与三线电压平均值之差应不超过三线电压平均值的±5%。

表 1

参数		性能等级	
		G1	G2
频率降 δf_{st}/%		0～8	0～5
稳态频率带 β_f/%		≤2.5	≤1.5
相对的频率整定下降范围 $\delta f_{s,do}$/%		≥$(2.5+\delta f_{st})$	
相对的频率整定上升范围 $\delta f_{s,up}$/%		≥+2.5[a]	
(对额定频率的)瞬态频率偏差	100%突减功率 δf_{dyn}^{+}/%	≤+18	≤+12
	突加功率 δf_{dyn}^{-}/%	≤−25	≤−20
频率恢复时间 t_f/s		≤10	≤5
相对频率容差带 α_f/%		3.5	2
稳态电压偏差 δU_{st}/%		≤±5	≤±2.5
瞬态电压偏差	100%突减功率 δU_{dyn}^{+}/%	≤+35	≤+25
	突加功率 δU_{dyn}^{-}/%	≤−25	≤−20
电压恢复时间 t_u/s		≤10	≤6
电压不平衡度 $\delta U_{2,0}$/%		1[b]	

注：术语、符号和定义详见 GB/T 2820.5。

[a] 不需要并联的机组，转速和电压的整定不变是允许的。

[b] 在并联运行的情况下，该值应减为 0.5。

3.9.6 并联

3.9.6.1 同型号规格和容量比不大于 3∶1 的机组在 20%～95%总额定功率范围内应能稳定地并联运行，且可平稳转移负载的有功功率和无功功率，其有功功率和无功功率的分配差度不应大于如下规定：

a) 有功功率分配 ΔP：

——在 80%和 100%额定负载之间为±5%；

——在 20%和 80%额定负载之间为±10%。

b) 无功功率分配 ΔQ：

在 20%和 100%额定负载之间为±10%。

3.9.6.2 容量比大于 3∶1 的机组并联，各机组承担负载的有功功率和无功功率分配差度按供需双方协议规定。

3.9.7 温升限值或温度

机组在运行中，发电机温升限值应符合 GB/T 2820.3 的规定；机组其他各部件的温度应符合产品技术条件的规定。

3.10 结构

3.10.1 机组的电气接线应符合电路图；电气安装应符合相应图样的规定。

3.10.2 发动机与发电机的对中要求，按产品使用说明书的规定。

3.11 污染环境的限值

3.11.1 振动

机组应根据需要设置减振装置；常用发电机组振动加速度、速度、位移有效值范围见表 2。这些数据可用来评估发电机组的振动级别和潜在效应。

按标准结构和零部件设计的发电机组，当振动级别小于数值 1 时，应不会发生损坏。

当振动级别在数值 1 和数值 2 之间时，则应按发动机制造商和零部件供应商的协议对发电机组的结构和零件强度进行评估，以确保发电机组可靠运行。

表 2

发动机标定转速 n/(r/min)	机组额定功率 P/kW	振动位移有效值 S_{xms}			振动速度有效值 v_{xms}			振动加速度有效值 a_{xms}		
		发动机/mm	发电机振动级别		发动机/(mm/s)	发电机振动级别		发动机/(mm/s^2)	发电机振动级别	
			数值 1/mm	数值 2/mm		数值 1/(mm/s)	数值 2/(mm/s)		数值 1/(mm/s^2)	数值 2/(mm/s^2)
>1 000～1 300	≥200～1 000	0.72	0.32	0.39	45	20	24	28	13	15
	>1 000	0.72	0.29	0.35	45	18	22	28	11	14
>1 300～2 000	≤100	—	0.4	0.48	—	25	30	—	16	19
	>100～200	0.72	0.4	0.48	45	25	30	28	16	19
	>200	0.72	0.32	0.45	45	20	28	28	13	18

注：表中位移有效值 S_{xms} 和加速度有效值 a_{xms} 可用表中的速度有效值 v_{xms} 按下式求得：

$$S_{xms} = 0.015\,9\, v_{xms};$$

$$a_{xms} = 0.628\, v_{xms}。$$

3.11.2 噪声

机组的噪声限值应不大于表 3 规定。

表 3

机组额定功率 P/kW	噪声（声压级）/dB(A)
≤250	102
>250～500	106
>500～1 000	108
>1 000	110(或按供需双方协议)

注：对于开式机组，该值应减去 2 dB(A)。

3.11.3 排放

机组的污染物排放限值按如下规定：

a) 一氧化碳(CO)不大于 5.45 g/(kW・h)；

b) 非甲烷碳氢化合物(NMHC)不大于 0.78 g/(kW・h)；

c) 甲烷(CH_4)不大于 1.6 g/(kW・h)；

d) 氮氧化合物(NO_x)不大于 5.0 g/(kW・h)。

3.12 经济性

3.12.1 机组的热耗率(或耗气量)要求应符合产品技术条件的规定。热耗率最大允差不超过技术条件中规定数值的 5%。当试验环境与标准环境状况不符时，机组热耗率按 GB/T 6072.1—2000 中第 13 章的规定方法进行修正。

3.12.2 机组的机油消耗率应不大于 1.6 g/(kW・h)。

3.13 安全性

3.13.1 接地

机组应有良好的接地端子并有明显的标志。

3.13.2 绝缘电阻

机组各独立电气回路对地，以及回路间的绝缘电阻应不低于表4的规定。冷态绝缘电阻只供参考，不作考核。

表4

<table>
<tr><th colspan="2" rowspan="2">条　　件</th><th colspan="3">回路额定电压 U_i/V</th></tr>
<tr><th>$U_i \leqslant 230$</th><th>$U_i=400$</th><th>$U_i=6\ 300$</th></tr>
<tr><td rowspan="2">冷态绝缘电阻/MΩ</td><td>环境温度为15 ℃～35 ℃，空气相对湿度为45%～75%</td><td>2</td><td>2</td><td>按协议</td></tr>
<tr><td>环境温度为25 ℃，空气相对湿度为95%</td><td>0.3</td><td>0.4</td><td>6.3</td></tr>
<tr><td colspan="2">热态绝缘电阻/MΩ</td><td>0.3</td><td>0.4</td><td>6.3</td></tr>
</table>

3.13.3 耐受电压

机组各独立电气回路对地以及回路间应能承受表5所规定的频率为50 Hz、波形尽可能为实际正弦波、历时1 min的绝缘介电强度试验电压而无击穿或闪络现象。

表5

<table>
<tr><th>部　　位</th><th>回路额定电压/V</th><th>试验电压/V</th></tr>
<tr><td>一次回路对地，
一次回路对二次回路</td><td>≥100</td><td>(1 000+2倍额定电压)×80%
最低1 200</td></tr>
<tr><td>二次回路对地</td><td><100</td><td>750</td></tr>
<tr><td colspan="3">注：发动机的电气部分，半导体器件及电容器等不做此项试验。</td></tr>
</table>

3.13.4 相序

三相机组的相序：对采用输出插头插座者，应按顺时针方向排列(面向插座)；对采用设在控制屏上的接线端子者，从屏正面看应自左到右或自上到下排列；对控制屏内部母线的排列，从屏正面看应符合表6的规定。

表6

相　　序	垂直排列	水平排列	前后排列
A	上	左	远
B	中	中	中
C	下	右	近
N	最下	最右	最近

3.13.5 防护措施

对于固定式发电机组，考虑到要对操作和例行维护的人员进行防护，应遵循如下防护措施：

——人可能接近或触及的旋转、摆动的传动件，如风扇、皮带、链条等应进行恰当的排列和防护，以免在正常使用时被人员不经意地直接靠近；

——机组运行时，对其有可能飞出的构件，应有诸如防护罩等安全技术措施；

——机组正常使用时，当流体逸出时应有防其损坏电气绝缘的措施；

——对能造成危险的灼热部分，应有防接触的屏蔽；对发动机任何废气排放部件均应提供防护，以免人员在正常操作时意外接触；

——应装有迅速切断气源的保护措施。

3.13.6 机械强度

机组应具有足够的机械强度和刚度，以避免因机械变形使零部件松动或位移导致着火、触电等事故。

3.13.7 防火

3.13.7.1 机组设计时应考虑易燃气体管路的走向、布局、容器放置、渗漏、溢出和排泄所发生的危险。应把与气体接触而导致危险的可能性减至最小。

3.13.7.2 发动机的防火应符合 GB 4556 的规定。

3.13.7.3 机组的消声器应具有消火功能。

3.13.7.4 对于有可能向热表面渗漏易燃气体的软管或部件，应确保其能承受 2 倍的工作压力。

3.14 保护措施

3.14.1 发动机保护

机组用发动机至少应具备超速、机油压力低、发动机出水温度高等保护功能。具体要求见发动机技术条件。根据用户要求，发动机故障报警可延伸至电气控制室或远程控制。

3.14.2 机组保护

机组至少应有过载、短路、过流、过电压、欠电压、欠频、过频等保护装置，当出现故障或不允许值时，应能可靠动作。

3.14.3 其他保护

机组并联或并网时，应增设逆功率保护(整定值为－5%～－10%额定功率，5 s～10 s 内动作)。

3.15 机组监控

带控制屏/柜的机组，应能操作(或监视)如下项目：

a) 启动、停机、送电、停电、调频和调压；

b) 各运行参数：电压、电流、有功功率、功率因数、频率，累计运行时间；

c) 有要求时，可隔室监视发动机排温、水温、油温和机油压力；

d) 正常运行和事故性质的声光信号；

e) 并网、并联和解列。

3.16 外观质量

3.16.1 机组的焊接件焊接应牢固，焊缝应均匀，无裂纹、药皮、溅渣、焊边、咬边，漏焊及气孔等缺陷。焊渣、焊药应清除干净。

3.16.2 机组的控制屏表面应平整，仪表及按钮等排列布置应整齐美观。

3.16.3 机组涂漆部分的漆膜应均匀，无明显裂纹、脱落、流痕、气泡、划伤等现象。

3.16.4 机组电镀件的镀层应光滑，无漏镀、斑点、锈蚀等现象。

3.16.5 机组的紧固件应无松动，固定应牢固。

3.17 成套性

机组成套供应包括：

a) 原动机、发电机、控制屏/柜(控制屏根据用户要求提供)、随机备件、附件、工具及包装；

b) 机组产品合格证及随机技术文件。

4 试验

4.1 仪器仪表

机组试验在制造厂试验台上进行。型式试验时，用于测量电流、电压、功率、频率、功率因数等电气参数的仪器仪表的准确度应为 0.5 级；出厂试验允许采用 1.0 级准确度的仪表进行测量。

4.2 **试验项目**

机组试验项目按表7规定。

表7

试验项目名称	要求章条号	试验方法章条号
外观	3.16	4.4.1
成套性	3.17	GB/T 20136—2006 方法 202
标志和包装	第6章	GB/T 20136—2006 方法 203
重量	3.2.2	GB/T 20136—2006 方法 204
外形尺寸	3.2.1	GB/T 20136—2006 方法 205
接地	3.13.1	GB/T 20136—2006 方法 302
绝缘电组	3.13.2	GB/T 20136—2006 方法 101
耐受电压试验	3.13.3	GB/T 20136—2006 方法 102
启动性能	3.7	GB/T 20136—2006 方法 206
相序	3.13.4	GB/T 20136—2006 方法 208
监测仪表及机组监控	3.3 3.15	GB/T 20136—2006 方法 210
保护功能	3.14	GB/T 20136—2006 方法 303～312
防护措施、机械强度和防火	3.13.5 3.13.6 3.13.7	4.4.2
电压整定范围	3.9.1	4.4.3
频率降	3.9.2	4.4.4
稳态频率带	3.9.2	4.4.5
相对的频率整定上升范围和下降范围	3.9.2	4.4.6
(对额定频率的)瞬态频率偏差和频率恢复时间及相对频率容差带	3.9.2	4.4.7
稳态电压偏差	3.9.2	4.4.8
电压不平衡度	3.9.2	4.4.9
瞬态电压偏差和电压恢复时间	3.9.2	4.4.10
冷热态电压变化	3.9.3	GB/T 20136—2006 方法 418
在不对称负载下的线电压偏差	3.9.5	GB/T 20136—2006 方法 419
线电压波形正弦性畸变率	3.9.4	GB/T 20136—2006 方法 423
连续运行试验	3.5.5	GB/T 20136—2006 方法 429
温升	3.9.7	GB/T 20136—2006 方法 430
并联运行试验	3.9.6	4.4.11
机组热耗率(或天然气耗气量)	3.12.1	4.4.12
机油消耗率	3.12.2	GB/T 20136—2007 方法 502
振动	3.11.1	GB/T 2820.9
噪声	3.11.2	GB/T 2820.10
排放	3.11.3	参照 GB 20891 发电机组用工况测量

4.3 试验要求

4.3.1 部件试验不能代替整机试验。

4.3.2 试验应在经预热的机组上进行。

4.3.3 功率可按规定修正。

4.3.4 负载变化的等级为空载、25%、50%、75%、100%额定功率。

4.4 试验方法

4.4.1 外观

用目测方法对3.16有关要求进行检查。

4.4.2 防护措施、机械强度和防火要求

用目测方法对3.13.5、3.13.6和3.13.7有关要求进行检查。

4.4.3 电压整定范围

4.4.3.1 方法

测量电压整定范围方法如下：

a) 将机组电压调节选择开关置于"手动"位置；

b) 启动并调整机组在额定工况下；

c) 卸去负载，调整机组在空载、25%、50%、75%、100%额定负载(或规定负载)下，在各级负载时的频率和功率因数均为额定值；

d) 在各级负载下，分别调节电压整定装置(手动控制变阻器)到两个极限位置；

e) 记录在各级负载下的两个极限位置的电压值、其他有关读数和情况。

4.4.3.2 计算

电压整定范围的上、下限极限按式(1)、(2)计算：

$$\delta U_{s,up}=\frac{U_{s,up}-U_r}{U_r}\times 100 \qquad \cdots\cdots(1)$$

$$\delta U_{s,do}=\frac{U_r-U_{s,do}}{U_r}\times 100 \qquad \cdots\cdots(2)$$

式中：

$\delta U_{s,up}$——相对电压整定上升范围，单位为1，以百分数表示；

$\delta U_{s,do}$——相对电压整定下降范围；单位为1，以百分数表示；

$U_{s,up}$——上升调节电压，单位为伏特(V)；

$U_{s,do}$——下降调节电压，单位为伏特(V)；

U_r——额定电压，单位为伏特(V)。

4.4.4 频率降

4.4.4.1 方法

启动并调整机组在额定电压、额定频率、额定功率、额定功率因数下稳定运行后，减负载至空载，记录机组在额定状态下和空载时的各有关读数及环境温度、空气相对湿度、大气压力等。

4.4.4.2 计算

频率降按式(3)计算：

$$\delta f_{st}=\frac{f_{i,r}-f_r}{f_r}\times 100 \qquad \cdots\cdots(3)$$

式中：

δf_{st}——频率降，单位为1，以百分数表示；

$f_{i,r}$——额定空载频率，单位为赫兹(Hz)；

f_r——额定频率，单位为赫兹(Hz)。

4.4.5 稳态频率带

4.4.5.1 方法

启动并调整机组在额定工况下稳定运行后，减负载至空载，从空载逐级加载至额定负载的25%、50%、75%、100%，再将负载按此等级由100%逐级减至空载，用仪表和示波器测出在各级负载下频率围绕某一平均值波动的包络线宽度。

4.4.5.2 计算

稳态频率带按式(4)计算：

$$\beta_f = \frac{\hat{\check{f}}}{f_r} \times 100 \quad \cdots\cdots(4)$$

式中：

β_f——稳态频率带，单位为1，以百分数表示；

$\hat{\check{f}}$——恒定功率时的发电机组频率围绕某一平均值波动的包络线宽度(时间在任1 s内)，单位为赫兹(Hz)；

f_r——额定频率，单位为赫兹(Hz)。

4.4.6 相对频率整定上升范围和下降范围

4.4.6.1 方法

测量相对频率整定上升范围和下降范围方法如下：

a) 启动并调整机组在额定工况下稳定运行；

b) 减负载至空载，调整调速器速度整定装置得到机组的最高频率和最低频率；

c) 记录有关稳定读数。

4.4.6.2 计算

机组相对的频率整定上升范围和下降范围按式(5)和式(6)计算：

$$\delta f_{s,up} = \frac{f_{i,max} - f_{i,r}}{f_r} \times 100 \quad \cdots\cdots(5)$$

$$\delta f_{s,do} = \frac{f_{i,r} - f_{i,max}}{f_r} \times 100 \quad \cdots\cdots(6)$$

式中：

$\delta f_{s,up}$——相对的频率整定上升范围，单位为1，以百分数表示；

$\delta f_{s,do}$——相对的频率整定下降范围，单位为1，以百分数表示；

$f_{i,max}$——最高可调空载频率，单位为赫兹(Hz)；

$f_{i,min}$——最低可调空载频率，单位为赫兹(Hz)；

$f_{i,r}$——额定空载频率，单位为赫兹(Hz)；

f_r——额定频率，单位为赫兹(Hz)。

4.4.7 (对额定频率的)瞬态频率偏差和频率恢复时间及相对频率容差带

4.4.7.1 测量方法

a) 启动并调整机组在额定工况下稳定运行；

b) 减负载至空载，从空载突加额定负载(或从空载突加规定负载再逐渐加载至额定负载)，再突减额定负载至空载，重复进行三次。用动态(微机)测量仪或示波器或其他仪器记录突加突减负载后频率的变化迹线。

4.4.7.2 计算方法

a) 机组的(对额定频率的)瞬态频率偏差按式(7)、式(8)计算：

$$\delta f_{dyn}^{-} = \frac{f_{d,min} - f_r}{f_r} \times 100 \quad \cdots\cdots(7)$$

$$\delta f_{dyn}^{+}=\frac{f_{d,max}-f_{r}}{f_{r}}\times 100 \qquad \cdots\cdots(8)$$

式中：

δf_{dyn}^{-}——(对额定频率的)负载增加后的瞬态频率偏差，单位为1，以百分数表示；

δf_{dyn}^{+}——(对额定频率的)负载减少后的瞬态频率偏差，单位为1，以百分数表示；

$f_{d,min}$——突加负载时频率下冲的最小值，单位为赫兹(Hz)；

$f_{d,max}$——突减负载时频率上冲的最大值，单位为赫兹(Hz)；

f_{r}——额定频率，单位为赫兹(Hz)。

b) 频率恢复时间($t_{f,in}$，$t_{f,de}$)是指在规定的负载突变后，从频率离开稳态频率带至其永久地重新进入规定的稳态频率容差带(Δf)之间的间隔时间，(见 GB/T 2820.5—1997 图 4)单位为秒(s)。

c) 相对频率容差带按式(9)计算：

$$\alpha_{f}=\Delta f/f_{r}\times 100 \qquad \cdots\cdots(9)$$

式中：

α_{f}——相对频率容差带，单位为1，以百分数表示；

Δf——稳态频率容差带，单位为赫兹(Hz)。

4.4.8 稳态电压偏差

4.4.8.1 方法

测量稳态电压偏差方法如下：

a) 启动并调整机组在额定工况下稳定运行；

b) 减负载至空载，从空载逐级加载至额定负载的25%、50%、75%、100%，再将负载按此等级由100%逐级减至空载；

c) 各级负载下的频率和功率因数均为额定值；

d) 记录各级负载下的有关稳定读数。

4.4.8.2 计算

稳态电压偏差按式(10)计算：

$$\delta U_{st}=\pm\frac{U_{st,max}-U_{st,min}}{2U_{r}}\times 100 \qquad \cdots\cdots(10)$$

式中：

δU_{st}——稳态电压偏差，单位为1，以百分数表示；

$U_{st,max}$——负载渐变后的最高稳定电压，取各读数中的最大值。对三相机组取三线电压的平均值，单位为伏特(V)；

$U_{st,min}$——负载渐变后的最低稳定电压，取各读数中的最小值。对三相机组取三线电压的平均值，单位为伏特(V)；

U_{r}——额定电压，单位为伏特(V)。

4.4.9 电压不平衡度

4.4.9.1 方法

测量电压不平衡度方法如下：

a) 启动并调整机组在额定工况下稳定运行；

b) 减负载至空载，调整电压为额定值。用仪器(相位差计或示波器)测量并计算出各线电压负序电压、零序电压、正序电压，记录有关读数。

4.4.9.2 计算

电压不平衡度按式(11)计算：

$$\delta U_{2,0}=\frac{U_{2}(U_{0})}{U_{1}}\times 100 \qquad \cdots\cdots(11)$$

式中：

$\delta U_{2,0}$——电压不平衡度，单位为1，以百分数表示；

U_2——负序电压分量，单位为伏特(V)；

U_0——零序电压分量，单位为伏特(V)；

U_1——正序电压分量，单位为伏特(V)。

4.4.10 瞬态电压偏差和电压恢复时间

4.4.10.1 测量方法如下：

a) 启动并调整机组在额定工况下稳定运行；

b) 减负载至空载，调整电压、频率为额定值，从空载突加至额定负载(或从空载突加规定负载)调整电压，频率为额定值，再突减额定负载(或规定负载)至空载，重复进行三次。用动态(微机)测量仪或示波器或其他仪器记录突加突减负载后的电压变化迹线；

c) 记录各级负载下的有关稳定读数。

4.4.10.2 计算方法如下：

a) 瞬态电压偏差按式(12)、式(13)计算：

$$\delta U_{\mathrm{dyn}}^{-}=\frac{U_{\mathrm{d,min}}-U_{\mathrm{r}}}{U_{\mathrm{r}}}\times 100 \qquad (12)$$

$$\delta U_{\mathrm{dyn}}^{+}=\frac{U_{\mathrm{d,max}}-U_{\mathrm{r}}}{U_{\mathrm{r}}}\times 100 \qquad (13)$$

式中：

$\delta U_{\mathrm{dyn}}^{-}$——负载增加后的瞬态电压偏差，单位为1，以百分数表示；

$\delta U_{\mathrm{dyn}}^{+}$——负载减少后的瞬态电压偏差，单位为1，以百分数表示；

$U_{\mathrm{d,min}}$——负载增加时下降的最低瞬时电压，单位为伏特(V)；取三线电压的平均值；

$U_{\mathrm{d,max}}$——负载减少时上升的最高瞬时电压，单位为伏特(V)；取三线电压的平均值；

U_{r}——额定电压，单位为伏特(V)。

b) 电压恢复时间按式(14)计算(见GB/T 2820.5—1997图5)：

$$t_{\mathrm{u}}=t_2-t_1 \qquad (14)$$

式中：

t_{u}——电压恢复时间，单位为秒(s)；

t_1——负载变化的瞬时开始，单位为秒(s)；

t_2——电压恢复到并保持在规定的稳态电压容差带(ΔU)内瞬时止的时间，单位为秒(s)；

4.4.10.3 稳态电压容差带ΔU，按式(15)计算：

$$\Delta U=2\delta U_{\mathrm{st}}\times U_{\mathrm{r}}/100 \qquad (15)$$

式中：

ΔU——稳态电压容差带，单位为1，以百分数表示。

4.4.11 并联运行试验

4.4.11.1 用型号、规格相同的两台机组试验。对不同品种规格及多台机组的并联，应在本方法的基础上由供需双方协商补充有关内容。

4.4.11.2 并联转移负载方法：

a) 启动并调整1号机组(运行机组)在额定功率因数下；

b) 启动并调整2号机组(待并机组)在额定功率因数下；

c) 机组运行稳定后，分别减1号机组和2号机组的负载至空载(或部分负载)；

d) 按规定的并联方式将两台机组在空载(或部分负载)下并联;

e) 观察机组并联无异常现象后,加 50% 额定功率,调节有功功率和无功功率,使两台机组均分负载;

f) 将 1 号机组的负载逐渐转移到 2 号机组,使 1 号机组在接近空载的状况下运行 5 min,再将负载由 2 号机组逐渐转移到 1 号机组,使 2 号机组在接近空载的状况下运行 5 min 后即解列。

记录各机组在各工况下的有关稳定数据和情况。

4.4.11.3 确定并联指标方法

a) 按 4.4.11.2 中 a)~d)规定的方法将机组在空载下(或部分负载)并联;

b) 观察机组并联无异常后加载,分别调节并联运行机组的输出功率,使各机组的输出功率为本机组额定功率的 80%(功率因数为额定值)以此作为基调点;以后的试验过程中不再调整电压和频率;

c) 按下列额定功率因数下的总额定功率的百分数和程序变更总负载,在各变更总负载下按下列顺序至少运行 5 min:75%、100%、75%、50%、25%、50%、75%;

d) 记录各机组在各工况下的电压、电流、频率、有功功率、无功功率(或功率因数)、总电流、总有功功率和无功功率以及有关情况。

4.4.11.4 有功功率分配(差度)ΔP 和无功功率分配(差度)ΔQ 计算方法按 GB/T 20136—2000 方法 412.4 进行。

4.4.12 机组热耗率

机组在标定工况下运行时用流量计法测量天然气的消耗量。

记录天然气的消耗量及相应的时间、输出功率、机油压力、排气温度、环境温度、空气相对湿度、大气压力,按式(16)计算出机组热耗率。

$$g_h = \frac{3\ 600 G_t}{t_t P} H_u \qquad (16)$$

式中:

g_h——机组热耗率,单位为千焦每千瓦时[kJ/(kW·h)];

G_t——机组在 t_t 时间内天然气消耗量,单位为立方米(m^3);

t_t——机组消耗 G_t 的时间,单位为秒(s);

P——机组额定功率,单位为千瓦(kW);

H_u——天然气低热值,单位为千焦每立方米(kJ/m^3)。

结果应符合 3.12.1 的规定。

5 检验规则

5.1 检验分类

机组检验分出厂检验和型式检验。

5.1.1 出厂检验

每台机组应进行出厂检验,其检验项目按表 8 规定。

5.1.2 型式检验

下列情况之一者应进行型式检验,其检验项目按表 8 规定:

a) 新产品定型投产之前;

b) 产品的设计或工艺上的变更足以影响产品性能时;

c) 出厂检验结果与上次型式检验结果有较大差异时。

表 8

检验项目名称	出 厂 检 验	型 式 检 验
外观	△	△
成套性	△	△
标志和包装	△	△
重量	—	△
外形尺寸	—	△
接地	△	△
绝缘电组	△	△
耐受电压	△	△
启动性能	△	△
相序	△	△
监测仪表及机组监控	△	△
保护功能	△	△
防护措施、机械强度和防火	—	△
电压整定范围	△	△
频率降	△	△
稳态频率带	△	△
相对的频率整定上升范围和下降范围	—	△
(对额定频率的)瞬态频率偏差和频率恢复时间及相对频率容差带	—	△
稳态电压偏差	△	△
电压不平衡度	—	△
瞬态电压偏差和电压恢复时间	—	△
冷热态电压变化	—	△
在不对称负载下的线电压偏差	—	△
线电压波形正弦性畸变率	—	△
运行试验	—	△
温升	—	△
并联运行试验	—	△
机组热耗率(或耗气量)	—	△
注：“△”表示需进行的项目；“—”表示可不进行的项目。		

5.2 **判定规则**

5.2.1 每台出厂检验的机组，各项检验项目均为合格时，该台机组判定合格。

5.2.2 型式检验的机组各项检验项目合格时，判定该台机组合格；如出现不合格项目时，应进行调整或改进，再次进行试验，直至合格为止，否则不能投产。

6 标志、包装和贮运

6.1 标志

6.1.1 机组应采用不锈钢材料制成的标牌，并固定在明显的位置，其尺寸和要求按 GB/T 13306 的规定。

6.1.2 机组标牌应包括如下内容：

a) 执行标准号(本标准)；

b) 制造商名称和商标；

c) 机组型号；

d) 机组编号；

e) 机组制造日期；

f) 相数；

g) 机组额定转速，r/min；

h) 机组额定功率，kW(按本标准加词头 COP，PRP，LTP 或 ESP)；

i) 额定频率，Hz；

j) 额定电压，V；

k) 额定电流，A；

l) 额定功率因数，$\cos\phi$；

m) 接线方式；

n) 净重量，kg 或 t；

o) 外形尺寸(长×宽×高)，mm。

6.2 包装

6.2.1 机组及其备、附件在包装前，凡未经涂漆或电镀等保护的裸露金属应采取临时性防锈保护措施。

6.2.2 机组的包装应能防雨、牢固可靠，有明显、不易脱落的识别标志。其标志应符合 GB/T 191 的规定。

6.2.3 机组应随附下列文件：

a) 机组出厂质量证明书；

b) 机组使用说明书及主要配套件使用说明书；

c) 备品清单。

6.3 贮运

6.3.1 机组应贮存在有顶盖的仓库内，不应有腐蚀性有害气体存在。

6.3.2 机组的包装应根据需要能进行水路、铁路和汽车运输。

ICS 75.180.10
E 92

中华人民共和国国家标准

GB/T 23507.3—2009

石油钻机用电气设备规范 第3部分:电动钻机用柴油发电机组

Criterion for electrical equipment for oil drilling rig—
Part 3:The diesel generating set for electric drilling rig

2009-04-02 发布 2010-01-01 实施

中华人民共和国国家质量监督检验检疫总局
中国国家标准化管理委员会 发布

前　言

GB/T 23507—2009《石油钻机用电气设备规范》分为4个部分：

——第1部分　主电动机；

——第2部分　控制系统；

——第3部分　电动钻机用柴油发电机组；

——第4部分　辅助用电设备及井场电路。

本部分为GB/T 23507—2009的第3部分。

本部分由全国石油钻采设备和工具标准化技术委员会(SAC/TC 96)提出并归口。

本部分主要起草单位：济南柴油机股份有限公司。

本部分参加起草单位：济南柴油机股份有限公司电站工程部、中国北车集团永济电机厂、天水传动研究所、新疆石油管理局钻井公司等。

本部分主要起草人：李俐、李树生、王安忠、孙洁、许传国、张宏斌、王志刚、刘云香、郝利华、刘金才、吴志方、张鹤远、曲玉玲、白莹、尚诗贤、李婷婷、曾志伟。

石油钻机用电气设备规范 第3部分:电动钻机用柴油发电机组

1 范围

GB/T 23507 的本部分规定了石油天然气工业陆用电动钻机用柴油发电机组(以下简称机组)的要求、试验方法、检验规则、标志、包装和贮运要求等。

本部分适用于额定容量为 1 000 kVA～2 400 kVA、额定电压为 600 V、(400 V)、(690 V)额定频率为 50 Hz 和 60 Hz 陆用电动钻机用柴油发电机组。

其他规格的电动钻机用发电机组亦可参照使用。

2 规范性引用文件

下列文件中的条款通过 GB/T 23507 的本部分的引用而成为本部分的条款。凡是注日期的引用文件,其随后所有的修改单(不包括勘误的内容)或修订版均不适用于本部分,然而,鼓励根据本部分达成协议的各方研究是否可使用这些文件的最新版本。凡是不注日期的引用文件,其最新版本适用于本部分。

GB 146.1 标准轨距 铁路机车车辆限界

GB 146.2 标准轨距 铁路建筑限界

GB/T 2820.1—1997 往复式内燃机驱动的交流发电机组 第1部分:用途、定额和性能(eqv ISO 8528-1:1993)

GB/T 2820.5 往复式内燃机驱动的交流发电机组 第5部分:发电机组(GB/T 2820.5—1997,eqv ISO 8528-5:1993)

GB/T 2820.6—1997 往复式内燃机驱动的交流发电机组 第6部分:试验方法(eqv ISO 8528-6:1993)

GB 4556 往复式内燃机 防火(GB 4556—2001,idt ISO 6826:1997)

GB/T 6072.1—2000 往复式内燃机 性能 第1部分:标准基准状况,功率、燃料消耗和机油消耗的标定及试验方法(idt ISO 3046-1:1995)

GB 12265.1 机械安全 防止上肢触及危险区的安全距离

GB 12265.2 机械安全 防止下肢触及危险区的安全距离

GB/T 13306 标牌

GB/T 20136—2006 内燃机电站通用试验方法

JB/T 7606 内燃机电站总装技术要求

JB/T 8194 内燃机电站名词术语

3 术语和定义

GB/T 2820.1、GB/T 2820.5、JB/T 8194 确立的以及下列术语和定义适用于本部分。

3.1

电动钻机用柴油发电机组 the diesel generating set for electric drilling rig

满足石油天然气工业用电动钻机工况的柴油发电机组。

4 要求

4.1 总则

4.1.1 机组应符合本部分的规定,机组的各配套件本部分未能作规定者,应符合各自技术条件的规定。

4.1.2 机组的总装技术要求应符合本部分和JB/T 7606的规定。

4.1.3 对机组有特殊要求时，应在产品技术协议中补充规定。

4.2 参数与型式

机组参数与型式见表1。

表1

名　称	单　位	参　数
发电机额定容量	kVA	1 000、1 200、1 500、1 750、1 900、2 150、2 400
额定转速	r/min	1 000、1 200、1 500、1 800
额定频率	Hz	50、60
额定电压	V	600、(400)、(690)
额定功率因数	$\cos\phi$	≤0.7
接线方式		三相四线制、三相三线制
起动方式		气启动/电启动
操纵方式		电控、手控
循环水冷却方式		闭式或半开式
支撑方式		单轴承或双轴承
注：发动机额定功率(kW)：680、800、1 000、1 200、1 360、1 400、1 710。		

4.3 额定功率的种类

额定功率按GB/T 2820.1—1997的第13章规定的持续功率(COP)。

4.4 环境条件

4.4.1 标准基准条件

机组在下列条件下已应能输出额定功率：

a) 绝对大气压力100 kPa；

b) 环境温度298 K(25 ℃)；

c) 空气相对湿度30%。

4.4.2 额定现场条件

在现场条件未知且订购方又未另做规定的情况下，机组在下列额定现场条件下应能输出额定功率：

a) 绝对大气压力89.9 kPa(或海拔高度不超过1 000 m)；

b) 环境温度313 K(40 ℃)；

c) 空气相对湿度60%。

4.5 输出规定功率(允许修正功率)的条件

机组在下列条件下应能输出规定功率并可靠工作，特殊条件应在产品技术条件中规定：

a) 海拔高度不超过4 000 m；

b) 环境温度

　1) 下限值分别为5 ℃，−15 ℃，−25 ℃，−45 ℃；

　2) 上限值分别为40 ℃，45 ℃，50 ℃；

c) 其他特殊环境条件按协议规定执行。

4.6 现场条件

机组运行的现场条件应由用户明确确定，且应对任何特殊的危险条件如爆炸大气环境和易燃气体环境加以说明。

4.7 功率修正

机组的实际工作条件或试验条件比4.4.1规定的条件恶劣时，其输出的规定功率应不低于如下修正后之值:其功率按 GB/T 6072.1—2000 的第 13 章规定换算出试验条件下的柴油机功率后再折算成的电功率,此电功率最大不得超出发电机的额定功率。

4.8 环境温度的修正

当试验海拔高度超过 1 000 m(但不超过 4 000 m 时),环境温度的上限值按海拔高度每增加 100 m 降低 0.5 ℃修正。

4.9 启动要求

4.9.1 常温启动

在环境温度不低于 5 ℃时,不经预热或其他措施,机组应能顺利启动。

4.9.2 低温启动

环境温度在-45 ℃～5 ℃范围内时,采取预热措施后,机组应能顺利启动,启动时间及带载工作时间按产品技术条件的规定。

4.10 电气指标

4.10.1 电压整定范围

机组的空载电压整定范围应不小于 95%～105%额定电压。

4.10.2 机组的电压和频率

机组的电压和频率指标按表 2 规定。

表 2

电压				频率			
稳态偏差 %	瞬态偏差 %	恢复时间 s	电压调制 %	频率降 %	瞬态偏差 %	恢复时间 s	稳态频率带 %
±2.5	±15	1.5	0.5	0～5 可调	±5	3	0.5
机组在空载至 25%额定负载时,其电压和频率的电压调制、频率带允许比表列数值大 0.5。 计算稳态电压偏差时,不包括从冷态到热态的电压变化。热态是指机组在额定方式下经连续工作后,各部分的温升在 1 h 内的变化不超过 1 ℃的状态;冷态是指机组各部分的温度与环境温度之差不超过 3 ℃时的状态。							

4.10.3 并联运行

机组应有并联运行功能,型号规格相同的机组在额定功率因数和 20%～95%总额定功率范围内应能稳定并联运行;且可平稳转移负载的有功功率和无功功率,其有功功率和无功功率的分配差度应不超过±5%。

4.10.4 冷热态电压变化

机组在额定工况下从冷态到热态的电压变化不超过±2%额定电压。

4.10.5 畸变率

机组在空载额定电压时的线电压波形正弦性畸变率应不超过 5%。

4.10.6 温升

机组的发电机各绕组温升应符合发电机产品技术条件规定。

4.11 安全性

4.11.1 绝缘电阻

机组各独立电气回路对地,以及回路间的绝缘电阻应不低于表 3 的规定。冷态绝缘只供参考,不作考核。

表 3

项目	条件	绝缘电阻/MΩ
冷态	环境温度 15 ℃～35 ℃;空气相对湿度 45%～75%	≥2
	环境温度 25 ℃;空气相对湿度 95%	≥0.5
热态		≥0.5

4.11.2 绝缘等级

发电机绝缘等级应不低于 F 级。

4.11.3 耐受电压

机组各独立电气回路对地，以及回路间应能承受表4所规定的频率为50 Hz、波形尽可能为实际正弦波、历时1 min的绝缘介电强度试验电压而无击穿或闪络现象。

表4

被试部位		试验电压/V
一次回路对地，一、二次回路之间		(1 000+2倍额定电压)×80% 最低1 200
二次回路对地	电压≥100 V	1 000
	电压<100 V	750
注：发动机的电气部分、半导体器件及电容器等不做此项试验。		

4.11.4 相序

三相机组的相序：对采用输出插头插座者，应按顺时针方向排列(面向插座)；对采用设在控制屏上的接线端子者，从屏正面看应自左到右或自上到下排列。

4.12 防火要求

4.12.1 机组消声器的结构应避免聚火的可能性。

4.12.2 机组的防火应符合GB 4556的规定。

4.13 指示装置

4.13.1 机组电器监控仪表的准确等级频率表不应低于0.5级，其他电气监控仪表的准确度等级不应低于2.5级。应能监控所有相的电压和电流。对柴油机进行监控的仪表，应符合柴油机技术条件规定，监测仪表的指针应转动灵活，指示应明确。

4.13.2 指示灯和按钮的颜色应根据其用途在产品技术条件中明确。

4.14 污染环境限值

4.14.1 振动

机组应根据需要设置减振装置；常用发电机组振动加速度、速度、位移有效值范围见表5。

表5

内燃机的标定转速 r/min	发电机组额定容量 kVA	振动位移有效值 S_{xms}			振动速度有效值 V_{xms}			振动加速度有效值 a_{xms}		
		内燃机 Mm	发电机振动级别		内燃机 mm/s	发电机振动级别		内燃机 mm/s^2	发电机振动级别	
			数值1 mm	数值2 mm		数值1 mm/s	数值2 mm/s		数值1 mm/s^2	数值2 mm/s^2
>1 000~1 200	>710~1 530	0.72	0.32	0.39	45	20	24	28	13	15
	>1 320	0.72	0.29	0.35	45	18	22	28	11	14
>1 200~2 000	>1 320	0.72	0.32	0.45	45	20	28	28	13	18
表中位移有效值 S_{xms} 和加速度有效值 a_{xms} 可用表中的速度有效值 V_{xms} 按下式求得： $S_{xms}=0.0159V_{xms}$； $a_{xms}=0.628V_{xms}$。										

对按本部分结构和零部件设计的发电机组，当振动级别小于数值1时，不应发生损坏。

当振动级别在数值1和数值2之间时，则应按发动机制造商和零部件供应商的协议对发电机组的结构和零件强度进行评估，以确保发电机组可靠运行。

4.14.2 噪声

机组的噪声应不大于表6的规定。

表 6

机组额定容量 kVA	噪声(声压级) dB(A)
≤1 140	108
≥1 140	110

4.14.3 **污染物**

机组的排放污染物限值应符合表 7 的规定。

表 7

	NO_x	HC	CO	PM
排放污染物/[g/(kW·h)]	≤9.2	≤1.3	≤5.0	0.54
排气烟度/BSU	1.0			

4.15 **耗油要求**

4.15.1 机组在额定工况下的燃油消耗率应不大于 $228^{+5\%}$ g/(kW·h)。

4.15.2 机组在额定工况下的机油消耗率应不大于 1.2 g/(kW·h)。

4.16 **保护**

4.16.1 发动机至少有下列保护功能:

a) 超速保护;

b) 油压低保护;

c) 出水温度高保护。

4.16.2 机组至少有下列保护功能:

a) 过载保护;

b) 短路保护;

c) 发电机绕组过温保护;

d) 过电压、欠电压保护;

e) 过频率、欠频率保护;

f) 逆功率保护。

4.16.3 机组应有良好的接地端子并有明显的标志。

4.17 **可靠性和维修性**

平均故障间隔时间和平均修复时间应符合表 8 规定。

表 8

额定转速 r/min	平均故障间隔时间数 T_1 h	平均修复时间 T_2 h
1 500、1 800	≥500	≤3
1 000、1 200	≥800	≤3
注 1:平均故障间隔时间是指机组总的工作时间与机组故障停电次数之比。 注 2:按使用维护说明书规定进行正常维护或其他原因造成的停机次数不计。		

4.18 **外观质量**

4.18.1 机组的界限、安装尺寸及连接尺寸均应符合按规定程序批准的产品图样,并应符合 GB/T 146.1、GB/T 146.2 的要求。

4.18.2 试验前检查机组各连接处的安装质量,配套附件应齐全,各运动部件应灵活,无卡滞现象。

4.18.3 机组应无漏油、漏水、漏气现象。

4.18.4 机组的电气安装应符合电气原理图，各导线连接应牢固。布线整齐，导线有明显不易脱落标志，仪表、讯号指示正确。

4.18.5 机组表面漆层均匀界限分明，无明显气泡，无皱皮，无漏漆，无脱漆，无明显流痕，无杂质。

4.18.6 机组焊接应无药皮，无溅渣，无焊穿，无明显咬边，无漏焊，无明显气孔，无裂纹。

4.19 机组机械结构

4.19.1 联接装置、底盘

4.19.1.1 底盘应有足够的刚性，使用时支撑在预先制好的平台底座或地面基础上，使各支点均匀接触后用压板或螺栓固紧，不应产生松动。

4.19.1.2 动力输出的联接对中要求

在任何作业条件和环境条件下，机组应保持原有的对准要求，发动机和发电机之间中心线的对中技术要求严格按产品维护说明书的规定执行。

4.19.2 附件及防护装置

4.19.2.1 应在 GB 12265.1 和 GB 12265.2 规定的安全距离内对操作人员进行安全防护。安全距离的大小取决于机组的安装。机组的安装方应负责鉴别防护的必要性。

4.19.2.2 为避免与诸如主轴、风扇、离合器 、皮带轮、皮带及具有剪切作用的杠杆等运动件接触，必须安装防护装置，如采用网状结构时，其开口宽度、直径及边长或椭圆形孔的短轴尺寸应小于 6.5 mm，安全距离应不小于 35 mm。

4.19.2.3 对于固定式发电机组，考虑到要对操作和例行维护的人员进行防护，应遵循如下防护措施：

——人可能接近或触及的旋转、摆动的传动件，如风扇、皮带、链条等应进行恰当的排列和防护，以免在正常使用时被人员不经意地直接靠近；

——机组运行时，对其有可能飞出的构件，应有诸如防护罩等安全技术措施；

——对能造成危险的灼热部分，应有防接触的屏蔽。对发动机任何废气排放部件均应提供防护，以免人员在正常操作时意外接触。

4.19.2.4 可能引起烫伤的零部件应做出明显的标志或进行防护。

4.19.2.5 机组正常使用时，应有防流体逸出损坏电气绝缘的措施。

4.20 发电机房(根据用户的需求)

4.20.1 外观

4.20.1.1 机房应按规定程序批准图样及相关的技术协议和需求制造。

4.20.1.2 发电机房整体外观应平整、不应有明显的凹陷、残缺。各焊接平面的缝隙应均匀。

4.20.1.3 发电机房外表面的涂漆、漆膜颜色、防水及标牌符合机房技术文件规定。

4.20.2 机房电气设施

4.20.2.1 发电机房内电气设施如配电箱、主电缆、控制电缆、照明动力电线的安装和固定应严格按设计规范。

4.20.2.2 机房应安装排气消音器，配备灭火器、梯子等辅助设施。

4.20.2.3 机房应有强制通风设施，其设计应满足机组的使用要求。

4.20.3 机房布置

4.20.3.1 油、水、气管线暗置，电缆槽设置在发电机出线口上方。

4.20.3.2 应有避雷、隔音隔振、安全、环保、采暖、采光和排污等方面的要求。

4.21 成套性

4.21.1 机组的成套性按供需双方的协议。

4.21.2 每台机组应随附下列文件：

a) 产品使用、维护技术说明书(技术数据、结构和用途说明、电路图和电气接线图、安装、保养和维修说明)；

b) 随机备件清单；

c) 随机专用工具和通用工具清单(根据用户要求)；

d) 产品合格证；

e) 质量证明书。

5 试验

5.1 仪器仪表

5.1.1 机组检验在试验台上进行。鉴定试验和型式检验时，用于测量下列电气参数的仪器仪表的准确度应采用不低于0.5级的电气测量仪器仪表(兆欧表除外)。出厂试验允许采用1.0级准确度的仪器和仪表进行测量。

5.1.2 机组在安装现场条件下进行检验。用于测量电气参数的仪器仪表的准确度由产品技术条件或在合同中明确，最低不应低于GB/T 2820.6—1997中6.6.1的规定。

5.2 试验项目和试验方法

试验项目和试验方法按表9。

表9

序号	检验项目名称	出厂检验	型式检验	技术要求章条号	试验、检测方法章条号 GB/T 20136—2006
1	检查外观	√	√	4.18	方法201
2	检查成套性	√	√	4.21	方法202
3	检查标志和包装	√	√	7	方法203
4	测量绝缘电组	√	√	4.11.1	方法302
5	耐用电压试验	√	√	4.11.3	方法102
6	检查常温、低温启动性能	√	√	4.9	方法206、207
7	检查相序	√	√	4.11.4	方法208
8	检查控制屏各指示装置	√	√	4.13	方法210
9	检查机组保护功能	×	√	4.16.2	方法303～方法313
10	测量电压整定范围	√	√	4.10.1	方法409
11	测量频率降	√	√	4.10.2	方法401
12	测量稳态频率带	√	√	4.10.2	方法402
13	测量(对额定频率的)瞬态频率偏差和频率恢复时间	×	√	4.10.2	方法416
14	测量稳态电压偏差	√	√	4.10.2	方法406
15	测量瞬态电压偏差和电压恢复时间	√	√	4.10.2	方法410
16	检查冷热态电压变化	√	√	4.10.4	方法418
17	测量线电压波形正弦性畸变率	√	√	4.10.5	方法423
18	测量温升	√	√	4.10.6	方法430
19	并联运行试验	√	√	4.10.3	方法412
20	测量燃油消耗率	×	√	4.15.1	方法501
21	测量机油消耗率	×	√	4.15.2	方法502

表 9（续）

序号	检验项目名称	出厂检验	型式检验	技术要求章条号	试验、检测方法章条号 GB/T 20136—2006
22	测量振动值	×	√	4.14.1	方法 601
23	测量噪声级	×	√	4.14.2	方法 602
24	测量排放污染物	×	√	4.14.3	方法 605
25	测量烟度	×	√	4.14.3	方法 606
注："√"表示需要进行的项目；"×"表示可不进行的项目。					

6 检验规则

机组检验分出厂检验和型式检验，试验时所用的仪器仪表应有定期检查的合格证。

6.1 出厂检验

每台机组均应进行出厂检验，其检验项目按表 9 的规定。

6.2 型式检验

6.2.1 型式检验项目按表 9 规定。

6.2.2 有下列情况之一者应进行型式检验：

a) 产品的设计或工艺上的变更足以影响产品性能时；

b) 出厂检验结果与上次型式检验结果有较大差异时。

6.3 判定规则

6.3.1 每台出厂检验的机组，各项检验项目均为合格时，该台机组判定合格。

6.3.2 型式检验的机组各项试验与检验合格时，判定该台机组合格；如出现不合格项目时，应进行调整或改进，再次进行试验，直至合格为止，否则不能投产。

6.4 检验条件

6.4.1 除另有规定外，各项检验均在生产厂所具有的条件(环境温度、相对湿度，大气压力)下进行。

6.4.2 检验时使用的测量仪表应有定期校验的合格证。

6.4.3 除另有规定外，各电气指标均在机组控制屏输出端考核。

7 标志、包装和贮运

7.1 标志

7.1.1 机组应有金属制成的铭牌，并固定在明显的位置，其尺寸和要求按 GB/T 13306 的规定。

7.1.2 机组铭牌应包括如下内容：

a) 机组名称、型号、编号；

b) 执行标准编号；

c) 制造商名称；

d) 机组制造日期；

e) 接线方式；

f) 相数；

g) 额定转速，r/min；

h) 额定功率(COP)，kW；

i) 额定频率，Hz；

j) 额定电压，V；

k) 额定电流，A；

l) 额定功率因数，$\cos\phi$；

m) 质量，kg；

n) 外形尺寸 $L \times W \times H$，mm；

o) 产品注册商标。

7.2 包装

7.2.1 机组及其备、附件在包装前，凡未经涂漆或电镀等保护的裸露金属应采取临时性防锈保护措施。

7.2.2 机组的包装应能防雨、牢固可靠，有明显、正确、不易脱落的识别标志。

7.2.3 机组按产品的技术文件规定的贮存期和方法贮存应无损。

7.3 贮运

7.3.1 机组应贮存在有顶盖的仓库内，不得有腐蚀性有害气体存在。

7.3.2 机组应按 GB 146.1、GB 146.2 的规定进行水路、铁路和汽车运输。

ICS 29.160.20
K 20

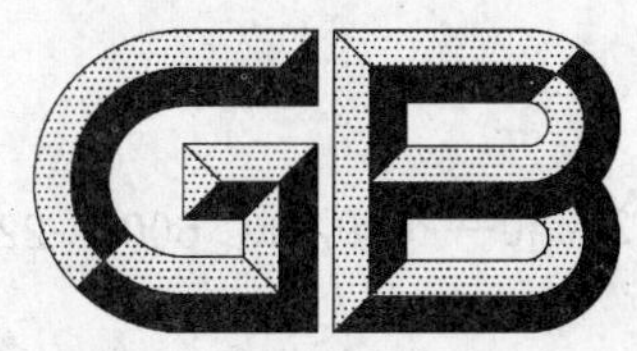

中华人民共和国国家标准

GB/T 23640—2009/IEC 60034-22:1996

往复式内燃机(RIC)驱动的交流发电机

AC generators for reciprocating internal combustion(RIC) engine driven generating sets

(IEC 60034-22:1996,IDT)

2009-04-21 发布 2009-11-01 实施

中华人民共和国国家质量监督检验检疫总局
中国国家标准化管理委员会 发布

前　言

本标准等同采用 IEC 60034-22:1996《往复式内燃机(RIC)驱动的交流发电机》,通过等同采用国际标准,既提高了国内此领域的技术水平,又符合国际间贸易,技术和经济交流的需要。

由于该 IEC 标准为 1996 年发布的,其中引用的旋转电机基础标准 IEC 60034-1:1996 已经改版为 IEC 60034-1:2004(等同转化为 GB 755—2008),本次转化根据 GB 755—2008 的内容做了相应修改,同时为了使标准中一些术语的表达式与其在文中的应用前后一致,在等同采用的过程中也做了一些修改,改动部分如下:

a) 第 3.1.4 条,无功功率的单位符号由“VAa”改为“var”。

b) 第 3.1.5 条,额定转速 n_r 后加单位“r/s”。

c) 第 3.2.3 条,电压整定范围 ΔU_s 的表达式由原来 $\Delta U_s = \Delta U_{sup} + \Delta U_{sd0}$ 改为:$\Delta U_s = \Delta U_{sup} \sim \Delta U_{sd0}$。既符合电压整定范围的数学意义,又与表 1 运行限值中[±5]一致。否则按原来的公式 ΔU_s=正数+负数,数值非常小,明显不符合。

d) 第 5.2 条中,鉴于生产中已不再或很少使用 A 级 E 级绝缘材料,故按照 GB 755—2008,取消了 A 级 E 级的内容规定。

e) 第 7.5 条,按 GB 755—2008,已将同步电动机电话谐波因数改用同步电机总谐波畸变量(THD)来表示,并修改了相应的内容。

f) 条款 9 的表 1 中,去掉“X=”,因为此符号放置在此处无意义;表中最大电压恢复时间一栏中,负载由 0 到 100%变化时,功率因数变化范围的表述由“>0≤0.4”改为“(0,0.4)”;表的列项前加“注:”。

g) 图 A.1 中卸载曲线两虚线间补尺寸线 t_{rec},使图形完整。

本标准由中国电器工业协会提出。

本标准由全国旋转电机标准化技术委员会(SAC/TC 26)归口。

本标准负责起草单位为:上海电器科学研究所(集团)有限分司、中国北车集团永济电机厂、泰豪科技股份有限公司、兰州电机股份有限公司、上海强辉电机有限公司、福建福安闽东亚南电机有限公司、中船重工电机科技股份有限公司、卧龙电气集团股份有限公司、上海麦格特电机有限公司、上海电科电机科技有限公司、浙江金龙电机有限公司。

本标准主要起草人:李军丽、周卫江、康茂生、李杰、赵文钦、梁伯山、周效龙、叶月君、陈伯林、刘宇辉、叶锦武。

往复式内燃机(RIC)驱动的交流发电机

1 范围

本标准规定了在电压调节器控制下用于往复式内燃机(RIC)驱动的交流发电机的主要特性,是对GB 755—2008技术要求的补充。

本标准适用于陆地和船舶上使用的此类发电机,但不适用于航空或陆地车辆和机车上使用的发电机组。

注1:对于一些特殊的使用(如医院、高大建筑等的必备电源),附加要求可能是必要的。本标准中的条款应为这些附加要求的基础。

注2:应注意并记录不同规定方所坚持提出的附加规定和要求。当终端产品在要求的条件下使用时,这些附加规定和要求可能成为客户和制造商之间所签订协议的主要内容。

注3:制定规章的权威机构示例:

——为船舶上和近岸装备上使用的发电机组分类的组织;

——政府机构;

——检查机构,地方公共事业单位等。

附录A讨论了适用于本标准的发电机在负载突变时的性能。

2 规范性引用文件

下列文件中的条款通过本标准的引用而成为本标准的条款。凡是注日期的引用文件,其随后所有的修改单(不包括勘误的内容)或修订版均不适用于本标准,然而,鼓励根据本标准达成协议的各方研究是否可使用这些文件的最新版本。凡是不注日期的引用文件,其最新版本适用于本标准。

GB 755—2008 旋转电机 定额和性能(IEC 60034-1:2004,IDT)

GB 2820.1—1997 往复式内燃机驱动的交流发电机组 第1部分:用途、定额和性能(eqv ISO 8528-1:1993)

GB 4343.1—2003 电磁兼容 家用电器、电动工具和类似器具的要求 第1部分:发射(CISPR 14-1:2000+A1,IDT)

GB/T 11021—2007 电气绝缘 耐热性分级(IEC 60085:2004,IDT)

GB/T 13394—1992 电工技术用字母符号 旋转电机量的符号(eqv IEC 27-4:1985)

GB/T 17743—2007 电气照明和类似设备的无线电骚扰性能的限值和测量方法(CISPR 15:2005,IDT)

3 术语和定义

下列术语和定义适用于本标准。

注:本标准中,"额定值"用下标"N"表示,和电工技术用字母符号系列标准的用法一致,而在GB 2820.1—1997中是用下标"r"来表示"额定值"的。

3.1 额定功率和额定转速

3.1.1

额定输出(视在)功率 S_N rated output

额定电压有效值,额定电流有效值以及常数 m 的乘积,用伏安(VA)或它的十进位倍数来表示。

其中:

单相 $m=1$

两相 $m=\sqrt{2}$

三相 $m=\sqrt{3}$

3.1.2

额定有功功率 P_N rated active power

额定电压有效值,额定电流有效值的有功分量以及常数 m 的乘积,用瓦(W)或它的十进位倍数表示。

其中:

单相 $m=1$

两相 $m=\sqrt{2}$

三相 $m=\sqrt{3}$

3.1.3

额定功率因数 $\cos\phi_N$ rated power factor

额定有功功率与额定视在功率的比值。

$$\cos\phi_N = \frac{P_N}{S_N}$$

3.1.4

额定无功功率 Q_N rated reactive power

额定视在功率与额定有功功率的几何差,用乏(var)或它的十进位倍数表示。

$$Q_N = \sqrt{(S_N^2 - P_N^2)}$$

3.1.5

额定转速 n_N(r/s) rated speed of rotation

a) 同步发电机:产生额定频率下的电压所必需的转速。

$$n_N = \frac{f_N}{p}$$

其中:

p 是极对数;

f_N 是额定频率(根据负载要求)。

b) 异步发电机:产生额定频率下的额定输出所需的转速。

$$n_N = \frac{f_N}{p}(1 - s_N)$$

其中:

p 是极对数;

f_N 是额定频率(根据负载要求);

s_N 是额定转差率。

3.1.6

额定转差率(异步发电机)s_N rated slip (of an asynchronous generator)

当发电机发出额定有功功率时,同步转速与额定转速之差除以同步转速。

$$s_N = \frac{\frac{f_N}{p} - n_N}{\frac{f_N}{p}}$$

3.2

电压术语 valtage terms

注：以下术语适用于在正常励磁和电压调节系统控制下，运行在恒定(额定)转速时的发电机。

3.2.1

额定电压 U_N rated voltage

发电机在额定频率和额定输出时接线端子处的线电压。

注：额定电压是制造商为规定电机工作特性所指定的参数。

3.2.2

空载电压 U_{n1} no-load voltage

发电机在额定频率和空载状态时接线端子处的线电压。

3.2.3

电压整定范围 ΔU_s range of voltage setting

额定频率下，发电机在空载与额定输出之间的任何负载下线电压可能上升和下降(用 ΔU_{sup} 和 ΔU_{sd0} 表示，其中 U_{sup} 是电压整定上限，U_{sd0} 是电压整定下限)的调节范围。

$$\Delta U_s = \Delta U_{sup} \sim \Delta U_{sd0}$$

电压整定范围用额定电压百分数表示。

a) 上升范围 ΔU_{sup} $\qquad \Delta U_{sup} = \frac{U_{sup} - U_N}{U_N} \times 100$

b) 下降范围 ΔU_{sd0} $\qquad \Delta U_{sd0} = \frac{U_{sd0} - U_N}{U_N} \times 100$

3.2.4

稳态电压容差带 ΔU[1] steady-state voltage tolerance band

突加或突卸规定负载后，在给定恢复时间内电压可达到稳态电压商定的电压带。

3.2.5

稳态电压调整率 ΔU_{st}[1] steady-state voltage regulation

不考虑交轴电流补偿压降的作用，而只考虑温度的影响时，电机在空载与额定输出之间的任一负载下稳态电压的变化。

注：初始整定电压通常是额定电压，但也可能是 3.2.3 中电压整定范围 ΔU_s 内的任意一个值。

稳态电压调整率用额定电压的百分数表示。

$$\Delta U_{st} = \frac{U_{st:max} - U_{st:min}}{U_N} \times 100$$

3.2.6

瞬态电压调整率 δ_{dynU}[1] transient voltage regulation

电压随负载突变而变化的最大值，用额定电压的百分数表示。

a) 突加负载

最大瞬态电压降 δ_{dynU}^-：初始电压为额定值的发电机突加一个对称负载引起的电压降，该负载在给定功率因数(或功率因数范围)和额定电压下吸收规定的电流。

$$\delta_{dynU}^- = \frac{U_{dyn:min} - U_N}{U_N} \times 100$$

b) 突卸负载

最大瞬态电压升 δ_{dynU}^+：突卸给定功率因数下的规定负载引起的电压升。

1) 为了解释这些术语，附录A给出了使用示例。

$$\delta_{\mathrm{dynU}}^{+}=\frac{U_{\mathrm{dyn:max}}-U_{\mathrm{N}}}{U_{\mathrm{N}}}\times 100$$

3.2.7

电压恢复时间 t_{rec}[1)] voltage recovery time

从负载开始变化时刻(t_0)到电压恢复并保持在规定的稳态电压容差带内对应的时刻($t_{\mathrm{u,in}}$)之间的时间间隔。

$$t_{\mathrm{rec}}=(t_{\mathrm{u,in}})-(t_0)$$

3.2.8

恢复电压 U_{rec}[1)] recovery voltage

指在规定负载状况下最终的稳态电压。

注:通常情况下恢复电压用额定电压的百分数表示。当负载超过额定值时,恢复电压会受到饱和与励磁调节器强励能力的限制。

3.2.9

电压调制 $\hat{U}_{\mathrm{mod}}$ voltage modulation

典型频率低于基波频率的稳态电压在准周期内(波峰到波谷)的电压变化,用额定频率和匀速时平均峰值电压的百分数表示,

$$\hat{U}_{\mathrm{mod}}=2\times\frac{\hat{U}_{\mathrm{mod:max}}-\hat{U}_{\mathrm{mod:min}}}{\hat{U}_{\mathrm{mod:max}}+\hat{U}_{\mathrm{mod:min}}}\times 100$$

3.2.10

电压不平衡度 voltage unbalance

a) 负序电压 U_2:指电压中负序分量与正序分量的比值。

b) 零序电压 U_0:指电压中零序分量与正序分量的比值。

电压不平衡度用额定电压的百分数表示。

3.3

电压调整特性 voltage regulation characteristics

在额定转速、一定功率因数的稳态条件下,不对电压调节系统进行任何手动调节时,线电压与负载电流之间的函数曲线。

4 定额

发电机的定额类型应符合 GB 755—2008 的规定。对于往复式内燃机驱动的交流发电机,连续定额(S1 工作制)或离散恒定负载和转速定额(S10 工作制)都适用。

本标准把基于 S1 工作制的连续定额最大值命名为基准连续定额(BR)。此外,对于 S10 工作制,有一个峰值连续定额(PR),当发电机在此定额下运行时,它的允许温升按不同的热分级可增加一个规定的值。

注:对于 S10 工作制,运行在峰值连续定额(PR)时发电机绝缘结构会加速热老化。因此,用来表示绝缘结构相对预期热寿命因数 TL 就成为标示定额类型的一个重要参数(见 GB 755—2008 中 4.2.10)。

5 温度与温升限值

5.1 基准连续定额

发电机在整个运行条件范围内(即冷却介质温度从最小值到最大值)都能够以基准连续定额(BR)输出,此时,总温度不超过 40 ℃与 GB 755—2008 中表 7 所规定的温升限值之和。见下面注 1。

5.2 峰值连续定额

发电机运行在峰值连续定额时,总温度可能会增加下表所列的数值(见注 1 和注 2)

按 GB/T 11021—2007 热分级	定额＜5 MVA	定额≥5 MVA
130(B)或 155(F)	20 K	15 K
180(H)	25 K	20 K

环境温度低于 10 ℃时，总温度限值应按环境温度每低 1 ℃而降低 1 ℃。

注 1：内燃机的输出可随环境温度的改变而变化。当发电机运行时，它的总温度取决于初级冷却介质的温度，而初级冷介质的温度未必与 RIC 发动机入口处的空气温度有关。

注 2：发电机在如此高的温度下运行时，其绝缘结构的热老化速度是其运行在基准连续定额时热老化速度的 2～6 倍(取决于温度的增加值和规定的绝缘结构)。例如，发电机在峰值连续定额运行 1 h 的绝缘热老化程度大约相当于在基准连续定额运行 2 h～6 h 的绝缘热老化程度。由制造商确定的 TL 值按第 10 章 b)的方式标示在铭牌上是非常重要的。

6 并联运行

6.1 概述

发电机与其他发电机组或电源并联运行时，应该有措施来确保运行的稳定及无功功率的合理分配。通常最有效的措施是通过一个带有附加无功电流分量的信号电路使自动电压调节器动作来实现的。对于无功负载，这种措施会产生一个电压下降特性。

交轴电流补偿(QCC)压降 δ_{qcc} 的大小是指发电机单独运行时，空载电压 U_{n1} 与额定电流、零功率因数(滞后)时电压 U_Q 之间的差值，用额定电压百分数表示。

$$\delta_{qcc}=\frac{U_{n1}-U_Q}{U_N}\times 100$$

注 1：功率因数为 1 的负载实际是不会引起电压下降。

注 2：相同励磁系统完全相同的发电机，当励磁绕组用均压线连接时，在不要求电压下降的情况下可并联运行。当有功功率合理分配时，无功功率的分配能够达到均匀。

注 3：当发电机组的星点直接联在一起并联运行时就会产生环流，尤其是 3 次谐波电流。环流使得电流的有效值增加，这将降低绝缘结构相对预期热寿命。

6.2 机电振动以及频率的影响

发电机组制造商有责任保证其机组与其他机组并联运行稳定。发电机制造商应与其他机组制造商进行合作，以达到该要求。

如果不规则转矩的某个频率接近机电固有频率时就会发生共振。通常电气固有频率在 1 Hz～5 Hz 范围内，因此低转速(100 r/min～180 r/min)的往复式内燃机驱动的发电机组最易发生共振现象。

在发生共振的情况下，发电机组制造商应该给用户提供解决事故的建议，必要时帮助做系统分析，并且希望发电机制造商协助用户调查事故原因。

7 特殊负载条件

7.1 概述

电机除应适用于 GB 755—2008 中规定的负载条件外，也应适用于本标准 7.2～7.6 规定的要求。

注：考虑到本标准中这些要求与 GB 755—2008 不同，需要对特殊负载条件作规定。

7.2 不平衡负载电流

除容量不超过 1 000 kVA 的发电机在端线与中线之间加载时能够在负序电流不大于 10%额定电流条件下连续运行外，其他发电机不平衡负载电流限值应符合 GB 755—2008 中 7.2.3 的要求。

7.3 持续短路电流

发电机在短路状态下，可能需要一个最小的短路电流值(瞬间扰动停止后)持续足够的时间以确保系统保护装置动作。通过一个能够提供规定短路电流的励磁系统可以产生持续短路电流。持续短路电流的大小应该由客户和制造商双方协商来确定。

注：在采用专用继电器或其他装置或方法来达到局部保护的场合或不需要局部保护的场合，持续短路电流是不需要的。

7.4 偶然过电流能力

短时过电流能力应符合 GB 755—2008 中 9.3.2 的规定。

7.5 同步电机总谐波畸变量(THD)

同步电机总谐波畸变量(THD)的限值应符合 GB 755—2008 中 9.11.2 的要求。其线端电压总谐波畸变量(THD)应不超过 5%。

7.6 无线电干扰的抑制

连续或断续干扰的无线电干扰限值应该符合 GB 4343.1—2003 和 GB 17743—2007 的规定。无线电干扰抑制的程度包括端子电压、骚扰功率和场强。这些值应由客户和制造商双方协议来确定。

8 带励磁装置的异步发电机

8.1 概述

异步发电机需要无功功率才能发电。单机运行时，需要有专门的设备来提供励磁，该设备也供给异步发电机负载所需的无功功率。以下的术语和注释适用于异步发电机，此发电机所需的无功功率不是由电网提供，而是由专门内置的励磁设备提供的。

8.2 额定转速与额定转差率(术语和定义见 3.15 和 3.16)

8.3 持续短路电流(见 7.3)

仅当异步发电机带有专门安装的励磁电源时才产生偶然的持续短路电流。

8.4 电压整定范围(见 3.2)

需要一个专门的可控励磁设备对异步发电机电压进行一定范围的调节。

8.5 并联运行(见第 6 章)

带专门励磁设备的异步发电机并联运行时(并联对象为同类发电机或电网)，根据其励磁系统的容量，分配负载所需的无功功率。

异步发电机根据 RIC 发动机的转速，分配负载所需的有功功率。

9 运行限值

描述发电机特性的四个主要性能等级在表 1 中已给出，(性能等级的术语和定义见 GB/T 2820.1—1997 中的 7)

表 1 中的数值仅适用于恒定(额定)转速和从环境温度开始运行的发电机、励磁机和调节器。原动机转速的变化可能引起表格中的数值发生变化。

表 1 运行限值

参数	代号	单位	参考条款	负载变化	功率因数(滞后)	性能等级			
						G1	G2	G3	G4
电压整定范围	ΔU_s	%	3.2.3	1)	额定	≥【±5】4)			AMP 3)
稳态电压调整率	ΔU_{st}	%	3.2.5	2)	额定	5	2.5	1	AMP
最大瞬态电压降 (6)(7)(8)	δ_{dynU}^{-}	%	3.2.6	0%～100% 5)	额定	−30	−20	−15	AMP

表 1（续）

参数	代号	单位	参考条款	负载变化	功率因数（滞后）	性能等级			
						G1	G2	G3	G4
最大瞬态电压升(6)(7)(8)	$\delta^{+}_{\mathrm{dynU}}$	%	3.2.6	100%～0 5)	额定	35	25	20	AMP
最大电压恢复时间(6)(7)	t_{rec}	s	3.2.7	0%～100% 5) 100%～0%	(0,0.4) 额定	2.5	1.5	1.5	AMP
最大电压不平衡度(9)	$\frac{U_2}{U_0}$	%	3.2.10	1)	额定	1.0	1.0	1.0	1.0

注 1：空载与额定输出(S_N)之间的所有负载。

注 2：空载与额定输出之间所有负载变化。

注 3：AMP＝按制造商与客户之间的协议。

注 4：如果不要求并联运行或固定的电压整定，此项不需要。

注 5：在额定电压，恒定阻抗负载下的负载电流。

注 6：其他功率因数和限值可按协议要求。

注 7：应该注意的是，选择一个较高的瞬态电压性能等级，会导致使用一台容量大很多的发电机，由于瞬态电压与次瞬态电抗之间存在一种相对恒定的关系，因此系统的故障水平也将会提高。

注 8：更高的值可能适用于额定输出大于 5 MVA 和转速不高于 600 r/min 的发电机。

注 9：并联运行时，这些值将会减到 0.5。

10 铭牌

发电机的铭牌应符合 GB 755—2008 的要求。此外，额定输出和功率因数以及定额类型应按如下方法组合标示。

a) 标出基于 S1 工作制的连续定额后，该额定输出应后续标记“BR”(基准连续定额)。例如：

$$S_N = 22\ \mathrm{kVA}(\cos\phi 0.8\ \text{滞后}),\mathrm{BR}$$

b) 标出基于 S10 工作制的离散恒定负载后，基于 S1 工作制的基准连续定额应按 a)中的方法标记。此外，最大额定输出应后续标记“PR”(峰值连续定额)、每年运行的最长时间(见 GB/T 2820.1—1997 中 13.3.2)和相对预期热寿命因数 TL。例如：

$$S_N = 22\ \mathrm{kVA}(\cos\phi 0.8\ \text{滞后}),\mathrm{PR},300\ \mathrm{h},\mathrm{TL} = 0.90$$

有要求时，发电机制造商应为机组制造商提供一条容量曲线或一组数据来表明发电机在冷却介质温度变化范围内运行时允许的输出功率。

附 录 A
（资料性附录）
负载突变时交流发电机的瞬态电压特性

A.1 概述

当发电机承受某种负载突变时，将会出现端电压随时间的某种变化。励磁调节系统的一个作用是检测端电压的这种变化，并且调节励磁使端电压得到恢复。端电压中的最大瞬态偏差是随下列因素变化的：

a) 突变负载的大小、功率因数以及变化的速度；

b) 初始负载的大小、功率因数以及电流与电压之间的关系特性；

c) 励磁调节系统的反应时间与强励能力；

d) 负载突变后，RIC 发动机的转速与时间关系曲线的变化。

瞬态电压性能是包括发电机、励磁机、调节器和内燃机的整个系统的性能特性，不可能只依据发电机的基本数据来确定。附录的内容只适用于发电机及其励磁调节系统。

选择或使用发电机时，经常要求或规定突加某一负载时的最大瞬态电压偏差（电压降）。当客户要求时，假定下列两种情况都适合的前提下，发电机制造商应给出预计的最大瞬态电压偏差。

——交流发电机制造商将发电机、励磁机和调节器作为整体装箱提供给用户；

——发电机制造商可以得到确定调节器（和励磁机，如果使用）瞬态性能的全部数据。

当提供预计的瞬态电压偏差时，以下条件假定是成立的，除非有其他的规定。

a) 恒定（额定）转速；

b) 发电机、励磁机、调节器从环境温度起动，起初在空载、额定电压下运行；

c) 规定使用恒定阻抗性线性负载。

注：预计的瞬态电压偏差是指在发电机机端各相电压变化的平均值，即不考虑由发电机制造商无法控制的因素引起的不对称性。

A.2 电压记录仪的性能

以下的要求是可以达到的：

a) 反应时间≤1 ms；

b) 灵敏度≥1%/mm。

注：使用峰值记录仪时，加载前和卸载后指示仪所读出的稳态机端电压应该用有效值表示，目的是确定瞬态电压的最小值（见图 A.2）。

A.3 示例

输出电压与时间的函数关系用带状图表示，表明负载突变时发电机、励磁机、调节器系统的瞬态性能。应该记录完整的电压包络线，以确定瞬态性能特性。

图 A.1 和图 A.2 给出了两种电压记录仪所记录的带状图。所标记的曲线和计算的范例应作为确定负载突变时发电机-励磁机-调节器系统性能的一个指南。

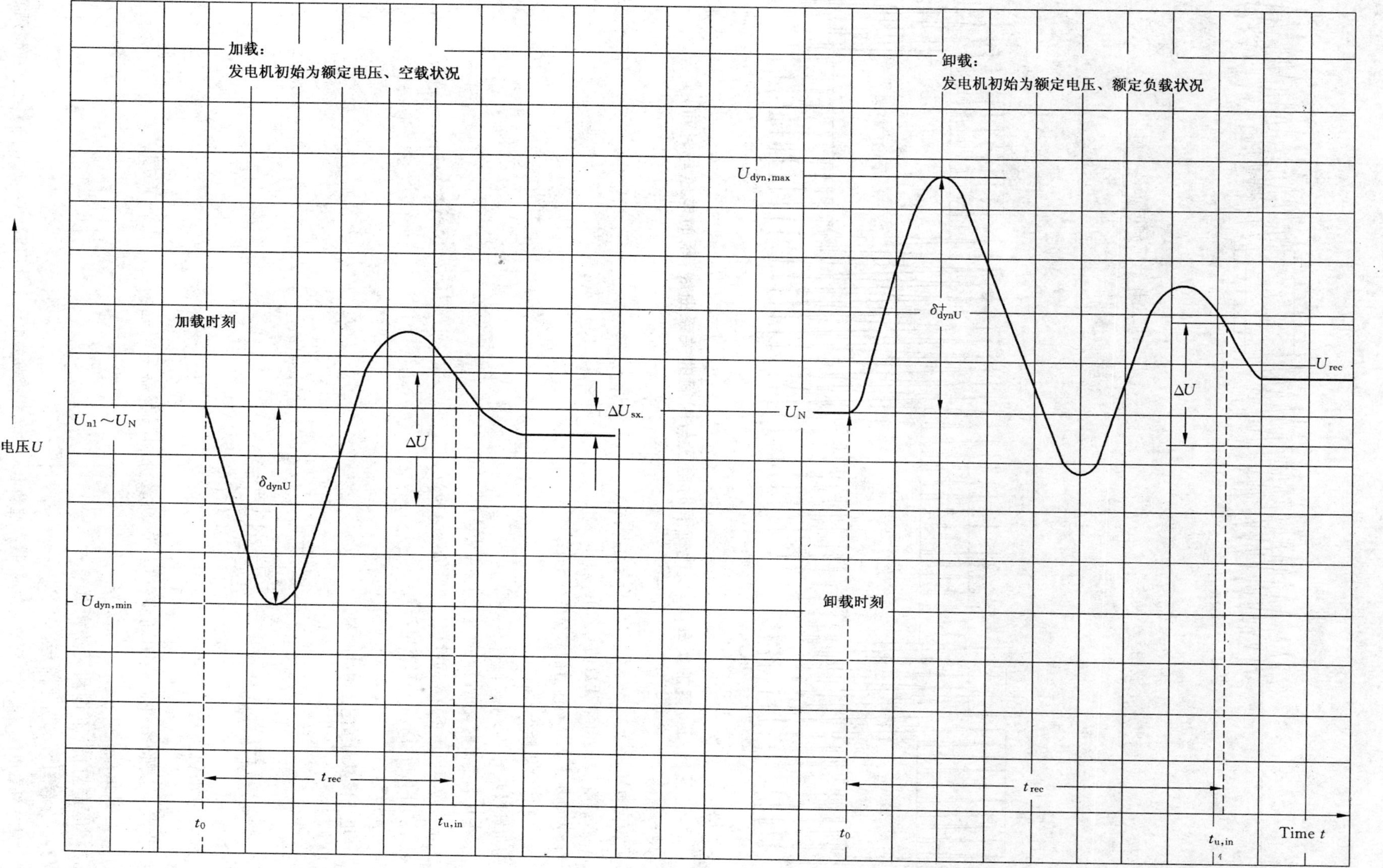

图 A.1 突加,突卸负载时,发电机瞬态电压与时间的关系曲线:电压有效值与时间

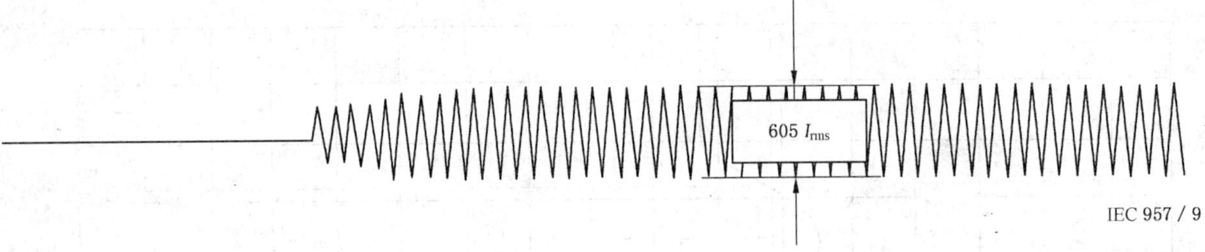

负载电流示波图

用额定电压修正后的负载电流

$$I'_{L}=I_{L}\times\frac{U_{N}}{U_{rec}}$$

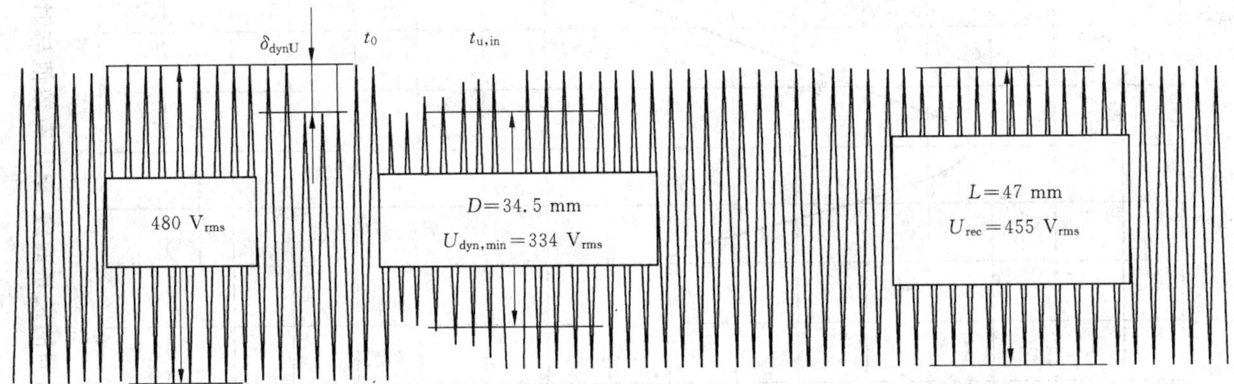

IEC 958 / 9

端电压示波图

图 A.2　突加负载时,发电机瞬时电压与时间的关系曲线:瞬时电压与时间

δ_{dynU}^{-}＝电压降；

U_{N}＝额定电压；

U_{nl}＝空载电压(电压表读数的有效值)；

L＝恢复电压正负峰间幅值的测量值(mm)；

I'_{L}＝用额定电压修正后的负载电流值；

I_{L}＝负载吸收的实际电流值；

U_{rec}＝电压表稳态时读出的恢复电压值(有效值)；

D＝ 最小瞬态电压正负峰间幅值的测量值(mm)；

$U_{dyn,min}$＝计算所得的最小瞬态电压值；

t_{0}＝加载时刻；

$t_{u,in}$＝电压恢复到指定范围的时刻。

示例:$U_{N}=480\ V$;$U_{nl}=480\ V$　　　$U_{dyn,min}=\frac{D}{L}\times U_{rec}=\frac{34.5}{47}\times 455=334\ V$

$$\delta_{dynU}^{-}=\frac{U_{dyn,min}-U_{N}}{U_{N}}\times 100=\frac{334-480}{480}\times 100=-30.4\%$$

A.4　起动电动机负载

推荐以下试验条件以表明同步发电机、励磁机和调节器系统起动电动机的能力。

A.4.1　模拟负载

a)　恒定阻抗(不饱和无功负载)；

b)　功率因数≤0.4 滞后。

注:发电机端电压不能恢复到额定值时,模拟起动电动机负载吸收的电流应该用 U_{N}/U_{rec} 比值来修正。应该用修正后的电流值和额定电压值来确定实际负载的 kVA 值。

A.4.2　温度

试验应在发电机和励磁系统为环境温度时进行。

A.5　数据说明

瞬态电压调整特性曲线应绘制为电压降(用额定电压的百分数表示)与 kVA 负载(见图 A.3)之间的关系曲线。

对于电压调整范围宽的发电机,当在整个电压调整范围内运行时,工作特性将会发生很明显的变化。因此,为宽电压范围的发电机提供的百分数电压降与 kVA 负载之间的关系曲线应该包括发电机运行范围最端点处的性能,即 208 V～240 V/416 V～480 V。对于电压不连续的发电机,电压降与 kVA 负载之间的关系曲线应该表示出不同额定电压时的性能。

除非另有说明,电压降与 kVA 负载之间的关系曲线应表示某点电压至少恢复到额定电压 90%的状况。如果恢复电压低于额定值的 90%,远离电压降曲线的某一点应标示出来,或者单独提供一条恢复电压和 kVA 负载之间关系的曲线。

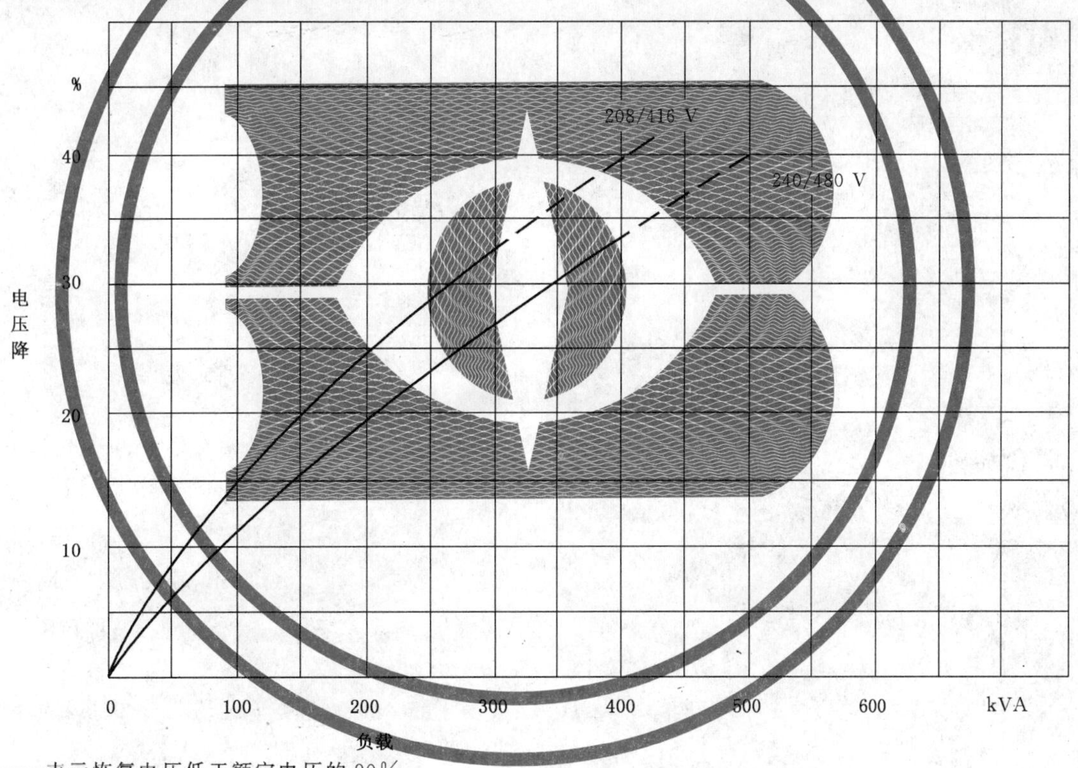

图 A.3　性能曲线(阶跃负载)($\cos\phi \leqslant 0.3$)

ICS 27.100
K 59

中华人民共和国国家标准

GB/T 30138—2013

往复式内燃燃气电站余热利用系统设计规范

Design code for exhaust and cooling water heat recovery system of gas electric power plant with reciprocating internal combustion engines

2013-12-17 发布　　2014-05-10 实施

中华人民共和国国家质量监督检验检疫总局
中国国家标准化管理委员会　发布

前 言

本标准按照 GB/T 1.1—2009 给出的规则起草。

本标准由中国电器工业协会提出。

本标准由全国往复式内燃燃气发电设备标准化技术委员会(SAC/TC 372) 归口。

本标准起草单位:中国石油集团济柴动力总厂、山西汾西重工有限责任公司、郑州金阳电气有限公司、淄博淄柴新能源有限公司、机械工业北京电工技术经济研究所、青岛凯能锅炉设备有限公司、煤炭工业太原设计研究院、青岛依科节能环保设备有限公司、青岛汽车散热器有限公司、烟台荏原空调设备有限公司。

本标准起草人:杨赛青、党永浩、李树生、王安忠、王令金、王志刚、崔鹤松、张卫华、周效龙、史清晨、张宏斌、陈作俊、王波、负利民、郭海良、邱玉文、王登峰、高金梁、徐祥根。

往复式内燃燃气电站
余热利用系统设计规范

1 范围

本标准规定了往复式内燃燃气电站(以下简称"燃气电站")的余热利用系统工程的设计原则、设备要求、计量要求等。

本标准适用于陆用往复式内燃燃气电站余热利用系统的工程设计。

2 规范性引用文件

下列文件对于本文件的应用是必不可少的。凡是注日期的引用文件,仅注日期的版本适用于本文件。凡是不注日期的引用文件,其最新版本(包括所有的修改单)适用于本文件。

GB/T 1576 工业锅炉水质

GB/T 1883.1 往复式内燃机 词汇 第1部分:发动机设计和运行 术语

GB/T 7190.1 玻璃纤维增强塑料冷却塔 第1部分:中小型玻璃纤维增强塑料冷却塔

GB/T 7190.2 玻璃纤维增强塑料冷却塔 第2部分:大型玻璃纤维增强塑料冷却塔

GB/T 12145 火力发电机组及蒸汽动力设备水汽质量

GB 18361 溴化锂吸收式冷(温)水机组安全要求

GB/T 18362 直燃型溴化锂吸收式冷(温)水机组

GB/T 18431 蒸汽和热水型溴化锂吸收式冷水机组

GB/T 28056 烟道式余热锅炉通用技术条件

GB 50049 小型火力发电厂设计规范

GB/T 50062 电力装置的继电保护和自动装置设计规范

NB/T 47004 板式热交换器

3 术语和定义

GB/T 1883.1 界定的以及下列术语和定义适用于本文件。

3.1

燃气发动机 gas engine

一种基本燃用气体燃料工作的发动机。

[GB/T 1883.1—2005,定义 4.2]

3.2

燃气发电机组 gas generating set

由燃气发动机、发电机、控制装置、开关装置和辅助设备联合组成的发电机组。

3.3

燃气电站 gas electric power plant

由一台或数台燃气发电组及其相关系统组成的供电电源。

3.4

余热　exhaust and cooling water heat

燃气发电机组排烟的热能、燃气发动机缸套水、中冷水的热能和润滑油的热能等。

3.5

燃气冷热电联产系统　gas-fired combine cooling heating and power system

布置在用户附近，以燃气发电机组发电，并利用燃气发电机组余热制冷、供热，同时向用户输出电能、冷(热)的分布式能源供应系统。

3.6

燃气冷热电联产总效率　gas-fired combine cooling heating and power overall efficiency

燃气冷热电联产系统发电和余热利用的总有效热量占发动机消耗燃料总热量的百分比。

3.7

余热利用系统　exhaust and cooling water heat recovery system

以环境温度为基准，对燃气电站运行过程中排出的热载体热能回收利用的系统。

3.8

余热锅炉　exhaust heat boiler

以燃气发电机组排气为热源，产生蒸汽或热水的锅炉。

3.9

补燃型余热锅炉　complementary combustion type exhaust heat boiler

具有补充燃烧装置的余热锅炉。

3.10

余热吸收式冷(温)水机组　exhaust heat absorption chillers(heater)

直接利用燃气发电机组排烟和缸套水进行制冷、制热的机组。可分为烟气型及烟气热水型冷(温)水机组。

3.11

余热补燃型吸收式冷(温)水机组　exhaust heat supplementary-fired absorption chillers(heater)

除利用余热外，还带有燃烧器，可通过直接燃烧燃气制冷、制热的余热吸收式冷(温)水机组。可分为补燃烟气型及补燃烟气热水型冷(温)水机组。

3.12

热负荷　heat load

供热系统的热用户(或用电设备)在单位时间内所需的供热量。

3.13

冷幅　cool range

冷却装置被冷却介质的出口出水温度与湿球温度之差。

4　总则

4.1　燃气电站余热利用系统的设计宜不影响发电机组的性能要求，如有特殊要求时，可按制造商和用户的技术协议进行设计，其影响应在燃气发电机组制造商允许范围内。

4.2　燃气电站余热利用系统宜对燃气发电机组缸套水和烟气热量进行联合利用，其燃气冷热电联产总效率应不小于70%。

4.3　余热利用设备应靠近发动机布置，并应设有设备安装、检修、运输的空间及场地，设备间的净距离应符合各余热设备的安装技术要求。

4.4　燃气电站余热利用系统外表面温度高于50 ℃的设备和管道宜进行保温隔热，对不宜保温且人员可能接触的部位应设护栏或警示牌。

4.5 设备室外布置时，应根据环境条件和设备的要求设置相关防护措施。

4.6 余热利用设备的能效等级应满足国家现行有关标准的要求。

4.7 燃气电站余热利用系统设计中应执行国家和地方有关环境保护和劳动安全设计的法律、法规和标准。

5 余热容量的确定

燃气电站余热容量应依据燃气发电机组发电装机容量计算确定，燃气发电机组缸套水余热（中冷水余热可参照使用）按公式(1)计算，烟气余热按公式(2)计算。

$$Q_k=\sum_1^i \frac{W_{k,i}\cdot C_{k,i}(T_{k1,i}-T_{k2,i})}{3\ 600} \qquad (1)$$

式中：

Q_k ——单位时间内燃气发电机组缸套水余热总和，单位为千瓦(kW)；

$W_{k,i}$ ——燃气发电机组缸套水流量，单位为立方米每小时(m^3/h)；

$C_{k,i}$ ——燃气发电机组缸套水比热，单位为千焦每立方米每摄氏度[kJ/(m^3·℃)]；

$T_{k1,i}$ ——燃气发电机组缸套水出口温度，单位为摄氏度(℃)；

$T_{k2,i}$ ——燃气发电机组缸套水进口温度，单位为摄氏度(℃)。

$$Q_r=\sum_1^i \frac{E_i(C_{p1,i}\cdot T_{p1,i}-C_{p2,i}\cdot T_{p2,i})}{3\ 600} \qquad (2)$$

式中：

Q_r ——单位时间内燃气发电机组产生的烟气余热总和，单位为千瓦(kW)；

E_i ——燃气发电机组烟气流量，单位为立方米每小时(m^3/h)；

$C_{p1,i}$、$C_{p2,i}$ ——余热利用设备烟气平均定压比热，单位为千焦每立方米每摄氏度[kJ/(m^3·℃)]，按附录A计算确定；

$T_{p1,i}$ ——余热利用设备烟气进口温度，单位为摄氏度(℃)；

$T_{p2,i}$ ——余热利用设备排气温度，单位为摄氏度(℃)。

6 余热利用系统工艺选型

余热利用系统应根据用户需要和机组现场情况综合选用制热余热利用系统和制冷余热利用系统。系统工程设计宜根据实际应用条件选择如附录B所示工艺流程。

7 设备要求

7.1 余热锅炉与烟气系统

7.1.1 余热锅炉的技术条件应符合GB/T 28056。

7.1.2 余热锅炉参数的选择应满足用户要求。当设计热负荷和最大热负荷相差较大时可选用补燃型余热锅炉。

7.1.3 余热锅炉烟气阻力应满足燃气发电机组允许背压的要求。

7.1.4 余热锅炉在使用过程中，任何时候不应缺水。

7.1.5 余热锅炉前后端烟气系统应符合如下要求：

a) 在余热锅炉烟气管道进口端应设置旁通管道，旁通管直径应不小于燃气发电机组排气主管道直径；

b) 当使用补燃余热锅炉时，在锅炉出口处应额外设置一条排烟管道，其排烟能力应满足补燃燃料燃烧后的最大排烟要求；

c) 在锅炉进气口前烟气管道上应设置防爆阀；

d) 在锅炉进气口前与旁通烟道相连处三通管上应设置烟量调节装置，余热利用烟道阀门与旁通烟道阀门应有可靠的连锁；

e) 烟气余热利用烟道应采用可靠的保温措施；

f) 烟道阀门应能保证在最高排烟温度下长期、可靠运行。

7.1.6 余热锅炉与燃气发电机组宜采用一对一配置，当采用多台燃气发电机组合用一个总烟道对应一台余热锅炉时，各燃气发电机组的排烟应不相互影响，且烟气应不流向停止运行的设备，余热锅炉烟气入口前应设有泄爆口。

7.1.7 各段烟道底的设计均应向余热锅炉方向设置一定倾斜度，最低点设置排水口，并对保温结构采取防水措施。

7.1.8 余热锅炉及烟气管道应设支吊架支撑。

7.1.9 烟道上每隔一定距离应设置温度补偿装置。

7.1.10 余热锅炉的布置方式，应根据当地的室外气象条件，并符合下列规定：

a) 非寒冷地区，应采用露天布置；

b) 一般寒冷地区，可采用露天布置，应对导压管、排污管等易冻损的部位采取伴热措施；

c) 严寒地区，不宜采用露天布置。

7.1.11 余热锅炉污染物的排放应符合国家、地方环保法规的规定。

7.2 余热(补燃)吸收式冷(温)水机组与烟气系统

7.2.1 余热(补燃)吸收式冷(温)水机组的技术条件应符合 GB/T 18362 与 GB/T 18431 的要求。

7.2.2 余热(补燃)吸收式冷(温)水机组的安全要求应符合 GB 18361 的要求。

7.2.3 利用燃气发电机组缸套水余热的余热(补燃)吸收式冷(温)水机组热水阻力应满足燃气发电机组正常工作的要求。

7.2.4 余热(补燃)吸收式冷(温)水机组烟气阻力应满足燃气发电机组允许排气背压的要求。

7.2.5 余热(补燃)吸收式冷(温)水机组前后端烟气系统布置宜参照 7.1.5 的要求。

7.2.6 余热利用系统的烟气与缸套水的自动调节阀的调节特性应满足燃气发电机组和余热(补燃)吸收式冷(温)水机组的要求，调节装置的动作应由余热(补燃)吸收式冷(温)水机组控制。

7.2.7 燃气发电机组和余热(补燃)吸收式冷(温)水机组宜采用一对一配置，当采用多台燃气机组合用一个总烟道对应一台余热(补燃)吸收式冷(温)水机组时，各燃气发电机组的排烟不应相互影响，且烟气不应流向停止运行的设备，余热(补燃)吸收式冷(温)水机组烟气入口前应设有泄爆口。

7.2.8 燃气发电机组和余热(补燃)吸收式冷(温)水机组之间的烟道上以及容易聚集烟气的地方，均应安装泄爆装置。泄爆装置的泄压口应设在安全处。

7.2.9 烟道、烟囱及设备的低点处应装设排水设施，并对保温结构采取防水措施。

7.2.10 余热(补燃)吸收式冷(温)水机组污染物的排放应符合国家、地方环保法规的规定。

7.3 供水系统

7.3.1 系统用水泵

7.3.1.1 水泵的选用应根据锅炉参数选择并满足如下要求：

a) 蒸汽锅炉给水泵应能在正常运行点下长期连续运行，在任何允许运行工况下均不发生汽蚀；

b) 热水锅炉所配循环水泵耐温性能应根据系统给水温度和循环水温度确定。

7.3.1.2　给水系统应至少设置一台备用给水泵，宜采用电动给水泵为常用给水设备。

7.3.1.3　余热回收装置给水系统一般应包括水泵、压力表、截止阀、止回阀及管路附件，各设备宜按如图1原则配置，并符合如下要求：

a）泵的进出口均应设置切断阀；

b）泵的进出口管道尺寸宜比泵管口大一规格；

c）泵的吸入口应设置过滤器；

d）泵出口应安装止回阀；

e）泵的进出口均应设置压力表；

f）泵体前后管路上均应设支架。

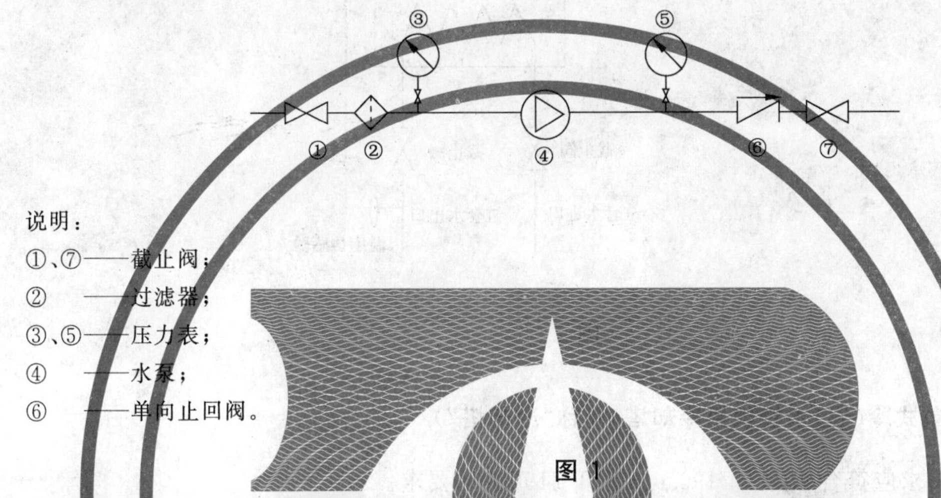

说明：

①、⑦——截止阀；

②　——过滤器；

③、⑤——压力表；

④　——水泵；

⑥　——单向止回阀。

图 1

7.3.1.4　余热回收装置宜至少设置两台独立动力的水泵，在一台发生故障停止工作时，其余水泵的排量应能满足各工况下的余热回收装置用水。

7.3.1.5　水泵扬程应按公式(3)计算，应满足最大给水压力要求并增加15%的裕量。

$$H=(H_1+H_2+H_3+H_4+H_5)\times 115\% \quad\cdots\cdots\cdots\cdots(3)$$

式中：

H ——水泵扬程，单位为米(m)；

H_1——水泵吸水管管路阻力损失，单位为米(m)；

H_2——水泵压力管管路阻力损失，单位为米(m)；

H_3——换热器、余热锅炉、余热制冷机组等设备内部阻力损失，单位为米(m)；

H_4——水泵吸水池最低水位与电站使用管路最高点的标高差，单位为米(m)；

H_5——用户供水口要求的扬程，单位为米(m)。

7.3.2　补水系统

7.3.2.1　补给水应经软水器软化处理后方能使用，处理后的水质应符合 GB/T 1576 的要求，当用于有过热器的蒸汽锅炉时水质应符合 GB/T 12145 的要求。

7.3.2.2　软水器的容量应不小于余热利用系统最大给水消耗量。

7.4　热交换器

7.4.1　燃气发电机组缸套水余热利用宜采用间接交换系统，缸套水侧换热系统的阻力应小于燃气发电机组冷却系统允许阻力。换热设备宜选用板式热交换器，其性能要求应符合 NB/T 47004 的要求。

7.4.2　热交换器应与燃气发电机组一对一配置，其容量和台数根据燃气发电机组的功率确定，可不设备用。

7.4.3　热交换器前后应设置温度监控系统，如图2所示，温度监控系统应确保热交换器的使用不影响燃气发电机组的性能。

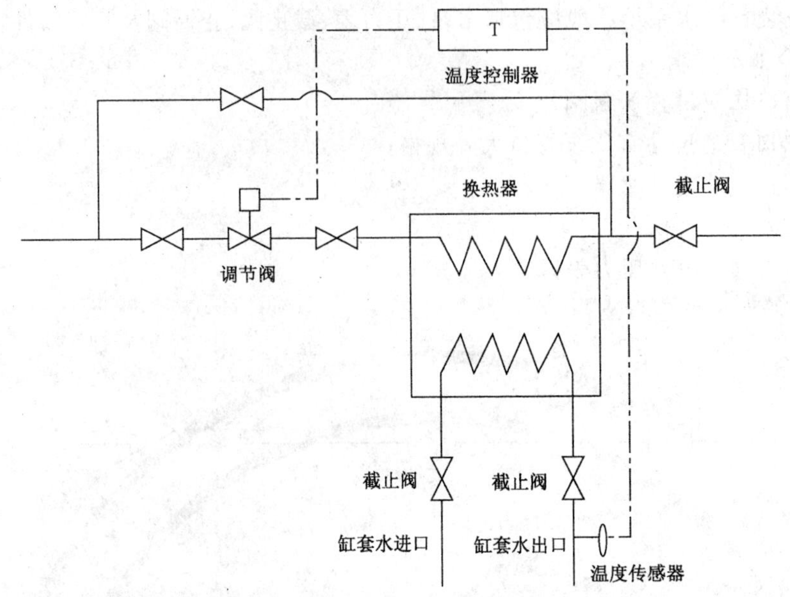

图 2

7.5 余热(补燃)吸收式冷(温)水机组用冷却塔(简称"冷却塔")

7.5.1 冷却塔性能要求应符合 GB/T 7190.1、GB/T 7190.2 的要求。

7.5.2 冷却塔的容量和台数根据热(补燃)吸收式冷(温)水机组的额定冷却水量选取,可选用较大规格的冷却塔,当冷却水量大时,可以采用两台或多台冷却塔。

7.5.3 宜优先选用横流式冷却塔,经常缺水干旱的地区宜选用节水型闭式冷却塔。

7.5.4 选用冷却塔规格时,冷却水量可按公式(4)式计算:

$$V=(1.05\sim1.20)V_1 \qquad \cdots\cdots(4)$$

式中:

V ——冷却塔的额定水量,单位为立方米每小时(m^3/h);

V_1 ——余热(补燃)吸收式冷(温)水机组的额定水流量,单位为立方米每小时(m^3/h)。

7.5.5 选用冷却塔型号规格时,除考虑冷却水量外,还应考虑冷幅影响,在设计中冷幅宜取 3 ℃～5 ℃,冷却塔出水温度应不低于大气中的湿球温度。

7.6 控制系统

7.6.1 余热利用控制系统宜与燃气发电机组控制系统安装在同一控制室内,并独立布置。

7.6.2 余热利用控制系统应设置监控设备,对下列参数进行监控:

a) 热水型余热系统或余热制冷系统:

1) 水温,℃;

2) 水压,MPa;

3) 水位;

4) 排烟温度,℃。

b) 蒸汽型余热系统:

1) 锅炉水位;

2) 蒸汽压力,MPa;

3） 蒸汽温度，℃；

4） 排烟温度，℃。

7.6.3 继电保护和安全自动装置设计，应符合 GB/T 50062 的有关规定。

7.6.4 控制室报警及保护，应符合 GB 50049 的有关规定。

7.6.5 控制系统设备和仪表应采用不间断电源供电，系统电源的配置，应符合下列规定：

a） 配电箱应设两路交流 380 V/220 V 电源进线；

b） 控制盘应设两路交流 220V 电源进线。

7.6.6 控制室的门窗宜选用隔声门窗，室内环境设计应符合隔声、室温、通风等劳动保护要求。

7.6.7 在循环管道上应设置缺水报警系统，并在控制面板上可监视。

8 能源综合利用率

8.1 计算

对于有计量要求的燃气电站，冷热电联产能源综合利用率应按公式(5)计算。

$$\eta=\frac{\sum_{1}^{i}(P_{e,i}+Q_{y})}{\sum_{1}^{i}(M_{f,i}\cdot H_{u,i})/3\,600}\times 100\% \qquad \cdots\cdots(5)$$

式中：

η ——电站热(冷)电联产能源综合利用率，单位为1，以百分数表示；

$P_{e,i}$ ——燃气发电机组的发电功率，单位为千瓦(kW)；

Q_y ——单位时间内余热利用总量，热水型余热利用系统或余热制冷利用系统按公式(6)计算，蒸汽型余热利用系统按公式(7)计算，单位为千瓦(kW)；

$M_{f,i}$ ——燃气发电机组进气口燃气流量，单位为立方米每小时(m^3/h)；

$H_{u,i}$ ——燃气发电机组进气口燃气的低热值，单位为千焦每立方米，(kJ/m^3)。

$$Q_y=\frac{\sum_{1}^{i}C_i\cdot G'_{w,i}\cdot\Delta T_{w,i}+\sum_{1}^{j}C_j\cdot G'_{r,j}\cdot\Delta T_{r,j}}{3\,600} \qquad \cdots\cdots(6)$$

式中：

Q_y ——单位时间内余热利用总量，单位为千瓦(kW)；

C_i、C_j——介质的比热，单位为千焦每立方米每摄氏度[$kJ/(m^3\cdot ℃)$]；

$G'_{w,i}$ ——余热热交换器水流量，单位为立方米每小时(m^3/h)；

$\Delta T_{w,i}$——余热热交换器进出水温差，单位为摄氏度(℃)；

$G'_{r,j}$ ——热水型余热锅炉或余热制冷机组介质流量，单位为立方米每小时(m^3/h)；

$\Delta T_{r,j}$——余热锅炉或余热制冷机组进出口水温差，单位为摄氏度(℃)。

$$Q_y=\frac{\sum_{1}^{i}C_i\cdot G'_{w,i}\cdot\Delta T_{w,i}+\sum_{1}^{j}D_j\cdot(I_{s,j}-I_{w,j})}{3\,600} \qquad \cdots\cdots(7)$$

式中：

Q_y ——单位时间内余热利用总量，单位为千瓦(kW)；

C_i ——介质的比热，单位为千焦每立方米每摄氏度[$kJ/(m^3\cdot ℃)$]；

$G'_{w,i}$ ——余热热交换器水流量，单位为立方米每小时(m^3/h)；

$\Delta T_{w,i}$——余热热交换器进出水温差，单位为摄氏度(℃)；

D_j ——蒸汽产量,单位千克每小时(kg/h);

$I_{s,j}$ ——一定压力和温度下蒸汽型余热锅炉出口蒸汽的热焓,单位千焦每千克(kJ /kg);

$I_{w,j}$ ——蒸汽型余热锅炉进口的水的热焓,单位为千焦每千克(kJ /kg)。

8.2 参数记录

8.2.1 燃气发电机组进气口:

a) 累计时间,h;

b) 累计流量,m^3;

c) 瞬时流量,m^3/h;

d) 可燃组分体积百分比含量(对于瓦斯电站和沼气电站)。

8.2.2 燃气发电机组输出端:

a) 累计时间,h;

b) 累计发电量,kW·h;

c) 发电机功率,kW。

8.2.3 热水型余热锅炉或余热制冷机组进出口端:

a) 累计时间,h;

b) 累计流量,m^3;

c) 瞬时流量,m^3/h;

d) 进、出口温度,℃。

8.2.4 蒸汽型余热锅炉进出口端:

a) 累计时间,h;

b) 累计流量,m^3;

c) 瞬时流量,m^3/h;

d) 蒸汽压力,MPa;

e) 蒸汽温度,℃。

8.2.5 缸套水余热热交换器进出口端:

a) 累计时间,h;

b) 累计流量,m^3;

c) 瞬时流量,m^3/h;

d) 进、出口温度,℃。

8.3 计量仪器要求

计量仪器应经检定合格,并在有效期内。类型和准确度应按表1规定。

表 1

用途	类型	准确度
燃气流量	电子流量计	±1.0%
燃气成分	气相色谱仪	±0.5%
发电量	电能表	±1%
水流量	电子流量计	±1.0%
时间	电子表	±0.2%
温度	电子温度计	±0.1 ℃

附 录 A
（资料性附录）
烟气的平均比热与烟气最低排温

烟气的平均比热为烟气中各组分的定压比热之和，按公式(A.1)计算。

$$C_p = \sum_{1}^{i} C_{p,i} \cdot V_i \qquad \cdots\cdots\cdots (A.1)$$

式中：

C_p ——烟气平均定压比热，单位为千焦每立方米每摄氏度[kJ/(m³·℃)]；

$C_{p,i}$ ——被测烟气中各组分的定压比热，见表A.1，单位为千焦每立方米每摄氏度[kJ/(m³·℃)]；

V_i ——被测烟气中各组分体积含量，单位为1，以百分数表示。

表 A.1

kJ/(m³·℃)

温度/℃	H_2O	N_2	O_2	CO	CO_2	SO_2
0	1.494 3	1.294 6	1.305 9	1.297 9	1.599 9	1.779 4
100	1.505 2	1.295 9	1.317 6	1.302 1	1.700 3	1.863 1
200	1.522 4	1.299 6	1.335 2	1.310 5	1.787 4	1.942 7
300	1.542 5	1.306 8	1.356 2	1.318 8	1.862 8	2.013 8
400	1.565 5	1.316 4	1.377 5	1.331 4	1.929 8	2.072 4
500	1.589 8	1.327 7	1.398 0	1.344 0	1.988 8	2.126 9
600	1.614 9	1.340 3	1.416 9	1.360 7	2.041 2	2.168 8
700	1.641 3	1.353 7	1.434 5	1.373 3	2.088 5	2.210 6
800	1.668 1	1.367 1	1.450 0	1.385 8	2.131 2	2.239 9

附 录 B
（资料性附录）
典型工艺流程

图 B.1～图 B.3 为制热余热利用系统典型工艺流程，图 B.4～图 B.5 为制冷余热利用系统典型工艺流程。

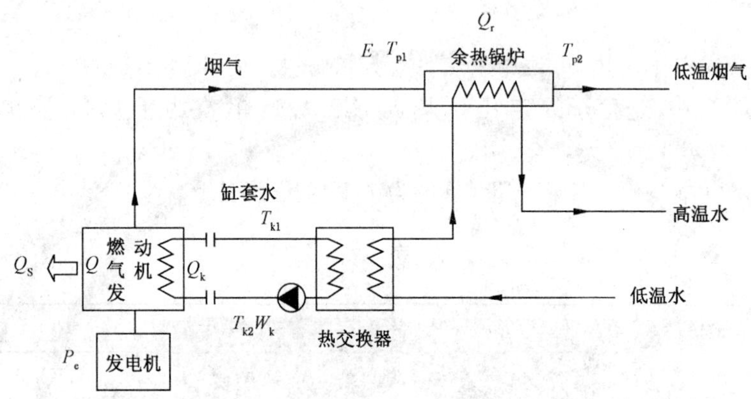

图 B.1 缸套水余热产较低温度热水后进高温烟气余热利用产较高温度热水

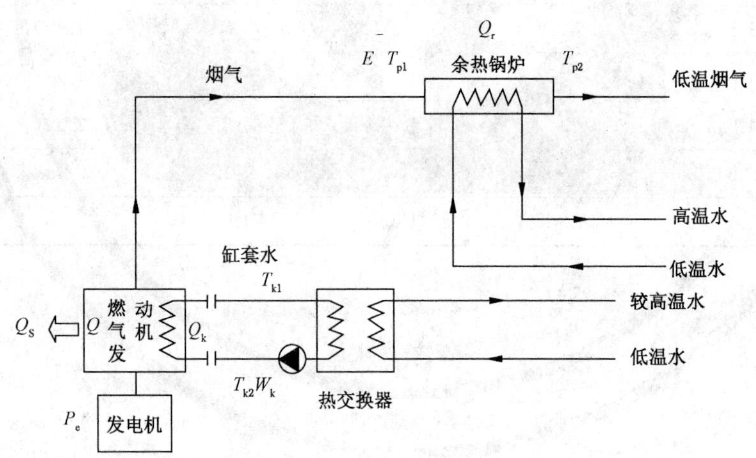

图 B.2 缸套水余热和高温烟气余热产不同温度的热水

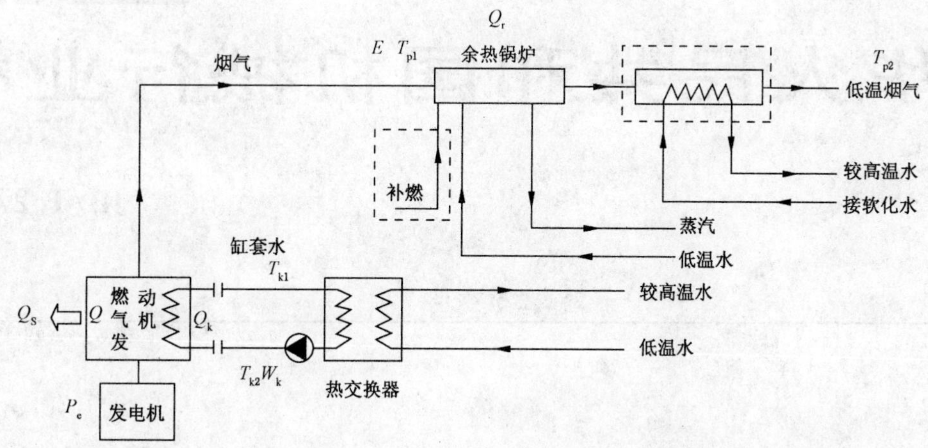

图 B.3 缸套水余热产热水，高温烟气余热产蒸汽，烟气二次利用产热水

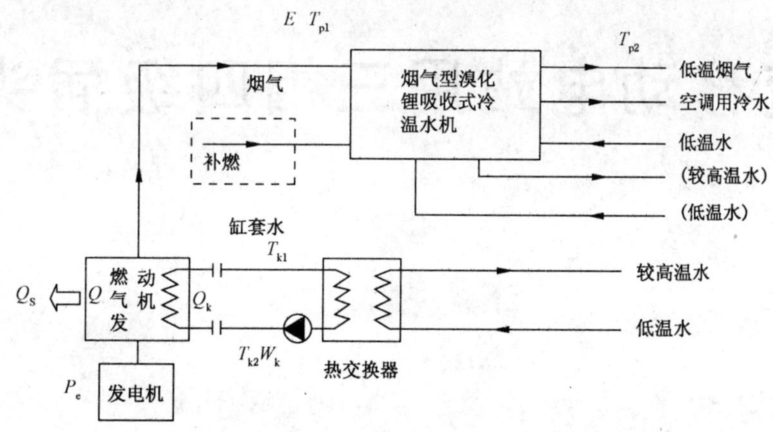

图 B.4 缸套水余热产热水，高温烟气用于溴化锂吸收式冷(温)水机组产冷水

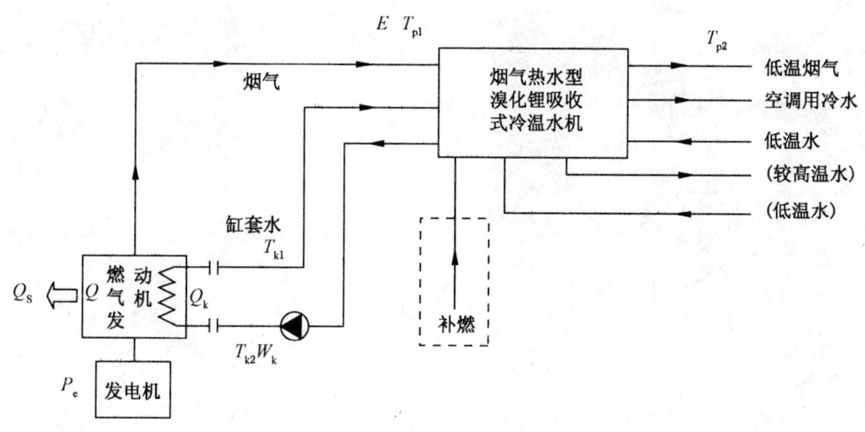

图 B.5 缸套水，高温烟气联合用于溴化锂吸收式冷(温)水机组产冷水

K 52

中华人民共和国机械行业标准

JB/T 2729—1999

交流移动电站用三相四级插头插座

1999-08-06 发布　　　　2000-01-01 实施

国家机械工业局　　发布

前 言

本标准是根据 GB/T 1.1—1993 的规定，对 JB 2729—80《交流移动电站用三相四极插头插座》进行的修订。

本标准与 JB 2729—80 的主要技术差异如下：

标准的结构、技术要素及表述规则按 GB/T 1.1—1993 进行修订，增加了产品品种，细化了技术要求和试验方法。

本标准自实施之日起代替 JB 2729—80。

本标准由兰州电源车辆研究所提出并归口。

本标准由兰州电源车辆研究所负责起草，宝鸡友泰电子有限责任公司参加起草。

本标准主要起草人：张洪战、陈应芳、尚云峰、葛庆。

本标准于 1980 年首次发布。

中华人民共和国机械行业标准

JB/T 2729—1999

代替 JB 2729—80

交流移动电站用三相四级插头插座

1 范围

本标准规定了用内燃机驱动交流工频(50 Hz)、中频(400 Hz)、双频(50 Hz、400 Hz)发电机的内燃机电站(含汽车电站、挂车电站、发电机组,以下简称电站)用三相四极插头插座的型式、技术要求、试验方法、检验规则等。

本标准适用于额定电压不高于 400 V,额定频率为 50 Hz 和 400 Hz 的电站用三相四极插头插座。60 Hz 电站用插头插座可参照使用。

2 引用标准

下列标准所包含的条文,通过在本标准中引用而构成为本标准的条文。本标准出版时,所示版本均为有效。所有标准都会被修订,使用本标准的各方应探讨使用下列标准最新版本的可能性。

GB/T 2423.4—1995 电工电子产品基本环境试验规程 试验 Db:交变湿热试验方法

GB/T 2423.16—1995 电工电子产品基本环境试验规程 试验 J:长霉试验方法

3 型式、基本参数与尺寸

3.1 型式

电站用三相四极插头插座分移动式插头、移动式插座和固定式插座三种(以下分别简称插头、插座)。

3.2 额定电压

插头插座的额定电压为 400 V。

3.3 额定电流

插头插座的额定电流为 25 A,60 A,100 A,150 A,200 A 五种。

3.4 尺寸

插头插座的尺寸应符合图 1～图 6 和表 1 的规定,并应按规定程序批准的图样和技术文件进行生产。

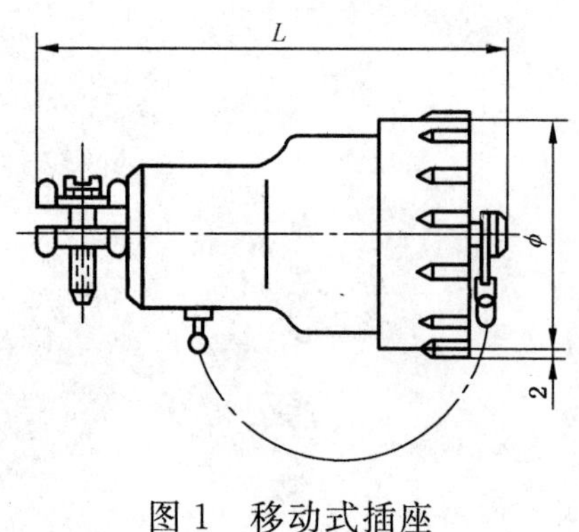

图 1 移动式插座

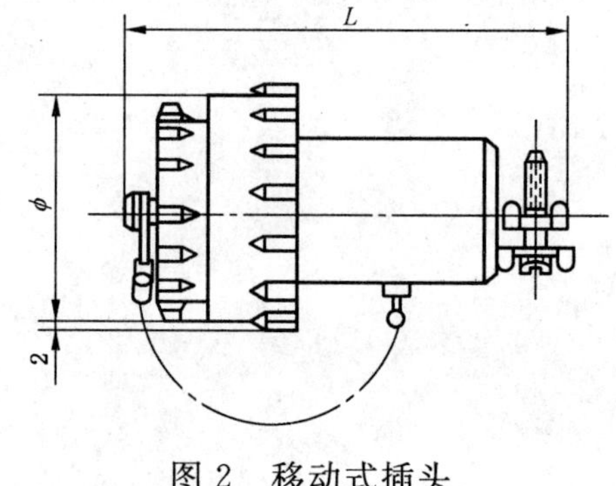

图 2 移动式插头

国家机械工业局 1999-08-06 批准 2000-01-01 实施

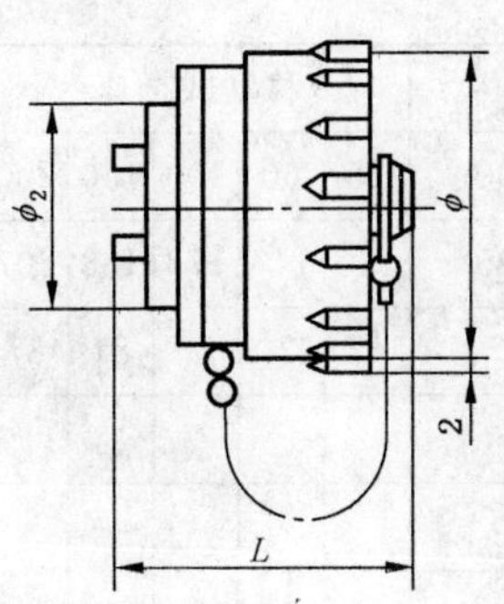

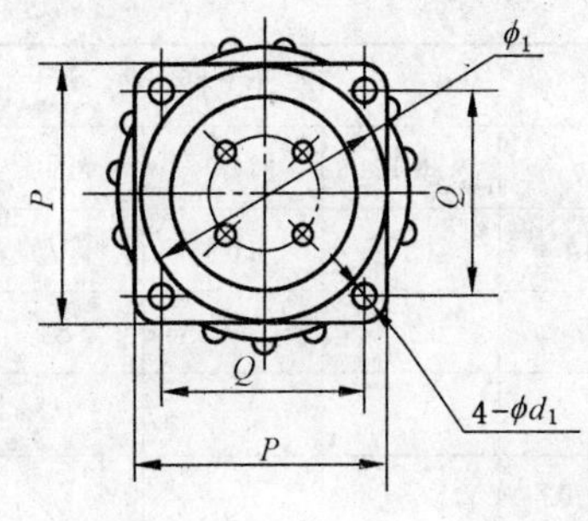

图 3　固定式插座

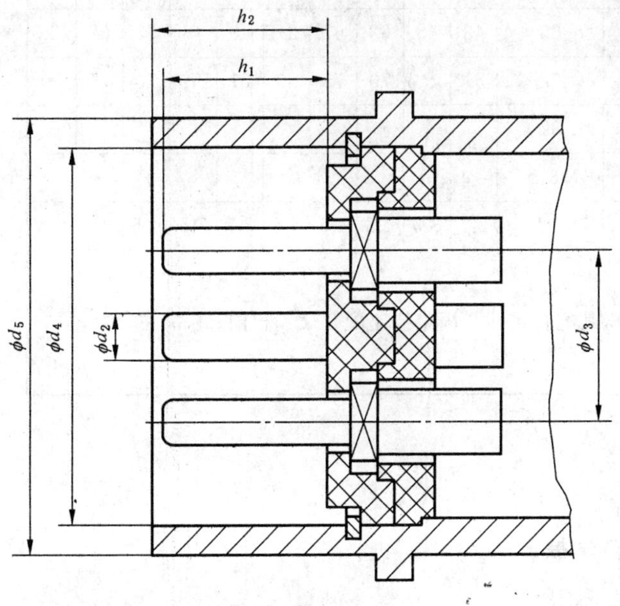

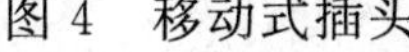

图 4　移动式插头

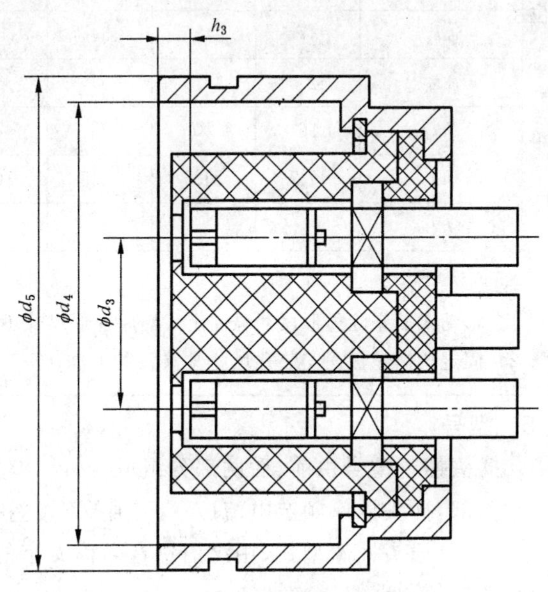

图 5　固定式插座

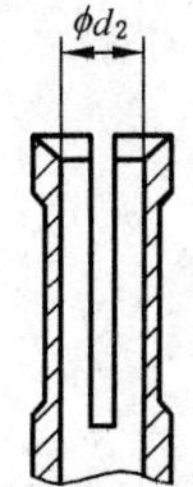

图 6　固定式和移动式插座插孔配合尺寸

表 1

mm

类别		移动式插头					移动式插座					固定式插座				
额定电流/A		25	60	100	150	200	25	60	100	150	200	25	60	100	150	200
尺寸及部位	$L\approx$	144	153	166	177	195	140	147	173	188	207	55.5	68	78	82	105
	$\phi\approx$	57	62.5	76	81	87	57	62.5	76	81	87	57	62.5	76	81	87
	$p=\phi_1$											51	56	70	75	80
	ϕ_2	±0.07										43	48	60.8	65	71
	Q											42	47.5	60	64	70
	ϕd_1											4.5	4.5	5.5	5.5	5.5
	ϕd_2	$3.5_{-0.03}^{0}$	$5.5_{-0.03}^{0}$	$7_{-0.03}^{0}$	$8.5_{-0.03}^{0}$	$10_{-0.03}^{0}$	3.5	5.5	7	8.5	10	3.5	5.5	7	8.5	10
	$\phi d_3\pm0.07$	15.6	18	24	27	30	15.6	18	24	27	30	15.6	17	24	27	30
	ϕd_4	37	42	54	59	65	43	48	62	67	72.5	43	48	62	67	72.5
	ϕd_5	42.5	47.5	61	66	72	51	55.5	70	75	80	51	55.5	70	75	80
	h_1	16	20	24	29	32										
	h_2	17.7	21.5	25.5	30.5	33.5										
	h_3						2.7	3.5	4.5	4.5	5.5	2.7	3.5	4.5	4.5	5.5

注

1 移动式插座除外形尺寸与固定式插座外形尺寸不同外，其配合尺寸与固定插座配合尺寸相同。

2 固定式插座板面安装孔尺寸参照表中 ϕ_2。

3.5 型号

插头插座型号由前、后两部分组成。

前部：插头插座额定电流(A)，用阿拉伯数字表示。

后部：插头插座型式，用汉语拼音名称文字的首位字母表示。

Y——移动式

G——固定式

T——插头式(带插销者)

Z——插座(带插孔者)

型号示例：

25YT：25 安三相四极移动式插头；

60YZ：60 安三相四极移动式插座；

100GZ：100 安三相四极固定式插座。

4 技术要求

4.1 插头插座在下列条件下应能正常工作：

a) 海拔高度不超过 5 000 m；

b) 环境温度范围：最低 −40 ℃，最高不超过表 2 的规定；

表 2

海拔高度范围/m	0～1 000	>1 000～2 000	>2 000～3 000	>3 000～4 000	>4 000～5 000
最高环境温度/℃	55	50	45	40	35

c) 空气相对湿度不大于 95%(25 ℃);

d) 有霉菌、凝露。

4.2 插头插座任何相邻的极之间及任一极对壳之间的绝缘电阻,在环境温度为 20 ℃±5 ℃和空气相对湿度为 50%~70%时,不低于 100 MΩ,湿热试验后不低于 5 MΩ。

4.3 插头插座任何相邻的极之间及任一极对壳之间的绝缘,应能承受试验时间为 1 min,试验电压频率为 50 Hz,波形尽可能为实际正弦波,试验电压数值如表 3 规定的绝缘介电强度试验而无击穿或闪络现象。

表 3

海拔高度范围/m	0~1 000	>1 000~2 000	>2 000~3 000	>3 000~4 0000	>4 000~5 000
试验电压/V	2 800	2 600	2 400	2 200	2 000

4.4 插头插座通过额定电流时,导电接触部分的温升不超过表 4 的规定;并应能承受过载 10%运行 1 h。

表 4

海拔高度范围/m	0~1 000	>1 000~2 000	>2 000~3 000	>3 000~4 000	>4 000~5 000
允许温升/℃	65	70	75	80	85

4.5 插头插座每一极的接触电阻不大于表 5 的规定。

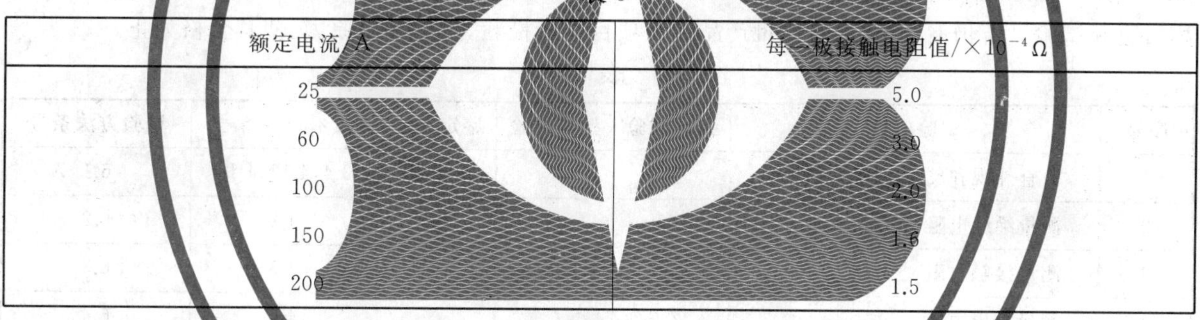

表 5

额定电流/A	每一极接触电阻值/$\times 10^{-4}\Omega$
25	5.0
60	3.0
100	2.0
150	1.6
200	1.5

4.6 插头从插座内拔出的力应符合表 6 的规定。

表 6

额定电流/A	每一极的拔出力/(kg·f)	整个插头的拔出力不大于/(kg·f)
25	0.8~1.3	10.4
60	1.2~2.0	16.0
100	1.6~2.7	21.6
150	2.0~3.2	25.6
200	2.5~3.5	28.0

4.7 插头插座经受 1 000 次插拔(插入和拔出各一次算插拔一次)试验后,应满足下列要求:

a) 零件不应出现妨碍正常使用的损伤,如弹性零件的失效、绝缘材料的碎裂等;

b) 接触电阻不大于表 5 规定的 120%;

c) 每一极的拔出力不低于表 6 规定下限值的 80%;

d) 温升符合 4.4 条规定。

4.8 插头插座在振动加速度达 7g、振动频率为 50 Hz、连续 2 h 的振动作用下,应能正常工作。

4.9 插头插座经受加速度达 9g、频率为 60 次/min、连续 1 h 的冲击作用后,不出现目视可见的裂纹和影响使用的异常现象。

4.10 插头插座绝缘零件经霉菌试验后，表面长霉等级应不超过 GB 2423.16 规定的 2 级，即目视明显看到长霉，但在试验样品表面上的覆盖面积小于 25%。

4.11 插头插座在 5 mm/min 的降雨强度下，内部应无水渗入。

4.12 插头插座的外壳表面应光滑，油漆层无气孔、裂纹现象；导电接触件表面应光滑，无加工变形，各紧固件应有防松措施。

4.13 同型号产品及其零部件应有互换性。

4.14 插头插座正反两面应有 A、B、C、N 四个极的标号；标号按顺时针方向（面向插孔侧）排列；插头四极的标号与插座的标号对应；绝缘体定位缺口在 A、N 中间。

5 验收规则

5.1 插头插座试验分出厂试验、型式试验和鉴定试验，其试验项目按表 7 规定。

5.2 每批产品均应抽取 5%，但不少于 3 套的样品进行出厂试验；新产品试制完成和老产品转厂生产时，应有不少于 3 套的样品进行鉴定试验；凡属下列情况之一者，每批产品应抽取不少于 3 套的样品进行型式试验：

a) 不经常生产的产品再次生产时；

b) 产品的设计、工艺或所用材料的改变影响产品性能时（此时应包括有关的鉴定试验项目）；

c) 正常生产的产品经历一年时（生产工艺稳定时，湿热试验可两年进行一次）。

5.3 出厂试验和型式试验中，只要有一项指标不合格，就应在同一批产品中另抽加倍数量的样品，对该项目重新试验。若仍不合格，应对该批产品的该项目逐套检验，直到找出原因，使其合格为止。

表 7

序号	试验项目	出厂试验	型式试验	鉴定试验	技术要求条号	试验方法条号
1	检查外观和尺寸	△	△	△	3.4，4.12，4.14	6.1
2	测量绝缘电阻	△	△	△	4.2	6.2
3	测量接触电阻	△	△	△	4.5	6.3
4	测量拔出力	△	△	△	4.6	6.4
5	绝缘介电强度试验	△	△	△	4.3	6.5
6	测量温升		△	△	4.4	6.6
7	振动试验		△	△	4.8	6.7
8	冲击试验		△	△	4.9	6.8
9	湿热试验		△	△	4.1，4.2	6.9
10	霉菌试验			△	4.10	6.10
11	高温试验			△	4.1	6.11
12	低温试验			△	4.1	6.12
13	淋雨试验			△	4.11	6.13
14	插拔试验			△	4.7	6.14

6 试验方法

6.1 检查外观和尺寸

按第 3.4 条、4.12 条及 4.14 条的要求，目视检查产品的外观和标志，用符合要求的量具、工具检查产品的尺寸。

6.2　**测量绝缘电阻**

用500V兆欧表测量绝缘电阻,结果应满足第4.2条规定。

6.3　**测量接触电阻**

采用双臂电桥等精密仪器测量,结果应满足第4.5条规定。

6.4　**测量拔出力**

a)　测量每一极的拔出力。

用与被试产品同规格并符合第3.4条规定的单极插头,在该插头上悬挂重物,使插头与重物重量之和数值上等于表6对每一极拔出力的规定范围,然后把插头插入插座,重物则处于悬垂状态。结果符合表6规定为合格;

b)　测量整个插头的拔出力。

将插头插入插座,在插头(或插座)上悬挂重物,并使插头(或插座)与重物重量之和等于表6对整个插头拔出力的规定值,重物的重力线与插头插座的中心轴线在同一直线上。插头插座在该重物作用下能够分离为合格。

6.5　**绝缘介电强度试验**

6.5.1　**要求**

在绝缘电阻测定合格后按4.3条要求进行。

试验变压器的容量不小于0.5 kVA。

6.5.2　**方法**

试验时,接通电源并以不超过全值的5%均匀地或分段地增加至全值,电压自半值增加至全值的时间应不短于10 s,全值电压试验持续1 min,然后开始降压到全值的三分之一后再切断电源,并将被试回路对地放电。

试验过程中若发现电压表指针摆动很大、毫安表指示急剧增加、绝缘层冒烟和放电声响等异常现象时,应立即降低电压、切断电源、对地放电后进行检查。

记录环境温度、空气相对湿度、大气压力、试验电压及试验中的正常或异常情况。

试验结果应满足4.3条规定。

6.6　**测量温升**

鉴定试验时,在插拔试验后进行。

在无其他热辐射作用的室内进行,结果应满足第4.4条中的有关规定。

把插头和插座插在一起,用导线连接A、B、C三极成一串联回路,通以频率为50 Hz的额定电流,直至温度稳定后,用热电偶或半导体点温计测量插头插座三个极导电接触部分的温度。

计算温升:

$$\Delta t = t - t_0$$

式中:Δt——温升;

t——最高温度值;

t_0——冷态时的环境温度。

稳定温度:温度的变化在30 min内不超过1 ℃时,即认为稳定。

计算室温:取三支温度计读数的平均值,温度计球部在插头插座中心线平面高度上,距插头插座300 mm~500 mm,均匀分布在插头插座周围。

6.7　**振动试验**

按第4.8条要求在振动台上进行。

试验时,插头插座按正常工作状态固定;插头插座各极通以交流50 Hz,0.2 A~0.3 A阻性电流;振动台的振动加速度达7g、振动频率为50 Hz;连续振动时间2 h。

试验过程中,用示波器监视导电接触情况,其电流应为连续正弦波。

6.8 **冲击试验**

按第4.9条要求在冲击台上进行。

试验时插头插座按正常工作状态固定；插头插座所受冲击加速度达 $9g$、频率为60次/min；连续冲击时间1 h。

试验时，目测检查插头插座应无可见的裂纹和影响使用的异常现象。

6.9 **湿热试验**

按GB/T 2423.4对产品样品进行6周期、40 ℃交变湿热试验，试验后应先按6.2条规定的方法测量绝缘电阻，在满足4.2条规定后。按6.5条进行绝缘介电强度试验并满足4.3条的规定。

6.10 **霉菌试验**

按GB/T 2423.16对样品进行28 d暴露试验。

试验结果应满足第4.10条规定。

6.11 **高温试验**

样品置于表2规定的温度下静置4 h后。

a) 按第6.6条的方法测量插头插座的温升，结果应满足第4.4条规定；

b) 按第6.3条、6.4条方法分别测量插头插座的接触电阻和拔出力，结果应分别满足第4.5条、4.6条规定。

6.12 **低温试验**

在－40 ℃的低温下进行。

插头插座在－40 ℃的低温下静置4 h后，目视检查插头插座不应出现妨碍正常使用的损伤，如弹性零件的失效，绝缘零件的开裂等。

按第6.3条、6.4条的方法分别测量插头插座的接触电阻和拔出力，结果应分别满足第4.5条、4.6条的规定。

6.13 **淋雨试验**

试验步骤如下：

a) 按第6.2条的方法测量绝缘电阻，结果应满足第4.2条规定；

b) 将带电缆的插头插座联结好，并置于水平位置；

c) 与插头插座垂直轴线成45°角的人工降雨(5 mm/min)持续30 min。

试验后，应无水滴浸入，绝缘电阻仍应满足第4.2条规定。

6.14 **插拔试验**

在断电情况下进行。

试验时的速度不大于10次/min。

试验后应满足第4.7条规定。

7 标志与包装

7.1 插头插座应有清晰和耐久性的标志，包括如下项目：

a) 制造厂名称或厂标；

b) 型号；

c) 额定电流 安(A)；

d) 额定电压 伏(V)。

7.2 插头插座包装应有防潮、防震措施；应附有合格证、装箱单，其上标志出第7.1条规定的标志及产品名称、数量、装箱日期。

7.3 包装箱外壁应清晰标出如下项目：

a) 产品名称、规格和数量；

b） 制造厂名称；

c） 收货单位和地址；

d） 毛重(kg)；

e） 外形尺寸 长(mm)×宽(mm)×高(mm)；

f） 编号和“轻放”、“勿受潮”等字样。

7.4 插头插座应贮存在通风良好，且周围无腐蚀性气体的仓库中。

K 51

中华人民共和国机械行业标准

JB/T 8182—1999

交流移动电站用控制屏　通用技术条件

1999-08-06 发布　　　　2000-01-01 实施

国家机械工业局　发布

前　言

本标准是根据 GB/T 1.1—1993 的规定，对 JB/T 8182—95《交流移动电站用控制屏　通用技术条件》进行的修订。

本标准与 JB/T 8182—95 的主要技术差异如下：

——标准的结构、技术要素及表述规则按 GB/T 1.1—1993 和 GB/T 1.3—1997 进行了修订；

——对适用范围、技术要求、试验方法等要求作了必要的修改和补充。

本标准自实施之日起代替 JB/T 8182—95。

本标准由兰州电源车辆研究所提出并归口。

本标准由兰州电源车辆研究所负责起草，郑州电气装备总厂、福发股份有限公司参加起草。

本标准主要起草人：张洪战、陈应芳、柳春元、张宏斌、林忠善。

本标准于 1988 年 12 月首次发布。

中华人民共和国机械行业标准

JB/T 8182—1999

代替 JB 8182—95

交流移动电站用控制屏　通用技术条件

1　范围

本标准规定了用内燃机驱动交流工频(50 Hz)、中频(400 Hz)、双频(50 Hz、400 Hz)发电机的内燃机电站(含汽车电站、挂车电站、移动式发电机组、固定式发电机组,以下简称电站)用控制屏的技术要求、试验方法、检验规则、标志及储运要求等。

本标准适用于额定电压不高于 500 V,额定功率不大于 1 200 kW 的电站用控制屏。

60 Hz 电站用控制屏可参照使用。

2　引用标准

下列标准所包含的条文,通过在本标准中引用而构成为本标准的条文。本标准出版时,所示版本均为有效。所有标准都会被修订,使用本标准的各方应探讨使用下列标准最新版本的可能性。

GB/T 2423.4—1995　电工电子产品基本环境试验规程　试验 Db:交变湿热试验方法

GB/T 2423.16—1995　电工电子产品基本环境试验规程　试验 J:长霉试验方法

GB/T 2681—1981　电工成套装置中的导线颜色

GB/T 4776—1984　电气安全名词术语

GB/T 13306—1991　标牌

JB/T 8194—1995　内燃机电站名词术语

3　术语

按 GB/T 4776 和 JB/T 8194 的规定。

4　技术要求

4.1　总则

4.1.1　控制屏应符合本标准规定,并按经规定程序批准的图样及技术文件制造。

4.1.2　控制屏的各配套件及元器件,本标准未作规定者,应符合各自的技术条件规定。

4.1.3　对控制屏有特殊要求时,应在产品技术条件中补充规定。

4.1.4　生产厂的设计与制造应保证用户按使用说明书规定使用时安全可靠,不会发生任何危险。

4.2　工作条件

4.2.1　输出额定功率的条件

控制屏输出额定功率的环境条件应为下述规定中的一种,并应在产品技术条件中明确。

a)　海拔高度 0 m、环境温度 20 ℃、相对湿度 60%;

b)　海拔高度 1 000 m、环境温度 40 ℃、相对湿度 60%。

4.2.2　输出规定功率(允许修正功率)的条件

控制屏在下列条件下应能输出规定功率并可靠地工作,其条件应在产品技术条件中明确。

国家机械工业局 1999-08-06 批准　　　　2000-01-01 实施

4.2.2.1　**海拔高度**

不超过 4 000 m。

4.2.2.2　**环境温度**

下限值分别为−40 ℃，−25 ℃，−10 ℃(对汽油电站)，5 ℃；

上限值分别为 40 ℃，45 ℃，50 ℃。

4.2.2.3　**相对湿度、凝露和霉菌**

a)　综合因素：按表 1 的规定。

表 1

环境温度上限值℃		40	40	45	50
相对温度 %	最湿月平均最高相对温度	90 (25 ℃时)1)	95 (25 ℃时)1)		
	最干月平均最低相对温度			10 (40 ℃时)2)	
凝　露		有			
霉　菌		有			

1)　指该月的月平均最低温度为 25 ℃，月平均最低温度是指该月每天最低温度的月平均值。

2)　指该月的月平均最高温度为 40 ℃，月平均最高温度是指该月每天最高温度的月平均值。

b)　长霉：控制屏的电气零部件经长霉试验后，表面长霉等级应不超过 GB/T 2423.16 规定的 2 级。

4.3　**结构与外观**

4.3.1　**结构**

4.3.1.1　控制屏应有坚固耐久的结构，应能承受住电站在工作时或移动时所产生的振动和冲击。

4.3.1.2　控制屏采用焊接结构，其骨架、面板、支撑等零部件焊接应牢固，焊缝均匀，无裂纹、毛刺、脱焊、溅渣、咬边、漏焊等缺陷。

4.3.1.3　控制屏采用标准框架结构，连接应坚固可靠、无前后倾斜、左右偏离等现象。

4.3.2　**外观**

4.3.2.1　控制屏的屏面及屏体外壳应平整，屏面开启角度应便于安装、维修和更换元器件。绞链转动应灵活。

4.3.2.2　控制屏内外表面涂层应平整光滑，颜色深浅应一致，面漆表面无皱纹、流痕、气泡、裂纹、脱落和划伤等缺陷。

4.3.2.3　控制屏电镀件的电镀层应光滑、无漏镀、斑点、锈蚀等现象。

4.3.2.4　控制屏元器件应安装牢固，各元器件接线端应有耐久性标号，绝缘导线通过金属板孔时应安装绝缘护套或采用绝缘带绑扎。

4.4　**相序**

控制屏的相序：对采用输出插头插座者应按顺时针方向排列(面对插座)；对采用设在控制屏上的接线端子者，从屏正面看应自左到右或从上到下排列；对控制屏内部母线的排列，从屏的正面看应符合表 2 的规定。

表 2

相序	垂直排列	水平排列	前后排列
A	上	左	远
B	中	中	中
C	下	右	近
N	最下	最右	最近

4.5 指示装置

4.5.1 仪表

控制屏上的频率表准确度等级应不低于5.0级，其他电气测量仪表准确度等级应不低于2.5级。对柴油机进行监测的仪表，应符合柴油机技术条件规定，监测仪表的指针转动应灵活，指示应准确。

4.5.2 指示灯和按钮的颜色应根据其用途在产品技术条件中明确；导线的颜色应符合GB/T 2681中的导线颜色的规定。

4.6 绝缘电阻与介电强度

4.6.1 绝缘电阻

控制屏各独立电气回路对地及回路间的绝缘电阻应不低于表3的规定。冷态绝缘电阻只供参考，不作考核。

表 3　MΩ

<table>
<tr><th colspan="2" rowspan="2">条　件</th><th colspan="2">电路额定电压/V</th></tr>
<tr><th>≤230 V</th><th>400 V</th></tr>
<tr><td rowspan="2">冷态</td><td>环境温度为15～30 ℃
空气相对湿度为45%～75%</td><td>2</td><td>2</td></tr>
<tr><td>环境温度为45 ℃
空气相对湿度为95%</td><td>0.3</td><td>0.4</td></tr>
<tr><td colspan="2">热态</td><td>0.3</td><td>0.4</td></tr>
</table>

4.6.2 绝缘介电强度

控制屏各独立电气回路对地及回路间应能承受试验电压数值为表4规定，频率为50 Hz、波形尽可能为实际正弦波、历时1 min绝缘介电强度试验而无击穿或闪络现象。

表 4　V

<table>
<tr><th>部　位</th><th>回路额定电压</th><th>试验电压</th></tr>
<tr><td>一次回路对地
一次回路对二次回路</td><td>≥100</td><td>2 000</td></tr>
<tr><td rowspan="2">二次回路对地</td><td>>100</td><td>按产品技术条件的规定</td></tr>
<tr><td>≤100</td><td>1 000</td></tr>
</table>

4.7 电气间隙和爬电距离

控制屏内不同极性的裸露带电体之间以及它们与外壳之间的电气间隙和爬电距离应不小于表5的规定。

表 5

额定绝缘电压 U_i V	电气间隙/mm		爬电距离/mm	
	额定电流≤60 A	额定电流>60 A	额定电流≤60 A	额定电流>60 A
$U_i \leq 60$	3	5	3	5
$60 < U_i \leq 300$	5	6	6	8
$300 < U_i \leq 600$	8	10	10	12

注

1 元件内部除外。

2 采用集成电路者，允许按产品技术条件的规定。

4.8 接地装置与绝缘系统

4.8.1 接地装置

控制屏应有良好的接地端子，并有明显标志。

4.8.2 绝缘系统

产品技术要求规定采用中性点绝缘系统的电站用控制屏，应有绝缘监视装置和良好的接地装置，其接地电阻应不大于 50 Ω。

4.9 温升

4.9.1 控制屏的温升应符合相应产品技术条件的规定。

4.9.2 控制屏通过额定电流时，用温度计法或热电偶法测得的极限允许温升应不高于表 6 的规定。

表 6

测 量 部 位	极限允许温升/K
铜—铜	50
铜搪锡—铜搪锡	60
元器件表面	按相应产品技术条件的规定

注：当试验地点在海拔高度高于 1 000 m 时，其极限允许温升按海拔高度每增高 100 m 增加 0.5 K 进行修正。

4.10 减振装置

4.10.1 与电站一体式的控制屏应根据产品技术条件要求设置减振装置，满足电站在移动过程中和工作时的要求。

4.10.2 与电站分体式的控制屏耐振动和冲击性能应满足配用电站在移动过程中和工作时的要求，并在产品技术条件中明确规定。

4.10.3 控制屏各部件结构应能承受在下列条件下运输时的振动和冲击：

a) 里程：500 km；

b) 路面：不平整的土路及坎坷不平的碎石路为试验里程的 60%；柏油路面为试验里程的 40%；

c) 速度：在不平整的土路及坎坷不平的碎石路面上为(20～30)km/h；在柏油(或水泥)路面上为(30～40)km/h。

4.11 保护措施

4.11.1 过载保护

控制屏应有过载保护措施。

4.11.2 短路保护

额定功率不大于 250 kW 的控制屏应有短路保护措施，当配套电站输出电缆末端发生短路时，保护装置应能迅速可靠动作、使电站无损。

额定功率大于 250 kW 的控制屏，其短路保护要求按产品技术条件的规定。

三相电站的短路包括单相、两相和三相短路;输出电缆的规格按产品技术条件的规定。

4.11.3 逆功率保护

要求并联运行的三相电站控制屏,应有逆功率保护措施。

4.12 可靠性和维修性

控制屏的平均故障间隔时间和平均修复时间应满足配用电站可靠性的要求。

4.13 主开关

控制屏应设置主开关,主开关装置和控制装置的工作频率应与电站的额定频率相同。

主开关装置的额定电流应与电站的持续定额相适应,并应能经受住在某一规定的短时间中产生于电路的故障电流。

4.14 成套性

4.14.1 控制屏的成套性按供需双方的协议。

4.14.2 每台(套)控制屏应随附下列文件:

a) 合格证;

b) 使用说明书,至少包括:技术数据;结构和用途说明;安装、保养和维修规程;电路图和电气安装图;

c) 备品清单:备品和附件清单。

5 试验仪器仪表、试验项目

5.1 试验仪器仪表

鉴定试验和型式试验应采用不低于 0.5 级准确度的电气测量仪器仪表(兆欧表除外,允许采用 1.0 级准确度的功率因数表)进行测量;出厂试验允许采用 1.0 级准确度的电气测量仪器仪表进行测量。

5.2 试验项目

按表 7 的规定。

表 7

序号	试验项目名称	出厂试验	型式试验	鉴定试验	技术要求条 号	试验方法条 号
1	检验外观	△	△	△	4.3	6.1
2	测量绝缘电阻	△	△	△	4.6.1	6.2
3	绝缘介电强度试验	△	△	△	4.6.2	6.3
4	检查电气间隙和爬电距离		△	△	4.7	6.4
5	检查各指示装置的工作情况	△	△	△	4.5	6.5
6	检查相序	△	△	△	4.4	6.6
7	测量温升		△	△	4.9	6.7
8	检查绝缘监视装置		△	△	4.8	6.8
9	保护装置试验		△	△	4.11	6.9
10	运输振动试验		△	△	4.10	6.10
11	可靠性和维修性试验			△	4.12	6.11
12	高温试验			△	4.2.2	6.12
13	低温试验			△	4.2.2	6.13
14	湿热试验			△	4.2.2	6.14
15	长霉试验			△	4.2.2	6.15
16	检查成套性	△	△	△	4.14	6.16
17	检查标志和包装	△	△	△	8.1～8.3	6.17

6 试验方法

6.1 检查外观

按 4.3 有关要求进行。

6.2 测量绝缘电阻

测量各独立回路对地及回路间的绝缘电阻，用 500 V 兆欧表测量。出厂试验仅测冷态绝缘电阻，型式试验和鉴定试验的绝缘电阻在热态下进行。测量时半导体器件、电容等应拆除或短接，各开关应处于接通位置，当兆欧表指示稳定后再读数，同时记录环境温度、空气相对湿度。

测量结果应满足 4.6.1 条表 3 规定。

6.3 绝缘介电强度试验

该试验是进行各独立回路对地及回路间的绝缘介电强度试验。

鉴定试验和型式试验时，该试验在热态绝缘电阻测定合格后的热态下进行；出厂试验允许在冷态绝缘电阻测定合格后的冷态下进行。

试验变压器的容量对每千伏试验电压应不小于 1 kVA；试验电源的频率为 50 Hz、电压波形尽可能为实际正弦波；电压数值按表 4 规定。

试验时，接通电源并以不超过全值电压的 5% 均匀地或分段增加至全值，电压自半值增加至全值的时间应不短于 10 s，全值电压持续 1 min，然后开始降压，待电压降到全值的三分之一后再切断电源，并将被试回路对地放电。

试验过程中若发现电压表指针摆动很大、毫安表指示急剧增加、绝缘冒烟和放电声响等异常现象时，应立即降低电压、切断电源、对地放电后进行检查。

记录环境温度、空气相对湿度、大气压力、试验电压及试验中的正常或异常情况。

试验结果应满足 4.6.2 规定。

6.4 检查电气间隙和爬电距离

按产品技术条件规定的方法进行。

检查结果应满足 4.7 规定。

6.5 检查各指示装置的工作情况

在额定电压时的空载和额定负载两种状态下，检查控制屏上各电气测量仪表的准确度是否符合要求，各信号装置是否工作正常。

记录各电气测量仪表和信号装置的工作情况，以及环境温度、空气相对湿度、大气压力。检查结果应满足 4.5.1、4.5.2 的规定。

6.6 检查相序

用相序指示器在控制屏的输出端检查。

检查结果应满足 4.4 的规定。

6.7 测量温升

6.7.1 要求

a) 该项目允许在配套电站连续运行试验中插入进行；或控制屏接入电网以额定电流运行到热态；

b) 在热态下测量控制屏内主开关接头、母线联接处、导线表面和由技术条件规定的其他部位；

c) 用温度计或热电偶或由技术条件规定的其他方法测量控制屏各部位的最高温度。

6.7.2 方法

a) 用距离控制屏 1 m 的 3～4 支温度计均布于控制屏周围，温度计的球部高度为控制屏高度的一半，数值取各温度计读数的平均值，各温度计读数差应不大于 3 ℃；

b) 控制屏在额定状态下工作到稳定热态，用温度计或热电偶测量控制屏内各接点部位的最高温度；

c) 记录环境温度、空气相对湿度、大气压力。

6.7.3 结果

控制屏各部位的温升 Δt 按下式计算：

$$\Delta t = t - t_0$$

式中：t——热态时的最高温度，℃；

t_0——冷态时环境温度，℃。

结果应符合 4.9 的规定。

6.8 检查绝缘监视装置

人为地使电站绝缘水平低于规定值，检查绝缘监视装置是否可靠。

6.9 保护装置试验

按产品技术条件规定进行。

6.10 运输振动试验

6.10.1 振动试验

控制屏的振动和冲击试验按配套电站的技术要求进行。

6.10.2 运输试验

6.10.2.1 要求

a) 控制屏的完整性应符合出厂合格品的规定；

b) 控制屏的运输试验可单独进行，也可与配套电站同时进行；

c) 运输里程、路面、速度按 4.10.3 规定，或按配套电站的技术条件规定。

6.10.2.2 检查内容及结果

a) 控制屏各组件、零部件不应因强度不够而造成损伤；紧固件、焊缝、铆钉不应松动、开焊和损坏；电气连接不应松脱；

b) 与配套电站同时进行时应满足电站的技术要求；

c) 结果应符合 4.10.3 规定。

6.11 可靠性和维修性试验

按配套电站的技术条件规定进行。

6.12 高温试验

在具有符合 4.2 规定的最高环境温度的箱(室)内，将控制屏面板打开后在该温度下静置 2 h，然后：

按 6.7 规定的方法测量温升；

按 6.5 规定检查各指示装置的工作情况；

按 6.1 规定检查外观。

记录各有关测量与检查内容。

试验结果应符合 4.2.1，4.2.2，4.3，4.5 等有关规定。

6.13 低温试验

在具有符合 4.2 规定的最低环境温度的箱(室)内或自然条件下，将控制屏面板打开在该温度下静置 2 h，然后：

按 6.2 规定的方法测量冷态绝缘电阻；

按 6.1 规定检查外观；

按 6.5 规定检查各指示装置的工作情况。

记录各有关测量与检查内容。

试验结果应符合 4.2.1，4.2.2，4.6.1，4.3 等有关规定，塑料件、橡胶件、应无断裂现象。

6.14 湿热试验

6.14.1 要求

a) 按 GB/T 2423.4 规定,高温 40 ℃,试验周期数 12 d;

b) 试验前,控制屏冷态绝缘电阻和绝缘介电强度试验合格;

c) 控制屏处于开启状态;

d) 当控制屏所用配套件有湿热试验合格证时可不再重复试验。

6.14.2 步骤及检查项目

a) 检查外观;

b) 将控制屏静置于符合上述要求的条件下;

c) 在最后一周期的低温高温阶段结束前 2 h 内,按 6.2 条规定测量冷态绝缘电阻;

d) 静置期满,进行恢复处理,恢复条件为:时间 1 h～2 h,温度 15 ℃～35 ℃,空气相对湿度 45%～75%。

e) 在恢复处理结束后的 30 min 内按 6.3 条规定进行绝缘介电强度试验;

f) 检查外观,检查各构件锈蚀程度;

g) 按 6.5 规定检查各指示装置的工作情况。

记录各有关试验检查内容。

6.14.3 试验结果

应符合 4.2.1 和 4.2.2,4.5 规定。

6.15 长霉试验

6.15.1 试验样品

a) 完工的控制屏;

b) 零部件;

c) 当控制屏所用配套件有长霉试验合格证时可不再重复试验。

6.15.2 条件与检查项目

a) 按 GB/T 2423.16 规定,将试验样品连续暴露 28 d;

b) 经 28 d 暴露期满,取出试验样品立即目视观察其表面长霉情况。

6.15.3 结果

长霉程度应不超过 GB/T 2423.16 规定的 2 级长霉等级。即:目视明显看到长霉,但在试验样品表面上的覆盖面积小于 25%。

6.16 检查成套性

按 4.14 规定进行。

6.17 检查标志和包装

按 8.1～8.4 规定进行。

7 检验规则

7.1 控制屏的试验分出厂试验、型式试验和鉴定试验,其试验项目按表 7 规定。

7.2 控制屏均应进行出厂试验,新产品试制完成及老产品转产生产时应进行鉴定试验,不经常生产的控制屏再次进行、正常生产的控制屏自上次试验算起经 3a 时应进行型式试验。

鉴定试验的控制屏为 2 台(额定功率大于 250 kW、无并联要求的控制屏允许为 1 台),型式试验的控制屏为 1 台。

7.3 凡属下述情况,应进行有关项目的试验:

a) 产品的设计或工艺上的变更足以影响产品性能时;

b) 出厂试验结果和以前进行的型式试验结果出现不允许的偏差时。

7.4 出厂试验中，只要有一项试验结果不符合本标准的规定，应找出原因并排除故障后复试，若经第三次复试后仍不合格，则判为不合格品，应记录复试次数、故障原因、处理方法。

型式试验中，只要有一项试验结果不符合本标准规定，应在同一批产品中另抽加倍数量的控制屏，对该项目进行复试，若仍不合格，控制屏生产暂停，对该批产品的该项目逐台检验，直到找出原因并排除故障，确认其合格后方能恢复生产。

试验时使用的测量仪器仪表应有定期检查的合格证。

各项试验除另有规定外，均在生产厂试验站当时所具有的条件（环境温度、空气相对湿度、大气压力）下进行。

8 标志、包装和储运

8.1 控制屏的标牌应固定在明显位置，其尺寸和要求按 GB/T 13306 的规定。

8.2 控制屏的铭牌应包括下列内容：

a) 控制屏名称；

b) 控制屏型号；

c) 相数；

d) 额定功率，kW；

e) 额定电压，V；

f) 额定电流，A；

g) 质量，kg；

h) 外形尺寸：长×宽×高，mm；

i) 生产厂名；

j) 控制屏编号；

k) 制造日期；

l) 标准代号及编号。

8.3 控制屏及备附件在包装前，凡未经涂漆或电镀保护的裸露金属应采取临时性防锈保护措施。

8.4 控制屏的包装应能防雨、牢固可靠。

8.5 控制屏按产品技术条件规定的储存期和方法储存应无损。

8.6 控制屏根据需要应能水路运输、空中运输和铁路运输。

9 生产厂的保证

在用户遵守生产厂的使用说明书规定的情况下，生产厂应保证控制屏自发货日期起不超过 12 个月，且在控制屏配用电站规定的使用期内能良好地运行，如在规定时间内因制造质量不良而导致控制屏损坏或不能正常工作，并有技术记录可查时，生产厂应免费予以修理或更换零部件。